高等学校数学类专业系列教材
河南省“十四五”普通高等教育规划教材

数学建模与数学实验

(第三版)

主　编　曹建莉　肖留超　程　涛
副主编　焦万堂　王　磊　党　健　王俊岭

西安电子科技大学出版社

内 容 简 介

本书介绍数学建模和数学实验中的基本知识以及数学建模竞赛中的典型问题，主要内容包括数学建模概论、初等数学模型、微分方程与差分方程模型、随机模型、规划模型、图论模型、其他模型、Mathematica 软件简介、LINDO 软件简介等。本书所举案例均具有很强的实践性和针对性，其中的数学实验以数学软件为平台，将数学知识与计算机操作方法有机地融为一体。

本书可作为高等学校各专业学生学习数学建模与数学实验课程的教材，也可供相关专业的研究生、教师及工程技术人员参考。

图书在版编目(CIP)数据

数学建模与数学实验/曹建莉，肖留超，程涛主编. —3 版. —西安：西安电子科技大学出版社，2022.8(2022.12 重印)
ISBN 978 - 7 - 5606 - 6513 - 9

Ⅰ. ①数… Ⅱ. ①曹… ②肖… ③程… Ⅲ. ①数学模型 ②高等数学—实验
Ⅳ. ①O141.4 ②O13 - 33

中国版本图书馆 CIP 数据核字(2022)第 095623 号

策　　划　秦志峰
责任编辑　秦志峰
出版发行　西安电子科技大学出版社(西安市太白南路 2 号)
电　　话　(029)88202421　88201467　　邮　　编　710071
网　　址　www.xduph.com　　电子邮箱　xdupfxb001@163.com
经　　销　新华书店
印刷单位　咸阳华盛印务有限责任公司
版　　次　2022 年 8 月第 3 版　2022 年 12 月第 2 次印刷
开　　本　787 毫米×1092 毫米　1/16　印张　19
字　　数　446 千字
印　　数　501～2500 册
定　　价　47.00 元
ISBN 978 - 7 - 5606 - 6513 - 9/O

XDUP　6815003 - 2

前　　言

本书是在2014年2月第一版和2018年8月第二版的基础上，结合教学实践和精品课程、一流课程建设修订而成的。本书第一版为河南工业大学规划教材，2017年入选学校优秀教材。本书第二版于2021年获首届河南省高等教育类优秀教材二等奖。本书第三版为河南省“十四五”普通高等教育规划教材。

本次修订内容有四个方面：一是采纳读者建议，删减、新增、调整了部分建模方法和内容；二是扩充了数学建模竞赛题目；三是更新和补充了数学软件介绍；四是增加了线上学习资源和链接。

随着信息技术的发展，机器学习成为人工智能及模式识别领域的研究热点，本书在第4章随机模型中新增逻辑斯蒂回归模型；作为数学建模竞赛培训参考教材，本书在附录中补充了2018—2021年全国大学生数学建模竞赛题目。

本书前两版第8章是依托Mathematica 4.0编写的，当时该版本使用比较广泛，但随着计算机硬件的更新以及软件自身的不断优化，目前使用较多的版本为Mathematica 11.0。本次修订更新了软件版本，并对部分命令进行了优化和改进，叙述更加简洁明了，便于读者更好地阅读。

本书第1、2、4章及附录由曹建莉编写和修订，第3章由党健和王俊岭编写和修订，第5、9章由肖留超编写和修订，第6、8章由程涛编写和修订，第7章由焦万堂与王磊编写和修订。本书第三版的修订工作由主编曹建莉、肖留超、程涛全面负责和执行。

本书在修订过程中仍保留了原书的两大特点：一是内容全面，书中介绍了数学建模常用方法和软件；二是通俗易懂，使学过高等数学、线性代数、概率论的读者容易自学，对学过数理统计和线性规划的读者来说，阅读起来不显吃力。

另外，随着线上线下教学工作的开展，读者对电子资源的需求越来越多。本书第三版由纸质教材拓展为立体化教材，书中的二维码将线上资源和线下资源相结合，为读者提供线上线下自主学习和辅导讲解等多维度支撑。同时我们在超星学习通平台建有线上线下混合课程，有兴趣的读者可加入公开班进行学习和测试，学习通邀请码为11988908。

由于编者水平有限，书中难免有不当之处，恳请广大读者批评指正。

编　者

2022年4月

第一版前言

数学建模是用数学知识解决实际问题的一个桥梁，是数学理论直接为现实对象服务的一种手段，是把数学思维、计算机技术联合应用于实际问题的一个方法。数学建模也是数学各分支的一个大融合，随着现代数学和计算机技术的快速发展，数学建模的作用越来越重要，它的应用遍及各个领域。

作为现代数学的一种实践形式，数学实验体现了现代教育的思想和理念，能有效培养学生对数学学习的兴趣和对数学知识的感知能力、思考能力。

本书突出数学理论和建模方法，强调数学实验与数学建模的联系和渗透，精选反映当代科技进步与社会发展的问题作为教学案例，尝试研究课程设计，以提高学生的学习能力和解决问题的能力。

本书共分为 9 章，包括数学建模概论、初等数学模型、微分方程与差分方程模型、随机模型、规划模型、图论模型、其他模型、数学软件 Mathematica、LINDO 软件简介等内容。章末附有习题，书末附有部分习题参考答案。

曹建莉、肖留超、程涛担任本书主编，焦万堂、王磊、党健担任副主编。其中，第 1、2、4 章由曹建莉编写，第 3 章由党健编写，第 5、9 章由肖留超编写，第 6、8 章由程涛编写，第 7 章由焦万堂、王磊编写。

张强、马晓茹、冯彦鹏、陈凯怡、刘莉静、张晓博、王聪蕾、闫向蕊、高荟等几位学生，在本书的编写过程中积极搜集素材，从读者的角度为本书提供思路，为本书的编写做了很多工作，在此深表感谢。

审稿的同志认真审阅了原稿，并提出了不少改进意见，在此也表示衷心的感谢。

由于编者水平有限，书中难免存在不妥之处，恳请广大读者批评指正。

编　者

2013 年 8 月

第二版前言

本书上一版自2014年2月出版以来，承蒙广大教师和学生的厚爱，已被多所学校选用为数学建模课程和数学建模竞赛的辅助教材。本书作为河南工业大学的校级规划教材，是数学类专业的数学模型课教材，也是面向全校开设的数学建模公选课教材，还是各类数学建模竞赛的培训教材。目前河南工业大学的数学建模公选课已入选第一批校级精品通识平台公选课，数学类专业的数学模型课也被河南工业大学理学院以优培课程方式进行了立项资助建设。在此，对学校和学院的支持表示衷心的感谢。

在长期的教学实践中，数学建模课程组定期研讨，总结经验，结合数学建模发展现状和最新竞赛数据，对本书的内容和结构又有了一些新的思考。同时，广大读者在阅读和学习过程中也对本书提出了新的期望和建议。因此，本书在保持第一版清晰易懂、便于自学的基础上，对其中的部分内容进行了更新和修订。

本次修订的主要内容有以下三个方面：第一，对上一版中存在的疏漏进行了订正；第二，调整、删减和合并了部分章节，如将第2章中的2.1.3节内容合并到2.1.2节，将2.2.4节内容合并到第7章的7.6.1节，删减了第3章3.1.2节和3.5.3节中的部分例题，将第4章的4.1.2节内容合并到4.1.1节，将4.1.3节内容调整为4.1.2节，将4.1.4节和4.1.5节内容合并到4.1.3节，将4.1.6节和4.1.7节内容合并到4.1.4节，将第7章的7.2.4节内容合并到7.2.1节，删减了原7.2.2节内容，将7.2.5节修改为7.2.2节，将7.4.2节内容合并到7.4.1节等；第三，新增和修改了部分章节内容，如新增了7.6.2节和7.6.3节内容，新增了历年全国大学生数学建模竞赛题目等，修改了第4章中的表4.1等。

本书由河南工业大学的老师编写和修订，第1、2、4章由曹建莉编写，第3章由党健和王俊岭编写，第5、9章由肖留超编写，第6、8章由程涛编写，第7章由焦万堂和王磊编写。本次的修订工作由主编曹建莉、肖留超、程涛全面负责和执行。作为一门实践性、应用性很强的课程，数学建模和数学实验课程的内容体系更应具有科学性、创新性和时代性，相信经过修订后，本书的可读性会更强，学习效果会更好。

审稿同志认真审阅了本次的修订内容，对此我们表示衷心感谢。

由于编者水平有限，书中不妥之处在所难免，恳请广大读者批评指正。

编　者

2018年4月于河南工业大学

目　　录

第 1 章　数学建模概论 ………………………… 1
1.1　数学模型和数学建模 ………………………… 1
1.1.1　模型 ………………………… 1
1.1.2　数学模型 ………………………… 1
1.1.3　数学建模 ………………………… 2
1.2　建立数学模型的过程与步骤 ………………………… 2
1.2.1　建立数学模型的过程 ………………………… 2
1.2.2　建立数学模型的一般步骤 ………………………… 5
1.3　建立数学模型的方法简介 ………………………… 6
习题 1 ………………………… 10
第 2 章　初等数学模型 ………………………… 12
2.1　量纲分析法 ………………………… 12
2.1.1　量纲齐次性原则 ………………………… 12
2.1.2　量纲分析的一般方法 ………………………… 12
2.2　比例与函数建模法 ………………………… 17
2.2.1　动物体型问题 ………………………… 17
2.2.2　双层玻璃窗的功效 ………………………… 18
2.2.3　席位分配模型 ………………………… 19
习题 2 ………………………… 22
第 3 章　微分方程与差分方程模型 ………………………… 23
3.1　微分方程理论 ………………………… 23
3.1.1　微分方程基本概念 ………………………… 23
3.1.2　微分方程求解 ………………………… 24
3.2　经济增长模型 ………………………… 26
3.2.1　道格拉斯生产函数 ………………………… 26
3.2.2　资金与劳动力的最佳分配 ………………………… 27
3.2.3　劳动生产率增长的条件 ………………………… 27
3.3　人口模型 ………………………… 29
3.3.1　指数增长模型 ………………………… 30
3.3.2　阻滞增长模型 ………………………… 31
3.3.3　人口模型的参数估计、检验和预报 ………………………… 32
3.3.4　考虑年龄结构和生育模式的人口模型 ………………………… 34
3.4　军队作战模型 ………………………… 38
3.4.1　军队作战模型介绍 ………………………… 38
3.4.2　军队作战模型求解 ………………………… 40
3.5　差分方程理论 ………………………… 43
3.5.1　差分的概念 ………………………… 43
3.5.2　差分方程的概念 ………………………… 43
3.5.3　一阶常系数线性差分方程及其迭代解法 ………………………… 44
3.5.4　差分方程在经济学中的应用 ………………………… 46
习题 3 ………………………… 47
第 4 章　随机模型 ………………………… 48
4.1　概率论基本知识 ………………………… 48
4.1.1　概率的概念和性质 ………………………… 48
4.1.2　随机变量及其分布 ………………………… 49
4.1.3　随机变量的数学特征 ………………………… 49
4.1.4　常用离散分布 ………………………… 50
4.1.5　常用连续分布 ………………………… 51
4.2　数理统计基本知识 ………………………… 51
4.2.1　三大抽样分布 ………………………… 51
4.2.2　参数估计 ………………………… 52
4.2.3　假设检验 ………………………… 55
4.2.4　方差分析 ………………………… 58
4.2.5　回归分析 ………………………… 60
4.3　随机转移模型 ………………………… 68
4.3.1　随机转移模型介绍 ………………………… 68
4.3.2　随机转移模型求解 ………………………… 72
4.4　随机存储模型 ………………………… 75
4.4.1　离散型存储模型 ………………………… 75
4.4.2　连续型存储模型 ………………………… 76
4.5　蒙特卡罗方法 ………………………… 76
4.5.1　蒙特卡罗方法的来源和思想 ………………………… 76
4.5.2　蒙特卡罗方法的一般步骤 ………………………… 78
4.5.3　随机数的生成 ………………………… 81

习题 4 …… 85

第 5 章 规划模型 …… 87

5.1 线性规划 …… 87

5.1.1 一般线性规划问题的数学模型 …… 87

5.1.2 线性规划问题的基本性质 …… 90

5.1.3 单纯形方法 …… 91

5.1.4 人工变量法 …… 95

5.1.5 对偶理论与灵敏度分析 …… 99

5.2 目标规划 …… 104

5.2.1 目标规划问题的提出 …… 105

5.2.2 目标规划的数学模型 …… 106

5.2.3 目标规划的图解法 …… 107

5.2.4 解目标规划的单纯形法 …… 110

5.2.5 目标规划的灵敏度分析 …… 112

5.3 整数规划 …… 115

5.3.1 整数规划模型及其一般形式 …… 115

5.3.2 割平面法 …… 116

5.3.3 分枝定界法 …… 118

5.3.4 0-1 型整数规划 …… 120

5.3.5 指派问题 …… 121

5.4 动态规划 …… 124

5.4.1 多阶段决策问题 …… 124

5.4.2 动态规划的基本概念及基本定理 …… 125

5.4.3 动态规划模型及求解方法 …… 126

5.4.4 动态规划的应用 …… 131

习题 5 …… 135

第 6 章 图论模型 …… 138

6.1 图的基本概念与定理 …… 138

6.1.1 图的定义、顶点的次数及图的同构 …… 139

6.1.2 路径与连通 …… 141

6.1.3 有向图的连通性 …… 142

6.1.4 图的矩阵表示 …… 143

6.2 树与生成树 …… 145

6.2.1 树的定义与性质 …… 146

6.2.2 生成树的定义及构造方法 …… 148

6.2.3 最小生成树问题及其算法 …… 149

6.2.4 最小生成树问题的应用及推广 …… 151

6.3 最短路问题 …… 152

6.3.1 最短路问题的基本解法 …… 152

6.3.2 赋权有向图中的最短路 …… 157

6.3.3 最短路问题扩展 …… 158

6.3.4 选址问题及中国邮递员问题 …… 160

6.4 网络最大流、最小流问题 …… 162

6.4.1 基本概念及定理 …… 162

6.4.2 最大流问题的两种解法 …… 164

6.4.3 最小费用流及相关解法 …… 165

习题 6 …… 167

第 7 章 其他模型 …… 171

7.1 模糊数学 …… 171

7.1.1 模糊集 …… 171

7.1.2 模糊聚类分析 …… 174

7.1.3 模糊模型识别 …… 177

7.1.4 模糊综合评判 …… 180

7.1.5 模糊协调决策 …… 182

7.2 灰色系统理论 …… 184

7.2.1 灰色系统基本概念和建模思想 …… 184

7.2.2 灰色系统预测模型 …… 185

7.2.3 灰色系统模型的检验 …… 188

7.2.4 应用举例 …… 189

7.3 层次分析法 …… 193

7.3.1 层次分析法的基本步骤 …… 193

7.3.2 层次分析法的应用 …… 194

7.4 数据拟合与插值 …… 198

7.4.1 数据拟合的最小二乘法 …… 198

7.4.2 多项式插值 …… 205

7.5 变分法 …… 210

7.5.1 变分法简介 …… 210

7.5.2 国民收入的增长 …… 214

7.5.3 产品价格的最佳调整 …… 216

7.6 合作对策和风险决策 …… 218

7.6.1 合作型对策 …… 218

7.6.2 风险决策问题 …… 220

习题 7 …… 224

第 8 章 Mathematica 软件简介 ………………… 226
8.1 Mathematica 入门 ………………………… 226
8.1.1 Mathematica 界面 ………………… 226
8.1.2 输入与执行……………………… 227
8.1.3 Mathematica 的语法要求 ……… 227
8.1.4 查询与帮助……………………… 227
8.1.5 文件的存取……………………… 228
8.1.6 Mathematica 的扩展 …………… 228
8.1.7 数的表示与计算………………… 228
8.1.8 变量的表示与运算……………… 229
8.1.9 函数的表示与运算……………… 229
8.1.10 表的表示 ……………………… 232
8.2 利用 Mathematica 绘制图形 ………… 232
8.2.1 基本一元函数作图……………… 232
8.2.2 参数方程所确定的函数作图…… 234
8.2.3 极坐标式函数作图……………… 235
8.2.4 隐函数作图……………………… 235
8.2.5 绘制平面散点图………………… 236
8.2.6 平面图形的可选项……………… 237
8.2.7 空间图形的绘制………………… 239
8.3 利用 Mathematica 解方程 …………… 242
8.3.1 n 次方程的求解 ………………… 242
8.3.2 求解方程近似根………………… 243
8.3.3 方程组的求解…………………… 244
8.4 利用 Mathematica 求解微积分 ……… 244
8.4.1 求极限…………………………… 245
8.4.2 求导数和微分…………………… 245
8.4.3 求不定积分与定积分…………… 247
8.4.4 求重积分………………………… 248
8.4.5 求解微分方程…………………… 248
8.4.6 无穷级数的相关运算…………… 249
8.4.7 求函数的极大值与极小值……… 249
8.4.8 数据拟合………………………… 250
8.5 利用 Mathematica 进行线性代数运算………………………………… 252
8.5.1 矩阵的输入与输出……………… 252
8.5.2 矩阵的运算……………………… 253
8.5.3 求解线性方程组………………… 255
8.5.4 向量组的单位正交化…………… 256
8.6 利用 Mathematica 进行概率与数理统计运算………………………… 256
8.6.1 常用随机变量分布的计算……… 256
8.6.2 数据的统计与分析……………… 257
8.6.3 区间估计………………………… 258
8.6.4 假设检验………………………… 259
第 9 章 LINDO 软件简介 ……………………… 261
9.1 LINDO 软件的求解过程 ……………… 261
9.2 一个简单的 LINDO 程序 ……………… 262
9.3 灵敏度分析……………………………… 265
9.4 整数线性规划的求解…………………… 270
9.5 二次规划求解…………………………… 274
附录 ……………………………………… 278
附录 1 部分习题参考答案 ……………… 278
附录 2 标准正态分布表 ………………… 286
附录 3 相关系数临界值表 ……………… 287
附录 4 历年全国大学生数学建模竞赛题目 …………………………………… 289
参考文献 ………………………………… 293

第 1 章　数学建模概论

半个多世纪以来，随着计算机技术的迅速发展，数学不仅在工程技术、自然科学等领域发挥着越来越重要的作用，而且以空前的广度和深度向经济、金融、生物、医学、环境、地质、人口、交通等新的领域渗透。数学技术已经成为当代高新技术的重要组成部分。

在实际生活中，应用数学知识和计算机技术去解决各门学科和社会生产中的实际问题时，首先要对实际问题进行分析和研究，组建用以解决此问题的数学模型，使用数学理论和方法，采用编程计算等手段对模型进行分析，从中得到结果，再运用得到的模型结果来解决实际问题。

1.1　数学模型和数学建模

1.1.1　模型

模型是客观实体有关属性的模拟。例如，陈列在橱窗中展览的飞机模型是参照飞机实体的形状，严格按照一定比例减缩而制作成的，其外形要求一定要像真正的飞机，而至于它是否能够飞起来则无关紧要。但是，参加航模比赛的飞机就不同了，如果飞机性能不佳或者飞不起来，就不能算是一个好的模型。

模型并非一定是实体的一种仿照，也可以是对实体的某些基本属性的抽象。例如，一张建筑模型图就并不需要按实物来模拟，它可以用抽象的符号、文字和数字来反映建筑物的结构特征。

1.1.2　数学模型

数学模型(Mathematical Model)是由数字、字母或者其他数学符号组成的、描述现实对象数量规律的数学公式、图形或者算法。数学模型作为模型的一类，也是对现实的一种模拟，它以数学符号、数学表达式、程序、图形等为工具，对现实问题的本质属性进行抽象而又简洁的刻画，它或者能够解释某些客观现象，或者能够预测未来的发展规律，或者对于某种现象的发展提供某种意义上的最优化策略等。

数学模型不是对现实系统的简单模拟，而是对现实系统的信息提炼、分析、归纳、翻译的结果，它是人们用以认识现实系统和解决现实问题的工具。数学模型用数学语言精确地表达对象的内在特征，通过数学上的演绎推理和分析求解，我们能够深化对所研究问题的认识。例如，描述人口 $N(t)$ 随着时间 t 自由增长过程的数学模型 $\mathrm{d}N(t)=rN(t)\mathrm{d}t$，忽略了性别、年龄、社会经济和自然界的约束条件等许多与人口增长有密切关系的因素，把实际人口的动态变化过程大大简化了。这个数学模型对现在人口的预测有较大偏差，但它所揭示出的人口指数增长的结论还是值得人们参考的。

当前，数学模型越来越多地出现在人们的生产、工作和社会活动中。例如：电气工程师必须建立所要控制的生产过程的数学模型，用这个模型对控制装置作出相应的设计和计算，才能实现有效的过程控制；气象工作者能够精确地预报天气，离不开根据气象站、气象卫星汇集的气压、雨量、风速等资料建立的数学模型；生物制药者根据药物浓度在人身体内随时间和空间变化的数学模型，得以分析药物的疗效，有效地指导临床应用；城市规划者必须建立包括人口、经济、交通、环境等的数学模型，为城市发展的决策提供科学依据；生产厂家和经营者要根据产品的需求状况、生产条件、成本及利润等信息，建立一个合理安排生产和销售的数学模型，以获得最大的经济效益。

1.1.3 数学建模

数学建模主要是运用数学知识来解决实际问题的。数学是人们掌握和使用数学模型这个工具的必要条件和重要基础，没有深厚的数学基础、严密的数学逻辑思维，是很难使用数学模型解决好实际问题的。但是，数学模型本身又具有一些不同于数学的特征，需要掌握其他方面的许多知识，这些都是在学习和掌握数学模型中特别要注意的。

例如常见的航行问题：甲、乙两地相距 750 千米，船从甲地到乙地顺水航行需要 30 小时，从乙地到甲地逆水航行需要 50 小时，船速、水速各为多少？

如果用 x、y 分别代表船速、水速，可以得到方程：

$$(x+y)\times 30=750$$
$$(x-y)\times 50=750$$

航行问题

实际上，这组方程就是描述上述问题的数学模型。列出方程后，原问题就转化为纯粹的数学问题。方程的解（$x=20$ 千米/小时，$y=5$ 千米/小时）最终给出了航行问题的答案。

在实际生活中，真正的数学模型通常要复杂得多，但是数学模型的基本内容已经包含在解这个代数应用题的过程中，那就是：根据建立数学模型的目的和问题的背景作出必要的简化假设（航行中设船速和水速为常数），用字母表示待求的未知量（x、y 分别代表船速和水速），利用相应的物理或者其他规律（匀速直线运动的距离等于速度乘以时间）列出数学式子（二元一次方程），求出数学上的解（$x=20$，$y=5$），用这个答案解释原问题（船速和水速分别为 20 千米/小时、5 千米/小时），最后还要用现实现象来验证上述结论。

1.2 建立数学模型的过程与步骤

1.2.1 建立数学模型的过程

在实际生活中，数学模型的建立一般来说有表述、求解、分析和验证几个阶段，通过这些阶段完成从现实对象到数学模型，再由数学模型回到现实对象的循环，如图 1.1 所示。

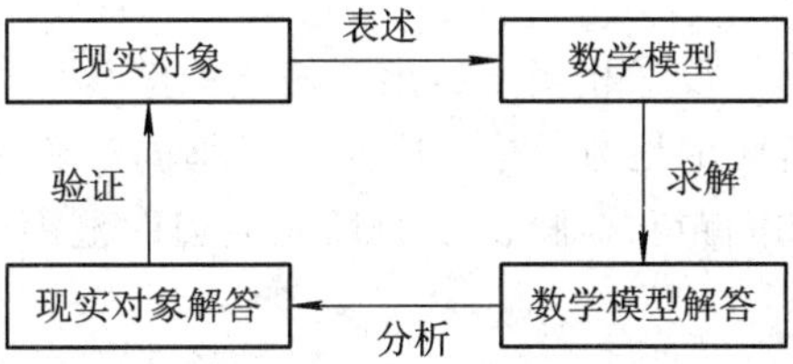

图 1.1　现实对象和数学模型的关系

1. 数学模型的表述

数学模型的表述是指根据建模的目的和掌握的信息，将现实问题翻译成数学问题，选择合适的数学方法，识别常量、自变量和因变量，引入适合的符号并采用适当的单位制，提出合理的简化假设，推导变量和常量所满足的数量关系。

2. 数学模型的求解

数学模型的求解是指运用所选择的数学方法求解数学模型。采用适当的计算机软件能够扩大可解决问题的范围并能减少计算错误。求解数学模型的常用软件有 Maple、Mathematica等计算机代数系统，MATLAB、LINGO 等数值计算软件，SAS、SPSS 等统计软件，Excel 等电子表格处理软件等。

3. 数学模型的分析

数学模型的分析是指对数学模型的解进行分析，包括对结果的误差分析或统计分析、对模型数据的灵敏度分析、对模型假设的强健性分析等。

4. 数学模型的验证

数学模型的验证是指将数学模型的解转换成现实对象的解，给出实际问题所需要的分析、预报、决策或者控制的结果，检验现实对象的解是否符合现实对象的信息(包括实际的现象、数据或计算机仿真结果)，从而检验数学模型是否合理、适用。如果检验的结果表明数学模型不够合理、不适用于实际对象，首先要考虑最初从实际对象的信息提出的数学问题以及选择的数学方法是否合适，是否要重新提出数学问题、重新选择数学方法，其次要考虑在模型建立阶段所提出的简化假设是否合理、全面，通过修改假设或补充假设，重新建模，然后再次求解、分析、验证。如果检验结果正确或者基本正确，就可以用来指导实际；否则应重复上述过程，直到满意为止。

【例 1.1】 把椅子放在不平的地面上，通常只有 3 只脚着地，放不稳，然而稍微挪动几次就可以使 4 只脚同时着地。这个似乎与数学无关的现象能用数学语言表述并用数学工具来证实吗?

椅子摆放问题

(1) 模型假设。

对椅子和地面应该作一些必要的假设：

① 椅子 4 条腿一样长，椅子脚与地面的接触处可视为 1 个点，4 只脚的连线形成正方形。

② 地面的高度是连续变化的，沿任意方向都不会出现间断，即地面可以视为数学上的连续曲面。

③ 对于椅脚的间距和椅腿的长度而言，地面是相对平坦的，椅子在任意位置至少有 3

只脚同时着地。

假设①显然是合理的。假设②相当于给出了椅子能够放稳的条件，因为如果地面的高度是不连续的，譬如在有台阶的地方，是无法使 4 只脚同时着地的。假设③给出了要排除的情况，若在地面与椅脚的间距和椅腿长度的尺寸相当的范围内出现深沟或者凸峰，则 3 只椅脚无法同时着地。

(2) 模型构成。

中心问题是用数学语言把椅子 4 只脚同时着地的条件和结论表述出来。

首先要用变量表示椅子的位置。注意到椅脚连线呈正方形，以中心为对称点，正方形绕中心的旋转正好代表椅子位置的变化，于是可以用旋转角度这一变量表示椅子的位置。在图 1.2 中，椅脚连线为正方形 $ABCD$，对角线 AC 与 x 轴重合，椅子绕中心点 O 旋转角度 θ 后，正方形 $ABCD$ 转至 $A'B'C'D'$ 的位置，所以可以用对角线 $A'C'$ 与 x 轴的夹角 θ 表示椅子的位置。

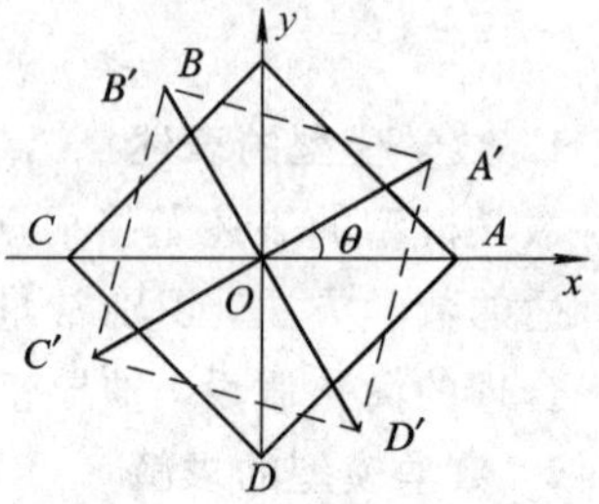

图 1.2　椅子摆放位置图

其次要把椅脚着地用数学符号表示出来。如果用某个变量表示椅脚与地面的竖直距离，那么当这个距离为零时就是椅脚着地了。椅子在不同位置时椅脚与地面的距离不同，所以这个距离是椅子位置变量 θ 的函数。

虽然椅子有 4 只脚，这些脚与地面之间有 4 个距离，但是由于正方形具有中心对称性，因此只要设两个距离函数即可。记 A、C 两脚与地面的距离之和为 $f(\theta)$，B、D 两脚与地面的距离之和为 $g(\theta)$（$f(\theta)$、$g(\theta)\geqslant 0$）。由假设②可知，$f(\theta)$ 和 $g(\theta)$ 都是连续函数。由假设③可知，椅子在任何位置至少有 3 只脚着地，所以对于任意的 θ，$f(\theta)$ 和 $g(\theta)$ 中至少有一个为零。当 $\theta=0$ 时不妨设 $g(\theta)=0$，$f(\theta)>0$。这样，改变椅子的位置使四只脚同时着地，就归结为证明如下的数学命题：

已知 $f(\theta)$ 和 $g(\theta)$ 是 θ 的连续函数，对任意 θ，$f(\theta)\cdot g(\theta)=0$ 且 $g(0)=0$，$f(0)>0$，则存在 θ_0，使 $f(\theta_0)=g(\theta_0)=0$。

可以看到，引入了变量 θ 和函数 $f(\theta)$、$g(\theta)$，就把模型的假设条件和椅脚同时着地的结论用简单、精确的数学语言表述出来了，从而构成了这个实际问题的数学模型。

(3) 模型求解。

上述命题有多种证明方法，这里介绍其中的一种。

将椅子旋转 $\pi/2$，对角线 AC 和 BD 互换，由 $g(0)=0$ 和 $f(0)>0$ 可知，$f(\pi/2)=0$，$g(\pi/2)>0$。

令 $h(\theta)=f(\theta)-g(\theta)$，则有 $h(0)>0$ 和 $h(\pi/2)<0$。由 f 和 g 的连续性知，h 也是连续的。根据连续函数的基本性质，必存在 θ_0（$0<\theta_0<\pi/2$），使得 $h(\theta_0)=0$，即 $f(\theta_0)=g(\theta_0)$。最后，因为 $f(\theta_0)\cdot g(\theta_0)=0$，所以 $f(\theta_0)=g(\theta_0)=0$。

因此，可以验证假设，即必然存在一个 θ_0，使得 $f(\theta_0)=g(\theta_0)=0$，能够使椅子的 4 只脚同时着地。

1.2.2　建立数学模型的一般步骤

一般地，数学模型是我们所研究的实际问题有关属性的模拟，它应当具有实际问题中我们关心和需要的主要特征。数学模型是运用数学的语言和工具对部分现实世界的信息加以翻译、归纳的产物。数学模型经过演绎、求解、推断和分析，给出数学上的预报、决策或者控制，再经过翻译和解释，回到现实世界中。最后，这些推论或者解释必须接受现实问题的检验，完成实践—理论—实践的循环。

数学模型的建立一般分为如下几个步骤：

1. 建模准备

建立数学模型前要了解问题的实际背景，明确建模的目的，收集建模所必需的各种信息，如现象、数据等，弄清对象的特征，由此初步确定用哪一类模型，做好建模准备工作。

2. 模型假设

模型假设是指根据对象的特征和建模的目的，对问题进行必要而合理的简化，再用精确的语言给出解释，这是建模关键的一步。一个实际问题的不同简化假设会得到不同的模型：假设不合理或者过分简单，会导致模型失败或者部分失败，从而影响结果；假设过分详细，试图把复杂对象各个方面的因素都考虑进去，可能使工作量加大。通常作为假设的依据，一是出于对问题内在规律的认识，二是来自对数据或现象的分析，也可以是二者的综合。进行假设时既要运用与问题相关的物理、化学、生物、经济等方面的知识，又要充分发挥想象力、洞察力和判断力，善于辨别问题的主次，果断抓住主要因素，舍弃次要因素，尽量将问题线性化、均匀化。

3. 模型构成

模型构成是指根据所作的假设，利用适当的数学工具来刻画、描述各种量之间的关系。除需要一些相关学科的专门知识外，还常常需要较广泛的应用数学方面的知识，以开拓思路。同时，数学建模还有一个原则，即应尽量采用简单的数学工具，因为简单的数学模型往往更能反映事物的本质，也容易让更多的人掌握和使用。

4. 模型求解

建立数学模型的目的是解释自然现象，寻找内在规律，以便指导人们认识世界和改造世界。对假设的数学模型，利用解方程、画图形、证明定理、逻辑运算、数值分析等各种传统的和近代的数学方法，特别是计算机技术得到数量结果的过程，即模型求解。

5. 模型分析

对模型的解进行数学上的分析，有时要根据问题的性质分析变量间的依赖关系或稳定状况，有时要根据所得结果给出数学上的预报，有时则可能要给出数学上的最优决策或控制。不论哪种情况，都需要进行误差分析、稳定性分析等。

6. 模型检验

模型检验就是把数学模型求解的结果“翻译”回实际问题中，与实际情况进行比较，用实际现象、数据等检验模型的合理性和适用性，看是否符合实际。如果模型结果的解释与实际情况相符合或结果与实际观察基本一致，则表明模型经检验是符合实际的。如果模型的结果很难与实际相符合或与实际观测不一致，则表明这个模型与所研究的实际问题是不相符的，不能直接应用于所研究的实际问题。这时如果数学模型的建立和求解过程没有问题，就需返回到建模前关于问题的假设过程，检查对于问题所作的假设是否恰当，对假设给出必要的修正，重复前面的建模过程，直到建立符合实际问题的模型为止。

7. 模型应用

模型应用是用已建立的数学模型分析解释已有现象，并预测未来的发展趋势，以便给人们的决策提供参考。

并非所有数学模型的建立都要经过上述步骤，有时各个步骤之间的界限也不是很明显，因此建模过程中不要局限于形式，应以对象的特点和建模的目的为依据。

1.3　建立数学模型的方法简介

数学建模的过程就是把实际问题经过分析、抽象及概括后，利用数学语言表述为数学问题的过程。建立一个实际问题的数学模型的方法大致有两种：一种是实验归纳的方法，即根据测试或计算数据，按照一定的数学方法，归纳出问题的数学模型；另一种是理论分析的方法，即根据客观事物本身的性质，分析因果关系，在适当的假设下用数学工具去描述其数量特征。

根据实际问题建立数学模型的方法很多，从方法所归属的数学分支大致可以分为几何方法、代数方法、比例分析法、逻辑方法、类比法、量纲分析法、数学规划方法、最优化方法、微分方程方法、差分方法、变分方法、概率方法、随机模拟方法、回归分析方法、方差分析方法、聚类分析方法、判别分析方法、主成分分析方法、时间序列分析方法、灰色预测方法、模糊数学方法、机器学习方法、图论方法、插值拟合方法、层次分析法、决策方法及对策方法等。

1. 几何方法

时间和空间是运动物质的基本属性和存在形式，从数学上研究时间范畴和空间范畴就构成了几何学。数学建模中的几何方法，是从时间和空间角度对现实对象进行刻画和研究的一种方法，也就是说，几何方法是为了描写、表示和反映现实时空，采取数形结合的方式建立数学模型的方法。

2. 代数方法

代数方法是求解离散问题的主要方法。代数是研究数、数量、关系、结构与代数方程(组)的通用解法及其性质的数学分支，通常分为初等代数和高等代数(包括线性代数)。利用代数方法建立数学模型时，常借助于不等式、数列、代数方程(组)、行列式、矩阵、向量、线性变换、线性空间、群、环及域等代数工具来进行。

3. 比例分析法

比例分析法是建立变量之间函数关系的最基本、最常用的方法。比例是数量关系之间的相对关系，比例问题的重点是分析、寻找相关联的已知量和未知量，并明确这些量之间的比例关系，通过比例和等式得到变量间的函数关系式，从而建立数学模型。

4. 逻辑方法

逻辑方法是数学理论研究的重要方法，是人们在逻辑思维过程中，根据现实材料按照逻辑思维的规律、规则形成概念、做出判断和进行推理的方法。利用逻辑方法建模时，常将实际问题抽象成数学问题，利用逻辑推理方式得到数学问题的解，然后通过检验和验证解决实际问题。

5. 类比法

类比法是通过联想和归纳对实际问题的各因素进行分析，并与已知模型进行比较，把未知关系化为已知关系，在不同的对象或完全不相关的对象中找出同样的或相似的关系，用已知模型的某些结论类比来求解类似的未知模型的数学方法。

6. 量纲分析法

量纲分析法是在物理领域中建立数学模型的一种方法，它是在经验和实验的基础上，利用量纲齐次性原则确定各物理量之间关系的方法。通过量纲分析可以正确地分析各变量之间的关系，将有量纲的量之间的函数关系转化为无量纲量的表达式，从而达到简化和建模的目的。

7. 数学规划方法

数学规划是数学应用学科体系中的一个分支，也是现代管理科学中一项重要的分析方法。它主要用于分析实际管理问题的最优化方案，为相关的管理、统筹和计划问题提供科学、最优的规划方案。数学规划问题的三要素为：变量或决策变量、目标函数和约束条件。数学规划方法包括线性规划、非线性规划、整数规划、动态规划及目标规划等。

8. 最优化方法

最优化方法是指解决最优化问题的方法。所谓最优化问题，指在某些约束条件下，决定某些可选择的变量应该取何值，使所选定的目标函数达到最优的问题。常见的最优化方法有梯度下降法、牛顿法和拟牛顿法、共轭梯度法等，现代最优化方法有禁忌搜索算法，模拟退火算法，遗传算法及神经网络等。

9. 微分方程方法

微分方程方法是解决连续问题中变量之间变化规律的基本方法。在研究一些问题时，会涉及变量的变化率或导数，变量的导数或变化率之间的关系式就是微分方程模型，其反映的是变量之间的间接关系，通过求解方程，就得到了直接关系。微分方程方法的一般步骤是：

(1) 根据实际问题确定变量及其变化区间；

(2) 根据基本定理或定律，建立微分方程(组)并确定定解条件；

(3) 通过精确求解、数值求解、定性分析等方法求解微分方程(组)；

(4) 检验微分方程(组)的解的适用性。

10. 差分方法

差分方法是建立离散动态系统数学模型的有效方法。差分方法的数学思想是通过泰勒级数展开等方法，用网格节点上的函数值的差商代替控制方程中的导数进行离散，建立以网格节点上的值为未知数的方程组，从而将微分问题转化为代数问题。

差分方法的一般步骤是：

(1) 建立微分方程；

(2) 构造差分格式；

(3) 求解差分方程；

(4) 精度分析和检验。

11. 变分方法

变分方法是近代数学理论的重要工具之一，它处理函数的变量的数学问题，即泛函问题，和处理函数的普通微积分相对。使泛函取极值的函数称为变分问题的解，也称为极值函数。泛函可以通过未知函数的积分和它的导数来构造，最终寻求的是极值函数。现实中很多现象可以表达为泛函极小问题，即变分问题。变分问题的求解方法通常有两种：古典变分法和最优控制论。

12. 概率方法

概率方法是解决随机问题的一种重要方法。随机数学模型中的变量通常具有不确定性且服从一定的概率分布，实际问题常可转化为关于随机变量的概率分布、数字特征等问题。常用的概率分布有0－1分布、二项分布、泊松分布、几何分布、超几何分布、均匀分布、指数分布及正态分布等。常见的概率模型有随机转移模型、随机存储模型、排队论模型和可靠性模型等。

13. 随机模拟方法

随机模拟方法是在实验数据很难获取或实验数据的获取需耗费大量的人力、物力情形下，用计算机随机模拟进行数值计算的一种方法。最常用的随机模拟方法是蒙特卡罗方法，它是对一些复杂的计算问题进行简化的有效方法。为了求解问题，首先建立一个概率模型或随机过程，然后用计算机仿真，生成符合某种概率分布的随机数，通过模拟来检验模型的正确性，进而给出问题解的统计估计值和精度估计值。

14. 回归分析方法

回归分析是一种统计学上分析数据的方法，目的在于了解两个或多个变量之间是否相关、相关方向与强度，并建立数学模型，以便观察特定变量来预测研究者感兴趣的变量。回归分析在一组数据的基础上研究以下几个问题：建立因变量与自变量之间的回归模型(一元、多元、线性和非线性)；对回归模型的显著性进行检验；判断每个自变量对因变量的影响是否显著；判断回归模型是否适合这组数据；利用回归模型进行预报或控制。

15. 方差分析方法

方差分析是统计分析方法中最常用的方法之一，用于分析定类数据与定量数据之间的关系。根据自变量的数量分为单因素、双因素和多因素方差分析。方差分析方法用来分析或检验多个样本的均值间是否有显著差异，根据试验结果，找出有显著作用的因素，以及找出在怎样的水平和工艺条件下能使指标最优，以达到优质和高产的目的。

16. 聚类分析方法

聚类分析是统计学中研究“物以类聚”问题的一种有效方法，它属于统计分析的范畴。聚类分析的实质是建立一种分类方法，能够将一批样本数据按照它们在性质上的亲密程度，在没有先验知识的情况下自动进行分类。聚类分析方法所研究的样本或者变量之间存在程度不同的相似性，找出能够度量它们之间相似程度的统计量作为分类的依据，再利用这些量将样本或者变量进行分类。这里所说的类就是一个具有相似性的个体的集合，不同类之间具有明显的区别。

17. 判别分析方法

判别分析方法是利用已知类别的样本建立判别模型，为未知类别的样本进行判别分类的一种统计方法。根据已掌握的分类明确的样本，建立较好的判别函数，使产生错判的事例最少，进而判别给定的新样本来自哪个总体，判别分析往往和聚类分析联合起来使用。根据不同的判别准则有多种判别方法，常用的判别分析方法有距离判别法、Fisher 判别法、Bayes 判别法和逐步判别法等。

18. 主成分分析方法

主成分分析是将多个变量通过线性变换选出较少重要变量的一种多元统计分析方法，是最常用的降维方法之一。在实际问题中，为了全面分析问题，往往提出很多与此有关的变量(或因素)，通过正交变换将一组可能存在相关性的变量转换为一组线性不相关的变量，转换后的这组变量称为主成分。依据主成分所含信息量的大小成为第一主成分，第二主成分等。

19. 时间序列分析方法

时间序列分析是一种动态数据处理的统计方法。该方法基于随机过程理论和数理统计方法，研究随机数据序列所遵从的统计规律，从而解决实际问题。时间序列分析常用的方法有趋势拟合法和平滑法。趋势拟合法是把时间作为自变量，相应的序列观察值作为因变量，建立序列值随时间变化的回归模型的方法；平滑法是利用修匀技术，削弱短期随机波动对序列的影响，使序列平滑化，从而显示出长期趋势变化规律的方法。

20. 灰色预测方法

灰色预测方法是通过少量、不完全的信息，利用灰色理论建立数学模型并做出预测的一种方法。灰色预测通过鉴别系统因素之间发展趋势的相异程度，即进行关联分析，对原始数据进行生成处理来寻找系统变动的规律，生成有较强规律性的数据序列，然后建立相应的微分方程模型，从而预测事物未来发展趋势的状况。

21. 模糊数学方法

模糊数学方法是研究和处理模糊性现象的一种数学理论和方法。其基本思想是用精确的数学手段对现实世界中大量存在的模糊概念和现象进行描述和建模，以达到对其进行恰当处理的目的。模糊数学方法通常包括模糊逻辑、模糊识别、模糊聚类分析、模糊决策及模糊综合评判等方面的内容。

22. 机器学习方法

机器学习是一门多领域交叉学科，它研究计算机怎样模拟或实现人类的学习行为以获取新的知识技能，并重新组织已有的知识结构使之不断改善自身的性能，是人工智能的核心。传统的机器学习方法主要包括决策树、随机森林、人工神经网络、贝叶斯学习等。目前，大数据机器学习和数据挖掘等智能计算技术逐步发展起来，以适应大数据环境下的数据处理需要。

23. 图论方法

图论方法是指对一些抽象事物进行抽象和化简，并用图来描述事物特征及内在联系的过程。图中的结点表示研究对象，结点之间的连线表示研究对象之间具有某种特定关系，如先后关系、胜负关系、传递关系和连接关系等。图论方法常用于求解最短路问题、最小生成树问题、图的匹配问题、遍历性问题及最大流问题等。

24. 插值拟合方法

在实验和勘测中常常会产生大量数据，为了解释这些数据或根据这些数据做出预测和判断，需要对测量数据进行插值和拟合，寻找反映数据变化规律的函数。插值和拟合既有相同之处，也有很大区别。两者都是根据某个未知函数（或已知但难于求解的函数）的几个已知数据点求出变化规律和特征相似的近似曲线的过程，但是插值法要求近似的曲线完全经过数据点，而拟合则不要求过已知数据点，只要求得到最接近的结果，即在某种意义下在这些数据点上的总偏差最小。

25. 层次分析法

层次分析法是结合定性分析和定量分析的一种决策方法。首先将决策问题按总目标、评价准则、备选方案的顺序分解为不同的层次结构，然后通过求解判断矩阵的特征向量，求得每一层次的各元素对上一层次某元素的优先权重，再加权求和得到各备选方案对总目标的最终权重，从而给出各备选方案的优先排序。层次分析法的基本步骤是：

(1) 建立层次结构模型；

(2) 构造成比较矩阵；

(3) 计算权向量，得到层次单排序，并做一致性检验；

(4) 得到层次总排序，并做一致性检验。

26. 决策方法

决策方法分为主观决策法（定性决策法）和计量决策法（定量决策法）。主观决策法是建立在经济学、心理学、社会学、行为科学和系统工程学等学科基础上，发挥各类专家集体智慧和创造力的决策方法。主观决策法主要有专家意见法、综合评分法、名义群体法、特尔菲法、头脑风暴法及类比思考法等。计量决策法是用数学方法建立决策模型，并用计算机求解，以提高决策的速度和精度的方法。计量决策法一般分为确定型决策、风险型决策和不确定型决策 3 种。

27. 对策方法

对策方法来源于对策论，对策论也称博弈论或竞赛论，是研究具有竞争或对抗性质现象的数学理论和方法。一般认为，对策主要可以分为合作对策和非合作对策。在这些具有竞争或对抗性质的行为中，参加竞争的各方各自具有不同的目标和利益。对策论研究对策行为中竞争各方是否存在着最合理的行动方案，以及如何找到这个合理的行动方案。对策问题中包括三个要素：局中人、策略和对策的得失。

以上为建立数学模型的一些基本方法。实际上，数学建模的方法远不止这些，且在建立数学模型的过程中，很多时候多种方法是交叉融合在一起使用的。数学模型的建立不仅依赖于丰富的数学知识及其科学合理的应用，更重要的是数学的思维方法，这些包括思考问题的方式，所运用的数学方法及处理技巧等，特别是致力于“双向”翻译、逻辑推理、联想和洞察四种基本能力的培养。此外，还需要提高自主学习、文献检索、计算机应用、科技论文写作和团结协作等方面的能力，特别是有意识地增强文字表述方面的准确性和简明性，通过在平时的学习工作中不断积累和训练，掌握必要的知识技能。

习　题　1

1. 在“椅子摆放问题”的假设条件中，将“4 只脚的连线呈正方形”改为“4 只脚的连线呈长方形”，其余条件不变，试构造模型并求解。

2. 甲早 8:00 从山下旅店出发，沿一条路径上山，下午 5:00 到达山顶并留宿。次日早

8:00 沿同一路径下山，下午 5:00 回到旅店。乙说，甲必在两天中的同一时刻经过路径中的同一地点，为什么？

3. 甲、乙两站之间有电车相通，每隔 10 分钟甲、乙两站互发一趟车，但发车时刻不一定相同。甲、乙之间有一中间站丙，某人每天在随机的时间到达丙站，并搭乘最先经过丙站的那趟车，结果发现 100 天中约有 90 天到达甲站，仅约 10 天到达乙站。开往甲、乙两站的电车经过丙站的时刻表是如何安排的？

4. 某人家住 T 市，在他乡工作，每天下班后乘火车于 6:00 抵达 T 市车站，他的妻子驾车准时到车站接他回家。一日他提前下班搭早一班火车于 5:30 抵达 T 市车站，随即步行回家，他的妻子像往常一样驾车前来，在半路上遇到他，即接他回家，此时发现比往常提前了 10 分钟。他步行了多长时间？

数学建模概论习题解析

第2章　初等数学模型

所谓初等数学模型，是指建立模型所用的数学知识和方法主要是初等的，而不是高等的。在解决实际问题的过程中，往往看解决问题的效果和应用的结果如何，而不在于用了初等的方法还是高等的方法。数学建模也是这样。本章主要介绍量纲分析法、比例与函数建模法，并给出相应的模型。

2.1　量纲分析法

量纲分析法提出于20世纪初，是物理学中常用的一种定性分析方法，也是在物理领域建立数学模型的一个有力工具。它是在经验和实验的基础上，利用物理定律的量纲齐次性原则，确定各物理量之间关系的一种方法。

2.1.1　量纲齐次性原则

量纲齐次性原则

许多物理量是有量纲的，有些物理量的量纲是基本的，有些物理量的量纲则可以由基本量纲根据其定义或某些物理定律推导出来。例如在动力学中，把长度 l、质量 m 和时间 t 的量纲作为基本量纲，记为

$$[l]=\mathrm{L},\ [m]=\mathrm{M},\ [t]=\mathrm{T}$$

而速度 v、力 F 的量纲可表示为

$$[v]=\mathrm{LT^{-1}},\ [F]=\mathrm{MLT^{-2}}$$

在国际单位制中，有7个基本量，即长度、质量、时间、电流、热力学温度、发光强度和物质的量，它们的量纲分别为L、M、T、I、Θ、J和N，称为基本量纲。任一个物理量 q 的量纲都可以表示成基本量纲的幂次之积：

$$[q]=\mathrm{L}^{\alpha}\mathrm{M}^{\beta}\mathrm{T}^{\gamma}\mathrm{I}^{\delta}\Theta^{\varepsilon}\mathrm{J}^{\eta}\mathrm{N}^{\xi}$$

量纲齐次性原则　用数学公式表示一个物理定律时，等式两端必须保持量纲一致。量纲分析就是在保证量纲一致的原则下，分析和探求物理量之间的关系。

下面以一个具体的例子给出量纲分析的一般方法。

2.1.2　量纲分析的一般方法

单摆运动

【例2.1】（**单摆运动**）质量为 m 的小球系在长度为 l 的线的一端，线的另一端固定，小球偏离平衡位置后，在重力 mg 作用下作往复摆动，忽略阻力，求摆动周期 t 的表达式。

解　这个问题中相关的物理量有 t、m、l、g，设它们之间有关系式：

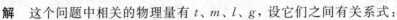

$$t = \lambda m^{\alpha_1} l^{\alpha_2} g^{\alpha_3} \tag{2.1}$$

其中，α_1、α_2、α_3为待定常数，λ为无量纲的比例系数，取式(2.1)的量纲表达式为

$$[t] = [m]^{\alpha_1}[l]^{\alpha_2}[g]^{\alpha_3}$$

整理得

$$\mathrm{T} = \mathrm{M}^{\alpha_1}\mathrm{L}^{\alpha_2+\alpha_3}\mathrm{T}^{-2\alpha_3}$$

由量纲齐次性原则，应有

$$\begin{cases} \alpha_1 = 0 \\ \alpha_2 + \alpha_3 = 0 \\ -2\alpha_3 = 1 \end{cases}$$

解得 $\alpha_1=0$，$\alpha_2=\dfrac{1}{2}$，$\alpha_3=-\dfrac{1}{2}$，代入式(2.1)得

$$t = \lambda\sqrt{\frac{l}{g}}$$

这与单摆的周期公式是一致的。

下面给出用于量纲分析建模的 Buckingham Pi 定理。

Buckingham Pi 定理　设 n 个物理量 x_1，x_2，…，x_n之间存在一个函数关系：

$$f(x_1, x_2, \cdots, x_n) = 0 \tag{2.2}$$

$[x_1][x_2]\cdots[x_m]$为基本量纲，$m\leqslant n$。x_i的量纲可表示为

$$[x_i] = \prod_{j=1}^{m}[x_j]^{\alpha_{ij}} \qquad (i = 1, 2, \cdots, n)$$

矩阵 $\boldsymbol{A}=(\alpha_{ij})_{n\times m}$称为量纲矩阵，若 $\boldsymbol{A}$ 的秩 Rank $\boldsymbol{A}=r$，则式(2.2)与下式等价：

$$F(\pi_1, \pi_2, \cdots, \pi_{n-r}) = 0$$

其中，F 为一个待定的函数关系，π_s为无量纲量($1\leqslant s\leqslant n-r$)，且 π_s可表示为

$$\pi_s = \prod_{i=1}^{n} x_i^{\beta_i^{(s)}} \tag{2.3}$$

而 $\boldsymbol{\beta}^{(s)}=(\beta_1^{(s)}, \beta_2^{(s)}, \cdots, \beta_n^{(s)})^{\mathrm{T}}$ 为线性齐次方程组 $\boldsymbol{A}^{\mathrm{T}}\boldsymbol{\beta}=0$ 的基本解向量。

利用 Buckingham Pi 定理建模，关键是确定与该问题相关的几个基本量纲的无量纲量 π_1，π_2，…，π_{n-r}。

【例 2.2】　长 l、吃水深度 h 的船以速度 v 航行，若不考虑风的影响，航船受到的阻力 F 除依赖于船的诸变量 l、h、v 以外，还与水的参数——密度 ρ、黏性系数 μ 以及重力加速度 g 有关。

航船阻力问题

下面利用 Buckingham Pi 定理分析 F 和上述物理量之间的关系。

(1) 航船问题中涉及的物理量及其量纲为

$$\begin{cases} [F] = \mathrm{LMT}^{-2} \\ [l] = \mathrm{L} \\ [h] = \mathrm{L} \\ [v] = \mathrm{LT}^{-1} \\ [\rho] = \mathrm{L}^{-3}\mathrm{M} \\ [\mu] = \mathrm{L}^{-1}\mathrm{MT}^{-1} \\ [g] = \mathrm{LT}^{-2} \end{cases}$$

要寻求的关系式为

$$\varphi(F,\ l,\ h,\ v,\ \rho,\ \mu,\ g) = 0 \tag{2.4}$$

这些物理量中涉及的基本量纲为 L、M、T。

(2) 写出量纲矩阵：

$$\boldsymbol{A}^{\mathrm{T}} = \begin{bmatrix} 1 & 1 & 1 & 1 & -3 & -1 & 1 \\ 1 & 0 & 0 & 0 & 1 & 1 & 0 \\ -2 & 0 & 0 & -1 & 0 & -1 & -2 \end{bmatrix} \begin{matrix} \mathrm{L} \\ \mathrm{M} \\ \mathrm{T} \end{matrix}$$

$$r(\boldsymbol{A}) = 3$$

(3) 解齐次线性方程组 $\boldsymbol{A}^{\mathrm{T}}\boldsymbol{\beta}=0$，可得 $n-r(\boldsymbol{A})=4$ 个基本解向量：

$$\begin{cases} \beta^{(1)} = (0,\ 1,\ -1,\ 0,\ 0,\ 0,\ 0)^{\mathrm{T}} \\ \beta^{(2)} = (0,\ 1,\ 0,\ -2,\ 0,\ 0,\ 1)^{\mathrm{T}} \\ \beta^{(3)} = (0,\ 1,\ 0,\ 1,\ 1,\ -1,\ 0)^{\mathrm{T}} \\ \beta^{(4)} = (1,\ -2,\ 0,\ -2,\ -1,\ 0,\ 0)^{\mathrm{T}} \end{cases}$$

由式(2.3)可给出 4 个无量纲量：

$$\begin{cases} \pi_1 = lh^{-1} \\ \pi_2 = lv^{-2}g \\ \pi_3 = lv\rho\mu^{-1} \\ \pi_4 = Fl^{-2}v^{-2}\rho^{-1} \end{cases} \tag{2.5}$$

由 Buckingham Pi 定理，式(2.4)等价于下列方程：

$$\Phi(\pi_1,\ \pi_2,\ \pi_3,\ \pi_4) = 0$$

这里 Φ 是未定的函数。由式(2.5)可得阻力 F 的显式表达式为

$$F = l^2 v^2 \rho \Psi(\pi_1,\ \pi_2,\ \pi_3) \tag{2.6}$$

其中：Ψ 表示一个未定函数；在流体力学中，$\dfrac{v}{\sqrt{lg}}$ 称为 Froude 数，记为 Fr；$\dfrac{lv\rho}{\mu}$ 称为 Reynold 数，记为 Re。因此式(2.6)又可写为

$$F = l^2 v^2 \rho \Psi\left(\frac{l}{h},\ Fr,\ Re\right) \tag{2.7}$$

(4) 下面利用物理模拟进一步确定航船在水中的阻力。

设 F、l、h、v、ρ、μ、g 和 F'、l'、h'、v'、ρ'、μ'、g' 分别表示模型和原型中的各物理量，由式(2.7)有

$$F = l^2 v^2 \rho \Psi\left(\frac{l}{h},\ \frac{v}{\sqrt{lg}},\ \frac{lv\rho}{\mu}\right)$$

$$F' = l'^2 v'^2 \rho' \Psi\left(\frac{l'}{h'},\ \frac{v'}{\sqrt{l'g'}},\ \frac{l'v'\rho'}{\mu'}\right)$$

当无量纲量

$$\frac{l}{h} = \frac{l'}{h'},\ \frac{v}{\sqrt{lg}} = \frac{v'}{\sqrt{l'g'}},\ \frac{lv\rho}{\mu} = \frac{l'v'\rho'}{\mu'} \tag{2.8}$$

成立时，可得

$$\frac{F'}{F}=\left(\frac{l'v'}{lv}\right)^2\frac{\rho'}{\rho} \tag{2.9}$$

则此时由模型船的阻力 F 及 l、v、ρ、l'、v'、ρ'，可确定原型船的阻力 F'。

下面讨论式(2.8)成立的条件。如果在实验中采用跟实际同样的水质，则 $\rho'=\rho$，$\mu'=\mu$，又 $g=g'$，故可得

$$\frac{l}{h}=\frac{l'}{h'},\ \frac{v}{v'}=\sqrt{\frac{l}{l'}},\ \frac{v}{v'}=\frac{l'}{l} \tag{2.10}$$

要使式(2.10)成立，必有 $l=l'$，$h=h'$，即模型船与原型船一样大，这显然排除了物理模拟的可行性。若考虑选用不同的水质，使得 $\mu'\neq\mu$，仍设 $\rho'=\rho$，则式(2.8)化为

$$\frac{l}{h}=\frac{l'}{h'},\ \frac{v}{v'}=\sqrt{\frac{l}{l'}},\ \frac{v}{v'}=\frac{l'}{l}\cdot\frac{\mu}{\mu'} \tag{2.11}$$

由式(2.11)可得$\frac{\mu'}{\mu}=\left(\frac{l}{l'}\right)^{\frac{3}{2}}$。若按 1∶20 的比例，$\mu=0.011\mu'$，显然无法找到如此小的黏性系数的液体。实际的一种近似处理方法是，在一定条件下 Re 的影响很小，这样可近似得到

$$F\approx l^2v^2\rho\Psi\left(\frac{l}{h},\ \frac{v}{\sqrt{lg}}\right)$$

类似地分析，只要$\frac{l}{h}=\frac{l'}{h'}$，$\frac{v}{v'}=\sqrt{\frac{l}{l'}}$，则有

$$\frac{F'}{F}=\left(\frac{l'}{l}\right)^3 \tag{2.12}$$

由式(2.12)很容易确定原型船的阻力 F'。

下面通过一个例子介绍如何使用无量纲化方法简化模型。

【例 2.3】 在某星球表面以初速度 v 竖直向上发射火箭，记星球半径为 r，星球表面重力加速度为 g，忽略阻力，讨论发射高度 x 随时间 t 的变化规律。

设 x 轴竖直向上，当 $t=0$ 时 $x=0$，火箭和星球质量分别记为 m_1 和 m_2，由牛顿第二定律和万有引力定律可得

$$m_1\ddot{x}=-k\frac{m_1m_2}{(x+r)^2} \tag{2.13}$$

当 $x=0$ 时，$\ddot{x}=-g$，将其代入式(2.13)并注意到初始条件 $km_2=gr^2$，得到如下初值问题：

$$\begin{cases}\ddot{x}=-\dfrac{r^2g}{(x+r)^2}\\ x(0)=0\\ \dot{x}(0)=v\end{cases} \tag{2.14}$$

方程(2.14)的解可以表示为 $x=x(t;\ r,\ v,\ g)$，即发射高度是以 r、v、g 为参数的 t 的函数，下面采用无量纲化方法化简方程(2.14)。

显然，抛射问题中的基本量纲为 L、T，而

$$[x]=\mathrm{L},\ [t]=\mathrm{T},\ [r]=\mathrm{L},\ [v]=\mathrm{LT^{-1}},\ [g]=\mathrm{LT^{-2}}$$

所谓无量纲化，是指对于变量 x 和 t 分别构造有相同量纲的参数组合 x_c 和 t_c，使得新

变量 $\bar{x}=\dfrac{x}{x_c}$ 和 $\bar{t}=\dfrac{t}{t_c}$ 为无量纲量，其中 x_c、t_c 称为特征尺度或参考尺度。将方程(2.14)化为 $\bar{x}$ 对 $\bar{t}$ 的微分方程，即可简化模型。如何寻找特征尺度呢？这里以 t_c 为例，首先写出参数 r、v、g 的量纲矩阵 $\boldsymbol{A}=\begin{bmatrix}1 & 1 & 1\\ 0 & -1 & -2\end{bmatrix}$，$t$ 的量纲向量为 $(0,1)^{\mathrm{T}}$，记为 $\boldsymbol{\beta}_0$，求解线性方程组 $\boldsymbol{A\beta}=\boldsymbol{\beta}_0$，得通解 $\boldsymbol{\beta}=(1,-1,0)^{\mathrm{T}}+k(1,-2,1)^{\mathrm{T}}$。任取 k，即得到一种特征尺度。例如，取 $k=0$，得到 $t_c=rv^{-1}$；取 $k=-1$，得到 $t_c=vg^{-1}$；取 $k=-\dfrac{1}{2}$，得到 $t_c=\sqrt{rg^{-1}}$。同理可得 x 的几种特征尺度 r、v^2g^{-1} 等。

下面利用不同的 x_c 和 t_c 化简方程(2.14)。

(1) 令 $x_c=r$，$t_c=rv^{-1}$，则 $\bar{x}=\dfrac{x}{r}$，$\bar{t}=\dfrac{t}{rv^{-1}}$，利用求导规则可以算出：

$$\dot{x}=v\frac{\mathrm{d}\bar{x}}{\mathrm{d}\bar{t}},\ \ddot{x}=\frac{v^2}{r}\frac{\mathrm{d}^2\bar{x}}{\mathrm{d}\bar{t}^2}$$

代入方程(2.14)可得

$$\begin{cases}\varepsilon\ddot{\bar{x}}=-\dfrac{1}{(\bar{x}+1)^2}\\ \varepsilon=\dfrac{v^2}{rg}\\ \bar{x}(0)=0\\ \dot{\bar{x}}(0)=1\end{cases}\tag{2.15}$$

方程(2.15)的解可表示为 $\bar{x}=\bar{x}(\bar{t};\varepsilon)$，仅含一个独立参数且 ε 为无量纲量。

(2) 令 $x_c=r$，$t_c=\sqrt{rg^{-1}}$，类似地可将方程(2.14)化简为

$$\begin{cases}\ddot{\bar{x}}=-\dfrac{1}{(\bar{x}+1)^2}\\ \bar{x}(0)=0\\ \dot{\bar{x}}(0)=\sqrt{\varepsilon},\ \varepsilon=\dfrac{v^2}{rg}\end{cases}$$

解的表达式同上。

(3) 令 $x_c=v^2g^{-1}$，$t_c=vg^{-1}$，可将方程(2.15)化简为

$$\begin{cases}\ddot{\bar{x}}=-\dfrac{1}{(\varepsilon\bar{x}+1)^2}\\ \varepsilon=\dfrac{v^2}{rg}\\ \bar{x}(0)=0\\ \dot{\bar{x}}(0)=1\end{cases}\tag{2.16}$$

解的表达式依旧同上。按照现今的技术，在地球表面发射火箭时，初速度 $v\ll\sqrt{rg}\approx 8000$ 米/秒，所以必然有 $\varepsilon\ll 1$。如果令方程(2.16)中 $\varepsilon=0$，则有

$$\begin{cases}\ddot{\bar{x}}=-1\\ \bar{x}(0)=0\\ \dot{\bar{x}}(0)=1\end{cases}$$

解得

$$\bar{x}(\bar{t}) = -\frac{\bar{t}^2}{2} + \bar{t}$$

代回原变量 x 和 t，上式等价于

$$x(t) = -\frac{1}{2}gt^2 + vt \tag{2.17}$$

式(2.17)恰为假定火箭运动过程中所受星球引力不变的运动方程。

无量纲化方法是用数学工具研究物理问题时常用的方法，恰当地选择特征尺度不仅可以减少参数的个数，而且可以帮助人们决定舍弃哪些次要因素。虽然量纲分析法可以得到一些重要且有用的结论，但它也有很大的局限性，仅用于对实际问题的定性分析。

2.2　比例与函数建模法

本节介绍的几个模型都是利用基本的比例关系与函数建立起来的数学模型。

2.2.1　动物体型问题

【例 2.4】 某生猪收购站需要研究如何根据生猪的体长(不包括头尾)估计其体重。

模型假设

(1) 将 4 足动物的躯干(不含头尾)视为质量为 m 的圆柱体，长度为 l，截面面积为 s，直径为 d，见图 2.1。

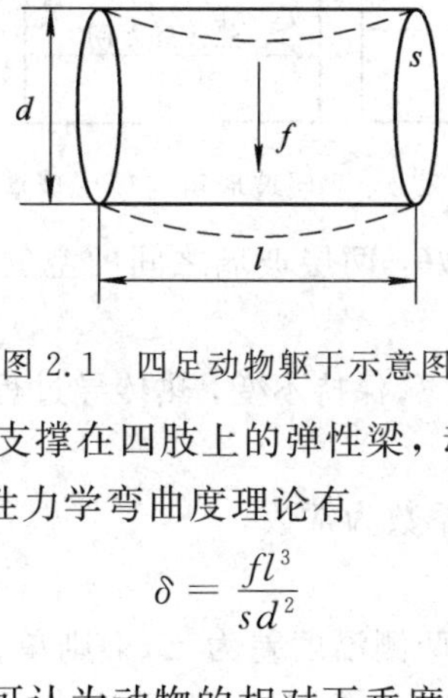

图 2.1　四足动物躯干示意图

(2) 把圆柱体躯干看作一根支撑在四肢上的弹性梁，动物在体重 f 作用下的最大下垂(即梁的最大弯曲)为 δ，根据弹性力学弯曲度理论有

$$\delta = \frac{fl^3}{sd^2} \tag{2.18}$$

(3) 从生物进化学的角度，可认为动物的相对下垂度 $\frac{\delta}{l}$ 已达到一个最合适的数值，即 $\frac{\delta}{l}$ 为常数。

模型建立

因为

$$s = \frac{\pi d^2}{4},\ f = \frac{\pi d^2}{4} l \tag{2.19}$$

由式(2.18)，可令 $\delta = k_1 \frac{fl^3}{sd^2}$，其中 k_1 为比例常数。由式(2.19)可得

$$sd^2 = \frac{4}{\pi}\left(\frac{\pi}{4}d^2 l\right)^2 \cdot \frac{1}{l^2} = \frac{4}{\pi}f^2 \cdot \frac{1}{l^2}$$

所以

$$\delta = k_1 \cdot \frac{\pi}{4} \cdot \frac{l^5}{f}$$

$$f = \frac{\pi}{4}k_1 \cdot \frac{l^5}{\delta} = \frac{\pi}{4}k_1 \cdot \frac{l}{\delta} \cdot l^4$$

令 $k=\frac{\pi}{4}k_1\frac{l}{\delta}$，由假设(3)可知，$k$ 为常数，得到 $f=kl^4$。

因此生猪的体重与体长的四次方成正比，在实际工作中，工作人员可由实际经验及统计数据找出常数 k，从而近似地由生猪的体长估计它的体重。

2.2.2 双层玻璃窗的功效

双层玻璃窗的功效

【例 2.5】 房间居室的窗户有的是单层的，有的则是双层的，即在窗户上装两层玻璃，且中间留有一定的空隙，试比较双层玻璃窗与单层玻璃窗的热量流失。

模型假设

(1) 设双层玻璃窗的两玻璃的厚度都为 d，两玻璃的间距为 l，单层玻璃窗的玻璃厚度为 $2d$，所用玻璃材料相同，如图 2.2 所示。

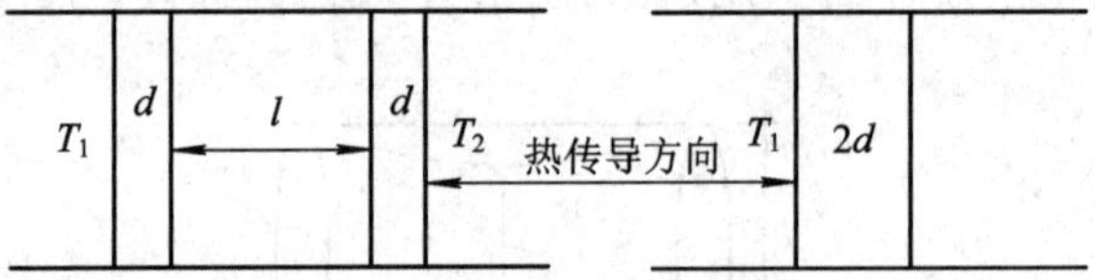

图 2.2 双层玻璃窗与单层玻璃窗

(2) 假设窗户的封闭性能很好，两层玻璃之间的空气不流动，即忽略热量的对流，只考虑热量的传导。

(3) 室内温度 T_1 和室外温度 T_2 保持不变，热传导过程处于稳定状态，即单位时间通过单位面积的热量为常数。

(4) 玻璃材料均匀，热传导系数为常数。

模型建立

对于厚度为 d 的均匀介质，两侧温度差为 ΔT，则单位时间由温度高的一侧向温度低的一侧通过单位面积的热量 Q 与 ΔT 成正比，与厚度 d 成反比，即

$$Q = k \cdot \frac{\Delta T}{d}$$

其中，k 为热传导系数。

设玻璃的热传导系数为 k_1，空气的热传导系数为 k_2，则单层玻璃和双层玻璃的情形分别如下：

(1) 单层玻璃。其单位面积的流失热量为

$$Q_1 = k_1 \cdot \frac{T_1 - T_2}{2d}$$

(2) 双层玻璃。此时热量先通过厚度为 d 的玻璃传导到两层玻璃的夹层空气中，再通过空气传导，然后通过厚度为 d 的玻璃传导。设内层玻璃的外侧温度为 T_a，外层玻璃的内侧温度为 T_b，则有

$$Q_2 = k_1 \cdot \frac{T_1 - T_a}{d} = k_2 \cdot \frac{T_a - T_b}{l} = k_1 \cdot \frac{T_b - T_2}{d} \tag{2.20}$$

由式(2.20)可得

$$\begin{cases} T_a + T_b = T_1 + T_2 \\ T_a - T_b = \dfrac{k_1}{k_2}\dfrac{l}{d}(T_b - T_2) \end{cases}$$

记 $s=\dfrac{k_1 l}{k_2 d}$，则有

$$2T_b = T_1 + T_2 - s(T_b - T_2)$$
$$2(T_b - T_2) = T_1 - T_2 - s(T_b - T_2)$$
$$T_b - T_2 = \frac{1}{2+s}(T_1 - T_2)$$
$$Q_2 = \frac{1}{(2+s)} \cdot \frac{k_1}{d}(T_1 - T_2)$$

考虑两者之比：

$$\frac{Q_2}{Q_1} = \frac{2}{2+s}$$

显然，$Q_2 < Q_1$，即双层玻璃的热量损失较小。

模型分析与应用

常用玻璃的热传导系数 $k_1 = 4\times10^{-3} \sim 8\times10^{-3}$ (J·cm)/(s·℃)，而不流通、干燥空气的热传导系数 $k_2 = 2.5\times10^{-4}$ (J·cm)/(s·℃)。若取 $\dfrac{l}{d}=h$，则 $16h \leqslant s \leqslant 32h$，故

$$\frac{Q_2}{Q_1} \leqslant \frac{1}{1+8h} \tag{2.21}$$

若取 $h=4$，则

$$\frac{Q_2}{Q_1} \leqslant \frac{1}{33}$$

由此可见，双层玻璃的保温效果是相当好的。

我国北方寒冷地区的建筑物通常采用双层玻璃。由式(2.21)可知，当 $h=4$ 时，$Q_2 \approx \dfrac{1}{33}Q_1$，当 $h>4$ 时，热量传递时的减少量就不明显了，再考虑到墙体的厚度，所以建筑规范通常要求 $h\approx4$。

2.2.3　席位分配模型

设有 A、B 两个单位，各有人数为 p_1、p_2，现在要求按人数选出 q 个代表召开一次代表会议，那么怎样分配这 q 个席位呢？

一般的方法是令

席位分配

$$q_1^* = \frac{p_1}{p_1+p_2}q, \quad q_2^* = \frac{p_2}{p_1+p_2}q \tag{2.22}$$

若 q_1^*、q_2^* 恰好是两个整数，就以 q_1^*、q_2^* 分别作为 A、B 两个单位的席位数，即可获得一个完全合理的分配方案。当 q_1^*、q_2^* 不是两个整数时，那么怎样分配才合理呢？下面就来讨论这个问题。

首先给出一种自然的想法，也就是通常所执行的方法。

由式(2.22)计算出的 q_1^*、q_2^*，用 $q_i=[q_i^*]$表示 q_i^* 的整数部分。当 $q_1^*-q_1>q_2^*-q_2$ 时，则用 q_1+1 与 q_2 分别作为 A、B 两个单位的席位数；当 $q_2^*-q_2>q_1^*-q_1$ 时，则用 q_1 与 q_2+1 分别作为 A、B 两个单位的席位数；当 $q_2^*-q_2=q_1^*-q_1$ 时，就只能由 A、B 两个单位协商来确定那多余的一个席位了。

这个方法的优点是简单、方便，并被很多人所接受，同时也容易推广到 $m(m>2)$个单位的席位分配问题。但是这个分配方案是存在弊端的，即它有明显的不合理性。

【例 2.6】 某学校有 3 个系共 200 名学生，其中甲系 100 名，乙系 60 名，丙系 40 名。若学生代表会议设 20 个席位，公平而又简单的席位分配办法是按学生人数的比例分配，显然甲、乙、丙三系分别应占有 10、6、4 个席位。表 2.1 为按照通常方法进行的席位分配。

表 2.1 席位分配

系别	学生人数	20 个席位的分配		21 个席位的分配	
		分配比例	分配结果	分配比例	分配结果
甲	103	10.3	10	10.815	11
乙	63	6.3	6	6.615	7
丙	34	3.4	4	3.570	3
总和	200	20.0	20	21.0	21

现在丙系的 6 名学生转入甲、乙两系，各 3 人(如表 2.1 第 2 列所示)。按照上面的执行方法分配席位时出现了小数，在将取得整数的 19 席位分配完毕后，三系同意将剩下的 1 个席位分配给比例中小数部分最大的丙系，于是三系仍分别占有 10、6、4 个席位(如表 2.1 中第 4 列所示)。

因为有 20 个席位的代表会议在表决时可能出现 10∶10 对等的局面，会议决定下一届增加 1 席。按照上述方法重新分配席位，计算结果为三系分别占有 11、7、3 个席位(见表 2.1 第 5、6 列)。这个结果对丙系而言太不公平，因为总席位增加 1 个，而丙系的席位却由 4 席减为 3 席。要解决这个问题必须舍弃惯例，找到一个公平分配席位的方法。为此以两个单位为例建立“相对不公平”指标。

设有 A、B 两个单位，各有人数为 p_1、p_2，又各分得 q_1、q_2 个席位。若$\frac{p_1}{q_1}=\frac{p_2}{q_2}$，则这个分配方案是合理的。若$\frac{p_1}{q_1}>\frac{p_2}{q_2}$，则这个分配方案对 A 单位不公平，用$\frac{p_1}{q_1}-\frac{p_2}{q_2}$作为对 A 单位的绝对不公平值，并以

$$r_A(q_1, q_2) = \frac{\frac{p_1}{q_1} - \frac{p_2}{q_2}}{\frac{p_2}{q_2}} = \frac{q_2 p_1}{q_1 p_2} - 1 \tag{2.23}$$

作为 A 单位的相对不公平值。若$\frac{p_2}{q_2} > \frac{p_1}{q_1}$，则这个分配方案对 B 单位不公平，用$\frac{p_2}{q_2} - \frac{p_1}{q_1}$作为对 B 单位的绝对不公平值，并以

$$r_B(q_1, q_2) = \frac{\frac{p_2}{q_2} - \frac{p_1}{q_1}}{\frac{p_1}{q_1}} = \frac{q_1 p_2}{q_2 p_1} - 1 \tag{2.24}$$

作为 B 单位的相对不公平值。

现在考虑增加一个席位，即总席位为 $q_1 + q_2 + 1$。不失一般性，可设原分配对 B 单位不公平，即$\frac{p_2}{q_2} > \frac{p_1}{q_1}$，若 B 单位所缺的席位较多，将增加的一个席位分配给 B 单位后仍对 B 单位不公平，即$\frac{p_2}{q_2+1} > \frac{p_1}{q_1}$，则无疑应将增加的一个席位分配给 B 单位。由此，下面只讨论将增加的一个席位分配给 B 单位后对 A 单位不公平的情况，即$\frac{p_1}{q_1} > \frac{p_2}{q_2+1}$。由式(2.23)得

$$r_A(q_1, q_2+1) = \frac{(q_2+1)p_1}{q_1 p_2} - 1$$

根据原假设$\frac{p_2}{q_2} > \frac{p_1}{q_1}$，必有$\frac{p_2}{q_2} > \frac{p_1}{q_1+1}$，即将增加的一个席位分配给 A 单位后对 B 单位更加不公平。由式(2.24)得

$$r_B(q_1+1, q_2) = \frac{(q_1+1)p_2}{q_2 p_1} - 1$$

我们的目的是尽可能地减少相对不公平值。由此，当 $r_A(q_1, q_2+1) < r_B(q_1+1, q_2)$时，即当$\frac{p_1^2}{q_1(q_1+1)} < \frac{p_2^2}{q_2(q_2+1)}$时应将增加的一个席位分配给 B 单位。若当 $r_B(q_1+1, q_2) < r_A(q_1, q_2+1)$时，即当$\frac{p_2^2}{q_2(q_2+1)} < \frac{p_1^2}{q_1(q_1+1)}$时应将增加的一个席位分配给 A 单位。

据此，可以给出如下的一般方法：设有 $m(m>2)$个单位，各自的人数为 p_1、p_2、…、p_m，又各分得 q_1、q_2、…、q_m个席位。现增加一个席位，对每个 i 计算出

$$Q_i = \frac{p_i^2}{q_i(q_i+1)} \quad (i = 1, 2, \cdots, m) \tag{2.25}$$

若有 k 使得

$$Q_k = \max_{1 \leqslant i \leqslant m} Q_i \tag{2.26}$$

则应将增加的一个席位分配给第 k 个单位。这种席位分配方法称为 Q 值法。

下面用 Q 值法重新讨论本节开始提出的甲、乙、丙三系分配 21 个席位的问题。

先按照比例计算结果将整数部分的 19 席分配完毕，有 $q_1=10$，$q_2=6$，$q_3=3$，然后用 Q 值法分配第 20 席和第 21 席。

第 20 席：由式(2.25)计算得 $Q_1=96.445$，$Q_2=94.000$，$Q_3=96.333$，由式(2.26)，应

将第 20 席席位分配给甲系。

第 21 席：此时三系的分配结果是 $q_1=11$，$q_2=6$，$q_3=3$。由式(2.25)计算得$Q_1=80.371$，$Q_2=94.000$，$Q_3=96.333$，由式(2.26)，应将增加的第 21 席席位分配给丙系。

这样，21 个席位的分配结果是甲、乙、丙三系分别占有 11、6、4 席，丙系保住了险些丧失的 1 席。这个结果同时也使得在各单位总人数不变的情况下，随着总席位的增加，各单位被分配的席位肯定都是不减少的。

习　题　2

1. 若第 2.2.2 节中单层玻璃窗的玻璃厚度也是 d，结果将如何？

2. 讨论三层玻璃窗的功效以及双层玻璃窗的隔音效果。

3. 速度为 v 的风吹在迎风面积为 s 的风车上，空气密度是 ρ，用量纲分析法确定风车获得的功率 P 与 v、s、ρ 的关系。

4. 比利时(d′Hondt)分配方案：将甲、乙、丙三系的人数都用 1，2，3，…除，将商从大到小排列，取前 21 个最大的，这 21 个中各系占有几个，就分给几个席位。这种方法合理吗？

5. 学校共有 1000 名学生，235 人住在 A 楼，333 人住在 B 楼，432 人住在 C 楼。学生们要组成一个 10 人委员会，使用 Q 值法及 d′Hondt 法给出分配方案。如果委员会为 15 人，分配方案是什么？

初等数学模型习题

第 3 章　微分方程与差分方程模型

3.1　微分方程理论

3.1.1　微分方程基本概念

微分方程理论简介

微分方程是联系着自变量、未知函数以及它的导数的关系式。如果微分方程中自变量只有一个，这种方程就叫作常微分方程。自变量不止一个的微分方程称为偏微分方程。

例如，方程 $\frac{d^2y}{dt^2}+b\frac{dy}{dt}+cy=f(t)$ 是常微分方程，方程 $\frac{\partial^2 T}{\partial x^2}+\frac{\partial^2 T}{\partial y^2}+\frac{\partial^2 T}{\partial z^2}=0$ 是偏微分方程。

一般 n 阶常微分方程的形式为

$$F\left(x, y, \frac{dy}{dx}, \cdots, \frac{d^ny}{dx^n}\right)=0 \tag{3.1}$$

而且一定含有$\frac{d^ny}{dx^n}$。其中，y 是未知函数，x 为未知量。

1. 线性和非线性

如果式(3.1)左端为 y 及$\frac{dy}{dx}$，…，$\frac{d^ny}{dx^n}$的一次有理整式，则称式(3.1)为 n 阶线性常微分方程。一般 n 阶线性常微分方程的形式是

$$\frac{d^ny}{dx^n}+a_1(x)\frac{d^{n-1}y}{dx^{n-1}}+\cdots+a_{n-1}(x)\frac{dy}{dx}+a_n(x)y=f(x)$$

这里 $a_1(x)$，…，$a_{n-1}(x)$，$a_n(x)$是 x 的已知函数。

不是线性的方程称为非线性方程，例如，方程$\frac{d^2\varphi}{dt^2}+\frac{g}{l}\sin\varphi=0$ 是二阶非线性方程。

2. 解和隐式解

如果函数 $y=\varphi(x)$代入式(3.1)后，能使它变为恒等式，则称 $y=\varphi(x)$为式(3.1)的解。

如果关系式 $\phi(x, y)=0$ 所确定的函数 $y=\varphi(x)$是式(3.1)的解，则称 $\phi(x, y)=0$ 为式(3.1)的隐式解。例如，一阶常微分方程

$$\frac{dy}{dx}=-\frac{y}{x}$$

有解 $y=\sqrt{1-x^2}$ 和 $y=-\sqrt{1-x^2}$。而关系式 $x^2+y^2=1$ 就是方程的隐式解。为简单起见，将解和隐式解统称为方程的解。

3. 通解与特解

(1) 通解。含 n 个独立的任意常数 $c_1, c_2, \cdots, c_n$ 的解 $y=\varphi(x, c_1, c_2, \cdots, c_n)$ 称为式(3.1)的通解。

(2) 定解条件。为确定方程的一个特定的解，通常要给出这一个解所必须满足的条件，称为定解条件。常见的定解条件是初始条件：

当 $x=x_0$ 时，$y=y_0$，$\dfrac{dy}{dx}=y_0^{(1)}$，…，$\dfrac{d^{n-1}y}{dx^{n-1}}=y_0^{(n-1)}$。

微分方程和定解条件统称为定解问题。当定解条件为初始条件时，相应的定解问题就成为初值问题。

(3) 特解。满足初始条件的解称为方程的特解。

初始条件不同，对应的特解也不同。一般来说，特解可以通过初始条件的限制从通解中确定任意常数而得到。例如二阶微分方程

$$\frac{d^2y}{dx^2}+5\frac{dy}{dx}+4y=0$$

的通解为

$$y=c_1e^{-x}+c_2e^{-4x}$$

这里 c_1、c_2 是任意常数。满足初始条件

$$y(0)=2,\ \frac{dy(0)}{dx}=1$$

的特解为

$$y=3e^{-x}-e^{-4x}$$

可以在通解中令 $c_1=3$，$c_2=1$ 而得到。

3.1.2 微分方程求解

解常微分方程时，最常用的方程是变量分离方程。

1. 变量分离方程

形如 $\dfrac{dy}{dx}=f(x)\varphi(y)$ 的方程，称为变量分离方程，这里 $f(x)$、$\varphi(y)$ 分别是 x、y 的连续函数。

如果 $\varphi(y)\neq 0$，可将上式改成

$$\frac{dy}{\varphi(y)}=f(x)dx$$

这样，变量就分离开了，两边积分，就得到了变量分离方程的通解为

$$\int\frac{dy}{\varphi(y)}=\int f(x)\,dx+c$$

【例 3.1】 解方程

$$\frac{dy}{dx}=y^2\cos x$$

并求满足初始条件 $x=0$，$y=1$ 的特解。

解　将变量分离，得到

$$\frac{dy}{y^2}=\cos x dx$$

两边积分，即得

$$-\frac{1}{y}=\sin x+c$$

因而，通解为

$$y=-\frac{1}{\sin x+c}$$

这里 c 是任意常数。此外还有解 $y=0$。为了确定所求的特解，把 $x=0$，$y=1$ 代入通解中以决定任意常数 c 的值，得到 $c=-1$。

因而，所求特解为

$$y=\frac{1}{1-\sin x}$$

2. 可化为变量分离方程的类型

这里只介绍两种简单的情形：

(1) 形如

$$\frac{dy}{dx}=g\left(\frac{y}{x}\right)$$

的方程，称为齐次方程。这里 $g(u)$是 u 的连续函数。

通过变换 $u=\frac{y}{x}$，即 $y=ux$，得到

$$\frac{dy}{dx}=x\frac{du}{dx}+u$$

将上两式代入方程后，原方程变为

$$x\frac{du}{dx}+u=g(u)$$

整理后，得到

$$\frac{du}{dx}=\frac{g(u)-u}{x}$$

(2) 形如

$$\frac{dy}{dx}=\frac{a_1x+b_1y+c_1}{a_2x+b_2y+c_2}$$

的方程也可以通过变换化为变量分离方程。这里的 a_1、b_1、c_1、a_2、b_2、c_2均为常数。

下面分三种情况讨论：

① $c_1=c_2=0$ 时，只要变换 $u=\frac{y}{x}$，方程就化为变量分离方程：

$$\frac{dy}{dx}=\frac{a_1x+b_1y}{a_2x+b_2y}=\frac{a_1+b_1\frac{y}{x}}{a_2+b_2\frac{y}{x}}=g\left(\frac{y}{x}\right)$$

② $\frac{a_1}{a_2}=\frac{b_1}{b_2}$时，设$\frac{a_1}{a_2}=\frac{b_1}{b_2}=k$，方程可写成

$$\frac{\mathrm{d}y}{\mathrm{d}x}=\frac{k(a_2x+b_2y)+c_1}{a_2x+b_2y+c_2}=f(a_2x+b_2y)$$

令 $u=a_2x+b_2y$，则方程化为

$$\frac{\mathrm{d}u}{\mathrm{d}x}=a_2+b_2f(u)$$

这是变量分离方程。

③ $\frac{a_1}{a_2}\neq\frac{b_1}{b_2}$时，先解方程组$\begin{cases}a_1x+b_1y+c_1=0\\a_2x+b_2y+c_2=0\end{cases}$，得出交点$(\alpha,\beta)$。令$\begin{cases}X=x-\alpha\\Y=y-\beta\end{cases}$，则原微分方程可化为

$$\frac{\mathrm{d}Y}{\mathrm{d}X}=\frac{a_1X+b_1Y}{a_2X+b_2Y}=g\left(\frac{Y}{X}\right)$$

这与情况①相同，可以化为变量分离方程。

3.2 经济增长模型

发展经济和提高生产力的主要手段有增加投资，增加劳动力，革新技术等。这里暂不考虑技术革新的作用，一是因为在经济发展的初期(如资本主义早期社会)或者在不太长的时期内，技术相对稳定，二是由于技术革新量化比较困难。

本节将首先建立产值与资金、劳动力之间的关系，然后研究资金与劳动力的最佳分配，使投资效益最大，最后讨论如何调节资金与劳动力的增长率，使劳动生产率得到有效的增长。

3.2.1 道格拉斯生产函数

经济增长模型

用$Q(t)$、$K(t)$、$L(t)$分别表示某一地区或者部门在时刻 t 的产值、资金和劳动力，它们的关系一般可以记作：

$$Q(t)=F(K(t),L(t)) \tag{3.2}$$

其中，F 为待定函数。对于固定的时刻 t，上述关系可写作

$$Q=F(K,L) \tag{3.3}$$

为寻求 F 的函数形式，引入记号：

$$z=\frac{Q}{L},\ y=\frac{K}{L} \tag{3.4}$$

其中，z 是每个劳动力的产值，y 是每个劳动力的投资。如下的假设是合理的：z 随着 y 的增加而增长，但增长速度递减。我们可以把这个假设简化为

$$z=cg(y),\ g(y)=y^{\alpha}\quad(0<\alpha<1) \tag{3.5}$$

显然，函数 $g(y)$满足上面的假设，常数 $c>0$ 可看成技术水平。由式(3.4)、式(3.5)即可得到式(3.3)中 F 的具体形式为

$$Q = cK^{\alpha}L^{1-\alpha} \quad (0 < \alpha < 1) \tag{3.6}$$

由式(3.6)容易知道，Q 有如下性质：

$$\begin{aligned} &\frac{\partial Q}{\partial K},\ \frac{\partial Q}{\partial L} > 0 \\ &\frac{\partial^2 Q}{\partial K^2},\ \frac{\partial^2 Q}{\partial L^2} < 0 \end{aligned} \tag{3.7}$$

记 $Q_K = \frac{\partial Q}{\partial K}$，$Q_K$ 表示单位资金创造的产值，$Q_L = \frac{\partial Q}{\partial L}$，$Q_L$ 表示单位劳动力创造的产值，则由式(3.6)可得

$$\begin{cases} \frac{KQ_K}{Q} = \alpha \\ \frac{LQ_L}{Q} = 1 - \alpha \\ KQ_K + LQ_L = Q \end{cases} \tag{3.8}$$

式(3.8)可解释为：α 是资金在产值中占有的份额，$1-\alpha$ 是劳动力在产值中占有的份额，于是 α 的大小直接反映了资金、劳动力二者对于产值的创造的影响程度。

式(3.6)是经济学中著名的 Cobb-Douglas 生产函数，它经受了资本主义社会一些实际数据的检验。更一般形式的生产函数表示为

$$Q = cK^{\alpha}L^{\beta} \quad (0 < \alpha,\ \beta < 1) \tag{3.9}$$

3.2.2　资金与劳动力的最佳分配

这里将根据生产函数式(3.6)，讨论怎样分配资金和劳动力，使生产创造的效益最大。

假定资金来自贷款，利率为 r，每个劳动力需支付工资 w，于是当资金 K、劳动力 L 产生产值 Q 时，得到的效益为

$$S = Q - rK - wL \tag{3.10}$$

问题转化为求资金与劳动力的分配比例 K/L(即每个劳动力占有的资金)，使效益 S 最大。

这个模型用微分法即可解得

$$\frac{Q_K}{Q_L} = \frac{r}{w} \tag{3.11}$$

再利用式(3.8)，有

$$\frac{K}{L} = \frac{\alpha}{1-\alpha}\frac{w}{r} \tag{3.12}$$

这就是资金与劳动力的最佳分配。由式(3.12)可以看出，当 α、w 变大，r 变小时，分配比例 K/L 变大，这是符合常识的。

3.2.3　劳动生产率增长的条件

常用的衡量经济增长的指标，一是总产值 $Q(t)$，二是每个劳动力的产值 $z(t)=Q(t)/L(t)$。本模型讨论 $K(t)$、$L(t)$满足什么条件才能使 $Q(t)$、$z(t)$保持增长。

首先需要对资金和劳动力的增长作出合理的简化假设：

(1) 投资增长率与产值成正比，比例系数 $\lambda>0$，即用一定比例扩大再生产。

(2) 劳动力的相对增长率为常数 μ，μ 可以是负数，表示劳动力减少。

这两个条件的数学表达式分别为

$$\frac{\mathrm{d}K}{\mathrm{d}t}=\lambda Q,\ \lambda>0 \tag{3.13}$$

$$\frac{\mathrm{d}L}{\mathrm{d}t}=\mu L \tag{3.14}$$

方程(3.14)的解是

$$L(t)=L_0\mathrm{e}^{\mu t} \tag{3.15}$$

将式(3.5)、式(3.6)代入式(3.13)，得

$$\frac{\mathrm{d}K}{\mathrm{d}t}=c\lambda Ly^{\alpha} \tag{3.16}$$

注意到式(3.4)，有 $K=Ly$，再用式(3.14)可得

$$\frac{\mathrm{d}K}{\mathrm{d}t}=L\frac{\mathrm{d}y}{\mathrm{d}t}+\mu Ly \tag{3.17}$$

比较式(3.16)、式(3.17)，得到关于 $y(t)$的方程：

$$\frac{\mathrm{d}y}{\mathrm{d}t}+\mu y=c\lambda y^{\alpha} \tag{3.18}$$

这是著名的 Bernoulli 方程，它的解是

$$y(t)=\left\{\frac{c\lambda}{\mu}\left[1-\left(1-\mu\frac{K_0}{\dot{K}_0}\right)\mathrm{e}^{-(1-\alpha)\mu t}\right]\right\}^{\frac{1}{1-\alpha}} \tag{3.19}$$

以下根据式(3.19)研究 $Q(t)$、$z(t)$保持增长的条件：

(1) $Q(t)$增长，即$\frac{\mathrm{d}Q}{\mathrm{d}t}>0$，由 $Q=cLy^{\alpha}$及式(3.14)、式(3.18)可得

$$\frac{\mathrm{d}Q}{\mathrm{d}t}=cL\alpha y^{\alpha-1}\frac{\mathrm{d}y}{\mathrm{d}t}+c\mu Ly^{\alpha}=cLy^{2\alpha-1}\left[c\lambda\alpha+\mu(1-\alpha)y^{1-\alpha}\right] \tag{3.20}$$

将其中的 y 以式(3.19)代入，可知条件$\frac{\mathrm{d}Q}{\mathrm{d}t}>0$ 等价于

$$\left(1-\mu\frac{K_0}{\dot{K}_0}\right)\mathrm{e}^{-(1-\alpha)\mu t}<\frac{1}{1-\alpha} \tag{3.21}$$

因为式(3.21)右端大于 1，所以当 $\mu\geqslant 0$(即劳动力不减少)时式(3.21)恒成立，当 $\mu<0$ 时，式(3.21)成立的条件是

$$t<\frac{1}{(1-\alpha)\mu}\ln\left[(1-\alpha)\left(1-\mu\frac{K_0}{\dot{K}_0}\right)\right] \tag{3.22}$$

说明如果劳动力减少，$Q(t)$只能在有限时间内保持增长。但应注意，若式(3.22)中的 $(1-\alpha)\left[1-\mu\frac{K_0}{\dot{K}_0}\right]\geqslant 1$，则不存在这样的增长时段。

(2) $z(t)$增长，即 $\mathrm{d}z/\mathrm{d}t>0$，由 $z=cy^{\alpha}$知，相当于 $\mathrm{d}y/\mathrm{d}t>0$，由方程(3.18)知，当 $\mu\leqslant 0$ 时该条件成立，当 $\mu>0$ 时，由式(3.19)可得，$\mathrm{d}y/\mathrm{d}t>0$ 等价于

$$\left[1-\mu\frac{K_0}{\dot{K}_0}\right]\mathrm{e}^{-(1-\alpha)\mu t}>0 \tag{3.23}$$

显然，此式成立的条件为 $\mu \dfrac{K_0}{\dot{K}_0}<1$，即

$$\mu < \dot{K}_0 < K_0 \tag{3.24}$$

这个条件的含义是：劳动力增长率小于初始投资增长率。

注意　Douglas 生产函数是计量经济学中重要的数学模型，本节给出了它的一种简捷的建模过程。在此基础上讨论的资金与劳动力的最佳分配，是一个静态模型，而利用微分方程研究的劳动生产率增长的条件，是一个动态模型，虽然它的推导过程稍繁，但其结果相当简明，并且可以给出合理的解释。

3.3　人口模型

人类社会进入 20 世纪以来，在科学技术和生产力飞速发展的同时，世界人口也以空前的规模增长，统计数据如表 3.1 所示。

表 3.1　世界人口统计数据

年份	1625	1804	1927	1960	1974	1987	1999
人口/亿人	5	10	20	30	40	50	60

可以看出，人口增加 10 亿人的时间由 100 年缩短为 30 年至十几年。

长期以来，人类的繁殖一直在自然地进行着。然而，随着人口数量的迅速膨胀和环境的急剧恶化，人们幡然醒悟，开始研究人类和自然的关系，人口数量的变化规律，以及如何进行人口控制等问题。

我国是一个人口大国，地球上每 5 个人中就有一个中国人。在 20 世纪的一段时间内，我国人口的增长速度过快，近年来我国人口总量仍保持增长，但增长速度持续放缓，见表 3.2。

表 3.2　中国人口统计数据

年	1949	1955	1965	1982	1990	2000	2010	2020
人口/亿人	5.42	6.15	7.25	10.17	11.43	12.67	13.41	14.12

注：数据来源于 2021 年中国统计年鉴。

目前我国正在采取综合措施，调控人口数量，提高人口素质，推动实现适度生育水平，优化人口结构，促进人口长期均衡发展，为开启全面建设社会主义现代化国家新征程、向第二个百年奋斗目标进军创造着良好的条件。认识人口数量的变化规律，建立人口模型，做出比较准确的预报，是有效调控人口数量的前提。

长期以来，人们在这方面做了不少工作。下面先介绍两个最基本的人口模型，并利用表 3.3 给出的近两个世纪的美国人口统计数据进行模型参数估计、检验和预报，最后介绍考虑年龄结构和生育模式的人口模型。

表 3.3 美国人口统计数据

年份	1790	1800	1810	1820	1830	1840	1850	1860
人口/百万人	3.9	5.3	7.2	9.6	12.9	17.1	23.2	31.4
年份	1870	1880	1890	1900	1910	1920	1930	1940
人口/百万人	38.6	50.2	62.9	76.0	92.0	106.5	123.2	131.7
年份	1950	1960	1970	1980	1990	2000		
人口/百万人	150.7	179.3	204.0	226.5	251.4	281.4		

3.3.1 指数增长模型

人口预测模型

最简单的人口增长模型是人所共知的。记当年人口为 x_0，k 年后人口为 x_k，年增长率为 r，则

$$x_k = x_0(1+r)^k \tag{3.25}$$

显然，这个公式的基本条件是年增长率 r 保持不变。

200 多年前英国人口学家 T. Malthus(1766—1834 年)调查了英国 100 多年的人口统计资料，得出了人口增长率不变的假说，并据此建立了著名的人口指数增长模型。

记时刻 t 的人口为 $x(t)$，当考察一个国家或一个较大地区的人口时，$x(t)$是一个很大的整数。为了利用微积分这一数学工具，将 $x(t)$视为连续、可微函数。记初始时刻($t=0$)的人口为 x_0。假设人口增长率为常数 r，即单位时间内 $x(t)$的增量 $\frac{\mathrm{d}x}{\mathrm{d}t}$ 等于 r 乘以 $x(t)$，于是得到 $x(t)$满足微分方程：

$$\frac{\mathrm{d}x}{\mathrm{d}t} = rx,\ x(0) = x_0 \tag{3.26}$$

由这个方程很容易解出：

$$x(t) = x_0\mathrm{e}^{rt} \tag{3.27}$$

当 $r>0$ 时，式(3.27)表示人口将按指数规律随时间无限增长，称为指数增长模型。

思考 说明常用的预报公式(3.25)就是指数增长模型(式(3.27))的离散近似形式。

历史上，指数增长模型与 19 世纪以前欧洲一些地区的人口统计数可以很好地吻合，迁往加拿大的欧洲移民后代人口也大致符合这个模型。另外，用它作短期人口预测可以得到较好的结果。显然，这是因为在这些情况下人口增长率这个基本假设大致成立。

但是长期来看，任何地区的人口都不可能无限增长，即指数模型不能描述，也不能预测较长时期的人口演变过程。这是因为人口增长率事实上是在不断地变化着。排除灾难、战争等特殊时期，一般来说，当人口较少时，增长较快，即增长率较大；人口增加到一定数量以后，增长就会慢下来，即增长率变小。如果根据表 3.3 的数据计算美国人口的年增长率，可以看到增长率从 19 世纪开始基本上在缓慢下降。如果用一个平均的年增长率作为 r，用指数增长模型描述美国人口的变化，就会发现与表 3.3 的实际数据相差很大。

因此，为了使人口预报特别是长期预报更好地符合实际情况，必须修改指数增长模型关于人口增长率是常数这个基本假设。

3.3.2 阻滞增长模型

分析人口增长到一定数量后增长率下降的主要原因，人们注意到，自然资源、环境条件等因素对人口的增长起着阻滞作用，并且随着人口的增加，阻滞作用越来越大。阻滞增长模型就是考虑到这个因素，对指数增长模型的基本假设进行修改后得到的。

阻滞作用体现在对人口增长率 r 的影响上，使得 r 随着人口数量 x 的增加而下降。若将 r 表示为 x 的函数 $r(x)$，则它应是减函数，于是方程(3.26)写为

$$\frac{\mathrm{d}x}{\mathrm{d}t} = r(x)x,\ x(0) = x_0 \tag{3.28}$$

对 $r(x)$ 的一个最简单的假定是，设 $r(x)$ 为 x 的线性函数，即

$$r(x) = r - sx\ (r,\ s > 0) \tag{3.29}$$

这里 r 称为固有增长率，表示人口很少时(理论上是 $x=0$)的增长率。为了确定系数 s 的意义，引入自然资源和环境条件所能容纳的最大人口数量 x_m，称为人口容量。当 $x=x_m$ 时，人口不再增长，即增长率 $r(x_m)=0$，代入式(3.29)得 $s=r/x_m$，于是 $r(x)=r(1-x/x_m)$，将 $r(x)$ 代入方程(3.28)，得

$$\frac{\mathrm{d}x}{\mathrm{d}t} = rx\left(1 - \frac{x}{x_m}\right),\ x(0) = x_0 \tag{3.30}$$

方程(3.30)右端的因子 rx 体现人口自身的增长趋势，因子 $\left(1-\frac{x}{x_m}\right)$ 则体现了环境和资源对人口增长的阻滞作用。显然，x 越大，前一因子越大，后一因子越小，人口增长是两个因子共同作用的结果，式(3.30)称为阻滞增长模型。

如果以 x 为横轴，以 $\frac{\mathrm{d}x}{\mathrm{d}t}$ 为纵轴作出方程(3.30)的图形(见图 3.1)，可以分析人口增长速度 $\frac{\mathrm{d}x}{\mathrm{d}t}$ 随着 x 的增长而变化的情况，从而大致看出 $x(t)$ 的变化规律。

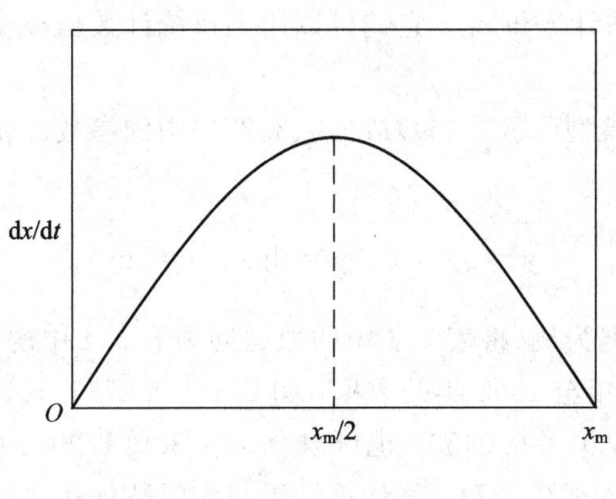

图 3.1　阻滞增长模型 $\frac{\mathrm{d}x}{\mathrm{d}t}$-$x$ 曲线

练习　根据图 3.1 中 $\mathrm{d}x/\mathrm{d}t$ 随 x 的变化分析 x 随 t 的变化规律，x 多大时人口增长最快，t 趋向于∞时 x 趋向于多少？请读者画出 $x(t)$ 的大致图形。

实际上，方程(3.30)可以很方便地用分离变量法求解得到：

$$x(t)=\frac{x_{\mathrm{m}}}{1+\left(\frac{x_{\mathrm{m}}}{x_0}-1\right)\mathrm{e}^{-rt}} \tag{3.31}$$

用计算机软件画出式(3.31)的图形，它是一条S形曲线(见图3.2)，x 增加得先快后慢，当 $t\to\infty$ 时 $x\to x_{\mathrm{m}}$，拐点在 $x=x_{\mathrm{m}}/2$ 处，应该与上面练习中画出的 $x(t)$ 的图形一致。

由方程(3.30)表示的阻滞增长模型，是荷兰生物数学家 Verhulst 于19世纪中叶提出的。它不仅能够大体上描述人口及许多物种数量(如森林中的树木、鱼塘中的鱼群等)的变化规律，而且在社会经济领域也有广泛的应用，例如耐用消费品的销售量就可以用它来描述。基于这个模型能够描述一些事物符合逻辑的客观规律，人们常称它为 Logistic 模型，本书之后的章节中将多次用到它。

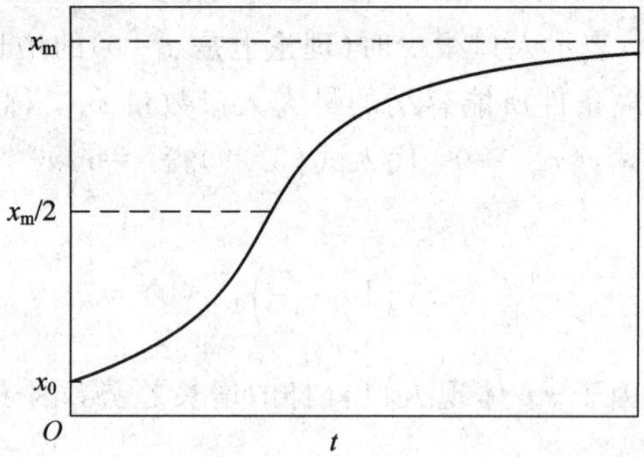

图3.2　阻滞增长模型 x-t 曲线

3.3.3　人口模型的参数估计、检验和预报

用指数增长模型或阻滞增长模型进行人口预报，先要进行参数估计。除了初始人口 x_0 外，指数增长模型还要估计 r 和 x_{m}。它们可以用人口统计数据拟合得到，也可以辅之以专家的估计。

为了估计指数增长模型(式(3.26))或(式(3.27))中的参数 r 和 x_0，需将式(3.27)取对数，得

$$y=rt+a,\ y=\ln x,\ a=\ln x_0 \tag{3.32}$$

以美国人口实际数据为例(将表3.3中的数据列为表3.4中的第1、2列)，对式(3.32)作数据拟合，如用1790年至1900年的数据，得到 $r=0.2743/10$，$x_0=4.1884$；如用全部数据可得 $r=0.2022/10$，$x_0=6.0450$。也可以令 $x_0=3.9$(1790年的实际人口)，只计算 r。

把得到的 r 和 x_0 代入式(3.27)，将计算结果与实际数据作比较。表3.4中计算人口 x_1 是用1790年至1900年数据拟合的结果，x_2 是用全部数据拟合的结果，图3.3(a)和(b)是它们的图形表示(图中·是实际数据，曲线是计算结果)。

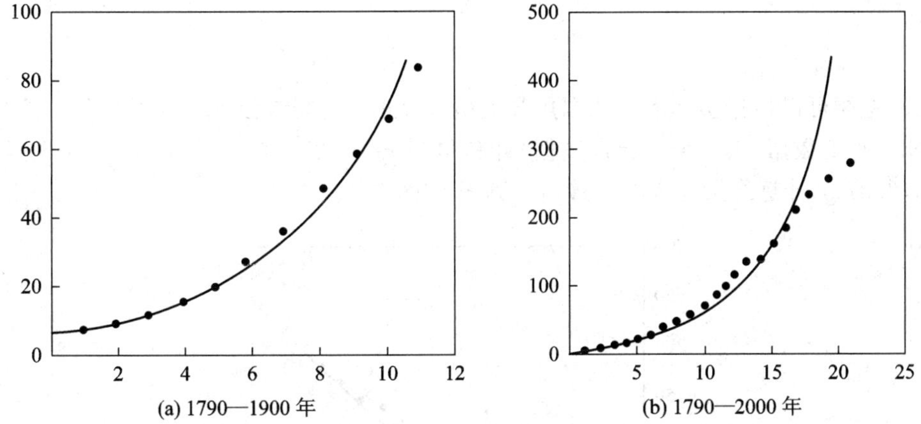

图3.3　指数增长模型拟合图形

表3.4　指数增长模型和阻滞增长模型对美国人口数据拟合的结果

年份	实际人口/百万人	计算人口 x_1（指数增长模型）	计算人口 x_2（指数增长模型）	计算人口 x_3（阻滞增长模型）
1790	3.9	4.2	6.0	3.9
1800	5.3	5.5	7.4	5.0
1810	7.2	7.2	9.1	6.5
1820	9.6	9.5	11.1	8.3
1830	12.9	12.5	13.6	10.7
1840	17.1	16.5	16.6	13.7
1850	23.2	21.7	20.3	17.5
1860	31.4	28.6	24.9	22.3
1870	38.6	37.6	30.5	28.3
1880	50.2	49.5	37.3	35.8
1890	62.9	65.1	45.7	45.0
1900	76.0	85.6	55.9	56.2
1910	92.0		68.4	69.7
1920	106.5		83.7	85.5
1930	123.2		102.5	103.9
1940	131.7		125.5	124.5
1950	150.7		153.6	147.2
1960	179.3		188.0	171.3
1970	204.0		230.1	196.2
1980	226.5		281.7	221.2
1990	251.4		344.8	245.3
2000	281.4		422.1	

为了估计阻滞增长模型（式(3.30)或式(3.31)）中的参数 r 和 x_m，我们不用式(3.31)而将方程(3.30)表示为

$$\frac{\frac{\mathrm{d}x}{\mathrm{d}t}}{x}=r-sx\,,\ s=\frac{r}{x_{\mathrm{m}}} \tag{3.33}$$

式(3.33)左端可以根据实际人口数据用数值微分算出，右端参数 r、s 是线性的。利用 1860 年至 1990 年的数据(去掉个别异常数据)计算得到 $r=0.2557/10$，$x_{\mathrm{m}}=392.0886$。将它们代入式(3.31)，计算结果见表 3.4 最后一列 x_3 和图 3.4。

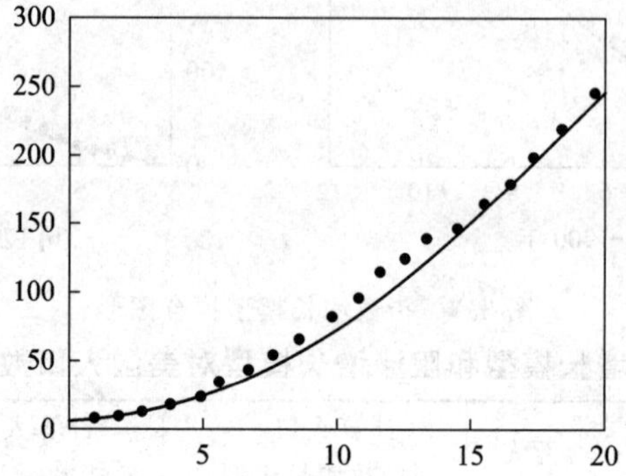

图 3.4　阻滞增长模型拟合图形(以 1790 年为起点)

可以看出，这个模型虽然中间一段(19 世纪中叶到 20 世纪中叶)拟合得不太好，但是最后一段(20 世纪中叶以后)拟合得不错。

在估计阻滞增长模型的参数时没有用 2000 年的实际数据，是为了用它做模型检验。我们用模型计算 2000 年的人口，与已知的实际数据比较，从而检验模型是否合适。

为简单起见，可利用 $x(1990)$ 和方程(3.30)作如下计算：

$$x(2000)=x(1990)+\Delta x=x(1990)+rx(1990)\left[1-\frac{x(1990)}{x_{\mathrm{m}}}\right]$$

得到 $x(2000)=274.5$ 百万人，与实际数据 281.4 百万人的误差约为 2.5%，可以认为该模型是相当令人满意的。

为了预报美国 2010 年的人口，应将 2000 年的实际数据加进去重新估计参数，可得 $r=0.2490/10$，$x_{\mathrm{m}}=433.9886$。然后用模型检验中的计算方法进行预报，得到 $x(2010)=306.0$ 百万人。这个预报结果的准确性如何呢？据美国人口普查局 2010 年 12 月 21 日公布，截至 2010 年 4 月 1 日，美国总人口为 3.087 亿人，预报误差不到 1%。

3.3.4　考虑年龄结构和生育模式的人口模型

指数增长模型和阻滞增长模型都是针对人口总数和总增长率的，不涉及年龄结构。事实上，在人口预测中人口按年龄的分布状况是十分重要的，因为不同年龄人的生育率和死亡率有着很大的差别。两个国家或地区目前人口一样，如果一个国家或地区年轻人的比例明显高于另一国家或地区，那么二者人口的发展状况将大不一样。在考虑年龄结构的人口模型中，除了时间变量外，年龄是另一个变量。

1. 人口发展方程

使人口数量和结构产生变化的因素主要包括出生、死亡和迁移等。为简化起见，只考虑自然出生与死亡的状况，不计迁移等社会因素的影响。

为研究任意时刻不同年龄的人口数量，引入人口的分布函数和密度函数。时刻 t、年龄小于 r 的人口称为人口分布函数，记作 $F(r, t)$，其中 t、$r(\geqslant 0)$ 均为连续变量，F 是连续的、可微的。时刻 t 的人口总数记作 $N(t)$，最高年龄记作 r_m，理论推导时设 $r_m \to \infty$。于是对于非负非降函数 $F(r, t)$，有

$$F(0, t) = 0, F(r_m, t) = N(t) \tag{3.34}$$

人口密度函数定义为

$$p(r, t) = \frac{\partial F}{\partial r} \tag{3.35}$$

因而时刻 t、年龄在区间 $[r, r+\mathrm{d}r)$ 的人数可以表示为 $p(r, t)\mathrm{d}r$。

记 $\mu(r, t)$ 为时刻 t、年龄为 r 的人的死亡率，其含义是：$\mu(r, t)p(r, t)\mathrm{d}r$ 表示时刻 t、年龄在 $[r, r+\mathrm{d}r)$ 的单位时间死亡的人数。

为了得到 $p(r, t)$ 满足的方程，考察时刻 t、年龄在 $[r, r+\mathrm{d}r)$ 的人到时刻 $t+\mathrm{d}t$ 的情况，他们中活着的那一部分人的年龄变为 $[r+\mathrm{d}r_1, r+\mathrm{d}r+\mathrm{d}r_1)$，这里 $\mathrm{d}r_1=\mathrm{d}t$。而在 $\mathrm{d}t$ 这段时间内死亡的人数为 $\mu(r, t)p(r, t)\mathrm{d}r\mathrm{d}t$。于是

$$p(r, t)\mathrm{d}r - p(r+\mathrm{d}r_1, t+\mathrm{d}t)\mathrm{d}r = \mu(r, t)p(r, t)\mathrm{d}r\mathrm{d}t \tag{3.36}$$

式(3.36)可写为

$$\begin{aligned}&[p(r+\mathrm{d}r_1, t+\mathrm{d}t) - p(r, t+\mathrm{d}t)]\mathrm{d}r + [p(r, t+\mathrm{d}t) - p(r, t)]\mathrm{d}r\\ &= -\mu(r, t)p(r, t)\mathrm{d}r\mathrm{d}t\end{aligned}$$

由 $\mathrm{d}r_1=\mathrm{d}t$，就可以得到

$$\frac{\partial p}{\partial r} + \frac{\partial p}{\partial t} = -\mu(r, t)p(r, t) \tag{3.37}$$

这是人口密度函数 $p(r, t)$ 的一阶偏微分方程，其中死亡率 $\mu(r, t)$ 为已知函数。

方程(3.37)有两个定解条件：初始密度函数记作 $p(r,0)=p_0(r)$；单位时间出生的婴儿数记作 $p(0,t)=f(t)$，称为婴儿出生率。$p_0(r)$ 可由人口调查资料得到，是已知函数；$f(t)$ 对预测和控制人口起着重要作用，后面将对它进一步分析。将方程(3.37)及定解条件写为

$$\begin{cases}\dfrac{\partial p}{\partial r} + \dfrac{\partial p}{\partial t} = -\mu(r, t)p(r, t) & (t, r > 0)\\ p(r,0) = p_0(r) \\ r(0,t) = f(t)\end{cases} \tag{3.38}$$

这个连续型人口发展方程描述了人口的演变过程，从这个方程确定出密度函数 $p(r, t)$ 以后，即可得到各个年龄的人口数，即人口分布函数：

$$F(r, t) = \int_0^r p(s, t)\mathrm{d}s \tag{3.39}$$

方程(3.38)的求解过程比较复杂，这里只给出一种特殊情况下的结果。在社会安定的局面下和不太长的时间内，死亡率大致与时间无关，于是可近似地假设 $\mu(r, t)=\mu(r)$。这时式(3.38)的解为

$$p(r, t) = \begin{cases}p_0(r-t)\mathrm{e}^{-\int_{r-t}^{r}\mu(s)\mathrm{d}s} & (0 \leqslant t \leqslant r)\\ f(t-r)\mathrm{e}^{-\int_0^r\mu(s)\mathrm{d}s} & (t > r)\end{cases} \tag{3.40}$$

读者可以验证式(3.40)满足方程(3.38)。这个解在 tOr 平面上有一个浅显的解释：图

3.5 中对角线 $r=t$ 将 tOr 平面(t, $r\geqslant 0$)分为两部分：在 $t<r$ 区域，$p(r, t)$完全由年龄为 $r-t$ 的人口初始密度 $p_0(r-t)$和这些人的死亡率 $\mu(s)$($r-t\leqslant s<t$)决定；在 $t>r$ 区域，$p(r, t)$则由未来的生育状况 $f(t-r)$及死亡率 $\mu(s)$($0\leqslant s<r$)决定。

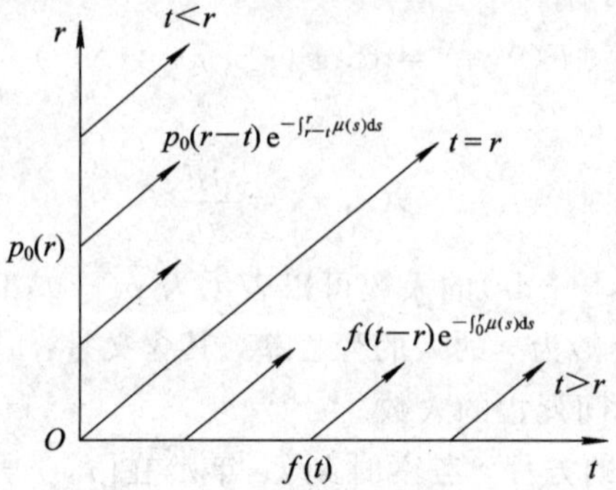

图 3.5　tOr 平面上的 $p(r, t)$

2. 生育率和生育模式

在式(3.38)或式(3.40)中，$p_0(r)$和 $\mu(r)$可从人口统计数据得到，$\mu(r, t)$也可由 $\mu(r, 0)$粗略估计。这样，为了预测和控制人口的发展状况，人们主要关注和可以用作控制手段的就是婴儿出生率 $f(t)$了。下面对 $f(t)$作进一步分析。

记女性性别比函数为 $k(r,t)$，即时刻 t、年龄在$[r, r+\mathrm{d}r)$的女性人数为 $k(r,t)p(r,t)\mathrm{d}r$，将这些女性在单位时间内平均每人的生育数记作 $b(r, t)$，设育龄区间为$[r_1, r_2]$，则

$$f(t)=\int_{r_1}^{r_2}h(r, t)k(r, t)p(r, t)\mathrm{d}r \tag{3.41}$$

再将 $b(r, t)$定义为

$$b(r, t)=\beta(t)h(r, t) \tag{3.42}$$

其中，$h(r, t)$满足

$$\int_{r_1}^{r_2}h(r, t)\mathrm{d}r=1 \tag{3.43}$$

于是

$$\beta(t)=\int_{r_1}^{r_2}b(r, t)\mathrm{d}r \tag{3.44}$$

$$f(t)=\beta(t)\int_{r_1}^{r_2}h(r, t)k(r, t)p(r, t)\mathrm{d}r \tag{3.45}$$

由式(3.44)可以看出，$\beta(t)$的直接含义是时刻 t 单位时间内平均每个育龄女性的生育数。如果所有育龄女性在其育龄期所有时刻都保持这个生育数，那么 $\beta(t)$也表示平均每个女性一生的生育数总和，所以 $\beta(t)$称为总和生育率(简称生育率)或生育胎次。

从式(3.42)、式(3.43)及 $b(r, t)$的含义可以看出，$h(r, t)$是年龄为 r 女性的生育加权因子，称为生育模式。在稳定环境下可以近似地认为它与 t 无关，即 $h(r, t)=h(r)$，$h(r)$表示了在哪些年龄生育率高，在哪些年龄生育率低。图 3.6 给出了 $h(r)$的示意图，可以看到，$r=r_c$附近的生育率最高。由人口统计资料可以知道当前实际的 $h(r, t)$。作理论分析时，人们常采用的 $h(r)$的一种形式是借用概率论中的 Γ 分布：

$$h(r) = \frac{(r-r_1)^{\alpha-1}\mathrm{e}^{-\frac{r-r_1}{\theta}}}{\theta^\alpha \Gamma(\alpha)} \quad (r > r_1) \tag{3.46}$$

并取 $\theta=2$，$\alpha=n/2$，这时有

$$r_c = r_1 + n - 2 \tag{3.47}$$

可以看出，提高 r_1 意味着晚婚，而增加 n 意味着晚育。

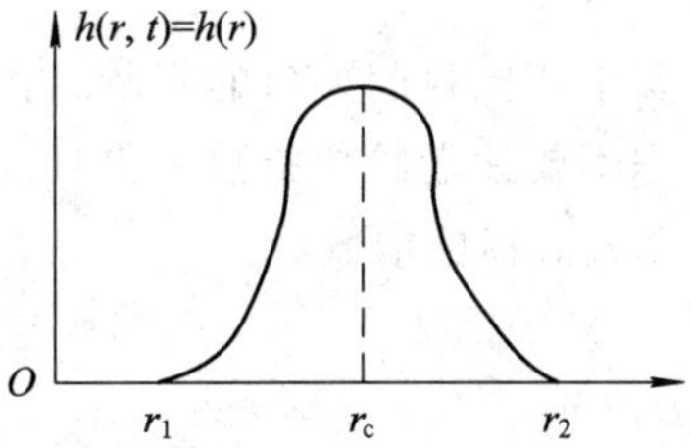

图 3.6　生育模式 $h(r)$示意图

这样，人口发展方程(3.38)和单位时间出生的婴儿数 $f(t)$的表达式(3.45)，构成了连续型人口模型。模型中死亡率函数 $\mu(r, t)$、女性性别比函数 $k(r, t)$和初始密度函数 $p_0(r)$可以由人口统计资料直接得到或在资料的基础上估计，而生育率 $\beta(t)$和生育模式 $h(r, t)$是可以用于控制人口发展过程的两种手段，$\beta(t)$可以控制生育的多少，$h(r, t)$可以控制生育的早晚和疏密，我国的计划生育政策正是通过这两种手段实施的。

从控制论观点看，在方程(3.38)描述的人口系统中，$p(r, t)$可视为状态变量，$p(0, t)=f(t)$可视为控制变量，是分布参数系统的边界控制函数。式(3.45)表明控制输入中含有状态变量，形成状态反馈，$\beta(t)$可视为反馈增益，并且通常是一种正反馈，即人口密度函数 $p(r, t)$的增加，通过婴儿出生率 $f(t)$又使 $p(r, t)$进一步增大。式(3.40)中因子 $f(t-r)$表明这种反馈还有相当大的滞后作用，所以一旦人口策略失误，$p(r, t)$在一段时间内增长过多过快，再通过控制手段 $\beta(t)$和 $h(r, t)$把人口增长势头降下来就很困难，并且需要相当长(几代人)的时间。

3. 人口指数

在上面的模型中，密度函数 $p(r, t)$或分布函数 $F(r, t)$固然是对人口发展过程最完整的描述，但是使用起来并不方便。在人口统计学中，常用一些人口指数来简明扼要地表示一个国家或地区的人口特征。下面是一些人口指数的定义及它们与 $p(r, t)$等变量之间的关系。

(1) 人口总数：

$$N(t) = \int_0^{r_m} p(r, t)\mathrm{d}r \tag{3.48}$$

(2) 平均年龄：

$$R(t) = \frac{1}{N(t)}\int_0^{r_m} rp(r, t)\mathrm{d}r \tag{3.49}$$

(3) 平均寿命：表示时刻 t 出生的人不论活到什么时候，死亡率都按时刻 t 的 $\mu(r, t)$计算，这些人的平均存活时间记作 $S(t)$，其计算式为

$$S(t) = \int_t^{\infty} \mathrm{e}^{-\int_t^{\tau-t}\mu(r, t)\mathrm{d}r}\mathrm{d}\tau \tag{3.50}$$

$S(t)$实际上是预估寿命。通常说目前平均寿命已达到多少岁，是指今年出生婴儿的预估寿命，即 $S(0)$。根据统计资料得到当前的死亡率 $\mu(r, 0)$后就可以算出 $S(0)$。

(4) 老龄化指数：

$$\omega(t) = \frac{R(t)}{S(t)} \tag{3.51}$$

显然，平均年龄 $R(t)$越大，$\omega(t)$越大。对于 $R(t)$相同的两个国家或地区，平均寿命 $S(t)$大的，表示健康水平高，一个人能工作的时间在一生中占的比例较大，则老龄化指数

$\omega(t)$较小。

鉴于我国目前人口的年龄结构状况，在控制生育率、降低人口增长速度的同时，需适当考虑不要使老龄化指数变得过高。

(5) 依赖性指数：

$$\rho(t)=\frac{N(t)-L(t)}{L(t)} \tag{3.52}$$

$$L(t)=\int_{l_1}^{l_2}[1-k(r,\ t)]p(r,\ t)\mathrm{d}r+\int_{l_1'}^{l_2'}k(r,\ t)p(r,\ t)\mathrm{d}r \tag{3.53}$$

其中，$[l_1,\ l_2]$和$[l_1',\ l_2']$分别是男性和女性有劳动能力的年龄区间，$L(t)$是全体人口中有劳动能力的人数，所以依赖性指数 $\rho(t)$表示平均每个劳动者要供养的人数。

3.4 军队作战模型

战术谋略在战争中起着不可估量的作用。将领与士兵的区别就是士兵执行命令去冲锋陷阵，而将领主要是根据当前形势制定最佳的作战方案。

随着数学的不断发展，特别是在决策论等方面的不断成熟，数学在战争中的应用意义越来越大。本节不对决策论方面的知识进行介绍，只运用微分方程的知识，定性甚至定量地分析军事上的一些相关问题，例如战争胜利与兵种和兵力的关系、军备竞赛对经济的影响等。

3.4.1 军队作战模型介绍

军事上的应用

早在第一次世界大战期间，Lanchester 就提出了几个尚不成熟的作战模型。自此以后，人们不断地推广这些模型，并用它们分析了一些战争实例。本节将介绍三个 Lanchester 作战模型。

假设一支部队 x 和一支部队 y 互相交战，其中 $x(t)$和 $y(t)$分别表示两个部队在 t 时刻的兵力。t 以天为计算单位，从战斗开始时算起。不妨认为兵力 $x(t)$和 $y(t)$就是士兵的数量(实际战斗中，兵力一般还包括相应的军事装备)，并且假定 $x(t)$和 $y(t)$是连续变化的关于时间 t 的可导函数。

对于部队 x，由于各种不可避免的因素(包括疾病、逃兵以及其他非作战事故)所引起的兵力损失，记为自然损失率 L_x。

另一方面，部队 x 与部队 y 遭遇而产生的兵力战斗损失率，可以记为 CL_x，兵力补充率可以记为 R_x，那么 $x(t)$满足下面的微分方程：

$$\frac{\mathrm{d}x(t)}{\mathrm{d}t}=-L_x-\mathrm{CL}_x+R_x$$

同理，部队 y 的自然损失率、战斗损失率和兵力补充率分别记为 L_y、CL_y 和 R_y，则 $y(t)$满足下面的微分方程：

$$\frac{\mathrm{d}y(t)}{\mathrm{d}t}=-L_y-\mathrm{CL}_y+R_y$$

下面的任务就是，求出有关部队 x 和部队 y 各自兵力变化率的适当公式，然后分析相

应的微分方程 $x(t)$ 和 $y(t)$ 的解，最终确定谁将赢得战争的胜利。一般可以假设部队的自然损失率与士兵的人数成正比，即

$$\begin{cases} L_x = ax \\ L_y = by \end{cases}$$

而部队的战斗损失率则与敌我双方的作战形式有关，主要有以下情况：

（1）如果部队 x 是正规部队，打的是常规战，部队 x 的士兵公开地活动，处于 y 部队每一个士兵的监视和杀伤范围之内，并且一旦部队 x 的某个士兵被杀伤，部队 y 的火力立即集中在部队 x 的其余士兵身上，那么，部队 x 的战斗损失率 CL_x 将与部队 y 士兵的人数 $y(t)$ 成正比，即

$$\mathrm{CL}_x = r_y p_y y(t)$$

其中，r_y 是部队 y 的射速（每天每个士兵的射击次数），p_y 表示一次射击杀死一个敌人的可能性，则 $r_y p_y$ 体现了部队 y 的战斗效果。

（2）如果部队 x 打游击战，它的士兵在部队 y 看不到的某个面积为 S_x 的隐蔽区域内活动，部队 y 的士兵不是向部队 x 的士兵开火，而是向面积为 S_x 的区域内射击，并且不知道杀伤情况，那么此时部队 x 的战斗损失率不仅与部队 y 的士兵数量 $y(t)$ 成正比，而且与部队 x 在活动区域内的密集程度也成正比，即有

$$\mathrm{CL}_x = r_y \frac{S_{ry}}{S_x} y(t)$$

其中，r_y 仍然是部队 y 的射速，命中率 $p_y = \dfrac{S_{ry}}{S_x}$ 表示部队 y 一次射击的有效区域 S_{ry} 与部队 x 整个活动面积 S_x 之比，则 $r_y \dfrac{S_{ry}}{S_x}$ 体现了部队 y 的作战效果。

在上述假设下，Lanchester 根据战争的不同特性，给出了以下三个不同的微分方程模型。

（1）常规战争：

$$\begin{cases} \dfrac{\mathrm{d}x(t)}{\mathrm{d}t} = -ax(t) - cy(t) + F(t) \\ \dfrac{\mathrm{d}y(t)}{\mathrm{d}t} = -dx(t) - by(t) + G(t) \end{cases}$$

其中，部队 x 和部队 y 的兵力补充分别为 $F(t)$ 和 $G(t)$，a、b、c 和 d 均为非负损失率常数。

（2）游击战争：

$$\begin{cases} \dfrac{\mathrm{d}x(t)}{\mathrm{d}t} = -ax(t) - gx(t)y(t) + F(t) \\ \dfrac{\mathrm{d}y(t)}{\mathrm{d}t} = -hx(t)y(t) - by(t) + G(t) \end{cases}$$

其中，部队 x 和部队 y 的兵力补充分别为 $F(t)$ 和 $G(t)$，a、b、g 和 h 均为非负损失率常数。

（3）常规-游击混合型战争：

$$\begin{cases} \dfrac{\mathrm{d}x(t)}{\mathrm{d}t} = -ax(t) - gx(t)y(t) + F(t) \\ \dfrac{\mathrm{d}y(t)}{\mathrm{d}t} = -dx(t) - by(t) + G(t) \end{cases}$$

其中，部队 x 和部队 y 的兵力补充分别为 $F(t)$ 和 $G(t)$，a、b、g 和 d 均为非负损失率常数。

3.4.2 军队作战模型求解

现在依次求解上述三个战斗模型(常规战争、游击战争和常规-游击混合型战争)。

1. 常规战争

为了简化问题，这里考虑双方都没有增援的情况，即 $F(t)=G(t)=0$，并且假设自然损失率为零，那么常规战争模型简化为

$$\begin{cases}\dfrac{\mathrm{d}x(t)}{\mathrm{d}t}=-cy(t)\\[2mm]\dfrac{\mathrm{d}y(t)}{\mathrm{d}t}=-dx(t)\end{cases}$$

把微分方程组的两式相除可以得到

$$\frac{\mathrm{d}y}{\mathrm{d}x}=\frac{dx}{cy}$$

分离变量，得

$$cy\mathrm{d}y=dx\mathrm{d}x$$

对上式两边同时积分，得到

$$cy^2-dx^2=K$$

其中，K 为一常数。

上式确定的图形是双曲线族，图 3.7 绘出了对应不同 K 值的双曲线。

显然，只需要考虑兵力象限($x\geqslant 0, y\geqslant 0$)中的曲线。曲线上的箭头表示兵力随时间而变的方向。由于 $x>0$ 和 $y>0$，所以就有 $\dfrac{\mathrm{d}x}{\mathrm{d}t}<0$ 和 $\dfrac{\mathrm{d}y}{\mathrm{d}t}<0$，箭头的方向从图 3.7 中看出是向下的。

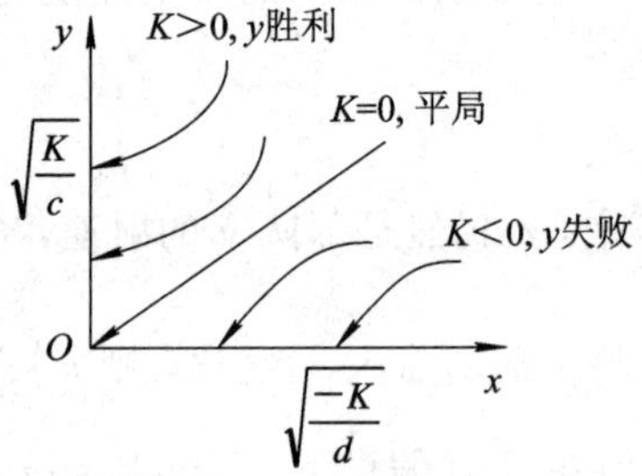

图 3.7 常规战胜负图解

如果 $K>0$，双曲线与 y 轴交于 $\sqrt{\dfrac{K}{c}}$，即存在某一时刻 t_1，使得当 $x(t_1)=0$ 时，$y(t_1)=\sqrt{\dfrac{K}{c}}>0$，这表明部队 y 获胜；同理，由对 K 的取值分析可得，当 $K=0$ 时，交战双方打个平手，战成平局；当 $K<0$ 时，部队 x 将获胜。如果部队 y 要取胜，就必须形成一个 $K>0$ 的战斗状态。$K>0$ 等价于 $\left(\dfrac{y_0}{x_0}\right)^2>\dfrac{c}{d}$，其中 x_0 和 y_0 分别表示交战双方的初始兵力，$c=r_yp_y$，$d=r_xp_x$，从而部队 y 取胜的条件可表示为

$$\left(\frac{y_0}{x_0}\right)^2>\frac{r_yp_y}{r_xp_x}$$

这表明初始时刻兵力之比对战争的结局是以平方关系起作用的，即如果部队投入的初始兵力从 $\dfrac{y_0}{x_0}=1$ 增加到 $\dfrac{y_0}{x_0}=2$，那么部队 y 影响战争结局的能力将增加到原来的 4 倍。正是由于这个缘故，常规战争的这种规律称为平方律。

由于方程 $cy^2-dx^2=K$ 仅与两支部队各自的兵力有关，而与时间的推移无关，因此可

以通过下述方法得到关于兵力的瞬时变化公式。对$\frac{dx}{dt}=-cy$进行微分，并利用$\frac{dy}{dt}=-dx$可得到

$$\frac{d^2x}{dt^2}=-c\frac{dy}{dt}=cdx$$

则 $x(t)$满足下面的微分方程初值问题，即

$$\begin{cases}\frac{d^2x}{dt^2}-cdx=0\\ x(0)=x_0,\ \left.\frac{dx}{dt}\right|_{t=0}=-cy_0\end{cases}$$

解上述初值问题，得到

$$x(t)=x_0\cos\beta t-\gamma y_0\sin\beta t$$

其中，$\beta=cd$，$\gamma=\sqrt{\frac{c}{d}}$，类似地可以得到

$$y(t)=y_0\cos\beta t-\frac{x_0}{\gamma}\sin\beta t$$

在给定 $K>0$ 的特殊情况下，$x(t)$和 $y(t)$的图形如图 3.8 所示。

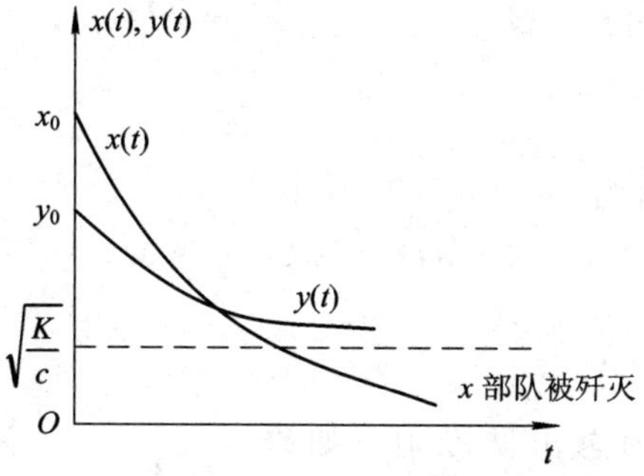

图 3.8　常规战双方兵力图

从图 3.8 中可以看出，部队 y 要取胜并不一定要求它的初始兵力超过部队 x 的初始兵力，但必须满足条件 $cy_0^2>dx_0^2$或等价地满足条件 $\gamma y_0>x_0$。

2. 游击战争

为了简化模型，首先假设两支游击部队在作战中均无自然损失和增援，在这些严格的条件下，游击战的微分方程模型将简化为

$$\begin{cases}\frac{dx(t)}{dt}=-gx(t)y(t)\\ \frac{dy(t)}{dt}=-hx(t)y(t)\end{cases}$$

转换为 y 和 x 之间的微分方程，得

$$\frac{dy}{dx}=\frac{h}{g}$$

积分得微分方程的解为

$$g(y(t)-y_0)=h(x(t)-x_0)$$

记 $L=gy_0-hx_0$，则上式简化为

$$gy-hx=L$$

那么，如果 $L>0$，即 $\frac{y_0}{x_0}>\frac{h}{g}$，则部队 y 获胜；反之，如果 $L<0$，则部队 x 获胜。式 $gy-hx=L$ 的图形如图 3.9 所示。由于该式表现为线性关系，而且游击战中 $\frac{y_0}{x_0}$ 只起一次作用，因此游击战中这种规律称为线性律。

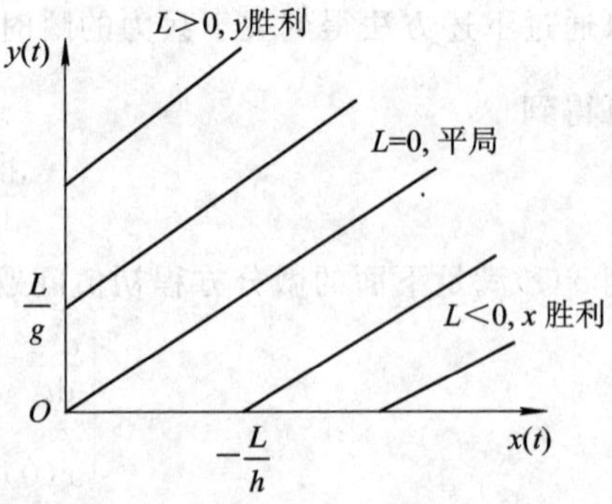

图 3.9 游击战胜负图解

3. 常规-游击混合型战争

一支游击部队 x 与一支常规部队 y 交战，这里同样假设无增援也没有自然损失，在这种情况下，常规-游击混合型战争的微分方程模型简化为

$$\begin{cases}\dfrac{dx(t)}{dt}=-gx(t)y(t)\\\dfrac{dy(t)}{dt}=-dx(t)\end{cases}$$

转化为 y 和 x 之间的微分方程，得

$$\frac{dy}{dx}=\frac{d}{gy}$$

积分，得这个微分方程的解为

$$gy^2(t)=2dx(t)+M$$

其中，$M=gy_0^2-2dx_0$。

那么，如果 $M<0$，则游击队获胜；如果 $M>0$，则常规部队获胜。式 $gy^2(t)=2dx(t)+M$ 确定的图形是一组抛物线，如图 3.10 所示。

如果常规部队 y 获得胜利，则 $M>0$，即 $\left(\frac{y_0}{x_0}\right)^2>\frac{2d}{gx_0}$。将 $d=r_xp_x$ 和 $g=r_y\frac{S_{ry}}{S_x}$ 代入，可以得到

$$\left(\frac{y_0}{x_0}\right)^2>2\,\frac{r_x}{r_y}\cdot\frac{S_xp_x}{S_{ry}}\cdot\frac{1}{x_0}$$

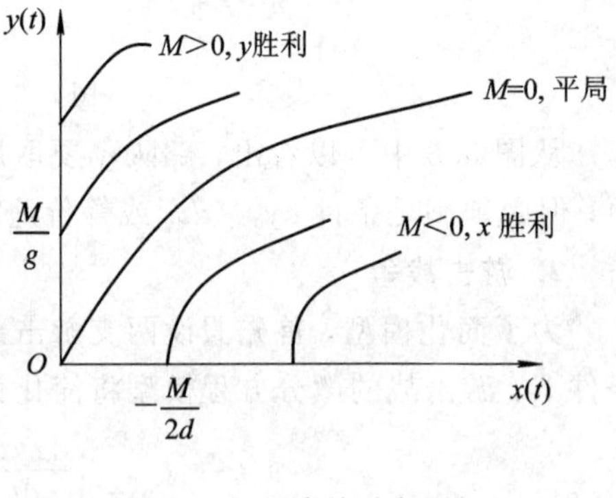

图 3.10 混合战胜负图解

现在利用这个式子来分析以正规部队作战的 y 为了战胜游击部队 x 需要投入多大的初始兵力 y_0。不妨设游击部队 x 的初始兵力为 $x_0=100$，命中率为 $p_x=0.1$，射击率 r_x 是正规部队 y 的射击率 r_y 的一半，整个活动区域的面积是 0.1 平方千米，部队 y 每次射击的有效面积是 1 平方米。那么，部队 y 要取得胜利必须使

$$\left(\frac{y_0}{x_0}\right)^2>2\times\frac{1}{2}\times\frac{0.1\times10^6\times0.1}{1\times100}=100$$

即$\frac{y_0}{x_0}>10$，就是说以正规部队作战的 y 为了战胜游击部队 x 需要投入的初始兵力 y_0 必须至少 10 倍于游击部队 x 的初始兵力 x_0。

关于这个结论，有一个例子很好地验证了它。在越南战争中，到 1968 年的春天，美国在越南战场中投入的兵力总共约为 168 万，而越南共产党的兵力总共约为 28 万，兵力比为

$$\frac{1\ 680\ 000}{280\ 000}=6$$

1968 年 2 月期间的新年攻势刚过，前线的 Westmoreland 将军就向美国总统约翰逊要求增派一支 20.6 万人的部队。如果约翰逊总统根据要求派出 20.6 万人的部队，那么双方力量对比将变为

$$\frac{1\ 886\ 000}{280\ 000}\approx 6.7$$

但是，这仍不足以使美国常规部队在越南战场的状况有较大的改变。另一方面，越南部队也将会增加到 31.4 万人，比例仍保持为 6∶1。正是基于这样的分析，以及美国人民对整个事态的焦虑，约翰逊总统才不得不从政治上寻求解决越南问题的办法。他最终拒绝了 Westmoreland 将军的要求，提倡并发起了巴黎和平会谈。最后，美国于 1973 年撤离战斗，越南取得了最后的胜利。

3.5　差分方程理论

差分方程理论简介

3.5.1　差分的概念

定义 3.1　设函数 $y_t=y(t)$，称改变量 $y_{t+1}-y_t$ 为函数 y_t 的差分，也称为函数 y_t 的一阶差分，记为 Δy_t，即 $\Delta y_t=y_{t+1}-y_t$ 或 $\Delta y(t)=y(t+1)-y_t$。一阶差分的差分称为二阶差分 $\Delta^2 y_t$，即

$$\Delta^2 y_t=\Delta(\Delta y_t)=\Delta y_{t+1}-\Delta y_t=(y_{t+2}-y_{t+1})-(y_{t+1}-y_t)=y_{t+2}-2y_{t+1}+y_t$$

类似地，可定义三阶差分、四阶差分……

$$\Delta^3 y_t=\Delta(\Delta^2 y_t),\ \Delta^4 y_t=\Delta(\Delta^3 y_t),\ \cdots$$

【例 3.2】　设 $y_t=t^2+2t-3$，求 Δy_t、$\Delta^2 y_t$。

解　$\Delta y_t=y_{t+1}-y_t=[(t+1)^2+2(t+1)-3]-(t^2+2t-3)=2t+3$

$$\begin{aligned}\Delta^2 y_t&=\Delta(\Delta y_t)=y_{t+2}-2y_{t+1}+y_t\\&=[(t+2)^2+2(t+2)-3]-2[(t+1)^2+2(t+1)-3]+t^2+2t-3=2\end{aligned}$$

3.5.2　差分方程的概念

定义 3.2　含有未知函数 y_t 的差分的方程称为差分方程。

差分方程的一般形式为

$$F(t,\ y_t,\ \Delta y_t,\ \Delta^2 y_t,\ \cdots,\ \Delta^n y_t)=0$$

或

$$G(t, y_t, y_{t+1}, y_{t+2}, \cdots, y_{t+n}) = 0$$

差分方程中所含未知函数差分的最高阶数称为该差分方程的阶。差分方程的不同形式可以互相转化。

定义 3.3 满足差分方程的函数称为该差分方程的解。

如果差分方程的解中含有相互独立的任意常数的个数恰好等于方程的阶数，则称这个解为该差分方程的通解。

我们往往要根据系统在初始时刻所处的状态对差分方程附加一定的条件，这种附加条件称为初始条件，满足初始条件的解称为特解。

定义 3.4 若差分方程中所含未知函数及未知函数的各阶差分均为一次的，则称该差分方程为线性差分方程。

线性差分方程的一般形式是

$$y_{t+n} + a_1(t)y_{t+n-1} + \cdots + a_{n-1}(t)y_{t+1} + a_n(t)y_t = f(t)$$

其特点是 y_{t+n}，y_{t+n-1}，…，y_t都是一次的。

3.5.3 一阶常系数线性差分方程及其迭代解法

一阶常系数线性差分方程的一般形式为

$$y_{t+1} + ay_t = f(t) \tag{3.54}$$

其中，常数 $a \neq 0$，$f(t)$为 t 的已知函数。当 $f(t)$不恒为零时，式(3.54)称为一阶非齐次差分方程；当 $f(t) \equiv 0$ 时，差分方程为

$$y_{t+1} + ay_t = 0 \tag{3.55}$$

称为与一阶非齐次线性差分方程对应的一阶齐次差分方程。

下面给出差分方程的迭代解法。

1. 求齐次差分方程的通解

把方程(3.55)写为 $y_{t+1} = (-a)y_t$，假设在初始时刻，即 $t=0$ 时，函数 y_t取任意常数 C。分别以 $t=0, 1, 2, \cdots$代入上式，得

$$\begin{aligned} y_1 &= (-a)y_0 = C(-a) \\ y_2 &= (-a)^2 y_0 = C(-a)^2 \\ &\vdots \\ y_t &= (-a)^t y_0 = C(-a)^t \end{aligned}$$

最后一式就是齐次差分方程(3.55)的通解。特别地，当 $a=-1$ 时，齐次差分方程(3.55)的通解为 $y_t = C$，$t=0, 1, 2, \cdots$。

2. 求非齐次线性差分方程的通解

1) $f(t)=b$ 为常数

此时，非齐次差分方程(3.54)可写为

$$y_{t+1} = (-a)y_t + b$$

分别以 $t=0, 1, 2, \cdots$代入上式，得

$$\begin{cases} y_1 = (-a)y_0 + b \\ y_2 = (-a)y_1 + b = (-a)^2 y_0 + b[1 + (-a)] \\ y_3 = (-a)y_2 + b = (-a)^3 y_0 + b[1 + (-a) + (-a)^2] \\ \quad\vdots \\ y_t = (-a)^t y_0 + b[1 + (-a) + (-a)^2 + \cdots + (-a)^{t-1}] \end{cases} \tag{3.56}$$

若$-a\neq 1$，则由式(3.56)用等比级数求和公式，得

$$y_t = (-a)^t y_0 + b\frac{1-(-a)^t}{1+a} \quad (t = 0, 1, 2, \cdots)$$

或

$$y_t = (-a)^t\left(y_0 - \frac{b}{1+a}\right) + \frac{b}{1+a} = C(-a)^t + \frac{b}{1+a} \quad (t = 0, 1, 2, \cdots)$$

其中，$C = y_0 - \dfrac{b}{1+a}$为任意常数。

若$-a=1$，则由式(3.56)得

$$y_t = y_0 + bt = C + bt \quad (t = 0, 1, 2, \cdots)$$

其中，$C = y_0$为任意常数。

综上讨论，差分方程 $y_{t+1} + ay_t = b$ 的通解为

$$y = \begin{cases} C(-a)^t + \dfrac{b}{1+a} & (a \neq -1) \\ C + bt & (a = -1) \end{cases} \tag{3.57}$$

上述通解的表达式是两项之和，其中第一项是齐次差分方程(3.55)的通解，第二项是非齐次差分方程(3.54)的一个特解。

【例 3.3】　求解差分方程 $y_{t+1} - \dfrac{2}{3}y_t = \dfrac{1}{5}$。

解　由于 $a = -\dfrac{2}{3}$，$b = \dfrac{1}{5}$，$\dfrac{b}{1+a} = \dfrac{3}{5}$，由通解公式(3.57)，差分方程的通解为

$$y_t = C\left(\frac{2}{3}\right)^t + \frac{3}{5} \quad (C\text{ 为任意常数})$$

2) $f(t)$为一般情况

此时，非齐次差分方程可写为

$$y_{t+1} = (-a)y_t + f(t)$$

分别以 $t=0$，1，2，…代入上式，得

$$\begin{aligned} &y_1 = (-a)y_0 + f(0) \\ &y_2 = (-a)y_1 + f(1) = (-a)^2 y_0 + (-a)f(0) + f(1) \\ &y_3 = (-a)y_2 + f(2) = (-a)^3 y_0 + (-a)^2 f(0) + (-a)f(1) + f(2) \\ &\quad\vdots \\ &y_t = (-a)^t y_0 + (-a)^{t-1} f(0) + (-a)^{t-2} f(1) + \cdots + (-a)f(t-2) + f(t-1) \\ &\quad = C(-a)^t + \sum_{k=0}^{t-1}(-a)^k f(t-k-1) \end{aligned} \tag{3.58}$$

其中，$C = y_0$是任意常数。

式(3.58)就是非齐次差分方程(3.54)的通解。其中第一项是齐次差分方程(3.55)的通

解，第二项是非齐次线性差分方程(3.54)的一个特解。

【例 3.4】 求差分方程 $y_{t+1}+y_t=2^t$ 的通解。

解 由于 $a=1$，$f(t)=2^t$。由通解公式得非齐次线性差分方程的特解为

$$y^*(t)=\sum_{k=0}^{t-1}(-1)^k 2^{t-k-1}=2^{t-1}\sum_{k=0}^{t-1}\left(-\frac{1}{2}\right)^k=2^{t-1}\frac{1-\left(-\frac{1}{2}\right)^t}{1+\frac{1}{2}}=\frac{1}{3}2^t-\frac{1}{3}(-1)^t$$

于是，所求通解为

$$y_t=C_1(-1)^t+\frac{1}{3}2^t-\frac{1}{3}(-1)^t=C(-1)^t+\frac{1}{3}2^t$$

其中，$C=C_1-\frac{1}{3}$为任意常数。

【例 3.5】 求差分方程 $y_{t+1}-y_t=3+2t$ 的通解。

解 特征方程为 $\lambda-1=0$，特征根 $\lambda=1$。齐次差分方程的通解为 $y_c=C$。

由于 $f(t)=3+2t=\rho^t p_1(t)$，$\rho=1$ 是特征根。因此非齐次差分方程的特解为

$$y^*(t)=t(B_0+B_1 t)$$

将其代入已知差分方程，得

$$B_0+B_1+2B_1 t=3+2t$$

比较该方程两端关于 t 的同次幂的系数，可解得 $B_0=2$，$B_1=1$。故 $y^*(t)=2t+t^2$。

所求通解为

$$y_t=y_c+y^*=C+2t+t^2 \quad (C\text{ 为任意常数})$$

3.5.4 差分方程在经济学中的应用

【例 3.6】 (筹措教育经费模型) 某家庭从现在着手从每月工资中拿出一部分资金存入银行，用于投资子女的教育，并计划 20 年后开始从投资账户中每月支取 1000 元，直到 10 年后子女大学毕业用完全部资金。假设投资的月利率为 0.5%，要实现这个投资目标，20 年内共要筹措多少资金？每月要向银行存入多少钱？

解 设第 n 个月投资账户资金为 S_n 元，每月存入资金为 a 元。于是，20 年后关于 S_n 的差分方程模型为 $S_{n+1}=1.005S_n-1000$，并且 $S_{120}=0$，$S_0=x$。

解上式得通解：

$$S_n=1.005^n C-\frac{1000}{1-1.005}=1.005^n C+200\,000$$

以及

$$S_{120}=1.005^{120}C+200\,000=0$$
$$S_0=C+200\,000=x$$

从而有

$$x=200\,000-\frac{200\,000}{1.005^{120}}=90\,073.45$$

从现在开始的 20 年内，S_n 满足的差分方程为 $S_{n+1}=1.005S_n+a$，且 $S_0=0$，$S_{240}=90\,073.45$。解之得通解：

$$S_n = 1.005^n C + \frac{a}{1-1.005} = 1.005^n C - 200a$$

以及

$$S_{240} = 1.005^{240} C - 200a = 90\,073.45$$
$$S_0 = C - 200a = 0$$

从而有 $a=194.95$，即要达到投资目标，20 年内要筹措资金 90 073.45 元，平均每月要存入银行 194.95 元。

习　题　3

1. 假定人口的增长服从这样的规律：时刻 t 的人口为 $x(t)$，单位时间内人口的增量与 $x_{\mathrm{m}}-x(t)$成正比(其中 x_{m}为最大容量)，试建立模型并求解。作出解的图形，并与指数增长模型、阻滞增长模型的结果比较。

2. 在第 3.4.2 节的常规战争模型中，设乙方与甲方战斗的有效系数之比为$\frac{c}{d}=4$。初始兵力 x_0 与 y_0 相同。

(1) 乙方取胜时的剩余兵力是多少，乙方取胜的时间如何确定?

(2) 若甲方的战斗开始后有后备部队以不变的速度 r 增援，重新建立模型，讨论如何判断双方的胜负。

3. 已知某商品在 k 时段的数量和价格分别为 x_k 和 y_k，其中 1 个时段相当于商品的一个生产周期。设该商品的需求函数和供应函数分别为 $y_{k+1}=f\left(\frac{x_{k+1}+x_k}{2}\right)$和 $x_{k+1}=g(y_k)$。试建立关于商品数量的差分方程模型，并讨论稳定平衡条件。

微分方程与差分方程模型习题解析

第4章　随机模型

在现实世界中，不确定现象是普遍存在的。例如，漂浮在液面上的微小粒子不断地进行着杂乱无章的运动，粒子在任一时刻的位置是不确定的。我们往往还会遇到一些随机出现的事件，如物资的“供需”不协调问题。还有一些需根据出现事件的数据来归类，从而确定某一事件的归属问题。这类现象或事件，表面看来无法把握，其实在不确定的背后，往往隐藏着某种确定的概率规律。因此，以概率和数理统计为基础的随机模型就成为解决此类问题最有效的工具之一。随机建模的目的，是研究随机问题所蕴含的统计规律，弄清楚事件发生的可能性的大小，并掌握对随机现象进行数值模拟的方法。本章将在概率论与数理统计知识的基础上介绍几种常用的随机模型。

4.1　概率论基本知识

4.1.1　概率的概念和性质

概率统计研究的对象是随机现象，在一定的条件下，并不总是出现相同结果的现象称为随机现象，只有一个结果的现象称为确定性现象。在相同条件下可以重复的随机现象又称为随机试验。随机现象的一切可能基本结果组成的集合称为样本空间，记为$\Omega=\{\omega\}$，其中ω表示基本结果，又称为样本点。例如，抛一枚硬币的样本空间为$\Omega_1=\{\omega_1, \omega_2\}$，其中$\omega_1$表示正面朝上，$\omega_2$表示反面朝上。

随机现象的某些样本点组成的集合称为随机事件，简称事件，常用大写字母A，B，C，…表示。事件A的概率记为$P(A)$。

概率具有以下性质：

(1) $P(\varnothing)=0$；

(2) (有限可加性)若有限个事件A_1，A_2，…，A_n互不相容，则有$P\left(\bigcup\limits_{i=1}^{n} A_i\right)=\sum\limits_{i=1}^{n} P(A_i)$；

(3) (单调性)若$A\supset B$，则有$P(A-B)=P(A)-P(B)$，$P(A)\geqslant P(B)$；

(4) 对任意两个事件A、B，有$P(A-B)=P(A)-P(AB)$；

(5) (加法公式)对任意两个事件 A、B，有 $P(A\cup B)=P(A)+P(B)-P(AB)$；

(6) 条件概率 $P(A|B)=\dfrac{P(AB)}{P(B)}(P(B)\neq 0)$。

4.1.2　随机变量及其分布

定义在样本空间 Ω 上的实值函数 $X=X(\omega)$ 称为随机变量。常用大写字母 X、Y 等表示随机变量，其取值用小写字母 x、y 等表示。假如一个随机变量仅取有限个或可列个值，则称其为离散随机变量。假如一个随机变量的可能取值充满数轴上的一个区间 (a, b)，则称其为连续随机变量，其中 a 可以是 $-\infty$，b 可以是 $+\infty$。

1. 随机变量的分布函数

设 X 是一个随机变量，对任意实数 x，称 $F(x)=P(X\leqslant x)$ 为随机变量 X 的分布函数，且称 X 服从 $F(x)$，记为 $X\sim F(x)$。任意分布函数 $F(x)$ 都具有以下三条基本性质：

(1) 单调性：$F(x)$ 是定义在整个实数轴 $(-\infty, +\infty)$ 上的单调非减函数，即对任意 $x_1<x_2$，有 $F(x_1)\leqslant F(x_2)$。

(2) 有界性：对任意的 x，有 $0\leqslant F(x)\leqslant 1$，且

$$F(-\infty)=\lim_{x\to-\infty}F(x)=0,\ F(+\infty)=\lim_{x\to+\infty}F(x)=1$$

(3) 右连续性：$F(x)$ 是 x 的右连续函数，即对任意的 x_0，有

$$\lim_{x\to x_0^+}F(x)=F(x_0)$$

即

$$F(x_0+0)=F(x_0)$$

2. 随机变量的概率密度函数

设随机变量 X 的分布函数为 $F(x)$，如果存在实数轴上的一个非负可积函数 $p(x)$，使得对任意实数 x 有

$$F(x)=\int_{-\infty}^{x}p(t)\mathrm{d}t$$

则称 X 为连续随机变量，称 $p(x)$ 为 X 的概率密度函数，简称密度函数。

密度函数的基本性质有如下两条：

(1) 非负性：$p(x)\geqslant 0$；

(2) 正则性：$\int_{-\infty}^{+\infty}p(x)\mathrm{d}x=1$。

4.1.3　随机变量的数学特征

1. 数学期望

设离散随机变量 X 的分布列为 $p(x_i)=P(X=x_i)$，$i=1, 2, \cdots, n, \cdots$。如果 $\sum\limits_{i=1}^{+\infty}|x_i|p(x_i)<+\infty$，则称

$$E(X)=\sum_{i=1}^{+\infty}x_i p(x_i)$$

为随机变量 X 的数学期望，简称期望或均值。

设连续随机变量 X 的密度函数为 $p(x)$，如果 $\int_{-\infty}^{+\infty} |x| p(x)\mathrm{d}x < +\infty$，则称

$$E(X) = \int_{-\infty}^{+\infty} xp(x)\mathrm{d}x$$

为 X 的数学期望，简称期望或均值。

数学期望有以下性质：

(1) 若 c 是常数，则 $E(c)=c$；

(2) 对任意常数 a、b，有 $E(a+bX)=a+bE(X)$；

(3) 若 X、Y 是独立的随机变量，则 $E(XY)=E(X)E(Y)$。

2. 方差

若随机变量 X^2 的数学期望 $E(X^2)$ 存在，则称偏差平方 $(X-EX)^2$ 的数学期望 $E(X-EX)^2$ 为随机变量 X(或相应分布)的方差，记为

$$\mathrm{Var}(X) = E(X-EX)^2 = \begin{cases} \sum_i (x_i - E(X))^2 p(x_i) & \text{(在离散场合)} \\ \int_{-\infty}^{+\infty} (x-E(X))^2 p(x)\mathrm{d}x & \text{(在连续场合)} \end{cases}$$

称方差的正平方根 $\sqrt{\mathrm{Var}(X)}$ 为随机变量 X(或相应分布)的标准差，记为 $\sigma(X)$。

方差有以下性质：

(1) $\mathrm{Var}(X)=E(X^2)-[E(X)]^2$；

(2) 常数的方差为零，即 $\mathrm{Var}(c)=0$，其中 c 是常数；

(3) 若 a、b 是常数，则 $\mathrm{Var}(aX+b)=a^2\mathrm{Var}(X)$。

3. 协方差与相关系数

两个随机变量 X、Y 的协方差为

$$\mathrm{Cov}(X, Y) = E[X-E(X)][Y-E(Y)] = E(XY) - E(X)E(Y)$$

协方差有以下性质：

(1) 如果 X、Y 相互独立，则有 $\mathrm{Cov}(X, Y)=0$；

(2) $\mathrm{Cov}(a+bX, c+dY)=bd\mathrm{Cov}(X, Y)$；

(3) $\mathrm{Cov}(X, X)=E(X^2)-[E(X)]^2=\mathrm{Var}(X)$。

虽然协方差可以度量不同变量之间的相关性，但是协方差的值受随机变量的度量单位影响。度量 X 和 Y 之间的相关性，并不受变量度量单位的影响的参数是相关系数，其定义为

$$\mathrm{Corr}(X, Y) = \frac{\mathrm{Cov}(X, Y)}{\sqrt{\mathrm{Var}(X)}\sqrt{\mathrm{Var}(Y)}} = \frac{\mathrm{Cov}(X, Y)}{\sigma_X\sigma_Y} \xleftrightarrow{\text{记为}} \rho(X, Y)$$

4.1.4 常用离散分布

1. 二项分布

X 为 n 重伯努利试验中成功(记为事件 A)的次数，记 p 为每次试验中 A 发生的概率，即 $P(A)=p$，则 X 的分布列为

$$P(X=k) = \binom{n}{k} p^k (1-p)^{n-k} \quad (k=0, 1, \cdots, n)$$

这个分布称为二项分布，记为 $X \sim b(n, p)$。

二项分布是一种常用的离散分布，例如：检查 10 个产品，10 个产品中不合格品的个数 X 服从二项分布 $b(10, p)$，其中 p 为不合格品率；射击 5 次，其命中次数 Z 服从二项分布 $b(5, p)$，其中 p 为射手的命中率。

二项分布的数学期望为 $E(X)=np$，方差为 $\mathrm{Var}(X)=np(1-p)$。

2. 泊松分布

泊松分布的概率分布列是

$$P(X=k)=\frac{\lambda^k}{k!}\mathrm{e}^{-\lambda} \quad (k=0, 1, 2, \cdots)$$

其中，参数 $\lambda>0$，记为 $X \sim P(\lambda)$。泊松分布是一种常用的离散分布，它常与单位时间(或单位面积、单位产品等)上的计数过程相联系，如在单位时间内电话总机接到用户呼唤的次数，1 平方米玻璃上的气泡数，一铸件上的沙眼数等。

泊松分布的数学期望为 $E(X)=\lambda$，方差为 $\mathrm{Var}(X)=\lambda$。

4.1.5　常用连续分布

1. 正态分布

正态分布是连续随机变量的一个重要分布，在数理统计中占有重要地位。若随机变量 X 的密度函数为

$$p(x)=\frac{1}{\sqrt{2\pi}\sigma}\mathrm{e}^{-\frac{(x-\mu)^2}{2\sigma^2}} \quad (-\infty<x<+\infty)$$

则称 X 服从正态分布，称 X 为正态变量，记作 $X \sim N(\mu, \sigma^2)$。其中参数 $-\infty<\mu<+\infty$，$\sigma>0$。称 $\mu=0$，$\sigma=1$ 时的正态分布 $N(0, 1)$为标准正态分布。

正态分布的数学期望为 $E(X)=\mu$，方差为 $\mathrm{Var}(X)=\sigma^2$。

2. 指数分布

若随机变量 X 的密度函数为

$$p(x)=\begin{cases}\lambda \mathrm{e}^{-\lambda x} & (x \geqslant 0) \\ 0 & (x<0)\end{cases}$$

则称 X 服从指数分布，记作$X \sim \mathrm{Exp}(\lambda)$，其中参数 $\lambda>0$。因为指数分布的随机变量只可能取非负实数，所以指数分布常被用作各种“寿命”分布，例如电子元件的寿命、动物的寿命、电话的通话时间、随机服务系统中的服务时间等都可假定服从指数分布。

指数分布的数学期望为 $E(X)=\frac{1}{\lambda}$，方差为 $\mathrm{Var}(X)=\frac{1}{\lambda^2}$。

4.2　数理统计基本知识

4.2.1　三大抽样分布

统计量的构造及其抽样分布如表 4.1 所示。

表 4.1 统计量的构造及其抽样分布

统计量的构造	期望	方差	单个(两个)正态总体的抽样分布
$N(\mu, \sigma^2)$	μ	σ^2	$\bar{x} \sim N\left(\mu, \frac{\sigma^2}{n}\right)$ 即 $\frac{\bar{x}-\mu}{\sigma/\sqrt{n}} \sim N(0, 1)$
$\chi^2 = \sum_{i=1}^{n} X_i^2 \sim \chi^2(n)$，其中 $X_i \sim N(0, 1)$独立	n	$2n$	$\frac{(n-1)s^2}{\sigma^2} \sim \chi^2(n-1)$
$t=\frac{X_1}{\sqrt{X_2/n}} \sim t(n)$，其中 $X_1 \sim N(0, 1)$与 $X_2 \sim \chi^2(n)$独立	0 ($n>1$)	$\frac{n}{n-2}$ ($n>2$)	$\frac{\bar{x}-\mu}{s/\sqrt{n}} \sim t(n-1)$ $\frac{(\bar{x}-\bar{y})-(\mu_1-\mu_2)}{s_w/\sqrt{\frac{1}{m}+\frac{1}{n}}} \sim t(m+n-2)$ 其中，$s_w^2=\frac{(m-1)s_x^2+(n-1)s_y^2}{m+n-2}$
$F=\frac{X_1/m}{X_2/n} \sim F(m, n)$，其中 $X_1 \sim \chi^2(m)$与 $X_2 \sim \chi^2(n)$独立	$\frac{n}{n-2}$ ($n>2$)	$\frac{2n^2(m+n+2)}{m(n-2)^2(n-4)}$ ($n>4$)	$F=\frac{s_x^2/\sigma_1^2}{s_y^2/\sigma_2^2} \sim F(m-1, n-1)$

4.2.2 参数估计

参数估计的形式有两种：点估计与区间估计。

设 $x_1, x_2, \cdots, x_n$是来自总体的一个样本，我们用一个统计量 $\hat{\theta}=\hat{\theta}(x_1, x_2, \cdots, x_n)$的取值作为 θ 的估计值，$\hat{\theta}$ 称为 θ 的点估计(量)，简称估计。

1. 点估计

常用的点估计有矩法估计和最大似然估计。

1) 矩法估计

1900 年英国统计学家 K. Pearson 提出了一个替换原则，后称为矩法替换原理，常指如下两种形式：

(1) 用样本矩去替换总体矩，这里的矩可以是原点矩也可以是中心矩；

(2) 用样本矩的函数去替换相应的总体矩的函数。

根据这个替换原理，在总体分布形式未知的场合也可以对各种参数作出估计，例如：

(1) 用样本均值 $\bar{x}$ 估计总体均值 $E(X)$，即 $\hat{E}(X)=\bar{x}$；

(2) 用样本方差 s_n^2估计总体方差 $\mathrm{Var}(X)$，即 $\hat{\mathrm{Var}}(X)=s_n^2$；

(3) 用事件 A 出现的频率估计事件 A 发生的概率。

2) 最大似然估计

设总体的概率函数为 $p(x; \theta)$，$\theta \in \Theta$，其中 θ 是一个未知参数或几个未知参数组成的参数向量，Θ 是参数 θ 可能取值的参数空间，$x_1, x_2, \cdots, x_n$是来自该总体的样本，将样本的联合概率函数看成 θ 的函数，用 $L(\theta;\ x_1,\ x_2,\ \cdots,\ x_n)$ 表示，简记为 $L(\theta)$，即

$$L(\theta)=L(\theta;\ x_1,\ x_2,\ \cdots,\ x_n)=p(x_1;\ \theta)\cdot p(x_2;\ \theta)\cdot\cdots\cdot p(x_n;\ \theta)$$

$L(\theta)$称为样本的似然函数。如果某统计量 $\hat{\theta}=\hat{\theta}(x_1,\ x_2,\ \cdots,\ x_n)$满足

$$L(\hat{\theta})=\max_{\theta\in\Theta}L(\theta)$$

则称 $\hat{\theta}$ 是 θ 的最大似然估计，简记为 MLE。这种求点估计的思想称为最大似然原理。

由于 $\ln x$ 是 x 的单调增函数，因此，使对数似然函数 $\ln L(\theta)$达到最大值与使 $L(\theta)$达到最大值是等价的。我们更习惯于由 $\ln L(\theta)$出发寻找 θ 的最大似然估计。

求最大似然估计(MLE)的一般步骤是：

(1) 由总体分布导出样本的联合概率函数(或联合密度)；

(2) 把样本联合概率函数(或联合密度)中自变量看成已知常数，而把参数 θ 看作自变量，得到似然函数 $L(\theta)$；

(3) 求似然函数 $L(\theta)$的最大值点(常常转化为求 $\ln L(\theta)$的最大值点)，即 θ 的 MLE；

(4) 在最大值点的表达式中，代入样本值可得参数的最大似然估计值。

说明：

(1) 求似然函数 $L(\theta)$的最大值点可以应用微积分中的技巧。由于 $\ln x$ 是 x 的增函数，$\ln L(\theta)$与 $L(\theta)$在 θ 的同一值处达到它的最大值，假定 θ 是一实数，且 $\ln L(\theta)$是 θ 的一个可微函数。通过求解似然方程 $\dfrac{\mathrm{d}\ln L(\theta)}{\mathrm{d}\theta}=0$，可以得到 θ 的 MLE。若 θ 是向量，上述方程必须用似然方程组代替。

(2) 用上述求导方法求参数的 MLE 有时行不通，这时要用最大似然原理来求。

3) 估计的优良性准则

由前述可知：有时候同一个参数可以有几种不同的估计方法，这时就存在采用哪一个估计更好的问题；另一方面，对一个参数，用矩法和最大似然法这两种方法即使得到的是同一种估计，也存在一个衡量这个估计优劣的问题。

(1) 无偏性。

设总体分布的参数为 θ，$\hat{\theta}=\hat{\theta}(X_1,\ X_2,\ \cdots,\ X_n)$是 θ 的一个估计，θ 的参数空间为 Θ，若对任意的 $\theta\in\Theta$，有 $E(\hat{\theta})=\theta$，则称 $\hat{\theta}$ 为 θ 的无偏估计，否则称为有偏估计。

无偏性的意义是用一个估计量 $\hat{\theta}(X_1,\ X_2,\ \cdots,\ X_n)$去估计未知参数 θ，有时候可能偏高，有时候可能偏低，但是平均来说它等于 θ。

(2) 均方误差。

用估计量 $\hat{\theta}(x_1,\ x_2,\ \cdots,\ x_n)$去估计 θ，其误差为 $\hat{\theta}-\theta$。它随 $x_1,\ x_2,\ \cdots,\ x_n$的值而定，也是随机的，即 $\hat{\theta}(X_1,\ X_2,\ \cdots,\ X_n)-\theta$ 是随机变量。由于它是随机变量，我们通常是通过对它求均值来查看误差的大小。为了防止求均值时正误差和负误差相互抵消，应先将其平方再求均值，并将其称为均方误差，记为 $\mathrm{MSE}(\hat{\theta})$，即

$$\mathrm{MSE}(\hat{\theta})=E[(\hat{\theta}-\theta)^2]$$

设有两个估计 $\hat{\theta}_1$ 和 $\hat{\theta}_2$，两个估计中哪一个估计的均方误差小，就认为那一个估计较

优，这种判定估计量的准则叫均方误差准则。

均方误差能够分解成两部分：$\mathrm{MSE}(\hat{\theta})=\mathrm{Var}(\hat{\theta})+[E(\hat{\theta})-\theta]^2$。第一部分是估计量的方差；第二部分是估计量的偏差 $E(\hat{\theta})-\theta$ 的平方。如果 $\hat{\theta}$ 是 θ 的无偏估计，则有 $\mathrm{MSE}(\hat{\theta})=\mathrm{Var}(\hat{\theta})$。

2. 区间估计

前面讨论的参数点估计是用样本算得的一个值去估计未知参数，它仅仅是未知参数的一个近似值，没有反映出这个近似值的误差范围，使用起来把握不大。区间估计正好弥补了点估计的这个缺陷。

1）区间估计的概念

设 θ 是总体的一个参数，其参数空间为 Θ，x_1，x_2，…，x_n 是来自该总体的样本，对给定的一个 $\alpha(0<\alpha<1)$，若有两个统计量 $\hat{\theta}_L=\hat{\theta}_L(x_1, x_2, \cdots, x_n)$ 和 $\hat{\theta}_U=\hat{\theta}_U(x_1, x_2, \cdots, x_n)$，且对任意的 $\theta\in\Theta$，有 $P_\theta(\hat{\theta}_L\leqslant\theta\leqslant\hat{\theta}_U)\geqslant 1-\alpha$，则称随机区间 $[\hat{\theta}_L, \hat{\theta}_U]$ 为 θ 的置信水平为 $1-\alpha$ 的置信区间，$\hat{\theta}_L$ 和 $\hat{\theta}_U$ 分别称为 θ（双侧）的置信下限和置信上限。给定的 $\alpha(0<\alpha<1)$，对任意的 $\theta\in\Theta$，有 $P_\theta(\hat{\theta}_L\leqslant\theta\leqslant\hat{\theta}_U)=1-\alpha$，则称 $[\hat{\theta}_L, \hat{\theta}_U]$ 为 θ 的 $1-\alpha$ 的同等置信区间。

2）置信区间的求解

(1) 设 x_1，x_2，…，x_n 是取自 $N(\mu, \sigma^2)$ 的样本，σ^2 已知，求参数 μ 的置信水平为 $1-\alpha$ 的置信区间。

如图 4.1 所示，取 $U=\dfrac{\overline{X}-\mu}{\frac{\sigma}{\sqrt{n}}}\sim N(0, 1)$，对给定的置信水平 $1-\alpha$，查正态分布表得 $u_{1-\frac{\alpha}{2}}$，使

$$P\left\{\left|\frac{\overline{X}-\mu}{\frac{\sigma}{\sqrt{n}}}\right|\leqslant u_{1-\frac{\alpha}{2}}\right\}=1-\alpha$$

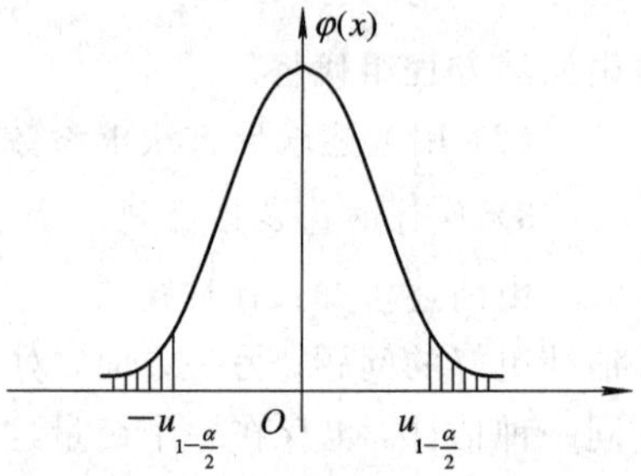

图 4.1 参数 μ 的置信区间

从中解得

$$P\left\{\overline{X}-\frac{\sigma}{\sqrt{n}}u_{1-\frac{\alpha}{2}}\leqslant\mu\leqslant\overline{X}+\frac{\sigma}{\sqrt{n}}u_{1-\frac{\alpha}{2}}\right\}=1-\alpha$$

于是所求 μ 的置信区间为

$$\left[\overline{X}-\frac{\sigma}{\sqrt{n}}u_{1-\frac{\alpha}{2}}, \overline{X}+\frac{\sigma}{\sqrt{n}}u_{1-\frac{\alpha}{2}}\right]$$

(2) 已知 $X\sim N(\mu, \sigma^2)$，μ、σ^2 未知。

① 求均值 μ 的区间估计：因方差未知，取 $t=\dfrac{\overline{X}-\mu}{S/\sqrt{n}}\sim t(n-1)$，对给定的置信水平为 $1-\alpha$，确定分位数 $t_{1-\frac{\alpha}{2}}(n-1)$，使 $P\{|t|\leqslant t_{1-\frac{\alpha}{2}}(n-1)\}=1-\alpha$，即

$$P\left\{\left|\frac{\overline{X}-\mu}{S/\sqrt{n}}\right|\leqslant t_{1-\frac{\alpha}{2}}(n-1)\right\}=1-\alpha$$

从中解得

$$P\left\{\overline{X}-\frac{S}{\sqrt{n}}t_{1-\frac{\alpha}{2}}(n-1)\leqslant\mu\leqslant\overline{X}+\frac{S}{\sqrt{n}}t_{1-\frac{\alpha}{2}}(n-1)\right\}=1-\alpha$$

$\left[\overline{X}-\frac{S}{\sqrt{n}}t_{1-\frac{\alpha}{2}}(n-1),\ \overline{X}+\frac{S}{\sqrt{n}}t_{1-\frac{\alpha}{2}}(n-1)\right]$即均值 μ 的置信水平为 $1-\alpha$ 的区间估计。

② 求方差 σ^2 的置信水平为 $1-\alpha$ 的区间估计：由于$\frac{(n-1)S^2}{\sigma^2}\sim\chi^2(n-1)$，对给定的置信水平 $1-\alpha$，确定分位数 $\chi^2_{\frac{\alpha}{2}}(n-1)$、$\chi^2_{1-\frac{\alpha}{2}}(n-1)$，使得

$$P\{\chi^2_{\frac{\alpha}{2}}(n-1)\leqslant\frac{(n-1)S^2}{\sigma^2}\leqslant\chi^2_{1-\frac{\alpha}{2}}(n-1)\}=1-\alpha$$

从中解得

$$P\left\{\frac{(n-1)S^2}{\chi^2_{1-\frac{\alpha}{2}}(n-1)}\leqslant\sigma^2\leqslant\frac{(n-1)S^2}{\chi^2_{\frac{\alpha}{2}}(n-1)}\right\}=1-\alpha$$

于是

$$\left[\frac{(n-1)S^2}{\chi^2_{1-\frac{\alpha}{2}}(n-1)},\ \frac{(n-1)S^2}{\chi^2_{\frac{\alpha}{2}}(n-1)}\right]$$

即为所求。

4.2.3　假设检验

若对参数一无所知，可以用参数估计的方法处理；若对参数有所了解但有怀疑，需要证实，就用假设检验的方法来处理。

1. 假设检验的基本概念

假设检验是指对施加于一个或多个母体的概率分布或参数的假设进行检验。所作假设可以是正确的，也可以是错误的。为判断所作的假设是否正确，从母体中抽取子样，根据子样的取值，按一定原则进行检验，然后作出接受或拒绝所作假设的决定。

假设检验之所以可行，其理论背景为实际推断原理，即“小概率原理”。

假设检验可能导致两类错误的产生，第一类错误为弃真错误，第二类错误为取伪错误，如表 4.2 所示。

表 4.2　假设检验的两类错误

	接受 H_0	拒绝 H_0
H_0 为真	正确	第一类错误
H_0 为假	第二类错误	正确

犯第一类错误的概率通常记为 α，犯第二类错误的概率通常记为 β。

任何检验方法都不能完全排除犯错误的可能性。理想的检验方法应使犯两类错误的概率都很小，但在子样容量给定的情形下，不可能使两者都很小，减小一个，必然导致另一个增大。显著性检验的指导思想是：控制犯第一类错误的概率不超过 α，然后使得犯第二类错误的概率 β 尽量地小，若有必要，通过增大子样容量的方法来减小 β。其中 α 称为显著性水平。

在控制犯第一类错误的概率 α 的原则下，使得采取拒绝 H_0 的决策变得较慎重，即 H_0 得到特别的保护。因此可以将“拒绝后产生的后果严重的结论”设为 H_0。

2. 正态总体参数假设检验

1）单个正态总体均值的假设检验

给定显著性水平 α 与样本值 $x_1, x_2, \cdots, x_n$，设总体 $X \sim N(\mu, \sigma^2)$，其均值的检验问题可汇总成表 4.3。

表 4.3　单个正态总体均值的假设检验

检验法	条件	原假设 H_0	备择假设 H_1	检验统计量	拒绝域
u 检验	σ 已知	$\mu \leqslant \mu_0$	$\mu > \mu_0$	$u = \dfrac{\bar{x} - \mu_0}{\sigma/\sqrt{n}}$	$\{u \geqslant u_{1-\alpha}\}$
		$\mu \geqslant \mu_0$	$\mu < \mu_0$		$\{u \leqslant u_\alpha\}$
		$\mu = \mu_0$	$\mu \neq \mu_0$		$\{\lvert u\rvert \geqslant u_{1-\alpha/2}\}$
t 检验	σ 未知	$\mu \leqslant \mu_0$	$\mu > \mu_0$	$t = \dfrac{\bar{x} - \mu_0}{s/\sqrt{n}}$	$\{t \geqslant t_{1-\alpha}(n-1)\}$
		$\mu \geqslant \mu_0$	$\mu < \mu_0$		$\{t \leqslant t_\alpha(n-1)\}$
		$\mu = \mu_0$	$\mu \neq \mu_0$		$\{\lvert t\rvert \geqslant t_{1-\alpha/2}(n-1)\}$

2）两个正态总体均值的假设检验

设总体 $X \sim N(\mu_1, \sigma^2)$、$Y \sim N(\mu_2, \sigma^2)$，样本 $x_1, x_2, \cdots, x_m$ 与 $y_1, y_2, \cdots, y_n$ 独立（见表 4.4）。

表 4.4　两个正态总体均值的假设检验

检验法	条件	原假设 H_0	备择假设 H_1	检验统计量	拒绝域
u 检验	σ_1、σ_2 已知	$\mu_1 \leqslant \mu_2$	$\mu_1 > \mu_2$	$u = \dfrac{\bar{x} - \bar{y}}{\sqrt{\dfrac{\sigma_1^2}{m} + \dfrac{\sigma_2^2}{n}}}$	$\{u \geqslant u_{1-\alpha}\}$
		$\mu_1 \geqslant \mu_2$	$\mu_1 < \mu_2$		$\{u \leqslant u_\alpha\}$
		$\mu_1 = \mu_2$	$\mu_1 \neq \mu_2$		$\{\lvert u\rvert \geqslant u_{1-\alpha/2}\}$
t 检验	σ_1、σ_2 未知，$\sigma_1 = \sigma_2$	$\mu_1 \leqslant \mu_2$	$\mu_1 > \mu_2$	$t = \dfrac{\bar{x} - \bar{y}}{s_w \sqrt{\dfrac{1}{m} + \dfrac{1}{n}}}$	$\{t \geqslant t_{1-\alpha}(m+n-2)\}$
		$\mu_1 \geqslant \mu_2$	$\mu_1 < \mu_2$		$\{t \leqslant t_\alpha(m+n-2)\}$
		$\mu_1 = \mu_2$	$\mu_1 \neq \mu_2$		$\{\lvert t\rvert \geqslant t_{1-\alpha/2}(m+n-2)\}$
大样本 u 检验	σ_1、σ_2 未知，m、n 充分大	$\mu_1 \leqslant \mu_2$	$\mu_1 > \mu_2$	$u = \dfrac{\bar{x} - \bar{y}}{\sqrt{\dfrac{s_x^2}{m} + \dfrac{s_y^2}{n}}}$	$\{u \geqslant u_{1-\alpha}\}$
		$\mu_1 \geqslant \mu_2$	$\mu_1 < \mu_2$		$\{u \leqslant u_\alpha\}$
		$\mu_1 = \mu_2$	$\mu_1 \neq \mu_2$		$\{\lvert u\rvert \geqslant u_{1-\alpha/2}\}$
近似 t 检验	σ_1、σ_2 未知，m、n 不很大	$\mu_1 \leqslant \mu_2$	$\mu_1 > \mu_2$	$t = \dfrac{\bar{x} - \bar{y}}{\sqrt{\dfrac{s_x^2}{m} + \dfrac{s_y^2}{n}}}$	$\{t \geqslant t_{1-\alpha}(l)\}$
		$\mu_1 \geqslant \mu_2$	$\mu_1 < \mu_2$		$\{t \leqslant t_\alpha(l)\}$
		$\mu_1 = \mu_2$	$\mu_1 \neq \mu_2$		$\{\lvert t\rvert \geqslant t_{1-\alpha/2}(l)\}$

表 4.4 中，$s_w^2=\frac{(m-1)s_x^2+(n-1)s_y^2}{m+n-1}$，$s_0^2=\frac{s_x^2}{m}+\frac{s_y^2}{n}$，$l=\frac{s_0^4}{\frac{s_x^4}{m^2(m-1)}+\frac{s_y^4}{n^2(n-1)}}$。

3）正态总体方差的假设检验

给定显著性水平 α 与单个样本值 $x_1, x_2, \cdots, x_n$，设总体 $X\sim N(\mu, \sigma^2)$，用 χ^2 检验；设两个总体 $X\sim N(\mu_1, \sigma^2)$、$Y\sim N(\mu_2, \sigma^2)$，样本值 $x_1, x_2, \cdots, x_m$ 与 $y_1, y_2, \cdots, y_n$ 独立，用 F 检验(见表 4.5)。

表 4.5　正态总体方差的假设检验

检验法	H_0	H_1	检验统计量	拒绝域
χ^2 检验	$\sigma^2\leqslant\sigma_0^2$	$\sigma^2>\sigma_0^2$	$\chi^2=\frac{(n-1)s^2}{\sigma_0^2}$	$\chi^2\geqslant\chi_{1-\alpha}^2(n-1)$
	$\sigma^2\geqslant\sigma_0^2$	$\sigma^2<\sigma_0^2$		$\chi^2\leqslant\chi_\alpha^2(n-1)$
	$\sigma^2=\sigma_0^2$	$\sigma^2\neq\sigma_0^2$		$\chi^2\leqslant\chi_{\alpha/2}^2(n-1)$ 或 $\chi^2\geqslant\chi_{1-\alpha/2}^2(n-1)$
F 检验	$\sigma_1^2\leqslant\sigma_2^2$	$\sigma_1^2>\sigma_2^2$	$F=\frac{s_x^2}{s_y^2}$	$F\geqslant F_{1-\alpha}(m-1, n-1)$
	$\sigma_1^2\geqslant\sigma_2^2$	$\sigma_1^2<\sigma_2^2$		$F\leqslant F_\alpha(m-1, n-1)$
	$\sigma_1^2=\sigma_2^2$	$\sigma_1^2\neq\sigma_2^2$		$F\leqslant F_{\alpha/2}(m-1, n-1)$ 或 $F\geqslant F_{1-\alpha/2}(m-1, n-1)$

3. 其他分布参数的假设检验

1）指数分布参数的假设检验

设 $x_1, x_2, \cdots, x_n$ 是来自指数分布 $\mathrm{Exp}(1/\theta)$ 的样本，θ 为其均值。关于 θ 的三种检验问题是(见表 4.6)：

(1) $H_0: \theta\leqslant\theta_0$　　$H_1: \theta>\theta_0$

(2) $H_0: \theta\geqslant\theta_0$　　$H_1: \theta<\theta_0$

(3) $H_0: \theta=\theta_0$　　$H_1: \theta\neq\theta_0$

表 4.6　指数分布参数的假设检验

H_0	H_1	检验统计量	拒 绝 域
$\theta\leqslant\theta_0$	$\theta>\theta_0$	$\chi^2=\frac{2n\bar{x}}{\theta_0}$	$W=\{\chi^2\geqslant\chi_{1-\alpha}^2(2n)\}$
$\theta\geqslant\theta_0$	$\theta<\theta_0$		$W=\{\chi^2\leqslant\chi_\alpha^2(2n)\}$
$\theta=\theta_0$	$\theta\neq\theta_0$		$W=\{\chi^2\leqslant\chi_{\alpha/2}^2(2n)\}$ 或 $W=\{\chi^2\geqslant\chi_{1-\alpha/2}^2(2n)\}$

2）比例 p 的假设检验

比例 p 可看作两点分布 $b(1, p)$ 中的参数，作 n 次独立试验，以 x 记该事件发生的次数，则 $x\sim b(n, p)$。所以，可以根据 x 检验关于比例 p 的假设(见表 4.7)。

表 4.7 比例 p 的假设检验

H_0	H_1	拒绝域
$p \leqslant p_0$	$p > p_0$	$\{x \geqslant k\}$，k 是满足 $\sum_{i=k}^{n} C_n^i p_0^i (1-p_0)^{n-i} \leqslant \alpha$ 的最小正整数
$p \geqslant p_0$	$p < p_0$	$\{x \leqslant k\}$，k 是满足 $\sum_{i=0}^{k} C_n^i p_0^i (1-p_0)^{n-i} \leqslant \alpha$ 的最大正整数
$p = p_0$	$p \neq p_0$	$\{x \leqslant k_1\} \cup \{x \geqslant k_2\}$，$k_1$ 是满足 $\sum_{i=0}^{k_1} C_n^i p_0^i (1-p_0)^{n-i} \leqslant \frac{\alpha}{2}$ 的最大正整数，k_2 是满足 $\sum_{i=k_2}^{n} C_n^i p_0^i (1-p_0)^{n-i} \leqslant \frac{\alpha}{2}$ 的最小正整数

4.2.4 方差分析

1. 概念

方差分析的统计分析方法能一次性检验多个总体均值是否存在显著差异。

$$H_0: \mu_1 = \mu_2 = \cdots = \mu_r;\ H_1: \mu_1, \mu_2, \cdots, \mu_r \text{不全相等}$$

1）因素

因素又称因子，是在实验中或在抽样时发生变化的“量”，通常用 A、B、C、…表示。方差分析的目的就是分析因子对实验或抽样的结果有无显著影响。如果在实验中变化的因素只有一个，这时的方差分析称为单因素方差分析；在实验中变化的因素不止一个时，就称为多因素方差分析。双因素方差分析是多因素方差分析的最简单情形。

2）水平

因子在实验中的不同状态称做水平。如果因子 A 有 r 个不同状态，就称它有 r 个水平。我们针对因素的不同水平或水平的组合，进行实验或抽取样本，以便了解因子的影响。

3）交互影响

当方差分析的影响因子不唯一时，必须注意这些因子间的相互影响。如果因子间存在相互影响，则称为交互影响；如果因子间是相互独立的，则称为无交互影响。交互影响有时也称为交互作用，是对实验结果产生作用的一个新因素，分析过程中，有必要将其也单独分离开来。

2. 均方差与自由度

因素或因素间“交互作用”对观测结果的影响是否显著，关键要看组间方差与组内方差的比较结果。当然，产生方差的独立变量的个数对方差大小也有影响，独立变量个数越多，方差就可能越大；独立变量个数越少，方差就可能越小。为了消除独立变量个数对方差大小的影响，我们用方差除以独立变量个数，得到“均方差”，作为不同来源方差比较的基础。引起方差的独立变量的个数，称做“自由度”。

检验因子影响是否显著的统计量是一个 F 统计量：

$$F = \frac{\text{组间均方差}}{\text{组内均方差}}$$

F 统计量越大，越能说明组间方差是主要方差来源，因子影响越显著；F 越小，越能说明随机方差是主要的方差来源，因子的影响越不显著。

3. 单因子方差分析

(1) 单因子条件下偏差平方和的分解数据结构如表 4.8 所示。

表 4.8　单因子方差分析数据

因子水平	实验数据	和	平均
A_1	$y_{11}\ y_{12}\cdots\ y_{1m}$	T_1	$\bar{y}_{1\cdot}$
A_2	$y_{21}\ y_{22}\cdots\ y_{2m}$	T_2	$\bar{y}_{2\cdot}$
…	…	…	…
A_r	$y_{r1}\ y_{r2}\cdots\ y_{rm}$	T_r	$\bar{y}_{r\cdot}$
		T	$\bar{y}$

总偏差平方和 $S_T=S_A+S_e$，自由度 $f_T=f_A+f_e$。

$$S_T=\sum_{i=1}^{r}\sum_{j=1}^{m}(y_{ij}-\bar{y})^2,\ f_T=n-1$$

$$S_A=m\sum_{i=1}^{r}(\bar{y}_{i\cdot}-\bar{y})^2,\ f_A=r-1$$

$$S_e=\sum_{i=1}^{r}\sum_{j=1}^{m}(y_{ij}-\bar{y}_{i\cdot})^2,\ f_e=n-r$$

其中：$i=1, 2, \cdots, r$；$j=1, 2, \cdots, m$。

(2) 因素作用显著性的检验。

检验统计量：

$$F=\frac{\mathrm{MS}_A}{\mathrm{MS}_e}$$

式中，$\mathrm{MS}_A=\dfrac{S_A}{f_A}$，$\mathrm{MS}_e=\dfrac{S_e}{f_e}$。

F 值越大，越说明总的方差波动中，组间方差是主要部分，有利于拒绝原假设而接受备择假设；反之，F 值越小，越说明随机方差是主要的方差来源，有利于接受原假设且待检验的因素对总体波动没有显著影响。因此，检验的拒绝域安排在右侧。

对给定的 α 可判断如下：

如果 $F\geqslant F_{1-\alpha}(f_A, f_e)$，则认为因子 A 显著；若 $F<F_{1-\alpha}(f_A, f_e)$，则说明因子 A 不显著。

单因子方差分析如表 4.9 所示。

表 4.9　单因子方差分析

来源	平方和	自由度	均方和	F 比
因子	S_A	$f_A=r-1$	$\mathrm{MS}_A=\dfrac{S_A}{f_A}$	$F=\dfrac{\mathrm{MS}_A}{\mathrm{MS}_e}$
误差	S_e	$f_e=n-r$	$\mathrm{MS}_e=\dfrac{S_e}{f_e}$	
总和	S_T	$f_T=n-1$		

4.2.5 回归分析

回归分析是考察变量之间统计联系的一种重要方法，它在许多领域有广泛的应用。本节主要考察一个随机变量与另一个或多个非随机变量之间的关系。

1. 回归的概念

实际问题中，我们常常需要研究多个变量之间的相互关系。变量之间的关系大致可分为两类：一类是确定性的关系，另一类是非确定性的关系。对于某些非确定性的关系，如随机变量 y 与变量 x(它可以是一个 n 维向量)之间的关系，当自变量 x 确定之后，因变量 y 的值并不能随之确定，而是按照一定的统计规律(即随机变量 y 的分布)取值，这时将它们之间的关系表示为

$$y = f(x) + \varepsilon$$

其中：$f(x)$是一个确定的函数，称为回归函数；ε 为随机误差项，$\varepsilon \sim N(0, \sigma^2)$。

回归分析的任务之一是确定回归函数 $f(x)$。当 $f(x)$是一元线性函数时，称为一元线性回归；当 $f(x)$为多元线性函数时，称为多元线性回归；当 $f(x)$是非线性函数时，称为非线性回归。如何确定 $f(x)$呢？一是根据经验公式，二是根据散点图。不管是哪种类型的回归，$f(x)$总含有未知参数，需要用到参数估计的方法，一般情况下，还需要检验 $f(x)$是否合理。回归分析的目的是用 $f(x)$来进行预测和决策。

2. 一元线性回归模型

一元线性回归模型为

$$y = b_0 + b_1 x + \varepsilon$$

将数据点$(x_i, y_i)(i=1, 2, \cdots, n)$代入，有 $y_i = b_0 + b_1 x_i + \varepsilon_i$，$i=1, 2, \cdots, n$。其中，$b_0$、$b_1$ 是未知参数，ε_i为剩余残差项或随机扰动项，反映所有其他因素对因变量 y_i的影响。

在运用回归方法进行预测时，要求满足一定的条件，其中最重要的是 ε_i，必须具备如下特征：

(1) ε_i是一个随机变量；

(2) ε_i的数学期望值为零，即 $E(\varepsilon_i)=0$；

(3) 在每一个时期，ε_i的方差为一常量，即 $\mathrm{Var}(\varepsilon_i)=\sigma^2$；

(4) 各个 ε_i间相互独立；

(5) ε_i与自变量无关。

大多数情况下，假定 $\varepsilon_i \sim N(0, \sigma^2)$。建立一元线性回归模型的步骤如下：

1) 建立理论模型

针对某一因变量 y，寻找适当的自变量，建立如式 $y_i = b_0 + b_1 x_i + \varepsilon_i$，$i=1, 2, \cdots, n$ 的理论模型。

2) 估计参数

运用普遍的最小二乘法或其他方法估计参数 b_0、b_1 的值，建立如下的一元线性回归预测模型：

$$\hat{y}_i = \hat{b}_0 + \hat{b}_1 x_i$$

这里 $\hat{b}_0$、$\hat{b}_1$ 分别为 b_0、b_1 的估计值。

最小二乘法估计的思想是确定 b_0 和 b_1 的值，即使残差平方和

$$Q(b_0, b_1) = \sum_{i=1}^{n} \varepsilon_i^2 = \sum_{i=1}^{n} [y_i - (b_0 + b_1 x_i)]^2$$

达到最小。令 $\frac{\partial Q}{\partial b_0}=0$，$\frac{\partial Q}{\partial b_1}=0$，得

$$\hat{b}_1 = \frac{S_{xy}}{S_{xx}},\ \hat{b}_0 = \bar{y} - b_1 \bar{x}$$

其中，$\bar{x} = \frac{1}{n}\sum_{i=1}^{n} x_i$，$\bar{y} = \frac{1}{n}\sum_{i=1}^{n} y_i$，$S_{xx} = \sum_{i=1}^{n}(x_i - \bar{x})^2$，$S_{xy} = \sum_{i=1}^{n}(x_i - \bar{x})(y_i - \bar{y})$。

3) 进行检验

回归模型建立之后，能否用来进行实际预测，取决于它与实际数据是否有较好的拟合度，模型的线性关系是否显著等。为此，在用模型进行实际预测之前，还需要对其进行一系列的评价检验。

(1) 标准误差。

标准误差是估计值与因变量值之间的平均平方误差，其计算公式为

$$S = \sqrt{\frac{\sum_{i=1}^{n}(y_i - \hat{y}_i)^2}{n-2}}$$

它可以用来衡量拟合优度。

(2) 判定系数。

判定系数是衡量拟合度的一个重要指标，它的取值介于 0 与 1 之间，其计算公式为

$$R^2 = 1 - \frac{\sum_{i=1}^{n}(y_i - \hat{y}_i)^2}{\sum_{i=1}^{n}(y_i - \bar{y})^2}$$

R^2 越接近于 1，拟合度越好；反之越差。

(3) 相关系数。

相关系数是一个用于测定因变量与自变量之间的线性相关程度的指标，其计算公式为

$$r = \frac{\sum_{i-1}^{n}(x_i - \bar{x})(y_i - \bar{y})}{\sqrt{\sum_{i=1}^{n}(x_i - \bar{x})^2}\sqrt{\sum_{i=1}^{n}(y_i - \bar{y})^2}}$$

相关系数 r 与判定系数 R^2 之间存在关系式 $r=\pm\sqrt{R^2}$，但两者的概念不同。判定系数 R^2 用来衡量拟合度，而相关系数 r 用来判定因变量与自变量之间的线性相关程度。

相关系数的数值范围是 $-1 \leqslant r \leqslant 1$。当 $r>0$ 时，称 x 与 y 正相关；当 $r<0$ 时，称 x 与 y 负相关；当 $r=0$ 时，称 x 与 y 不相关；当 $|r|=1$ 时，称 x 与 y 完全相关。$|r|$ 越接近于 1，相关程度越高。

相关系数的显著性检验，简称相关检验，用来判断 y 与 x 是否显著线性相关。

首先计算样本相关系数 r 值，然后根据给定的样本容量 n 和显著性水平 α，得临界值 r_α，最后进行检验判断：

若$|r|>r_\alpha$，则 x 与 y 有显著的线性关系；

若$|r|<r_\alpha$，则 x 与 y 的线性相关关系不显著。

(4) 回归系数的显著性检验。

回归系数的显著性检验可用 t 检验法进行。令 $t_{b_1}=\dfrac{b_1}{S_{b_1}}$，其中

$$S_{b_1}=\frac{S}{\sqrt{\sum_{i=1}^{n}(x_i-\bar{x})^2}},\ t_{b_1}\sim t(n-2)$$

取显著性水平 $\alpha(P(|t|>t_{1-\frac{\alpha}{2}})=\alpha)$，若$|t_{b_1}|>t_{1-\frac{\alpha}{2}}$，则回归系数 b_1 显著。此检验对常数项也适用。

(5) F 检验。

统计量

$$F=\frac{\sum_{i=1}^{n}(\hat{y}_i-\bar{y})^2}{\sum_{i=1}^{n}(y_i-\hat{y}_i)^2/(n-2)}$$

服从 $F(1, n-2)$分布，取显著性水平 α。若$F>F_{1-\alpha}(1, n-2)$，则表明回归模型显著；若$F<F_{1-\alpha}(1, n-2)$，则表明回归模型不显著，该回归模型不能用于预测。

(6) DW 统计量。

DW 统计量是用来检验回归模型的剩余项 ε_i之间是否相关的一种十分有效的方法。

$$\mathrm{DW}=\frac{\sum_{i=2}^{n}(\varepsilon_i-\varepsilon_{i-1})^2}{\sum_{i=1}^{n}\varepsilon_i^2}$$

式中，$\varepsilon_i=y_i-\hat{y}_i$。

将利用上式计算而得到的 DW 值与不同显著性水平 α 下的 DW 值之上限 d_ε和下限 d_l进行比较，来确定是否存在自相关。DW 值应在 0～4 之间。

① 当 DW 值小于或等于 2 时，DW 检验法则规定：

如果 $\mathrm{DW}<d_l$，则认为 ε_i存在正自相关；

如果 $\mathrm{DW}>d_\varepsilon$，则认为 ε_i无自相关；

如果 $d_l<\mathrm{DW}<d_\varepsilon$，则不能确定 ε_i是否有自相关。

② 当 DW 值大于 2 时，DW 的检验法则规定：

如果 $4-\mathrm{DW}<d_l$，则认为 ε_i存在负自相关；

如果 $4-\mathrm{DW}>d_\varepsilon$，则认为 ε_i无自相关；

如果 $d_l<4-\mathrm{DW}<d_\varepsilon$，则不能确定 ε_i是否有自相关。

根据经验，DW 统计量的值在 1.5～2.5 之间时表示没有显著的自相关。以上检验可利用统计软件包(如 SPSS、MATLAB 等)在进行回归的同时完成。

4) 进行预测

预测可以分为点预测和区间预测两类。在一元线性回归中，所谓点预测，就是当给定

$x=x_0$时，利用样本回归方程求出相应的样本拟合值 $\hat{y}_0=\hat{b}_0+\hat{b}_1x_0$，以此作为因变量个别值 y_0和其均值 $E(y_0)$的估计。

区间预测是给出一个在一定概率保证程度下的预测置信区间。

进行区间预测，首先要进行点预测，确定 x_0的值，求得 y_0的预测值 $\hat{y}_0$。y_0的置信水平为 $100(1-\alpha)\%$的预测区间的端点为

$$\hat{y}_0 \pm t_{1-\frac{\alpha}{2}} S c_0$$

其中，S 为标准误差，$t_{1-\frac{\alpha}{2}}$可由 t 分布表查得，其自由度为 $n-2$，满足

$$P(|t| > t_{1-\frac{\alpha}{2}}) = \alpha$$

而

$$c_0 = \sqrt{1+\frac{1}{n}+\frac{(x_0-\bar{x})^2}{\sum_{i=1}^{n}(x_i-\bar{x})^2}}$$

【例 4.1】 五个工业化国家 1999 年的 GDP 增长率与失业率数据如表 4.10 所示，试用一元线性回归方法预测 GDP 增长率为 3%时的失业率($\alpha=0.05$)。

表 4.10　五个国家 1999 年的 GDP 增长率与失业率数据

国　家	失业率 y/%	GDP 增长率 x/%
美国	5.8	3.2
日本	2.1	5.6
法国	6.1	3.5
德国	3.0	4.5
意大利	3.9	4.9

解　利用统计软件包(SPSS)得到一元线性回归模型：

$$\hat{y} = 11.27 - 1.63x$$

各种检验结果如下：

标准误差为

$$S = \sqrt{\frac{\sum_{i=1}^{5}(y_i-\hat{y}_i)^2}{5-2}} = \sqrt{\frac{1.606}{3}} = 0.73$$

判定系数为

$$R^2 = 0.8674$$

相关系数为

$$r=-0.9313$$

$r_{0.05}=0.878$，显然$|r|>r_\alpha$，表明 x 与 y 有显著的线性关系。

b_0、b_1的 t 检验值分别为 6.897 和-4.429，显著性水平分别为 0.0062 和 0.0214，都小于 0.05，因此 t 检验通过。也可查 t 分布表，得 $t_{0.975}=3.182$(自由度为 $5-2=3$)，因为

$|t_{b_0}|$、$|t_{b_1}|$都大于3.182，从而得出相同的结论。

F 检验值为19.6163，显著性水平为0.0214，小于0.05，因此 F 检验通过。也可查 F 分布表，得 $F_{0.95}(1, 3)=10.13$，简言之，F 大于 $F_{0.95}(1, 3)$，F 检验通过。

DW 检验值为3.023，4－DW＝0.977，不能确定 ε_i 是否具有自相关性。

综上所述，所得模型可以用于预测。

当 $x_0=3$ 时，有 $\hat{y}_0=11.27-1.63\times3.0=6.37$。

y_0的置信度为95%时的置信区间为

$$\hat{y}_0\pm t_{1-\frac{\alpha}{2}}Sc_0=6.37\pm3.18\times0.73\times\sqrt{1+\frac{1}{5}+\frac{(3-4.34)^2}{3.93}}=6.37\pm2.99$$

手工计算的中间结果见表4.11。

表4.11　回归分析计算数据

x_i	$x_i-\bar{x}$	$(x_i-\bar{x})^2$	y_i	$\hat{y}_i$	$y_i-\hat{y}_i$	$(y_i-\hat{y}_i)^2$
3.2	−1.44	1.30	5.8	6.043	−0.24	0.059
5.6	1.26	1.58	2.1	2.121	0.021	0.000
3.5	−0.84	0.71	6.1	5.553	0.547	0.299
4.5	0.16	0.03	3.0	3.919	−0.91	0.844
4.9	0.56	0.31	3.9	3.265	0.635	0.404
$\sum$		3.93				1.606

3. 多元线性回归模型

多元线性回归的一般模型为

$$y=b_0+b_1x_1+b_2x_2+\cdots+b_mx_m+\varepsilon$$

其中，$b_0, b_1, \cdots, b_m$是未知参数，ε为随机误差。同一元线性回归一样，假定 $\varepsilon\sim N(0,\sigma^2)$，即 $E(y)=b_0+b_1x_1+b_2x_2+\cdots+b_mx_m$。显然，一元线性回归模型就是多元线性回归模型在 $m=1$ 时的特例。

设对 y 及 $x_1, x_2, \cdots, x_m$ 同时作了 n 次观察，得到 n 组数据 $(y_1, x_{11}, \cdots, x_{1m})$，$(y_2, x_{21}, \cdots, x_{2m})$，…，$(y_n, x_{n1}, \cdots, x_{nm})$，它们满足方程组：

$$y_i=b_0+b_1x_{i1}+b_2x_{i2}+\cdots+b_mx_{im}+\varepsilon_i\quad(i=1, 2, \cdots, n)$$

记

$$\boldsymbol{y}=\begin{bmatrix}y_1\\y_2\\\vdots\\y_n\end{bmatrix},\ \boldsymbol{X}=\begin{bmatrix}1&x_{11}&\cdots&x_{1m}\\1&x_{21}&\cdots&x_{2m}\\\vdots&\vdots&&\vdots\\1&x_{n1}&\cdots&x_{nm}\end{bmatrix},\ \boldsymbol{\varepsilon}=\begin{pmatrix}\varepsilon_1\\\varepsilon_2\\\vdots\\\varepsilon_n\end{pmatrix},\ \boldsymbol{\beta}=\begin{pmatrix}b_0\\b_1\\\vdots\\b_m\end{pmatrix}$$

这里，y_i为随机变量 y 的观测值，$\boldsymbol{X}$ 为已知常数矩阵，且 $\varepsilon_i\sim N(0,\sigma^2)(i=1, 2, \cdots, n)$，则公式 $y_i=b_0+b_1x_{i1}+b_2x_{i2}+\cdots+b_mx_{im}+\varepsilon_i$ 可以写成

$$\boldsymbol{y}=\boldsymbol{X\beta}+\boldsymbol{\varepsilon}$$

这里 $\boldsymbol{y}$ 通常称为观测向量，$\boldsymbol{X}$ 称为数据矩阵。

用最小二乘法来估计 $\boldsymbol{\beta}$，考虑残差平方和：

$$Q = \sum_{i=1}^{n}(y_i - \hat{y}_i)^2 = \boldsymbol{\varepsilon}^{\mathrm{T}}\boldsymbol{\varepsilon} = (\boldsymbol{y} - \boldsymbol{X\beta})^{\mathrm{T}}(\boldsymbol{y} - \boldsymbol{X\beta})$$

其中，$\hat{y}_i = \hat{b}_0 + \sum_{j=1}^{m}\hat{b}_j x_{ij}$ 是观测值 $y_i(i=1, 2, \cdots, n)$的估计值。Q 是 $\boldsymbol{\beta}$ 的函数，在上式中对 $\boldsymbol{\beta}$ 求导$\left(即求\dfrac{\partial Q}{\partial b_0}, \dfrac{\partial Q}{\partial b_1}, \cdots, \dfrac{\partial Q}{\partial b_m}\right)$，并令其为零，得 $\boldsymbol{X}^{\mathrm{T}}\boldsymbol{X\beta} = \boldsymbol{X}^{\mathrm{T}}\boldsymbol{y}$，称其为正则方程。该线性方程组有唯一解的充要条件是矩阵 $\boldsymbol{X}^{\mathrm{T}}\boldsymbol{X}$ 可逆，即矩阵 $\boldsymbol{X}$ 的秩为 m。在这种情况下，有

$$\hat{\boldsymbol{\beta}} = (\boldsymbol{X}^{\mathrm{T}}\boldsymbol{X})^{-1}\boldsymbol{X}^{\mathrm{T}}\boldsymbol{y}$$

其中，$\hat{\boldsymbol{\beta}} = (\hat{b}_0, \hat{b}_1, \cdots, \hat{b}_m)^{\mathrm{T}}$。从而得到的线性回归方程为

$$\hat{y} = \hat{b}_0 + \hat{b}_1 x_1 + \cdots + \hat{b}_m x_m$$

实际上，解此方程计算 $\boldsymbol{\beta}$ 的估计值 $\hat{\boldsymbol{\beta}}$ 的工作可以借助统计分析软件包完成。同时，利用软件可进行以下各项统计检验。

(1) 标准误差：

$$S = \sqrt{\frac{\sum_{i=1}^{n}(y_i - \hat{y}_i)^2}{n - m - 1}}$$

式中，m 为自变量的个数，n 为样本数。

(2) 判定系数 R^2：

$$R^2 = 1 - \frac{\sum_{i=1}^{n}(y_i - \hat{y}_i)^2}{\sum_{i=1}^{n}(y_i - \bar{y})^2}$$

与一元线性回归相同，R^2 越接近于 1，拟合度越好。

(3) 相关系数：

$$r = \sqrt{1 - \frac{\sum_{i=1}^{n}(y_i - \hat{y}_i)^2}{\sum_{i=1}^{n}(y_i - \bar{y})^2}}$$

在给定的显著性水平 α 下，把计算出的 r 值与从相关系数表中查得的自由度为 $n-m-1$ 的r_α值相比，若 $r > r_\alpha$，则可认为因变量 y 与自变量 $x_1, x_2, \cdots, x_m$间的线性相关关系显著；否则相反。

(4) 参数的显著性检验：t 检验是检验自变量 x_i对因变量 y 的线性作用是否显著的一种统计检验。令 $t = \dfrac{b_i}{S_{b_1}}$，在给定的显著性水平 α 下，把计算出来的 t 值与查表得到的自由度为 $n-m-1$ 的 $t_{1-\frac{\alpha}{2}}(P(|t| > t_{1-\frac{\alpha}{2}}) = \alpha)$相比，若$|t| > t_{1-\frac{\alpha}{2}}$，则可认为自变量 x_i对因变量 y 有显著的线性作用；若$|t| < t_{1-\frac{\alpha}{2}}$，则认为 x_i对 y 的线性作用不显著。

(5) 总体回归方程的显著性检验：计算统计量 $F=\dfrac{\sum_{i=1}^{n}(\hat{y}_i-\bar{y})^2}{ms^2}$，在给定的显著性水平 α 下，把计算出的 F 值与从 F 分布表中查得的自由度为 $(m,\ n-m-1)$ 的 $F_{1-\alpha}$ 值相比，若 $F\geqslant F_{1-\alpha}$，则可认为因变量 y 与自变量 $x_1,\ x_2,\ \cdots,\ x_m$ 间线性相关关系显著，所建回归预测模型有效可用；否则相反。

(6) 自相关检验(DW 检验)：多元线性回归模型的 DW 检验方法与一元线性回归模型的 DW 检验方法基本相同，不再详细叙述。

通过以上检验的回归模型才可用于预测。

【例 4.2】 表 4.12 中给出了某企业在 12 个地区的产品销售额 y，广告费支出 x_1，支付给销售人员的报酬 x_2(单位：千元)，试建立以 y 为因变量，x_1、x_2 为自变量的多元线性回归模型。

表 4.12 某企业销售额与支出费用数据 千元

y	132	148	112	160	100	178	161	128	139	144	159	138
x_1	18	25	19	24	15	26	25	16	17	23	22	15
x_2	10	11	6	16	7	17	14	12	12	12	14	15

解 运用统计软件包，建立回归模型如下：

$$\hat{y}=38.3403+2.4938x_1+4.3009x_2$$

b_0、b_1、b_2 的 t 检验值分别为 5.026、6.222、8.591，其显著性水平分别为 0.0002、0.0001、0.0007，t 检验通过。$R^2=0.9595$，标准误差 $S=4.8835$，F 检验值为 106.469 91，其显著性水平为 0.0000，F 检验通过。

DW=2.5728，而 $d_\varepsilon=1.579$，$4-d_\varepsilon=2.421$，因此 $d_\varepsilon<\text{DW}<4-d_\varepsilon$，扰动项不存在自相关。

经过上述检验后，模型可用于预测。

假设 $x_1=20$，$x_2=16$，预测此地区的销售额为

$$\hat{y}=38.3403+2.4938\times 20+4.3009\times 16\approx 157\ \text{千元}$$

4. 一元非线性回归

在某些非线性回归方程中，为了确定其中的未知参数，往往可以通过变量代换，把非线性回归化为线性回归，然后用线性回归的方法确定这些参数。表 4.13 列出了常用的可线性化回归曲线方程。

表 4.13 曲线方程的线性化变换

曲线方程	变换公式	变换后的线性方程
$\dfrac{1}{y}=a+\dfrac{b}{x}$	$u=\dfrac{1}{x},\ v=\dfrac{1}{y}$	$v=a+bu$
$y=ax^b$	$u=\ln x,\ v=\ln y$	$v=c+bu(c=\ln a)$

续表

曲线方程	变换公式	变换后的线性方程
$y=a+b\ln x$	$u=\ln x$，$v=y$	$v=a+bu$
$y=ae^{bx}$	$u=x$，$v=\ln y$	$v=c+bu(c=\ln a)$
$y=ae^{\frac{b}{x}}$	$u=\frac{1}{x}$，$v=\ln y$	$v=c+bu(c=\ln a)$
$y=\frac{1}{a+be^{-x}}$	$u=e^{-x}$，$v=\frac{1}{y}$	$v=a+bu$

5. 逻辑斯蒂回归模型

逻辑斯蒂回归(Logistic Regression，LR)模型属于对数线性模型，适用于处理输出标记在指数尺度上变化的数据集的分类问题。根据分类目标的多少，逻辑斯蒂回归模型可分为二项逻辑斯蒂回归模型与多项逻辑斯蒂回归模型。

1) 二项逻辑斯蒂回归模型

二项逻辑斯蒂回归模型是一种二分类模型，由条件概率分布 $P(Y|X)$表示。若取随机变量 X 为向量，随机变量 Y 为 0 或 1，则二项逻辑斯蒂回归模型可由如下条件概率分布定义：

$$P(Y=1\mid \boldsymbol{x})=\frac{e^{\boldsymbol{w}\cdot\boldsymbol{x}+b}}{1+e^{\boldsymbol{w}\cdot\boldsymbol{x}+b}}$$

$$P(Y=0\mid \boldsymbol{x})=\frac{1}{1+e^{\boldsymbol{w}\cdot\boldsymbol{x}+b}}$$

其中，$\boldsymbol{x}\in\mathbf{R}^n$是输入，$Y\in\{0,1\}$是输出，$\boldsymbol{w}\in\mathbf{R}^n$和$b\in\mathbf{R}$是参数。通常称 $\boldsymbol{w}$ 为权值向量，b 为偏置，运算 $\boldsymbol{w}\cdot\boldsymbol{x}$ 为 $\boldsymbol{w}$ 和 $\boldsymbol{x}$ 的内积。

对于给定的训练数据集 $T=\{(\boldsymbol{x}_1,y_1),(\boldsymbol{x}_2,y_2),\cdots,(\boldsymbol{x}_n,y_n)\}$，其中$x_i\in\mathbf{R}^n$，$y_i\in\{0,1\}$，若设 $P(Y=1|\boldsymbol{x})=\pi(\boldsymbol{x})$，$P(Y=0|\boldsymbol{x})=1-\pi(\boldsymbol{x})$，可得似然函数为

$$\prod_{i=1}^{n}\pi^{y_i}(\boldsymbol{x}_i)[1-\pi(\boldsymbol{x}_i)]^{1-y_i}$$

对数似然函数为

$$\begin{aligned}L(\boldsymbol{w},b)&=\sum_{i=1}^{n}\{y_i\log\pi(\boldsymbol{x}_i)+(1-y_i)\log[1-\pi(\boldsymbol{x}_i)]\}\\&=\sum_{i=1}^{n}\left\{y_i\log\frac{\pi(\boldsymbol{x}_i)}{1-\pi(\boldsymbol{x}_i)}+\log[1-\pi(\boldsymbol{x}_i)]\right\}\\&=\sum_{i=1}^{n}[y_i(\boldsymbol{w}\cdot\boldsymbol{x}_i+b)-\log(1+e^{\boldsymbol{w}\cdot\boldsymbol{x}_i+b})]\end{aligned}$$

对 $L(\boldsymbol{w},b)$求偏导可得

$$\frac{\partial L(\boldsymbol{w},b)}{\partial\boldsymbol{w}}=\sum_{i=1}^{n}\left\{y_i\boldsymbol{x}_i-\frac{e^{\boldsymbol{w}\cdot\boldsymbol{x}_i+b}}{1+e^{\boldsymbol{w}\cdot\boldsymbol{x}_i+b}}\cdot\boldsymbol{x}_i\right\}$$

$$\frac{\partial L(\boldsymbol{w},b)}{\partial b}=\sum_{i=1}^{n}\left[y_i-\frac{e^{\boldsymbol{w}\cdot\boldsymbol{x}_i+b}}{1+e^{\boldsymbol{w}\cdot\boldsymbol{x}_i+b}}\right]$$

由梯度下降法可根据下列迭代式

$$w_{t+1} \leftarrow w_t - \alpha \cdot \frac{\partial L(\boldsymbol{w},\ b)}{\partial \boldsymbol{w}},\ b_{t+1} \leftarrow b_t - \alpha \cdot \frac{\partial L(\boldsymbol{w},\ b)}{\partial b}$$

求出 $\boldsymbol{w}$ 与 b 的估计式 $\hat{\boldsymbol{w}}$ 与 $\hat{b}$。其中 α 为学习率，控制权值向量 $\boldsymbol{w}$ 与偏置 b 的更新步长。据此可得训练好的二项逻辑斯蒂回归模型：

$$P(Y=1 \mid \boldsymbol{x}) = \frac{e^{\hat{w}x+\hat{b}}}{1+e^{\hat{w}\cdot x+\hat{b}}}$$

$$P(Y=0 \mid \boldsymbol{x}) = \frac{1}{1+e^{w\cdot x+\hat{b}}}$$

2）多项逻辑斯蒂回归模型

多项逻辑斯蒂回归模型是一种多分类模型，与二项逻辑斯蒂回归模型一样，亦由条件概率分布 $P(Y|X)$表示。若取随机变量 X 为向量，随机变量 $Y\in\{1,\ 2,\ \cdots,\ k\}$，则多项逻辑斯蒂回归模型可由如下条件概率分布定义：

$$P(Y=j \mid \boldsymbol{x}) = \frac{\mathrm{e}^{w_j\cdot x+b_j}}{1+\sum_{j=1}^{k-1}\mathrm{e}^{w_j\cdot x+b_j}} \quad (j=1,\ 2,\ \cdots,\ k-1)$$

$$P(Y=k \mid \boldsymbol{x}) = \frac{1}{1+\sum_{j=1}^{k-1}\mathrm{e}^{w_j\cdot x+b_j}}$$

其中，$\boldsymbol{x}\in\mathbf{R}^n$ 是输入，$Y\in\{1,\ 2,\ \cdots,\ k\}$是输出，$\boldsymbol{w}_j\in\mathbf{R}^n$ 和 $b_j\in\mathbf{R}$ 是待估参数。与二项逻辑斯蒂回归模型一样，称 $\boldsymbol{w}_j$ 为权值向量，b_j为偏置。

对于给定的训练数据集 $T=\{(\boldsymbol{x}_1,\ y_1),\ (\boldsymbol{x}_2,\ y_2),\ \cdots,\ (\boldsymbol{x}_n,\ y_n)\}$，其中 $\boldsymbol{x}_i\in\mathbf{R}^n$，$y_i\in\{1,\ 2,\ \cdots,\ k\}$，可仿照二项逻辑斯蒂回归模型的参数估计方法得到 $\boldsymbol{w}_j$与b_j的估计 $\hat{\boldsymbol{w}}_j$ 与 $\hat{b}_j$，其中 $j=1,\ 2,\ \cdots,\ k$。据此可得多项逻辑斯蒂回归模型如下：

$$P(Y=j \mid \boldsymbol{x}) = \frac{e^{\hat{w}_j\cdot x+\hat{b}_j}}{1+\sum_{j=1}^{k-1}\mathrm{e}^{\hat{w}_j\cdot x+\hat{b}_j}} \quad (j=1,\ 2,\ \cdots,\ k-1)$$

$$P(Y=k \mid \boldsymbol{x}) = \frac{1}{1+\sum_{j=1}^{k-1}\mathrm{e}^{\hat{w}_j\cdot x+\hat{b}_j}}$$

4.3　随机转移模型

4.3.1　随机转移模型介绍

商店经营状况

【例 4.3】 某商店每月考察一次经营状况，其结果用销路好和销路不好两种情况中的一种表示。已知如果本月销路好，下月仍保持这种状况的概率为 0.5；如果本月销路不好，下月转变为销路好的概率为 0.4。试分析：假如开始时商店处于销路好的状况，那么经过若干月后能保持销路好的概率有多大？如果开始时商店处于销路不好的状况呢？

解　商店的经营状况是随机的，每月转变一次，用随机变量 $X_n(n=1, 2, \cdots)$表示第 n 个月的经营状况，$X_n=1$ 表示销路好，$X_n=2$ 表示销路不好，X_n称为这个经营系统的状态。$a_i(n)$表示第 n 月处于状态 $i(i=1, 2)$的概率，即 $a_i(n)=P(X_n=i)$。p_{ij}表示本月处于状态 i、下月转为状态 j 的概率($i=1, 2$；$j=1, 2$)，即 $p_{ij}=P(X_{n+1}=j|X_n=i)$。$a_i(n)$称为状态概率，$p_{ij}$称为转移概率。这里 X_{n+1}只取决于 X_n和 p_{ij}，而与 X_{n-1}，X_{n-2}，…无关，称为无后效性。由此，根据全概率公式容易得到

$$\begin{cases} a_1(n+1) = a_1(n)p_{11} + a_2(n)p_{21} \\ a_2(n+1) = a_1(n)p_{12} + a_2(n)p_{22} \end{cases} \tag{4.1}$$

因为已知 $p_{11}=0.5$，$p_{21}=0.4$，所以显然有 $p_{12}=1-p_{11}=0.5$，$p_{22}=1-p_{21}=0.6$。如果商店开始时销路好，即 $a_1(0)=1$，$a_2(0)=0$，用式(4.1)立即可以算出 $a_1(n)$、$a_2(n)$，$n=1$，2，…(如表 4.14 所示)。由数字变化规律可以看出，当 $n\to\infty$时，$a_1(n)\to\frac{4}{9}$，$a_2(n)\to\frac{5}{9}$。

表 4.14　开始时销路好状态概率的变化

n	0	1	2	3	…	→	∞
$a_1(n)$	1	0.5	0.45	0.445	…	→	$\frac{4}{9}$
$a_2(n)$	0	0.5	0.55	0.555	…	→	$\frac{5}{9}$

如果商店开始时销路不好，用同样的方法可以得到表 4.15 的结果。虽然对于各个 n，具体的数字与前面的不同，但当 $n\to\infty$时却会得到完全不一样的结果，即 $n\to\infty$时的状态概率趋于稳定值，且这个稳定值与初始状态无关。

表 4.15　开始时销路不好状态概率的变化

n	0	1	2	3	…	→	∞
$a_1(n)$	1	0.4	0.44	0.444	…	→	$\frac{4}{9}$
$a_2(n)$	0	0.6	0.56	0.556	…	→	$\frac{5}{9}$

【例 4.4】　考察微量元素磷在自然界中的转移情况。假定磷只分布在土壤，草、牛、羊等生物体，以及上述系统之外(如河流中)这三种自然环境里。每经过一段时间，磷在上述三种环境里的比例会发生变化，变化具有无后效性。经过一定时间，土壤中的磷有 30%被草吸收，又被牛羊吃掉，有 20%排至系统之外，50%仍在土壤之中；生物体中的磷有 40%因草枯死、牛羊排泄又回到土壤中，40%移出系统，20%留在生物体内；而磷一旦转移到系统之外，就 100%地不再进入系统。假定磷在土壤、生物体和系统外的初始比例是0.5∶0.3∶0.2，研究经过若干段时间后磷在三种环境中的转

微量元素转移问题

移情况。

解 磷在三种环境中的分布及其变化是确定的，但是如果把它在某种环境如土壤中的比例视为处于这种状态的概率(将全部含量作为一个整体)，把它的变化比例视为转移概率，就能用处理随机转移的马氏链模型来解决这个问题。时期用 $n=0,1,2,\cdots$ 离散化；$X_n=1,2,3$ 分别表示第 n 时期磷处于土壤、生物体和系统外三种状态；$a_i(n)(i=1,2,3)$ 表示状态概率，即分布比例，p_{ij} 表示由 $X_n=i$ 到 $X_{n+1}=j$ 的转移概率，即变化的比例。状态的转移具有无后效性。利用全概率公式并将 p_{ij} 的数字代入得到

$$\begin{cases} a_1(n+1)=a_1(n)p_{11}+a_2(n)p_{21}+a_3(n)p_{31}=0.5a_1(n)+0.4a_2(n) \\ a_2(n+1)=a_1(n)p_{12}+a_2(n)p_{22}+a_3(n)p_{32}=0.3a_1(n)+0.2a_2(n) \\ a_3(n+1)=a_1(n)p_{13}+a_2(n)p_{23}+a_3(n)p_{33}=0.2a_1(n)+0.4a_2(n)+a_3(n) \end{cases} \tag{4.2}$$

将初始状态概率 $a_1(0)=0.5$，$a_2(0)=0.3$，$a_3(0)=0.2$ 代入式(4.2)进行计算，结果列入表 4.16 中。

表 4.16　磷在三种环境中的比例变化情况

n	0	1	2	3	…	→	∞
$a_1(n)$	0.5	0.37	0.27	0.195	…	→	0
$a_2(n)$	0.3	0.21	0.15	0.111	…	→	0
$a_3(n)$	0.2	0.42	0.58	0.694	…	→	1

可以看出，当 $n\to\infty$ 时，$a_1(n)\to 0$，$a_2(n)\to 0$，$a_3(n)\to 1$，这表示磷终将全部转移出系统。事实上，不论初始条件如何，$n\to\infty$ 时的结果是一样的。顺便指出，如果一开始磷即全部在系统外，即处于状态 3，有 $a_1(0)=a_2(0)=0$，$a_3(0)=1$，那么对于任意的 n 都有 $a_1(n)=a_2(n)=0$，$a_3(n)=1$，即一旦进入状态 3，就永远不会转移到其他状态。

通过以上两个例子容易了解下面给出的马氏链的基本概念。

1. 马氏链及其基本方程

马氏链模型

按照系统的发展，时间离散化为 $n=0,1,2,\cdots$，对每一个 n，系统的状态用随机变量 X 表示，设 X 可以取 k 个离散值 $X=1,2,\cdots,k$，且 $a_i(n)=P(X_n=i)$，即状态概率。从 $X_n=i$ 到 $X_{n+1}=j$ 的概率记为 $p_{ij}=P(X_{n+1}=j\mid X_n=i)$，即转移概率。如果 X_{n+1} 的取值只取决于 X_n 的取值和转移概率，而与 X_{n-1}，X_{n-2}，…，X_0 的取值无关，那么这种离散状态随离散时间变化的随机过程称为马氏链。由状态转移的无后效性和全概率公式可以写出马氏链的基本方程：

$$a_j(n)=\sum_{i=1}^{k}a_i(n)p_{ij}\quad (j=1,2,\cdots) \tag{4.3}$$

并且 $a_j(n)$ 和 p_{ij} 应满足

$$\sum_{j=1}^{k}a_j(n)=1\quad (n=0,1,2,\cdots) \tag{4.4}$$

$$p_{ij}\geqslant 0\quad (i,j=1,2,\cdots,k) \tag{4.5}$$

$$\sum_{j=1}^{k} p_{ij} = 1 \quad (i = 1, 2, \cdots, k) \tag{4.6}$$

引入状态概率向量(行向量)：

$$\boldsymbol{a}(n) = (a_1(n), a_2(n), \cdots, a_k(n)) \tag{4.7}$$

和转移概率矩阵 $\boldsymbol{P}=(p_{ij})_{k\times k}$，则基本方程(4.3)可以表示为

$$\boldsymbol{a}(n+1) = \boldsymbol{a}(n)\boldsymbol{P} \tag{4.8}$$

由此还可得到

$$\boldsymbol{a}(n) = \boldsymbol{a}(0)\boldsymbol{P}^n \tag{4.9}$$

式(4.5)表明转移矩阵 $\boldsymbol{P}$ 是非负阵；式(4.6)表示矩阵 $\boldsymbol{P}$ 的行的和为 1，称为随机矩阵。

对于上例的两种情况，转移矩阵分别为

$$\boldsymbol{P} = \begin{bmatrix} 0.5 & 0.5 \\ 0.4 & 0.6 \end{bmatrix} \quad \boldsymbol{P} = \begin{bmatrix} 0.5 & 0.3 & 0.2 \\ 0.4 & 0.2 & 0.4 \\ 0 & 0 & 1 \end{bmatrix}$$

可以看出，对于马氏链模型，最基本的问题是构造状态，即写出转移矩阵。一旦有了 $\boldsymbol{P}$，那么给定初始状态概率 $\boldsymbol{a}(n)$，就可以用式(4.8)或式(4.9)计算任意时段 n 的状态概率 $\boldsymbol{a}(n)$。

应该指出，这里的转移概率 p_{ij} 与时段 n 无关，这种马氏链称为齐次马氏链。

从上面的计算结果可以看出这两个马氏链之间有很大差别，事实上它们属于马氏链的两个重要类型，下面分别作简单介绍。

2. 正则链

这类马氏链的特点是从任意状态出发经过有限次转移都能达到另外的任意状态。其定义为：一个有 k 个状态的马氏链如果存在正整数 N，使从任意状态 i 经过 N 次转移都以大于零的概率到达状态 $j(i, j=1, 2, \cdots, k)$，则称为正则链。

用下面的定理容易检验一个马氏链是否正则链。

定理 4.1　若马氏链的转移矩阵为 $\boldsymbol{P}$，则它是正则链的充要条件是：存在正整数 N 使 $\boldsymbol{P}^N$(指 $\boldsymbol{P}^N$ 的每一个元素)大于零。

例 4.3 的转移矩阵显然满足定理 4.1，即它是正则链。可以看到，从任意状态 $a(n)$ 出发，$n\to\infty$ 时状态概率 $\boldsymbol{a}(n)$ 趋于与 $\boldsymbol{a}(0)$ 无关的稳定值。事实上有如下定理。

定理 4.2　正则链存在唯一的极限状态概率 $\boldsymbol{\omega}=(\omega_1, \omega_2, \cdots, \omega_k)$，使得当 $n\to\infty$ 时状态概率 $\boldsymbol{a}(n)\to\boldsymbol{\omega}$，$\boldsymbol{\omega}$ 与初始状态概率 $\boldsymbol{a}(0)$ 无关。$\boldsymbol{\omega}$ 又称为稳态概率，满足

$$\boldsymbol{\omega P} = \boldsymbol{\omega} \tag{4.10}$$

$$\sum_{i=1}^{k} \omega_i = 1 \tag{4.11}$$

定理中的式(4.10)可以由式(4.8)直接得到。$\boldsymbol{P}$ 给定后，式(4.10)和式(4.11)构成了求解 $\boldsymbol{\omega}$ 的线性方程组。例 4.3 中，$\boldsymbol{\omega}=(4/9, 5/9)$ 即可直接由相应的代数方程求出。

由式(4.9)或式(4.10)不难看出，$\lim\limits_{n\to\infty}\boldsymbol{P}^n$ 存在，记为 $\boldsymbol{P}^\infty$，并且 $\boldsymbol{P}^\infty$ 的每一行都是稳态概率 $\boldsymbol{\omega}$。如果记 $\boldsymbol{P}^\infty=(p_{ij}{}^{(\infty)})$，那么有 $p_{ij}{}^{(\infty)}=\omega_j$。

从状态 i 出发经 n 次转移，第一次到达状态 j 的概率称为 i 到 j 的首达概率，记为 $f_{ij}(n)$，于是

$$\mu_{ij} = \sum_{n=1}^{\infty} n f_{ij}(n) \tag{4.12}$$

为由状态 i 第一次到达状态 j 的平均转移次数。特别地，μ_{ii} 是状态 i 首次返回的平均转移次数。

定理 4.3 对于正则链，有

$$\mu_{ii} = \frac{1}{\omega_i} \tag{4.13}$$

3. 吸收链

例 4.4 的状态 3 的转移概率 $p_{33}=1$，说明系统一旦进入状态 3 就再也不会离开，可以把它看作“吸收” 其他状态的一个状态，并且从状态 1 或 2 出发，可以经有限次转移到状态 3。

转移概率 $p_{ii}=1$ 的状态 i 称为吸收状态。如果马氏链至少包含一个吸收状态，并且从每一个非吸收状态出发，能以正的概率经有限次转移到达某个吸收状态，那么这个马氏链称为吸收链。

吸收链的转移矩阵可以写成简单的标准形式。若有 r 个吸收状态、$k-r$ 个非吸收状态，则转移矩阵 $\boldsymbol{P}$ 可表示为

$$\boldsymbol{P} = \begin{bmatrix} \boldsymbol{I}_{r\times r} & \boldsymbol{0} \\ \boldsymbol{R} & \boldsymbol{Q} \end{bmatrix} \tag{4.14}$$

其中，$k-r$ 阶子方阵 $\boldsymbol{Q}$ 的特征值 λ 满足 $|\lambda|>1$。这要求子阵 $\boldsymbol{R}_{(k-r)\times r}$ 中必含有非零元素，以满足从任一个非吸收状态出发经有限次转移可到达某吸收状态的条件。这样 $\boldsymbol{Q}$ 就不是随机矩阵，它至少存在一个小于 1 的行和，且如下定理成立。

定理 4.4 对于吸收链的标准形式(4.14)，$\boldsymbol{I}-\boldsymbol{Q}$ 可逆，则

$$\boldsymbol{M} = (\boldsymbol{I}-\boldsymbol{Q})^{-1} = \sum_{i=0}^{\infty} Q^{i} \tag{4.15}$$

记元素全为 1 的列向量 $\boldsymbol{e}=(1, 1, \cdots, 1)^{\mathrm{T}}$，则

$$\boldsymbol{y} = \boldsymbol{Me} \tag{4.16}$$

的第 i 分量是从第 i 个非吸收状态出发，被某个吸收状态吸收的平均转移次数。

设状态 i 是非吸收状态，j 是吸收状态，那么首达概率 $f_{ij}(n)$实际上是 i 经 n 次转移被 j 吸收的概率，而

$$f_{ij} = \sum_{n=1}^{\infty} f_{ij}(n) \tag{4.17}$$

则是从非吸收状态 i 出发终将被吸收状态 j 吸收的概率。记 $\boldsymbol{F}=\{f_{ij}\}_{(k-r)\times r}$，下面的定理给出了计算 f_{ij} 的方法。

定理 4.5 设吸收链的转移矩阵为标准形式(4.14)，则

$$\boldsymbol{F} = \boldsymbol{MR} \tag{4.18}$$

4.3.2 随机转移模型求解

1. 背景

生物的一些外部表征，如植物花瓣的颜色、人类的肤色等，都是由生物体内的基因所决定的。基因分优势基因 d 和劣势基因 r 两种。生物的每种外部表征都由两个基因决定，每

个基因可以是 d、r 中的任意一个，因而形成三种基因类型：dd(称为优种，以 D 表示，记作 $dd\sim D$)、dr(称为混种，以 H 表示，记作 $dr\sim H$)、rr(称为劣种，以 R 表示，记作 $rr\sim R$)。当基因类型为优种和混种时，外部表征体现为优势；当基因类型为劣种时，外部表征体现为劣势。生物繁衍后代随机继承父母的各一个基因，形成后代的两个基因。父母的基因类型决定后代的基因类型的概率。

2. 基因遗传概率

父母的基因组合由 D、H、R 中的任意两个组成，共有 6 种情形。父母的基因类型决定后代的基因类型的概率如表 4.17 所示。

表 4.17　父母的基因类型决定后代的基因类型的概率

父母基因类型组合		DD	RR	DH	DR	HH	HR
后代各种基因类型的概率	D	1	0	$\frac{1}{2}$	0	$\frac{1}{4}$	0
	H	0	0	$\frac{1}{2}$	1	$\frac{1}{2}$	$\frac{1}{2}$
	R	0	1	0	0	$\frac{1}{4}$	$\frac{1}{2}$

表 4.17 中：

$$P(D \mid DH) = P(dd \mid dd, dr) = P(d \mid dd)P(d \mid dr) = 1 \times \frac{1}{2} = \frac{1}{2}$$

$$P(R \mid HH) = P(rr \mid dr, dr) = P(r \mid dr)P(r \mid dr) = \frac{1}{2} \times \frac{1}{2} = \frac{1}{4}$$

表中其他数据可经类似计算得到。

3. 假设

(1) 设群体中雄性、雌性的比例相等，其基因类型的分布比例也相同，记作 $D:H:R$；

(2) 每一雄性个体以 $D:H:R$ 的概率与一雌性个体交配，其后代随机地继承他们的各一个基因；

(3) 设初始一代的基因类型比例为 $D:H:R=a:2b:c$，其中 $a+2b+c=1$，记 $p=a+b$，$q=b+c$，则群体中优势基因与劣势基因的比例 $d:r=p:q$，其中 $p+q=1$。

4. 建模

状态 $x_n=1, 2, 3$ 分别表示第 n 代的某一个体的基因类型属于 D，H，R；状态概率 $a_i(n)$表示第 n 代的某一个体的基因类型属于第 $i(=1, 2, 3)$种状态的概率。

令 $p_{ij}=P(x_{n+1}=j$(后代基因类型)$\mid x_n=i$(父基因类型))，则

$p_{11}=P(x_{n+1}=1$(后代基因类型 dd)$\mid x_n=1$(父基因类型 dd))$=p$

$p_{12}=P(x_{n+1}=2$(后代基因类型 dr)$\mid x_n=1$(父基因类型 dd))$=q$

$p_{13}=P(x_{n+1}=3$(后代基因类型 rr)$\mid x_n=1$(父基因类型 dd))$=0$

$p_{21}=P(x_{n+1}=1$(后代基因类型 dd)$\mid x_n=2$(父基因类型 dr))$=\frac{p}{2}$

$p_{22}=P(x_{n+1}=2$(后代基因类型 dr)$\mid x_n=2$(父基因类型 dr))$=\frac{p}{2}+\frac{q}{2}=\frac{1}{2}$

$p_{23}=P(x_{n+1}=3$(后代基因类型 rr)$\mid x_n=2$(父基因类型 dr))$=\frac{q}{2}$

$p_{31}=P(x_{n+1}=1$(后代基因类型 dd)$\mid x_n=3$(父基因类型 rr))$=0$

$p_{32}=P(x_{n+1}=2$(后代基因类型 dr)$|x_n=2$(父基因类型 rr))$=p$

$p_{33}=P(x_{n+1}=3$(后代基因类型 rr)$|x_n=3$(父基因类型 rr))$=q$

因而转移概率矩阵为

$$\boldsymbol{P}=\begin{bmatrix} p & q & 0 \\ \dfrac{p}{2} & \dfrac{1}{2} & \dfrac{q}{2} \\ 0 & p & q \end{bmatrix}$$

1) 随机繁殖

利用马氏链模型的基本方程以及计算公式 $\boldsymbol{a}(n+1)=\boldsymbol{a}(n)\boldsymbol{P}(n=0,1,\cdots)$分别算得

$$a(0)=(a,\ 2b,\ c)$$
$$a(1)=a(0)p=(p^2,\ 2pq,\ q^2)$$
$$a(2)=a(1)p=(p^2,\ 2pq,\ q^2)$$

$a(0)$任意，稳态分布 $\boldsymbol{\omega}=\boldsymbol{\omega}\boldsymbol{P}=(p^2,\ 2pq,\ q^2)$。

显然，基因类型将按照该分布一直保持下去。这一结果实际上蕴含了遗传学的Hardy-weinberg平稳定律，即不管初始一代的基因类型如何分布，只要生物群体的交配方式是随机的，那么第一代继承者的基因类型分布为$(p^2,\ 2pq,\ q^2)$，并且以后各代都将保持这一基因类型分布。

上述结果的正确性已由观察事实和实验数据证明。例如，自然界中通常 $p=q=1/2$，则稳态分布为

$$D:H:R=\frac{1}{4}:\frac{1}{2}:\frac{1}{4}$$

可推出

$$(D+H):R=3:1$$

2) 近亲繁殖

在一对父母的大量后代中，雌雄随机配对繁殖，如果讨论一系列后代的基因类型演变过程，那么状态应定义为配对的基因类型组合，$x_n=1,2,3,4,5,6$ 分别表示配对基因组合为 DD、RR、DH、DR、HH、HR。

计算状态转移概率，可得转移概率矩阵：

$$\boldsymbol{P}=\begin{bmatrix} 1 & 0 & 0 & 0 & 0 & 0 \\ 0 & 1 & 0 & 0 & 0 & 0 \\ \dfrac{1}{4} & 0 & \dfrac{1}{2} & 0 & \dfrac{1}{4} & 0 \\ 0 & 0 & 0 & 0 & 1 & 0 \\ \dfrac{1}{16} & \dfrac{1}{16} & \dfrac{1}{4} & \dfrac{1}{8} & \dfrac{1}{4} & \dfrac{1}{4} \\ 0 & \dfrac{1}{4} & 0 & 0 & \dfrac{1}{4} & \dfrac{1}{2} \end{bmatrix}$$

在马氏链中，状态 1(DD)、2(RR)是吸收态，马氏链是吸收链，根据吸收链的性质，不论初始基因类型如何，经若干代近亲繁殖，将全变为 DD 或者 RR，即完全变成全是优种或全是劣种，而且一旦如此，就永远保持下去。

4.4　随机存储模型

随机存储模型按需求可分为两种：一种是离散型随机变量的存储模型，其代表是著名的报童问题；另一种是连续型随机变量的存储模型。下面分别进行介绍。

4.4.1　离散型存储模型

离散型存储模型

【例 4.5】（报童问题）一个报童每天从邮局订购一种报纸，沿街叫卖。已知报童每卖完 100 份报纸可获利 7 元。如果当天卖不掉，第二天削价可以全部卖出，但这时报童每 100 份报纸要赔 4 元。报童每天售出的报纸数 x 是一随机变量，概率分布见表 4.18，问：报童每天订购多少份报纸最佳？

表 4.18　报童每天售出报纸数及其概率

售出报纸数 x/百份	0	1	2	3	4	5
概率 $P(x)$	0.05	0.1	0.25	0.35	0.15	0.1

解　设每天订购 Q 百份报纸，则收益函数为

$$y(x)=\begin{cases}7x+(-4)(Q-x) & (x\leqslant Q)\\ 7Q & (x>Q)\end{cases}$$

利润的期望为

$$E[y(x)]=\sum_{x=0}^{Q}(11x-4Q)P(x)+7Q\sum_{x=Q+1}^{5}P(x)$$

分别求出 $Q=0$，$Q=1$，$Q=2$，$Q=3$，$Q=4$，$Q=5$ 时的利润期望。

$Q=0$：

$$E[y(x)]=0$$

$Q=1$：

$$E[y(x)]=(-4\times0.05+7\times0.1)+7\times(0.25+0.35+0.15+0.1)=6.45$$

$Q=2$：

$$E[y(x)]=(-8\times0.05+3\times0.1+14\times0.25)+14\times(0.35+0.15+0.1)=11.8$$

$Q=3$：

$$E[y(x)]=(-12\times0.05-1\times0.1+10\times0.25+21\times0.35)+21\times(0.15+0.1)=14.4$$

$Q=4$：

$$E[y(x)]=(-16\times0.05-5\times0.1+6\times0.25+17\times0.35+28\times0.15)+28\times0.1=13.15$$

$Q=5$：

$$E[y(x)]=-20\times0.05-9\times0.1+2\times0.25+13\times0.35+24\times0.15+35\times0.1=10.25$$

由计算结果可知，当报童每天订购 300 份报纸时，获得的利润最大。

上述是利用求最大利润来决定报童的订购计划的，也可以通过求损失的最小期望值来

决定订购计划(请读者自己练习)。

4.4.2 连续型存储模型

连续型存储模型

【例 4.6】 (物资存储策略)一煤炭供应部门煤的进价为 65 元/吨,零售价为 70 元/吨。若当年卖不出去,则第二年削价 20%处理掉;如供应短缺,有关部门每吨罚款 10 元。已知顾客对煤的需求量 x 服从均匀分布,分布函数为

$$F(x)=\begin{cases}0 & (x\leqslant 20\,000)\\ \dfrac{x-20\,000}{60\,000} & (20\,000<x\leqslant 80\,000)\\ 1 & (x>80\,000)\end{cases}$$

求一年煤炭的最优存储策略。

解 设存储的煤炭量为 Q,则供应部门的收益值为

$$y(x)=\begin{cases}70x+56(Q-x)-65Q=14x-9Q & (x\leqslant Q)\\ 70Q-10(x-Q)-65Q=15Q-10x & (x>Q)\end{cases}$$

设 $p(x)$ 为顾客对煤炭需求量 x 的分布密度函数,显然,$\int_0^{+\infty}p(x)\mathrm{d}x=1$,则供应部门收益的期望值为

$$\begin{aligned}g(Q)=E[y(x)]&=\int_0^{+\infty}y(x)p(x)\mathrm{d}x\\&=\int_0^{Q}(14x-9Q)p(x)\mathrm{d}x+\int_Q^{+\infty}(15Q-10x)p(x)\mathrm{d}x\end{aligned}$$

两边对 Q 求导,再令 $\frac{\mathrm{d}g(Q)}{\mathrm{d}Q}=0$,则得

$$\int_0^{Q}p(x)\mathrm{d}x=\frac{15}{24}=0.625$$

即

$$\frac{Q-20\,000}{60\,000}=0.625$$

$$Q=57\,500\text{ 吨}$$

所以,煤炭供应部门的最佳供应方案是一年存储 57 500 吨煤。

4.5 蒙特卡罗方法

蒙特卡罗(Monte Carlo)方法的实质是通过大量随机试验,利用概率论解决问题的一种数值方法,其基本思想基于概率的几何定义。利用蒙特卡罗方法在计算过程中出现的数是随机的,但是它要解决的问题结果却是相同的。

4.5.1 蒙特卡罗方法的来源和思想

历史上有记载的蒙特卡罗试验始于 18 世纪末期,当时蒲丰(Buffon)为了计算圆周率,

设计了一个“投针试验”。

1. 蒲丰投针试验

1777 年，法国科学家蒲丰提出著名的投针问题，这是几何概率中一个典型的例子。投针问题的主要内容是：在平面上等距离地画出一些平行线，向其投出某一特定长度的针，试求针与任一平行线相交的概率。

显然只有两种可能：要么针与其中至少一条平行线相交；要么针与所有的平行线都不相交。但是，古典概率论无法解决这一表面上看似很简单的问题。不过，利用几何概率模型可以算出要求的概率值，正是随处可见的 π。

为了求得圆周率 π，在 19 世纪后期，很多人做了这样的试验：将长为 $2l$ 的一根针任意投到地面上，用针与一组相距为 $2a(l<a)$ 的平行线相交的频率代替概率 P，再利用准确的关系式 $P=\frac{2l}{\pi a}$，求出 $\pi=\frac{2l}{aP}\approx\frac{2l}{a}\left(\frac{N}{n}\right)$，其中 N 为投针次数，n 为针与平行线相交次数。

这就是古典概率论中著名的蒲丰氏问题。表 4.19 为不同试验者所做的投针试验。

表 4.19　投针试验数据

试验者	年份	针长	投针次数	相交次数	π 的估计值
沃尔弗(Wolf)	1850	0.80	5000	2532	3.1596
斯密斯(Smith)	1855	0.60	3204	1218.5	3.1554
福克斯(Fox)	1884	0.75	1030	489	3.1596
拉查里尼(Lazzarini)	1901	0.83	3408	1808	3.141 592 6

下面推导 π 的计算公式。设针投到地面的位置可以用一组参数 (x, θ) 来描述，x 为针中心的坐标，θ 为针与平行线的夹角，如图 4.2 所示。

任意投针，就意味着 x 与 θ 都是任意取的，但 x 的范围限于 $[0, a]$；夹角 θ 的范围限于 $[0, \pi]$。在此情况下，针与平行线相交的数学条件是 $x\leqslant l\sin\theta$。

如何产生任意的 (x, θ)？x 在 $[0, a]$ 上任意取值，表示 x 在 $[0, a]$ 上是均匀分布的，其分布密度函数为

$$f_1(x)=\begin{cases}\dfrac{1}{a} & (0\leqslant x\leqslant a)\\ 0 & (\text{其他})\end{cases}$$

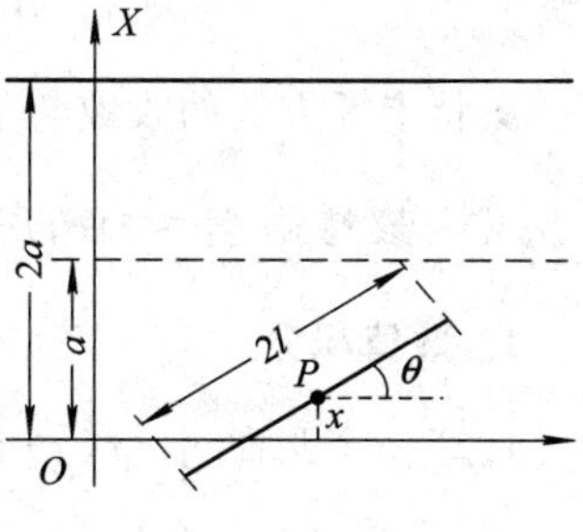

图 4.2　蒲丰投针试验图

类似地，θ 的分布密度函数为

$$f_2(\theta)=\begin{cases}\dfrac{1}{\pi} & (0\leqslant \theta\leqslant \pi)\\ 0 & (\text{其他})\end{cases}$$

因此，产生任意的 (x, θ) 的过程就变成了由 $f_1(x)$ 抽样 x 及由 $f_2(\theta)$ 抽样 θ 的过程。由此得到 $x=a\xi_1$，$\theta=\pi\xi_2$。其中 ξ_1、ξ_2 均为 $(0, 1)$ 上均匀分布的随机变量。每次的投针试验，实际上变成在计算机上从两个均匀分布的随机变量中抽样得到 (x, θ)，然后定义描述针与平行线相交状况的随机变量 $s(x, \theta)$，即

$$s(x,\theta)=\begin{cases}1 & (x\leqslant l\sin\theta)\\ 0 & (\text{其他})\end{cases}$$

如果投针 N 次，$\overline{s_N}=\frac{1}{N}\sum_{i=1}^{N}s(x_i,\theta_i)$ 是针与平行线相交概率 P 的估计值。事实上，

$$P=\iint s(x,\theta)f_1(x)f_2(\theta)\mathrm{d}x\mathrm{d}\theta=\int_0^{\pi}\frac{\mathrm{d}\theta}{\pi}\int_0^{l\cdot\sin\theta}\frac{\mathrm{d}x}{a}=\frac{2l}{\pi a}$$

于是有

$$\pi=\frac{2l}{aP}\approx\frac{2l}{a\,\overline{s_N}}$$

虽然蒙特卡罗方法已经存在了 200 多年，但此方法命名为蒙特卡罗方法则是在 20 世纪 40 年代，美国原子弹计划的一个子项目需要使用蒙特卡罗方法模拟中子对某种特殊材料的穿透作用，出于保密缘故，每个项目都需要一个代号。据说命名该项目代号时，项目负责人之一的 Von Neumann 灵机一动，选择摩洛哥著名赌城蒙特卡罗作为该项目的名称，自此这种方法也就被称为蒙特卡罗方法。

2. 蒙特卡罗方法的基本思想

(1) 建立一个概率模型，使它的某些参数等于问题的解；

(2) 按照假设的分布，对随机变量选出具体的值(这个过程又叫抽样)；

(3) 构造出一个确定性的模型；

(4) 计算出结果；

(5) 通过多次抽样试验的结果，得到参数的统计特性，最终算出解的近似值。

3. 蒙特卡罗方法的数学原理

设 x_1，x_2，…是独立同分布的随机变量序列，且有有限的数学期望 $E(x)$ 和方差 σ^2，设 $\bar{x}$ 为 x_1，x_2，…，x_N 的算术平均值，当 $N\to\infty$ 时 $\bar{x}$ 按概率为 1 收敛于 $E(x)$，用数学公式表示为：对任意 $\varepsilon>0$，有

$$\lim_{N\to\infty}P\left\{\left|\frac{1}{N}\sum_{i=1}^{N}x_i-E(x)\right|<\varepsilon\right\}=1$$

蒙特卡罗方法的收敛与平常所说的收敛不同，它是概率意义下的收敛。

4.5.2 蒙特卡罗方法的一般步骤

1. 数值积分

计算一个形如 $\int_{x_0}^{x_1}f(x)\mathrm{d}x$ 的定积分时，如果能够得到 $f(x)$ 的原函数 $F(x)$，则由 $F(x_1)-F(x_0)$ 可以直接得到该定积分的值。但是很多情况下，由于 $f(x)$ 太复杂，无法得到原函数 $F(x)$ 的显式表达式，这时我们就只能用数值积分的办法。下面是一个简单的数值积分的例子。

如图 4.3 所示，常规的数值积分方法是在分段之后，将所有的柱子(方块)的面积全部加起来，用这个面积来近似函数 $f(x)$(曲线)与 x 轴围成的面积。这样做当然是不精确的，但是随着分段数量的增加，误差将减小，近似面积将逐渐逼近真实的面积。

蒙特卡罗数值积分方法和上述类似，差别在于，蒙特卡罗方法中，我们不需要将所有柱子的面积相加，只需要随机地抽取一些函数值，将它们的面积累加后计算平均值即可。

通过相关数学知识可以证明，随着抽取点的增加，近似面积也将逼近真实面积。

如图 4.4 所示，设总共投了 M 个点，落入阴影部分 N 个，则阴影部分的面积为 $S \approx N/M$。

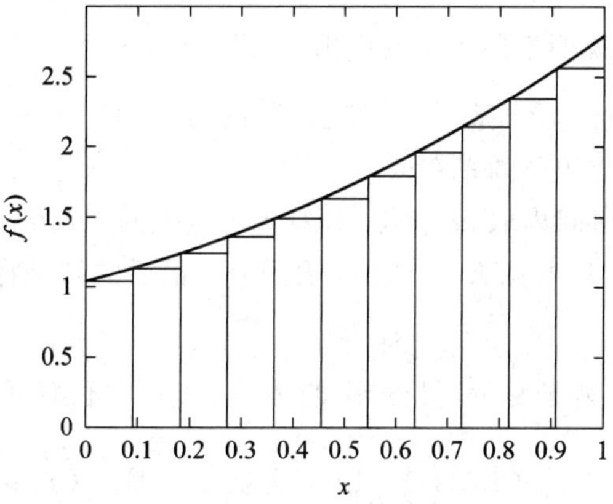

图 4.3　数值积分简单示例

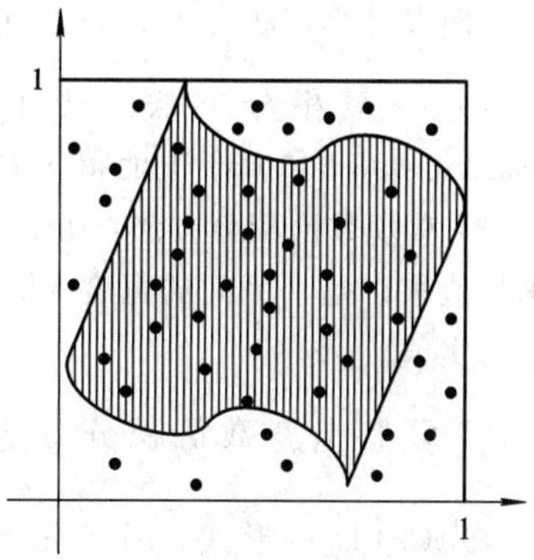

图 4.4　蒙特卡罗法计算图形面积

2. 随机最优化

蒙特卡罗方法在随机最优化中的应用包括模拟退火(Simulated Annealing)、进化策略(Evolution Strategy)等等。一个最简单的例子：已知某函数，求此函数的最大值。我们可以不断地在该函数定义域上随机取点，然后用得到的最大的点作为此函数的最大值。这个例子实质也是随机数值积分，它等价于求此函数的∞-范数在定义域上的积分。

3. 积分形式

在利用蒙特卡罗方法计算数值积分时，所求解积分的一般形式是 $\int_{x_0}^{x_1} f(x)\psi(x)\mathrm{d}x$，其中 x 为自变量，它应该是随机的，定义域为(x_0, x_1)，$f(x)$为被积函数，$\psi(x)$是 x 的概率密度。

4. 一般步骤

(1) 依据概率分布 $\psi(x)$不断生成随机数 x，并计算 $f(x)$。由于随机数的性质，每次生成的 x 值都是不确定的，为区分起见，可以给生成的 x 赋予下标。如 x_i 表示生成的第 i 个 x，生成了多少个 x，就可以计算出多少个 $f(x)$值。

(2) 将这些 $f(x)$值累加，并求平均值。例如共生成了 N 个 x，这个步骤用数学式子表达，即

$$\frac{\sum_{i=1}^{N} f(x_i)}{N}$$

(3) 到达停止条件后退出。常用的停止条件有两种：一种是设定最多生成 N 个 x，数量达到后即退出；另一种是检测计算结果与真实结果之间的误差，当这一误差处于某个范围时退出。积分表达式中的积分符号类比为上式中的累加符号，$\mathrm{d}x$ 类比为 $1/N$(数学知识告诉我们积分实质是极限意义下的累加；$f(x)$还是它自己，积分中的 $\psi(x)$可类比为依据 $\psi(x)$生成随机数)。

(4) 误差分析。利用蒙特卡罗方法得到的结果是随机变量，因此在给出点估计后，还需要给出此估计值的波动程度及区间估计。严格的误差分析首先要从证明收敛性出发，再计算理论方差，最后用样本方差来替代理论方差。

5. 例子

下面以计算定积分 $\int_0^2 e^x dx$ 的值为例来说明不同方法的应用。

(1) 一般积分方法：已知 e^x 的原函数是 e^x，那么定积分值是 $e^2 - e^0 = 6.389\ 056\ 098\ 930\ 65$。上面得到的值是此定积分的真实值。

(2) 常规数值积分方法：在 $x\in(0, 2)$区间内取 N 个点，计算各个点上的函数值，然后用函数值乘以每个区间的宽度，最后相加。试着调大 N 的值，会发现，最后的结果将更接近于真实值。

(3) 蒙特卡罗数值积分方法：这个例子中的积分形式是 $\int_0^2 e^x dx$，还不完全是 $\int_{x_0}^{x_1} f(x)\psi(x) dx$ 的形式，因而先将其变换为 $\int_0^2 (2e^x)\left(\frac{1}{2}\right) dx$，这里 $2e^x$ 是 $f(x)$；$\frac{1}{2}$ 是 $\psi(x)$，它表示在取值范围(0, 2)区间内，x 服从均匀分布。这里可设定停止条件为共做 N 次蒙特卡罗模拟。

根据蒙特卡罗方法的一般步骤，可在(0, 2)区间上按照均匀分布的概率密度对 x 随机抽样，共抽取 N 个 x_i。接着对每个 x_i 计算 $f(x_i)=2e^{x_i}$ 的值，共可得到 N 个值，并将所有的 $f(x_i)$加起来取平均值，即可得到该积分的近似值。同样地，通过增大 N，这种方法得到的结果也将越来越接近真实值。

6. 蒙特卡罗方法的优点

对比常规数值积分和蒙特卡罗数值积分方法，同样数量的 N 值，也就意味着几乎相同的计算量——常规数值积分结果的精确度要高于蒙特卡罗数值积分的结果。那么，我们为何还需要用蒙特卡罗方法来计算数值积分呢？

答案的关键在于，常规数值积分的精确度直接取决于每个维度上的取点数量，维度增加了，但是每个维度上要取的点却不能减少。在多重积分中，随着被积函数维度的增加，需要计算的函数值数量以指数速度递增。例如，在一重积分 $\int_{x_0}^{x_1} f(x)\psi(x) dx$ 中，只需沿着 x 轴取 N 个点；要达到相同大小的精确度，在 s 重积分 $\iint\cdots\int f(x_1, x_2, \cdots, x_s)\psi(x_1, x_2, \cdots, x_s) dx_1 x_2 \cdots x_s$ 中，仍然需要在每个维度上取 N 个点，s 个维度的坐标相组合，共需要计算 N^s个坐标对应的函数值。取点越多，占用的计算机内存越大，需要的运算时间也更长，最终导致这种计算方法不可行。

蒙特卡罗方法却不同，不管积分有多少重，取 N 个点计算的结果的精确度都差不多。因此，尽管在一重积分的情形下，蒙特卡罗方法的效率比不过常规数值积分，但随着积分维度的增加，常规数值积分的速度呈指数下降，蒙特卡罗方法的效率却基本不变。经验表明，当积分重数达到 4 重甚至更高时，蒙特卡罗方法将远远优于常规数值积分方法。

应用蒙特卡罗方法时，常要用到随机数。随机数在数学建模中有很多应用。

4.5.3　随机数的生成

定义 4.1　设 R 为[0，1]上服从均匀分布的随机变量，分布密度函数与分布函数分别为

$$f(x)=\begin{cases}1 & (0\leqslant x\leqslant 1)\\ 0 & (\text{其他})\end{cases}$$

$$F(x)=\begin{cases}0 & (x<0)\\ x & (0\leqslant x\leqslant 1)\\ 1 & (x>1)\end{cases}$$

则 R 的样本值，即以等概率取自[0，1]的一串数称为[0，1]上均匀分布的随机数。

随机数在数学建模中有很多应用，如前面的求面积和体积。在很多实际复杂问题的模拟上，也要用到随机数，如交通流和大型战争模型等。

产生随机数的方法很多，现在一般是通过计算机产生随机数。其实计算机产生的随机数是根据一定的算法得到的，产生的随机数不是完全随机的，因此这些随机数又称为伪随机数，但对于许多实际问题来说，这些数可以近似看作完全随机的。许多编程语言都有专门产生随机数的函数，如 Pascal、BASIC、C、MATLAB、EXCEL 和 Mathematica 等。

从理论上来说，所产生的随机数有均匀分布的随机数和非均匀分布的随机数两种。下面分别作简单的介绍。

1. 均匀分布随机数的产生

产生均匀分布的随机数常用的方法有平方取中法、线性同余法和广义同余法。以下对平方取中法、线性同余法作一介绍。

1) 平方取中法

平方取中法是在 1946 年提出的，方法如下：

(1) 任取 1 个四位数 x_0，将这个数作为种子；

(2) 对这个数进行平方，得到一个八位数(不足八位时，在前面补 0)；

(3) 对中间的四位数字重复上述过程，便可得到一列随机数。

用这种方法可以得到 0 到 9999 间的一列随机数，用这些数可以产生任何区间[a，b]的随机数。例如，要产生 0 到 1 的随机数，可以先产生 0 到 9999 间的随机数，再除以 10 000。

例如：随机选择一个数，如 2041，平方后得到 4 165 681，取中间四位数即 1656，对 1656 重复这一过程，得到一列随机数，如表 4.20 所示。

表 4.20　随　机　数

n	0	1	2	3	4	5	6	7	8	9	10	11	12
x_n	2041	1656	7423	1009	0180	0324	1049	1004	80	64	40	16	2

选取种子时，也可以选择多位数，例如取六位的种子 653 217，平方后得 42 6692 449 089，有 12 位，取中间的六位 692 449。

2) 线性同余法

线性同余法于 1951 年提出，与其他方法的不同之处在于，这种方法构造出来的随机数个数是有限的，次数足够多后一定会出现回环现象。线性同余法产生随机数的公式为

$$x_{n+1} \equiv \lambda x_n (\mathrm{mod} M), \; r_n = \frac{x_n}{M}$$

其中，λ 是乘因子，M 是模数，x_{n+1} 表示以 λx_n 除 M 后得到的余数。

给定一个种子后，计算出的 $r_1, r_2, \cdots$ 即(0, 1)上均匀分布的随机数。例如，取 $x_0=1$，$M=1000$，$\lambda=7$，有

$\lambda x_0=7\times1=7$　　$x_1=7$　　$r_1=0.007$

$\lambda x_1=7\times7=49$　　$x_2=49$　　$r_2=0.049$

$\lambda x_2=7\times49=343$　　$x_3=343$　　$r_3=0.343$

$\lambda x_3=7\times343=2401$　　$x_4=401$　　$r_4=0.401$

$\lambda x_4=7\times401=2807$　　$x_5=807$　　$r_5=0.807$

如此类推下去。还有另外一种表示方法，一般形式为

$$x_{i+1} \equiv ax_i + c \bmod m, \; u_{i+1} = \frac{x_{i+1}}{m}$$

其中：c 是非负整数，通过选取适当参数 c，可以改善随机数的统计性质(独立性，均匀性)。

这种方法可以达到的最长周期为 $m-1$，可以通过选择适当的 m 和 a，使无论选取怎样的初值 x_0 都可以达到最大周期(一般选取 m 为质数)。

注　这两种方法的原理是一样的，只是这种方法产生的随机数在 0 到 m 之间。而线性同余法是通过数学表达式表示出来的，可以看出相邻的两个数有一定的相关性。

3) 算法实现

许多程序语言中都自带生成随机数的方法，如 C 中的 random() 函数、MATLAB 中的 rand()函数等。但这些生成器生成的随机数效果不一样，比如 C 中函数生成的随机数性质就比较差，如果用 C，最好自己再编一个程序；MATLAB 中的 rand() 函数，经过了很多优化，产生性质很好的随机数，可以直接利用。

2. 非均匀分布随机数的产生

1) 离散型随机数的模拟

设随机变量 X 的分布律为 $P(X=x_i)=p_i(i=1, 2, \cdots)$，$P(0)=0$，$P(n)=\sum_{i=1}^{n} p_i$ $(n=1, 2, \cdots)$。将 $\{P(n)\}$ 作为区间(0, 1)的分点，若随机变量 $U \sim U(0, 1)$，则有 $P\{P(n-1)<U\leqslant P(n)\}=P(n)-P(n-1)=p_n(n=1, 2, \cdots)$。

令 $\{P(n-1)<U\leqslant P(n)\}=\{X=x_n\}$，则有 $P\{X=x_n\}=p_n$。

据此，可得产生 X 的随机数的具体过程为：每产生一个(0, 1)区间上均匀分布的随机数 U，若 $P(n-1)<U\leqslant P(n)$，则令 X 取值 x_n。

【例 4.7】　离散型随机变量 X 有如表 4.21 所示的分布律。

表 4.21　分　布　律

X	0	1	2
$P(x)$	0.3	0.3	0.4

设 $U_1, U_2, \cdots, U_n$ 是(0, 1)上均匀分布的随机数，令

$$x_i = \begin{cases} 0 & (0 < U_i \leqslant 0.3) \\ 1 & (0.3 < U_i \leqslant 0.6) \\ 2 & (U_i > 0.6) \end{cases}$$

则 x_1，x_2，…，x_n是具有 X 分布律的随机数。

2）连续型随机数的模拟

（1）逆变换方法（Inverse Transform Method）（常用）。

定理 4.6　设随机变量 Y 的分布函数 $F(y)$是连续函数，而 U 是在(0，1)上均匀分布的随机变量，令 $X=F^{-1}(U)$，则 Y 与 X 有相同的分布。

证明　由 $F^{-1}(U)$的定义和均匀分布的分布函数可得

$$P(X \leqslant x) = P(F^{-1}(U) \leqslant x) = P(U \leqslant F(x)) = F(x)$$

要产生来自 $F(x)$的随机数，只要先产生来自 $U(0, 1)$的随机数 u，然后计算 $F^{-1}(u)$即可。其具体步骤如下：

① 生成(0，1)上均匀分布的随机数 U；

② 计算 $X=F^{-1}(U)$，则 X 为来自 $F(x)$分布的随机数。

【例 4.8】　设 $X \sim U(a, b)$，则其分布函数为

$$F(x) = \begin{cases} 0 & (x < a) \\ \dfrac{x-a}{b-a} & (a \leqslant x < b) \\ 1 & (x \geqslant b) \end{cases}$$

$F^{-1}(y)=a+(b-a)y$，$0\leqslant y<1$，生成 $U(0, 1)$随机数 U，则 $a+(b-a)U$ 是来自 $U(a, b)$的随机数。

（2）舍取方法(Acceptance-Rejection)。

舍取方法最早由 Von Neumann 提出，现在已经广泛应用于各种随机数的生成。

基本思路　通过一个容易生成的概率分布 g 和一个取舍准则生成另一个与 g 相近的概率分布 f。

具体步骤　假设 $f(x)$和 $g(x)$均为集合 D 上的概率密度函数，且满足 $f(x)\leqslant cg(x)$，$c\geqslant 1$，$\forall x\in X$，从 $g(x)$中生成样本 X。用如下步骤生成随机数 Y：

① 生成 $g(x)$的样本 X。

② 生成 $U\sim U(0, 1)$，且 U 与 X 独立。

③ 如果 $U\leqslant f(x)/(cg(x))$，则取 $Y=X$，返回步骤①；否则舍去 X，返回步骤①。

下面验证由上述步骤生成的随机数 Y 确实具有概率密度函数 $f(x)$：

对于任何的 $A\subset D$，有

$$\begin{aligned} P(Y \in A) &= P(X \in A, U \leqslant f(x)/(cg(x))) \\ &= \frac{P(X \in A, U \leqslant f(X)/(cg(x)))}{P(U \leqslant f(x)/(cg(x)))} \\ &= \frac{\int_A f(x)/(cg(x))g(x)\,\mathrm{d}x}{\int_D f(x)/(cg(x))g(x)\,\mathrm{d}x} = \int_A f(x)\,\mathrm{d}x \end{aligned}$$

即 Y 的概率密度函数为 $f(x)$。

3）正态分布随机数的模拟

正态分布是概率统计中最重要的分布，在此着重讨论如何生成标准正态分布随机数。

引理 4.1 设 U_1、U_2 是独立同分布的 $U(0,1)$ 变量，令

$$Z_1=(-2\ln U_1)^{1/2}\sin(2\pi U_2),\ Z_2=(-2\ln U_1)^{1/2}\cos(2\pi U_2)$$

则 Z_1 与 Z_2 独立，且均服从标准正态分布。

由此可由均匀分布随机数 U_1、U_2 得到正态分布随机数 Z_1、Z_2。

【例 4.9】 一个渡口的渡船营运者拥有一只甲板长 32 米，可以并排停放两列车辆的渡船。问怎样在甲板上安排过河车辆的位置，才能将最多数量的车辆安全地运过河？

问题分析 这是一个机理较复杂的随机问题，是“先到先服务”的随机排队问题。

怎样安排过河车辆，关心的是一次可以运多少辆各类车。观察数日，发现每次情况不尽相同，得到下列数据和情况：① 车辆随机到达，形成一个等待上船的车列；② 来到的车，轿车约占 40%，卡车约占 55%，摩托车约占 5%；③ 轿车车身长 3.5～5.5 米，卡车车身长为 8～10 米。

解决方法 采用模拟模型方法。因此需考虑：① 下一辆到达的车是什么类型？② 怎样描述一辆车的车身长度？③ 如何安排到达车辆加入甲板上两列车队中的哪一列中？

本实验主要模拟装载车辆的情况，暂时不考虑渡船的安全。

模型建立 设到达的卡车、轿车长度分别为随机变量 L_1、L_2，结合实际，这里不妨设卡车、轿车的车身长度均服从正态分布。由于卡车车身长 8～10 米，所以卡车车身长度的均值为 $(8+10)/2=9$ 米，由概率知识中的 3σ 原则，其标准差为 $(9-8)/3=1/3$，所以得到 $L_1\sim N(9,1/9)$，同理可得 $L_2\sim N(4.5,1/9)$。

模拟程序设计 由以上分析，程序设计时应划分如下的主要模块（函数）：

(1) 确定下一辆到达车辆的类型；

(2) 根据车的类型确定到达车辆的长度；

(3) 根据一定的停放规则，确定到达车辆放在两列车队中的哪一列。

【例 4.10】 一列火车从 A 站开往 B 站，某人每天赶往 B 站上这趟火车，他已了解到如下情况。

(1) 火车从 A 站到 B 站的运行时间是均值为 30 min、标准差为 2 min 的随机变量；

(2) 火车在下午大约 1 点离开 A 站，离开时刻的频率分布如表 4.22 所示。

表 4.22 离开时刻的频率分布

出发时间	午后 1:00	午后 1:05	午后 1:10
频率	0.7	0.2	0.1

此人到达 B 站时刻的频率分布如表 4.23 所示。

表 4.23 到达时刻的频率分布

到达时间	午后 1:28	午后 1:30	午后 1:32	午后 1:34
频率	0.3	0.4	0.2	0.1

问：他能赶上火车的概率是多少？

变量说明 T_1 为火车从 A 站出发的时刻，T_2 为火车从 A 站到 B 站的运行时间，T_3 为

他到达 B 站的时刻。

问题分析与假设　此题包含多个随机因素，这里假设 T_1、T_2、T_3都是随机变量，其中 T_2 服从正态分布。

模型建立　显然，他能及时赶上火车的条件是 $T_3 < T_2 + T_1$。为了简化计算，将下午 1:00 记为 0 时刻，T_1 和 T_3 的分布律分别如表 4.24 和表 4.25 所示。

表 4.24　T_1 的分布律

T_1/min	0	5	10
$P(t)$	0.7	0.2	0.1

表 4.25　T_3 的分布律

T_3/min	28	30	32	34
$P(t)$	0.3	0.4	0.2	0.1

如果 r 是在(0, 1)上均匀分布的随机数，为了模拟随机变量 T_1 和 T_3，可以使用如下方法：

$$t_1 = \begin{cases} 0 & (0 < r \leqslant 0.7) \\ 5 & (0.7 < r \leqslant 0.9) \\ 10 & (0.9 < r) \end{cases}$$

$$t_3 = \begin{cases} 28 & (0 < r \leqslant 0.3) \\ 30 & (0.3 < r \leqslant 0.7) \\ 32 & (0.7 < r \leqslant 0.9) \\ 34 & (0.9 < r) \end{cases}$$

其中，t_1和 t_3分别用来模拟随机变量 T_1和 T_3。

习　题　4

1. 一道工序用自动化车床连续加工某种零件，会出现刀具损坏等故障。故障是完全随机的，并假定生产任一零件时出现的故障机会均相同。工作人员是通过检查零件来确定工序是否出现故障的。现积累有 100 次故障记录，故障出现时该刀具完成的零件数如下：

459	362	624	542	509	584	433	748	815	505
612	452	434	982	640	742	565	706	593	680
926	653	164	487	734	608	428	1153	593	844
527	552	513	781	474	388	824	538	862	659
775	859	755	49	697	515	628	954	771	609
402	960	885	610	292	837	473	677	358	638
699	634	555	570	84	416	606	1062	484	120
447	654	564	339	280	246	687	539	790	581
621	724	531	512	577	496	468	499	544	645
764	558	378	765	666	763	217	715	310	851

试观察并分析该刀具出现故障时完成的零件数属于哪种分布。确定分布后，估计出该刀具的均值、标准差、均值的 0.95 置信区间、标准差的 0.95 置信区间；在已知刀具的寿命分布后，在方差未知的情况下，检验其均值是否等于 594。

2. 表 4.26 所示是历届奥运会女子铅球比赛夺冠成绩的部分数据：

表 4.26　历届奥运会女子铅球成绩

年份	1948	1952	1956	1960	1964	1968	1972	1976	1980	1984
成绩/m	13.75	15.28	16.59	17.32	18.14	19.61	21.03	21.16	22.41	23.57

建立数学模型，预测 2008 年的奥运会女子铅球项目夺冠需要投掷的距离，并与实际数据进行比较。

3. 写出蒙特卡罗方法计算球体在第一卦限部分体积的算法。

4. 用蒙特卡罗方法计算积分 $I=\int_0^3 \frac{e^x}{4}dx$，并以 99.7%的置信系数，保证模拟精度 $\varepsilon=0.001$，需要做多少次试验？

5. 在第 4.4.1 节的报童问题模型中，试通过求损失的最小期望值或其他方法来决定订购计划。

随机模型习题

第5章 规划模型

数学规划模型是数学模型的一个重要组成部分，也是运筹学的重要组成部分，在工业、农业、商业、交通运输业、军事、经济计划和管理决策等领域都发挥了巨大作用，是用数学解决实际问题的典范。它主要包括线性规划、目标规划、整数规划、动态规划、非线性规划等，本章主要介绍前4类模型。

5.1 线性规划

线性规划(Linear Programming，LP)是运筹学中发展较早的重要分支，具有成熟而完善的理论、简单统一的解法和极其广泛的应用。

5.1.1 一般线性规划问题的数学模型

现举例说明线性规划问题数学模型的建立过程及模型特点。

【例 5.1】 (生产计划问题)某企业计划生产甲、乙两种产品，这两种产品需在 A、B、C 三种不同设备上加工。每单位产品所耗用的设备工时和设备在某计划期内的工时限额如表5.1所示，甲、乙单位产品利润分别为3、4。如何安排生产计划，才能使企业获得最大利润？

表 5.1 产品生产数据

设备	每单位产品所耗工时		工时限额
	甲	乙	
A	1	1	6
B	1	2	8
C	0	2	6

先建立此问题的数学模型，设 x_1、x_2 分别为计划期内甲、乙两种产品的产量，它们是决策部门加以确定的，称为决策变量，取值均为非负，z 为计划期内这两种产品的总利润，称为目标函数。

易知，目标函数为

$$z=3x_1+4x_2$$

约束条件为

$$x_1+x_2\leqslant 6$$
$$x_1+2x_2\leqslant 8$$
$$2x_2\leqslant 6$$
$$x_1\geqslant 0,\ x_2\geqslant 0$$

所以，该问题的数学模型为

$$\max z=3x_1+4x_2$$
$$\text{s. t.}\begin{cases}x_1+x_2\leqslant 6\\ x_1+2x_2\leqslant 8\\ 2x_2\leqslant 6\\ x_1,\ x_2\geqslant 0\end{cases}$$

其中，“s. t.”为“subject to”(受约束于)的缩写。

线性规划问题数学模型的特征：

(1) 每个问题都用一组未知数(x_1，x_2，…，x_n)表示某一方案，这些未知数的一组定值就代表一个具体方案。由于实际问题的要求，通常这些未知数取值是非负的。

(2) 存在一定的限制条件(即约束条件)，这些限制条件是关于未知数的一组线性等式或线性不等式。

(3) 有一个目标要求，称为目标函数。目标函数可表示为一组未知数的线性函数。根据问题的需要，要求目标函数实现最大化或最小化。

线性规划问题数学模型的一般形式为

$$\max(\min)z=c_1x_1+c_2x_2+\cdots+c_nx_n$$
$$\text{s. t.}\begin{cases}a_{11}x_1+a_{12}x_2+\cdots+a_{1n}x_n\leqslant(\geqslant,=)b_1\\ a_{21}x_1+a_{22}x_2+\cdots+a_{2n}x_n\leqslant(\geqslant,=)b_2\\ \quad\vdots\\ a_{m1}x_1+a_{m2}x_2+\cdots+a_{mn}x_n\leqslant(\geqslant,=)b_m\\ x_1,\ x_2,\ \cdots,\ x_n\geqslant 0\end{cases}$$

下面给出线性规划问题的标准型，有一般式、矩阵式、向量式三种形式。

(1) 一般式：

$$\max z=\sum_{j=1}^{n}c_jx_j$$
$$\text{s. t.}\begin{cases}\displaystyle\sum_{j=1}^{n}a_{ij}x_j=b_i & (i=1,\ 2,\ \cdots,\ m)\\ x_j\geqslant 0 & (j=1,\ 2,\ \cdots,\ n)\end{cases}$$

除特别指明外，假定 $b_i\geqslant 0(i=1,\ 2,\ \cdots,\ m)$，令

$$\mathbf{A}=\begin{bmatrix}a_{11} & a_{12} & \cdots & a_{1n}\\ a_{21} & a_{22} & \cdots & a_{2n}\\ \vdots & \vdots & & \vdots\\ a_{m1} & a_{m2} & \cdots & a_{mn}\end{bmatrix},\ \boldsymbol{b}=\begin{bmatrix}b_1\\ b_2\\ \vdots\\ b_m\end{bmatrix},\ \mathbf{C}=[c_1,\ c_2,\ \cdots,\ c_n]$$

$$\boldsymbol{X}=\begin{bmatrix}x_1\\x_2\\\vdots\\x_n\end{bmatrix},\ \boldsymbol{0}=\begin{bmatrix}0\\0\\\vdots\\0\end{bmatrix},\ \boldsymbol{P}_j=\begin{bmatrix}a_{1j}\\a_{2j}\\\vdots\\a_{mj}\end{bmatrix}\quad(j=1,2,\cdots,n)$$

（2）矩阵式：

$$\max z=\boldsymbol{CX}$$
$$\text{s. t.}\begin{cases}\boldsymbol{AX}=\boldsymbol{b}\\\boldsymbol{X}\geqslant\boldsymbol{0}\end{cases}$$

（3）向量式：

$$\max z=\boldsymbol{CX}$$
$$\text{s. t.}\begin{cases}\sum_{j=1}^{n}\boldsymbol{P}_jx_j=\boldsymbol{b}\\x_j\geqslant 0\qquad(j=1,2,\cdots,n)\end{cases}$$

上述表达式中，x_j 为决策变量，c_j为价值系数，**C** 为价值向量，a_{ij}为技术系数，**A** 为约束矩阵，b_i为资源系数，**b** 为资源向量($i=1, 2, \cdots, m$；$j=1, 2, \cdots, n$)。

将任一模型转化为标准型的步骤如下：

(1) 决策变量的非负约束。若 $x_j\leqslant 0$，只需令 $x_j'=-x_j$，则 $x_j'\geqslant 0$。若 x_j无符号限制，则令 $x_j=x_j'-x_j''$，其中 x_j'，$x_j''\geqslant 0$。

(2) 右端常数的转换。若 $b_i<0$，则用“-1” 乘该约束的两端。

(3) 约束条件的转换。当第 i 个约束条件$b_i\geqslant 0$ 成立，且约束为“$\leqslant$” 形式时，在不等式左端加一非负变量，将不等式约束化成等式约束；当约束为“$\geqslant$” 形式时，在不等式左端减去一非负变量，化为等式。新增非负变量称为松弛变量。

【例 5.2】 把下面的模型化为标准型：

$$\max z=x_1-x_2+4x_3$$
$$\text{s. t.}\begin{cases}3x_2-4x_3\geqslant -9\\-x_1+x_2\geqslant 6\\5x_2+2x_3\leqslant 16\\x_1\leqslant 0,\ x_2\geqslant 0,\ x_3\ \text{无符号限制}\end{cases}$$

解　令 $x_1'=-x_1(x_1'\geqslant 0)$，$x_3=x_3'-x_3''(x_3', x_3''\geqslant 0)$，第一个约束条件两端同时乘以“$-1$”并加上松弛变量 x_4，第二个约束条件减松弛变量 x_5，第三个约束条件加上松弛变量 x_6，代入整理，得

$$\max z=-x_1'-x_2+4x_3'-4x_3''$$
$$\text{s. t.}\begin{cases}-3x_2+4x_3'-4x_3''+x_4=9\\x_1'+x_2-x_5=6\\5x_2+2x_3'-2x_3''+x_6=16\\x_1',\ x_2,\ x_3',\ x_3'',\ x_4,\ x_5,\ x_6\geqslant 0\end{cases}$$

5.1.2 线性规划问题的基本性质

1. 线性规划问题的解

线性规划模型的求解可用图解法或单纯形法。由于计算机的普及，也可以用现成的软件求解，如 LINDO 软件、LINGO 软件等。

考虑标准型 LP 问题：

$$\max(\text{或}\ \min)z=\boldsymbol{CX}$$

$$\text{s. t.}\begin{cases}\boldsymbol{AX}=\boldsymbol{b}\\ \boldsymbol{X}\geqslant\boldsymbol{0}\end{cases}$$

其中，$\boldsymbol{b}\geqslant\boldsymbol{0}$，且 $\boldsymbol{A}=(a_{ij})_{m\times n}$ 的秩为 $m(m<n)$。

下面介绍线性规划问题中的一些基本概念。

(1) 可行解：满足约束条件的向量 $\boldsymbol{X}$ 称为可行解。

(2) 基：$\boldsymbol{A}$ 中任何一组 m 个线性无关的列向量构成的子矩阵 $\boldsymbol{B}$，称为该问题的基(矩阵)，即 $\boldsymbol{B}$ 为 $\boldsymbol{A}$ 的 $m\times m$ 可逆子矩阵。

(3) 基向量：基 $\boldsymbol{B}$ 中的一列称为 $\boldsymbol{B}$ 的一个基向量。基 $\boldsymbol{B}$ 共有 m 个基向量。

(4) 基变量：与基 $\boldsymbol{B}$ 的基向量相应的变量称为 $\boldsymbol{B}$ 的基变量，基变量共有 m 个。

(5) 基本解：对于基 $\boldsymbol{B}$，令所有非基变量为零，求得满足 $\boldsymbol{AX}=\boldsymbol{b}$ 的解，称为 $\boldsymbol{B}$ 对应的基本解。

(6) 基本可行解：满足 $\boldsymbol{X}\geqslant\boldsymbol{0}$ 的基本解称为基本可行解，其对应的基称为可行基。

2. 线性规划的图解法

当只有两个决策变量时，可以用图解法求解。图解法简单直观，有助于领会线性规划的基本性质及一般求解方法的基本思想。下面举例说明图解法的基本步骤。

【例 5.3】 用图解法求解例 5.1。

解 (1) 可行域的确定。LP 模型所有的约束条件构成的公共部分(图中阴影部分)，称为可行域(见图 5.1)。

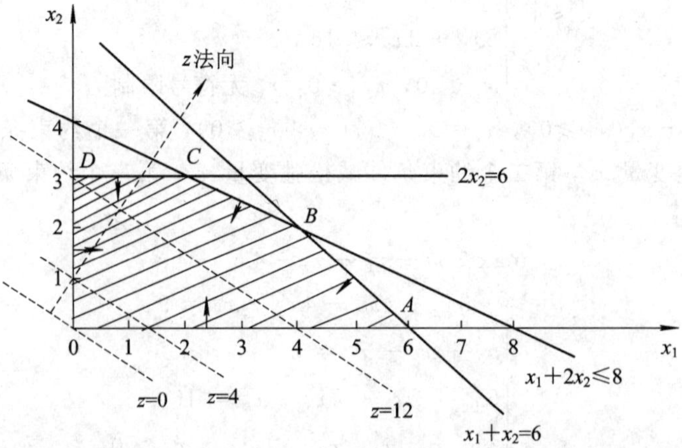

图 5.1 可行域

可行域上每一点都是本例 LP 模型的一个可行解。可行域中使目标函数达到最大(或最小)的点为最优点。最优点对应的坐标即 LP 的最优解，记为 $\boldsymbol{X}^*=(x_1^*, x_2^*, \cdots, x_n^*)^{\mathrm{T}}$；相应的函数值称为最优值，记为 z^*。

LP 问题的最优解一定在可行域的边界上取得，且在顶点。

(2) 目标函数的等值线与最优点的确定。考虑本例的目标函数 $z=3x_1+4x_2$，它代表以 z 为参数、$-\frac{3}{4}$ 为斜率的一簇平行线。令 $z=0, 4, 12$ 等可得到一组平行线(见图 5.1)，位于同一直线上的点具有相同的目标函数值，因而被称为等值线。平行移动直线 $z=3x_1+4x_2$，当移动到点 B 时，z 值在可行域上达到最大，从而 B 为最优点。求 B 点坐标，解

$$\begin{cases} x_1+2x_2=8 \\ x_1+x_2=6 \end{cases}$$

得最优点 $x_1^*=4$，$x_2^*=2$，最优值 $z^*=20$。

3. 线性规划问题的基本定理

定理 5.1　若线性规划问题有可行解，则其必有基本可行解。

定理 5.2　若线性规划问题有有限最优解，则其最优值一定可以在某个基本可行解处取得。

5.1.3　单纯形方法

单纯形方法(Simplex Method)是求解 LP 问题的通用有效算法，只需很少迭代次数就能求得最优解。

1. 单纯形方法的解题思路及判别准则

单纯形方法的基本思路是：基于 LP 问题的标准型，从可行域中某个基本可行解，转换到另一个新的基本可行解，并且使目标函数值较前有所改善(至少保持)。经过若干次这样的转换，最后得到问题的最优解或判断无最优解。

考虑标准型 LP：

$$\max z=\boldsymbol{CX}$$
$$\text{s.t.} \begin{cases} \boldsymbol{AX}=\boldsymbol{b} \\ \boldsymbol{X}\geqslant \boldsymbol{0} \end{cases} \tag{5.1}$$

设 $\boldsymbol{B}$ 为基，相应的基变量向量和非基变量向量分别用 $\boldsymbol{X}_B$ 和 $\boldsymbol{X}_N$ 表示，价值向量 $\boldsymbol{C}$ 相应地分成 $\boldsymbol{C}_B$ 和 $\boldsymbol{C}_N$ 两部分，系数矩阵 $\boldsymbol{A}$ 同样也分成 $\boldsymbol{B}$ 和 $\boldsymbol{N}$ 两部分，即

$$\boldsymbol{A}=(\boldsymbol{B}, \boldsymbol{N}), \ \boldsymbol{X}=\begin{bmatrix}\boldsymbol{X}_B \\ \boldsymbol{X}_N\end{bmatrix}, \ \boldsymbol{C}=(\boldsymbol{C}_B, \boldsymbol{C}_N)$$

于是，式(5.1)可以写成

$$(\boldsymbol{B}, \boldsymbol{N})\begin{bmatrix}\boldsymbol{X}_B \\ \boldsymbol{X}_N\end{bmatrix}=\boldsymbol{b}$$

即

$$\boldsymbol{BX}_B+\boldsymbol{NX}_N=\boldsymbol{b}$$

用 $\boldsymbol{B}^{-1}$ 左乘上式两端，整理后得

$$\boldsymbol{X}_B+\boldsymbol{B}^{-1}\boldsymbol{NX}_N=\boldsymbol{B}^{-1}\boldsymbol{b} \tag{5.2}$$

$$\boldsymbol{X}=\begin{bmatrix}\boldsymbol{X}_B\\\boldsymbol{X}_N\end{bmatrix}=\begin{bmatrix}\boldsymbol{B}^{-1}\boldsymbol{b}-\boldsymbol{B}^{-1}\boldsymbol{N}\boldsymbol{X}_N\\\boldsymbol{X}_N\end{bmatrix}$$

又

$$z=(\boldsymbol{C}_B,\boldsymbol{C}_N)\begin{bmatrix}\boldsymbol{X}_B\\\boldsymbol{X}_N\end{bmatrix}=\boldsymbol{C}_B\boldsymbol{X}_B+\boldsymbol{C}_N\boldsymbol{X}_N \tag{5.3}$$

将式(5.2)代入式(5.3)得

$$z=\boldsymbol{C}_B\boldsymbol{B}^{-1}\boldsymbol{b}+(\boldsymbol{C}_N-\boldsymbol{C}_B\boldsymbol{B}^{-1}\boldsymbol{N})\boldsymbol{X}_N \tag{5.4}$$

式(5.2)即将基转化为单位阵的矩阵表达式，而式(5.4)中，所有基变量的系数均为0。

为便于计算，将式(5.2)、式(5.4)表述为分量形式，这里不妨假设前 m 列为 $\boldsymbol{B}$ 的基向量：

$$x_i=b_i'-\sum_{j=m+1}^{n}a_{ij}'x_j\qquad(i=1,2,\cdots,m) \tag{5.5}$$

$$z=\sum_{i=1}^{m}c_ib_i'+\sum_{j=m+1}^{n}\Big(c_j-\sum_{i=1}^{m}c_ia_{ij}'\Big)x_j \tag{5.6}$$

其中，b_i'、a_{ij}' 是由 $\boldsymbol{b}'=\boldsymbol{B}^{-1}\boldsymbol{b}$，$\boldsymbol{N}'=\boldsymbol{B}^{-1}\boldsymbol{N}$ 取其分量得到的。

令 $z_0=\sum\limits_{i=1}^{m}c_ib_i'$，$z_j=\sum\limits_{i=1}^{m}c_ia_{ij}'(j=m+1,\cdots,n)$，于是

$$z=z_0+\sum_{j=m+1}^{n}(c_j-z_j)x_j$$

再令 $\sigma_j=c_j-z_j(j=m+1,\cdots,n)$，则

$$z=z_0+\sum_{j=m+1}^{n}\sigma_jx_j \tag{5.7}$$

其中，σ_j 即非基变量 x_j 的检验数。

我们设定找到了一个基本可行解，实质上是找到了一个可行基 $\boldsymbol{B}$，且 $\boldsymbol{B}^{-1}\boldsymbol{b}\geqslant0$，有 $\boldsymbol{X}^{(0)}=\begin{bmatrix}\boldsymbol{X}_B\\\boldsymbol{X}_N\end{bmatrix}=\begin{bmatrix}\boldsymbol{B}^{-1}\boldsymbol{b}\\\boldsymbol{0}\end{bmatrix}$ 为对应于基 $\boldsymbol{B}$ 的一个基本可行解。

下面叙述关于解的几个判别准则：

(1) 最优解判别准则。若 $\boldsymbol{X}^{(0)}$ 对于一切 $j=m+1,\cdots,n$ 有 $\sigma_j\leqslant0$(称为最优解条件)，则 $\boldsymbol{X}^{(0)}$ 为最优解。

(2) 多重最优解判别准则。若 $\boldsymbol{X}^{(0)}$ 对于一切 $j=m+1,\cdots,n$ 有 $\sigma_j\leqslant0$，且又存在某个非基变量的检验数 $\sigma_{m+k}=0$，则线性规划问题有多重最优解。

(3) 无最优解判别准则。若至少有一个 $\sigma_{m+k}>0$，且对 $i=1,2,\cdots,m$ 均有 $a_{i,m+k}'\leqslant0$，则线性规划问题无最优解(或称具有无界解)。

2. 单纯形表

为便于进行单纯形法的计算、判断和检验，运用一种迭代表格，这种表格兼具增广矩阵的简明性和便于检验的优点，称为单纯形表。

设基 $\boldsymbol{B}$ 为

$$\boldsymbol{B}=(\boldsymbol{P}_1,\boldsymbol{P}_2,\cdots,\boldsymbol{P}_m)=\begin{bmatrix}1&0&\cdots&0\\0&1&\cdots&0\\\vdots&\vdots&&\vdots\\0&0&\cdots&1\end{bmatrix}$$

表 5.2 是 LP 问题关于 $\boldsymbol{B}$ 的单纯形表(初始单纯形表)，由此进行迭代，每迭代一次就得到一个新单纯形表。

表 5.2 单 纯 形 表

c_j		c_1	c_2	…	c_m	c_{m+1}	c_{m+2}	…	c_n	$\boldsymbol{b}$
$\boldsymbol{C}_B$	$\boldsymbol{X}_B$	x_1	x_2	…	x_m	x_{m+1}	x_{m+2}	…	x_n	
c_1	x_1	1	0	…	0	$a_{1,m+1}$	$a_{1,m+2}$	…	a_{1n}	b_1
c_2	x_2	0	1	…	0	$a_{2,m+1}$	$a_{2,m+2}$	…	a_{2n}	b_2
⋮	⋮	⋮	⋮		⋮	⋮	⋮		⋮	⋮
c_m	x_m	0	0	…	1	$a_{m,m+1}$	$a_{m,m+2}$	…	a_{mn}	b_m
σ_j		0	0	…	0	$c_{m+1}-\sum_{i=1}^{m}c_ia_{i,m+1}$	$c_{m+2}-\sum_{i=1}^{m}c_ia_{i,m+2}$	…	$c_n-\sum_{i=1}^{m}c_ia_{in}$	$-\sum_{i=1}^{m}c_ib_i$

表 5.2 中，$\boldsymbol{X}_B$ 列中填入基变量；$\boldsymbol{C}_B$ 列中填入基变量的价值系数；$\boldsymbol{b}$ 列中填入约束方程组右端常数；c_j 行中填入全部变量的价值系数；最后一行称为检验数行，其中各变量 x_1，x_2，…，x_m 的检验数是零，各非基变量 x_j 的检验数 $\sigma_j=c_j-\sum_{i=1}^{m}c_ia_{ij}(j=m+1,\cdots,n)$。

3. 单纯形方法的计算步骤

(1) 找出初始可行基，给出初始基本可行解，建立初始单纯形表。

(2) 检验各非基变量 x_j 的检验数 $\sigma_j=c_j-\sum_{i=1}^{m}c_ia_{ij}$ 对最大化问题，若 $\sigma_j\leqslant 0(j=m+1,\cdots,n)$(对最小化问题，若 $\sigma_j\geqslant 0(j=m+1,\cdots,n)$)，则已得到最优解，停止计算；否则，转入下一步。

(3) 在最大化问题中，对 $\sigma_j>0$(在最小化问题中，对 $\sigma_j<0$)$(j=m+1,\cdots,n)$，若有某个 σ_k 对应 x_k 的系数列向量 $\boldsymbol{P}_k\leqslant 0$(显然 $m+1\leqslant k\leqslant n$)，则问题无最优解，停止计算；否则，转入下一步。

(4) 根据 $\max\limits_j(\sigma_j>0)=\sigma_k$(对最小化问题按 $\min\limits_j(\sigma_j<0)=\sigma_k$)，确定 x_k 为入基变量，采用最小比值判定法计算 $\theta=\min\limits_i\left(\dfrac{b_i}{a_{ik}}\middle|a_{ik}>0\right)=\dfrac{b_l}{a_{lk}}$，确定 x_l 为出基变量，转入下一步。

(5) 以 a_{lk} 为主元进行换基迭代，对 x_k 对应的系数列向量进行变化，得

$$\boldsymbol{P}_k=\begin{bmatrix}a_{1k}\\a_{2k}\\\vdots\\a_{lk}\\\vdots\\a_{mk}\end{bmatrix}\xrightarrow{\text{(变换为)}}\begin{bmatrix}0\\0\\\vdots\\1\\\vdots\\0\end{bmatrix}\leftarrow\text{第 } l \text{ 行}$$

并将 $\boldsymbol{X}_B$ 列中的 x_l 换为 x_k，得到新的单纯形表，返回步骤(2)。

【例 5.4】 用单纯形法求解例 5.1。

解 该例的标准型为

$$\max z = 3x_1 + 4x_2 \tag{5.8}$$

$$\text{s.t.} \begin{cases} x_1 + x_2 + x_3 = 6 \\ x_1 + 2x_2 + x_4 = 8 \\ 2x_2 + x_5 = 6 \\ x_j \geqslant 0 \quad (j = 1, 2, \cdots, 5) \end{cases} \tag{5.9}$$

线性规划举例

系数矩阵为

$$\boldsymbol{A} = \begin{bmatrix} 1 & 1 & 1 & 0 & 0 \\ 1 & 2 & 0 & 1 & 0 \\ 0 & 2 & 0 & 0 & 1 \end{bmatrix} = (\boldsymbol{P}_1, \boldsymbol{P}_2, \boldsymbol{P}_3, \boldsymbol{P}_4, \boldsymbol{P}_5)$$

显然，$\boldsymbol{B}_0 = (\boldsymbol{P}_3, \boldsymbol{P}_4, \boldsymbol{P}_5)$构成一个基，$x_3$、$x_4$、$x_5$为基变量。为求得$\boldsymbol{B}_0$所对应的基本可行解，将式(5.9)转化为用非基变量表示基变量的形式：

$$\begin{cases} x_3 = 6 - x_1 - x_2 \\ x_4 = 8 - x_1 - 2x_2 \\ x_5 = 6 - 2x_2 \end{cases}$$

令非基变量$x_1 = x_2 = 0$，则得到一个基本可行解：

$$\boldsymbol{X}^{(0)} = (0, 0, 6, 8, 6)^{\mathrm{T}}$$

可得初始单纯形表，并经换基迭代计算，如表5.3所示。

表5.3 换基迭代计算

c_j		3	4	0	0	0	$\boldsymbol{b}$
$\boldsymbol{C}_B$	$\boldsymbol{X}_B$	x_1	x_2	x_3	x_4	x_5	
0	x_3	1	1	1	0	0	6
0	x_4	1	2	0	1	0	8
0	x_5	0	(2)	0	0	1	6
σ_j		3	4	0	0	0	0
0	x_3	1	0	1	0	−1/2	3
0	x_4	(1)	0	0	1	−1	2
4	x_2	0	1	0	0	1/2	3
σ_j		3	0	0	0	−2	−12
0	x_3	0	0	1	−1	(1/2)	1
3	x_1	1	0	0	1	−1	2
4	x_2	0	1	0	0	1/2	3
σ_j		0	0	0	−3	1	−18
0	x_5	0	0	2	−2	1	2
3	x_1	1	0	2	−1	0	4
4	x_2	0	1	−1	1	0	2
σ_j		0	0	−2	−1	0	−20

注：括号中对应的基变量要出基，非基变量要入基。

最终表中的检验数已满足最优性条件，从而得到最优解 $\boldsymbol{X}^*=(4, 2, 0, 0, 2)^{\mathrm{T}}$，最优值 $z^*=20$。

5.1.4　人工变量法

在单纯形法中，所求的线性规划问题必须为典型式，即单位矩阵为其初始可行基，但一般的线性规划问题并不一定具备这种特征，且约束方程的典型式也不易得到。对这些复杂的问题，我们会人为地加入一个非负变量 $y_1, y_2, \cdots, y_m$，得到一个初始基本可行解，称为人工变量法。其方法具体可分为两种：大 M 法和两阶段法。

1. 大 M 法

大 M 法要求在原问题式的目标函数中添加所有人工变量，并令其价值系数为 $-M$(M 为充分大的正数)，由此构造辅助线性规划：

$$\max z = c_1x_1 + c_2x_2 + \cdots + c_nx_n - My_1 - My_2 - \cdots - My_n$$

约束条件不变。

该辅助线性规划为典型式，可用单纯形法求解。由于目标函数为求最大值，人工变量价值系数为无穷小，因此迭代趋向于将人工变量变换为非基变量，一旦某人工变量出基，则不可能再入基，此后的计算可不考虑人工变量。

分析求解结果及相应的原问题：

(1) 辅助规划问题有最优解 X^*。若 X^* 的基变量不含非零人工变量，则 X^* 的前 n 个分量构成原问题的最优基本解；否则，原问题无可行解。

(2) 辅助规划问题有无界解。若最终单纯形表中基变量不含非零人工变量，则原问题有无界解；否则，原问题无可行解。

当原问题为求最小值时，人工变量在目标函数中的系数为 M 即可。

【例 5.5】 用大 M 法求解：

$$\max z = 3x_1 - x_2 - x_3$$

$$\text{s.t.}\begin{cases} x_1 - 2x_2 + x_3 \leqslant 11 \\ -4x_1 + x_2 + 2x_3 \geqslant 3 \\ -2x_1 + x_3 = 1 \\ x_1, x_2, x_3 \geqslant 0 \end{cases}$$

解　先将约束方程化为标准型：

$$\begin{cases} x_1 - 2x_2 + x_3 + x_4 = 11 \\ -4x_1 + x_2 + 2x_3 - x_5 = 3 \\ -2x_1 + x_3 = 1 \\ x_j \geqslant 0 \quad (j = 1, 2, \cdots, 5) \end{cases}$$

因为标准型中，x_4 的系数列向量为单位向量，因此只需在第二、三个约束方程中分别加入人工变量 y_1、y_2，原问题化为

$$\max z = 3x_1 - x_2 - x_3 - My_1 - My_2$$

$$\text{s. t.}\begin{cases}x_1-2x_2+x_3+x_4=11\\-4x_1+x_2+2x_3-x_5+y_1=3\\-2x_1+x_3+y_2=1\\x_j\geqslant 0;\ y_1,\ y_2\geqslant 0\quad (j=1,\ 2,\ \cdots,\ 5)\end{cases}$$

用单纯形法进行计算的过程见表 5.4。

表 5.4　单纯形法计算过程

c_j		3	-1	-1	0	0	$-M$	$-M$	
$\boldsymbol{C}_B$	$\boldsymbol{X}_B$	x_1	x_2	x_3	x_4	x_5	y_1	y_2	$\boldsymbol{b}$
0	x_4	1	-2	1	1	0	0	0	11
$-M$	y_1	-4	1	2	0	-1	1	0	3
$-M$	y_2	-2	0	(1)	0	0	0	1	1
σ_j		$3-6M$	$-1+M$	$-1+3M$	0	$-M$	0	0	$4M$
0	x_4	3	-2	0	1	0	0	-1	10
$-M$	y_1	0	(1)	0	0	-1	1	-2	1
-1	x_3	-2	0	1	0	0	0	1	1
σ_j		1	$-1+M$	0	0	$-M$	0	$-3M+1$	$M+1$
0	x_4	(3)	0	0	1	-2	2	-5	12
-1	x_2	0	1	0	0	-1	1	-2	1
-1	x_3	-2	0	1	0	0	0	1	1
σ_j		1	0	0	0	-1	0	$-3M+1$	2
	x_1	1	0	0	$\frac{1}{3}$	$-\frac{2}{3}$	$\frac{2}{3}$	$-\frac{5}{3}$	4
-1	x_2	0	1	0	0	-1	1	-2	1
-1	x_3	0	0	1	$\frac{2}{3}$	$-\frac{4}{3}$	$\frac{4}{3}$	$-\frac{7}{3}$	9
σ_j		0	0	0	$-\frac{1}{3}$	$-\frac{1}{3}$	$-M+\frac{1}{3}$	$-M+\frac{2}{3}$	-2

由表 5.4 得知，最优解 $\boldsymbol{X}^*=(4,\ 1,\ 9,\ 0,\ 0)^{\mathrm{T}}$，最优值 $z^*=2$。

【例 5.6】 用大 M 法求解：

$$\max z=2x_1+3x_2$$

$$\text{s. t.}\begin{cases}2x_1-x_2\geqslant 4\\-3x_1+x_2\geqslant 1\\x_1,\ x_2\geqslant 0\end{cases}$$

解　原问题可化为

$$\max z = 2x_1 + 3x_2 - My_1 - My_2$$

$$\text{s.t.}\begin{cases}2x_1 - x_2 - x_3 + y_1 = 4\\ -3x_1 + x_2 - x_4 + y_2 = 1\\ x_1,\ x_2,\ x_3,\ x_4,\ y_1,\ y_2 \geqslant 0\end{cases}$$

用单纯形法计算的过程见表 5.5。

表 5.5　单纯形法计算过程

c_j		2	3	0	0	$-M$	$-M$	**b**
$\boldsymbol{C}_B$	$\boldsymbol{X}_B$	x_1	x_2	x_3	x_4	y_1	y_2	
$-M$	y_1	2	-1	-1	0	1	0	4
$-M$	y_2	-3	(1)	0	-1	0	1	1
σ_j		$2-M$	3	$-M$	$-M$	0	0	$5M$
$-M$	y_1	-1	0	-1	-1	1	1	5
3	x_2	-3	1	0	-1	0	1	1
σ_j		$11-M$	0	$-M$	$3-M$	0	-3	$5M-3$

在辅助问题的最优解中，人工变量 $y_1^* = 5 > 0$，故原问题无可行解。

2. 两阶段法

由于大 M 法中规定 M 是任意大的正常数，所以在计算机上求解线性规划问题时，常会因为计算机舍入误差的影响或字长的限制，造成计算错误。下面介绍另一种常用的解法：两阶段法。

第一阶段，判断原 LP 问题是否存在可行解。若存在，则给出原问题的一个初始的基本可行解。

其具体方法是求解以下辅助问题：

$$\min \omega = y_1 + y_2 + \cdots y_m$$

约束条件为

$$\begin{cases}a_{11}x_1 + a_{12}x_2 + \cdots + a_{1n}x_n + y_1 = b_1\\ a_{21}x_1 + a_{22}x_2 + \cdots + a_{2n}x_n + y_2 = b_2\\ \qquad\qquad\vdots\\ a_{m1}x_1 + a_{m2}x_2 + \cdots + a_{mn}x_n + y_m = b_m\\ x_j \geqslant 0,\ y_i \geqslant 0 \quad (j = 1,\ 2,\ \cdots,\ n;\ i = 1,\ 2,\ \cdots,\ m)\end{cases}$$

因为目标函数 $\omega \geqslant 0$，在可行域上显然有下界 $\omega = 0$，所以辅助函数必有最优解。从初始单位可行基出发，用单纯形法解之，最终以单纯形表的形式处理如下：

(1) 若 $\omega^* > 0$，则原问题无可行解，停止计算。

(2) 若 $\omega^*=0$，且人工变量都不是基变量，则对应的最优解为原问题的基本可行解，转入第二阶段求解原问题。

(3) 若 $\omega^*=0$，但最优表中基变量含人工变量(取值为 0)，其对应行的前 n 个系数 a'_{ij} $(j=1, 2, \cdots, n)$全为 0，说明原问题的约束方程是多余的，删去人工变量所在的行和列，类似情况全都删去相应行和列。

(4) 若 $\omega^*=0$，且最优表中基变量含人工变量(取值为0)，其对应行的前 n 个系数中有 $a'_{lk}\neq 0(k\leqslant n)$，则以 a'_{lk} 为主元进行一次换基运算，可使该人工变量退出基。类似地，可将这类人工变量全部变为非基变量。

第二阶段，求解原问题。

其具体方法是建立原问题的初始单纯形表：

(1) 删去人工变量所在的列。

(2) 将目标函数系数换为原问题目标函数系数。

(3) 重新计算检验数取代原检验数。

接着，在原问题的初始单纯形表的基础上，用单纯形法继续迭代，直至结束。

【例 5.7】 用两阶段法求解例 5.5。

解 引入辅助问题：

$$\min \omega = y_1 + y_2$$

$$\text{s.t.}\begin{cases} x_1 - 2x_2 + x_3 + x_4 = 11 \\ -4x_1 + x_2 + 2x_3 - x_5 + y_1 = 3 \\ -2x_1 + x_3 + y_2 = 1 \\ x_j \geqslant 0;\ y_1,\ y_2 \geqslant 0 \quad (j = 1, 2, \cdots, 5) \end{cases}$$

用单纯形法求解辅助问题的过程见表 5.6。

表 5.6 第一阶段计算过程

	c_j	0	0	0	0	0	1	1	$\boldsymbol{b}$
$\boldsymbol{C}_B$	$\boldsymbol{X}_B$	x_1	x_2	x_3	x_4	x_5	y_1	y_2	
0	x_4	1	−2	1	1	0	0	0	11
1	y_1	−4	1	2	0	−1	1	0	3
1	y_2	−2	0	(1)	0	0	0	1	1
	σ_j	6	−1	−3	0	1	0	0	−4
0	x_4	3	−2	0	1	0	0	−1	10
1	y_1	0	(1)	0	0	−1	1	−2	1
0	x_3	−2	0	1	0	0	0	1	1
	σ_j	0	−1	0	0	1	0	3	−1
0	x_4	3	0	0	1	−2	2	−5	12
0	x_2	0	1	0	0	−1	1	−2	1
0	x_3	−2	0	1	0	0	0	1	1
	σ_j	0	0	0	0	0	1	1	0

最优表中，人工变量已全部退出基，去掉最优表中 y_1，y_2 两列，把目标函数系数换成 z 的系数，继续第二阶段的计算，见表 5.7。

表 5.7　第二阶段计算过程

c_j		3	−1	−1	0	0	$\boldsymbol{b}$
$\boldsymbol{C}_B$	$\boldsymbol{X}_B$	x_1	x_2	x_3	x_4	x_5	
0	x_4	3	0	0	1	−2	12
−1	x_2	0	1	0	0	−1	1
−1	x_3	−2	0	1	0	0	1
σ_j		1	0	0	0	−1	2
3	x_1	1	0	0	$\frac{1}{3}$	$-\frac{2}{3}$	4
−1	x_2	0	1	0	0	−1	1
−1	x_3	0	0	1	$\frac{2}{3}$	$-\frac{4}{3}$	9
σ_j		0	0	0	$-\frac{1}{3}$	$-\frac{1}{3}$	−2

最后得最优解 $\boldsymbol{X}^*=(4, 1, 9, 0, 0)^{\mathrm{T}}$，最优值 $z^*=2$。

5.1.5　对偶理论与灵敏度分析

对偶理论是线性规划理论中重要而又十分有趣的部分。无论是这一理论本身，还是以它为基础的灵敏度分析法，在经济管理中都有着广泛的应用。

1. 对偶理论

设有 LP 问题：

$$\max z = c_1x_1 + c_2x_2 + \cdots + c_nx_n$$

$$\text{s.t.}\begin{cases} a_{11}x_1 + a_{12}x_2 + \cdots + a_{1n}x_n \leqslant b_1 \\ a_{21}x_1 + a_{22}x_2 + \cdots + a_{2n}x_n \leqslant b_2 \\ \qquad\vdots \\ a_{m1}x_1 + a_{m2}x_2 + \cdots + a_{mn}x_n \leqslant b_m \\ x_j \geqslant 0 \quad (j = 1, 2, \cdots, n) \end{cases}$$

其对偶问题定义为

$$\min \omega = b_1y_1 + b_2y_2 + \cdots + b_my_m$$

$$\text{s.t.}\begin{cases} a_{11}y_1 + a_{21}y_2 + \cdots + a_{m1}y_m \geqslant c_1 \\ a_{12}y_1 + a_{22}y_2 + \cdots + a_{m2}y_m \geqslant c_2 \\ \qquad\vdots \\ a_{1n}y_1 + a_{2n}y_2 + \cdots + a_{mn}y_m \geqslant c_n \\ y_i \geqslant 0 \quad (i = 1, 2, \cdots, m) \end{cases}$$

通常，将原问题记为 LP，其对偶问题记为 DP(Dual Problem)，原问题与对偶问题形式上的关系可由表 5.8 直观地表示。

表 5.8 原问题与对偶问题关系

对偶问题	原问题				
	x_1	x_2	…	x_n	
y_1	a_{11}	a_{12}	…	a_{1n}	b_1
y_2	a_{21}	a_{22}	…	a_{2n}	b_2
⋮	⋮	⋮		⋮	⋮
y_m	a_{m1}	a_{m2}	…	a_{mn}	b_m
	c_1	c_2	…	c_n	

线性规划(LP)及其对偶问题(DP)的矩阵形式为

$$(\mathrm{LP})\max z = \boldsymbol{CX} \qquad (\mathrm{DP})\min \omega = \boldsymbol{Yb}$$

$$\begin{cases}\boldsymbol{AX} \leqslant \boldsymbol{b} \\ \boldsymbol{X} \geqslant \boldsymbol{0}\end{cases} \qquad \begin{cases}\boldsymbol{YA} \geqslant \boldsymbol{C} \\ \boldsymbol{Y} \geqslant \boldsymbol{0}\end{cases}$$

其中，$\boldsymbol{A}$ 是 $m\times n$ 矩阵，$\boldsymbol{X}=(x_1, x_2, \cdots, x_n)^{\mathrm{T}}$，$\boldsymbol{C}=(c_1, c_2, \cdots, c_n)$，$\boldsymbol{Y}=(y_1, y_2, \cdots, y_m)$，$\boldsymbol{b}=(b_1, b_2, \cdots, b_m)^{\mathrm{T}}$。

【例 5.8】 写出下面线性规划的对偶问题：

$$\max z = 2x_1 + 3x_2$$

$$\text{s. t.}\begin{cases}2x_1 + 2x_2 \leqslant 12 \\ x_1 + 2x_2 \leqslant 8 \\ 4x_1 \leqslant 16 \\ 4x_2 \leqslant 12 \\ x_1, x_2 \geqslant 0\end{cases}$$

解 线性规划的对偶规划为

$$\min \omega = 12y_1 + 8y_2 + 16y_3 + 12y_4$$

$$\text{s. t.}\begin{cases}2y_1 + y_2 + 4y_3 \geqslant 2 \\ 2y_1 + 2y_2 + 4y_4 \geqslant 3 \\ y_1, y_2, y_3, y_4 \geqslant 0\end{cases}$$

原问题与对偶问题的关系表示如下。

(1) 对称式的对偶：由定义给出的对偶问题，称为对称形式的对偶。

$$(\mathrm{LP}_1)\max z = \boldsymbol{CX} \qquad (\mathrm{DP}_1)\min \omega = \boldsymbol{Yb}$$

$$\begin{cases}\boldsymbol{AX} \leqslant \boldsymbol{b} \\ \boldsymbol{X} \geqslant \boldsymbol{0}\end{cases} \qquad \begin{cases}\boldsymbol{YA} \geqslant \boldsymbol{C} \\ \boldsymbol{Y} \geqslant \boldsymbol{0}\end{cases}$$

(2) 标准型的对偶：

$$(\mathrm{LP}_2)\max z = \boldsymbol{CX} \qquad (\mathrm{DP}_2)\min \omega = \boldsymbol{Yb}$$

$$\begin{cases}\boldsymbol{AX} = \boldsymbol{b} \\ \boldsymbol{X} \geqslant \boldsymbol{0}\end{cases} \qquad \begin{cases}\boldsymbol{YA} \geqslant \boldsymbol{C} \\ \boldsymbol{Y} \text{ 为自由变量}\end{cases}$$

线性规划问题与对偶问题在数学模型上的对应关系可以归纳为表 5.9。

表 5.9　原问题与对偶问题的对应

原问题(或对偶问题)	对偶问题(或原问题)
目标函数 max z	目标函数 min ω
n 个变量	n 个约束
变量$\geqslant 0$	约束$\geqslant$
变量$\leqslant 0$	约束$\leqslant$
自由变量	约束$=$
m 个约束	m 个变量
约束$\leqslant$	变量$\geqslant 0$
约束$\geqslant$	变量$\leqslant 0$
约束$=$	自由变量
约束条件的限定向量	目标函数的价值向量
目标函数的价值向量	约束条件的限定向量

定理 5.3(对偶定理)　若原问题有最优解，则对偶问题也有最优解，并且它们的最优值相等。

定理 5.4(互不松弛定理)　原问题及其对偶问题的可行解 $\boldsymbol{X}^{(0)}$ 和 $\boldsymbol{Y}^{(0)}$ 是最优解的充要条件是

$$\boldsymbol{Y}^{(0)}\boldsymbol{X}_{\mathrm{s}}^{(0)}=\mathbf{0}$$

$$\boldsymbol{Y}_{\mathrm{s}}^{(0)}\boldsymbol{X}^{(0)}=\mathbf{0}$$

其中，$\boldsymbol{X}_{\mathrm{s}}^{(0)}$ 与 $\boldsymbol{Y}_{\mathrm{s}}^{(0)}$ 分别是原问题与对偶问题的松弛变量。

企业根据其具体生产过程，为使设备投入实现最大利润而得到一种估计价格，这种估计价格是针对具体企业、具体产品以及具体生产工艺而存在的一种特殊价格，通常称为影子价格。

如果原问题线性规划的最优基是 $\boldsymbol{B}$，由对偶定理，对偶问题的最优解可表示为

$$\boldsymbol{Y}^{*}=\boldsymbol{C}_{B}\boldsymbol{B}^{-1}=(y_1^{*},\ y_2^{*},\ \cdots,\ y_m^{*})$$

$\boldsymbol{Y}^{*}$ 称为影子价格向量。

由于 $z^{*}=\boldsymbol{C}_{B}\boldsymbol{B}^{-1}\boldsymbol{b}=y_1^{*}b_1+y_2^{*}b_2+\cdots+y_m^{*}b_m$，可以求出 z 对 b_i 的偏导数 $\dfrac{\partial z}{\partial b_i}=y_i^{*}$ $(i=1,\ 2,\ \cdots,\ m)$，表示 b_i 的单位改变量引起最优值的改变量为 y_i^{*}。因此 y_i^{*} 可以理解为第 i 种生产资源增加一个单位(在最优性条件不变的情况下)，企业最大利润所增加的数额。所以 y_i^{*} 超过资源 i 的市场价格，则说明扩大该资源的使用对企业有利；如果资源的影子价格低于市场价格，则减少对该资源的利用，甚至考虑将其出售(或租赁)，从而有利于企业。

由于线性规划问题的经济背景不同，其“影子价格”的具体经济意义也有所不同。

2. 对偶单纯形法

对偶单纯形法的基本思想是：在保持原问题有基可行解的前提下，经过迭代，使对偶基本解的负分量的个数逐渐减少，当后者成为可行解(即所有 $\sigma_j\leqslant 0$)时，两者同时达到最

优解。由于对偶关系是相互的，当然也可以反过来实施这一过程。

对偶单纯形法的计算步骤：

(1) 将 LP 问题标准化，列出初始单纯形表。

(2) 若 b 列存在负分量，检验数均非正，则得到最优解。否则，若 b 列存在负分量，检验数非正，则求得 $\min\limits_i\{(B^{-1}b)_i \mid (B^{-1}b)_i<0\}=(B^{-1}b)_l$，对应的基变量 x_l 为出基变量，x_l 所在的行为主元行。

(3) 确定入基变量。若主元行所有 $a_{lj}\geqslant 0$，则无可行解。若存在 $a_{ij}<0(i=1, 2, \cdots, n)$，则 $\min\limits_j\left\{\dfrac{\sigma_j}{a_{lj}} \mid a_{lj}<0\right\}=\dfrac{c_k-z_k}{a_k}$，$x_k$ 为入基变量，x_k 所在列为主元列。

(4) 以 a_{lk} 为主元，按单纯形法进行换基迭代，重复计算，直至求出最优解或判定无解。

【例 5.9】 用对偶单纯形法求解：

$$\max z=-2x_1-3x_2$$
$$\text{s.t.}\begin{cases}2x_1+x_2\geqslant 4\\x_1+3x_2\geqslant 6\\x_1+x_2\geqslant 3\\x_1,x_2,x_3\geqslant 0\end{cases}$$

解 原问题化为标准形：

$$\max z=-2x_1-3x_2 \qquad\qquad \max z=-2x_1-3x_2$$
$$\text{s.t.}\begin{cases}2x_1+x_2-x_3=4\\x_1+3x_2-x_4=6\\x_1+x_2-x_5=3\\x_1,x_2,\cdots,x_5\geqslant 0\end{cases} \Rightarrow \text{s.t.}\begin{cases}-2x_1-x_2+x_3=-4\\-x_1-3x_2+x_4=-6\\-x_1-x_2+x_5=-3\\x_1,x_2,\cdots,x_5\geqslant 0\end{cases}$$

列出初始单纯形换基迭代，如表 5.10 所示。

表 5.10 初始单纯形换基迭代

c_j		-2	-3	0	0	0	$\boldsymbol{b}$
$\boldsymbol{C}_B$	$\boldsymbol{X}_B$	x_1	x_2	x_3	x_4	x_5	
0	x_3	-2	-1	1	0	0	-4
0	x_4	-1	(-3)	0	1	0	-6
0	x_5	-1	-1	0	0	1	-3
σ_j		-2	-3	0	0	0	0
0	x_3	$\left(-\frac{5}{3}\right)$	0	1	$-\frac{1}{3}$	0	-2
-3	x_2	$\frac{1}{3}$	1	0	$-\frac{1}{3}$	0	2
0	x_5	$-\frac{2}{3}$	0	0	$-\frac{1}{3}$	1	-1

续表

σ_j		-1	0	0	-1	0	6
-2	x_1	1	0	$-\frac{3}{5}$	$\frac{1}{5}$	0	$\frac{6}{5}$
-3	x_2	0	1	$\frac{1}{5}$	$-\frac{2}{5}$	0	$\frac{8}{5}$
0	x_5	0	0	$\left(-\frac{2}{5}\right)$	$-\frac{1}{5}$	1	$-\frac{1}{5}$
σ_j		0	0	$-\frac{3}{5}$	$-\frac{4}{5}$	0	$\frac{36}{5}$
-2	x_1	1	0	0	$\frac{1}{2}$	$-\frac{3}{2}$	$\frac{3}{2}$
-3	x_2	0	1	0	$-\frac{1}{2}$	$\frac{1}{2}$	$\frac{3}{2}$
0	x_3	0	0	1	$\frac{1}{2}$	$-\frac{5}{2}$	$\frac{1}{2}$
σ_j		0	0	0	$-\frac{1}{2}$	$-\frac{3}{2}$	$\frac{15}{2}$

最终得到最优解：

$$\boldsymbol{X}^* = \left(\frac{3}{2}, \frac{3}{2}, \frac{1}{2}, 0, 0\right)^{\mathrm{T}}, \ z^* = -\frac{15}{2}$$

3. 灵敏度分析

在之前的讨论中，模型参数 a_{ij}、b_i、c_j 都是作为已知参数处理的，而在实际问题中，这些值往往是一些预测或估计的数字，是不完全准确的。一旦市场条件和企业内部情况发生变动，这些参数就会发生相应变化。灵敏度分析是在已求得 LP 最优解的基础上展开的，主要是研究这些参数的变化对最优解的影响，因此，要充分利用已知数据及最优单纯形表中的数据。以下讨论几种基本的情况。

1）价值系数 c_j 的变化分析

（1）c_j 为非基变量。当价值系数 c_j 变为 $\bar{c}_j = c_j + \Delta c_j$ 时，检验数 σ_j 变为 $\bar{\sigma}_j = \sigma_j + \Delta c_j$，为满足最优性条件，应使检验数 $\bar{\sigma} \leqslant 0$，即 $\Delta c_j \leqslant -\sigma_j$。

（2）c_k 为基变量。由于 c_k 是向量 $\boldsymbol{C}_B$ 的一个分量，所以当 c_k 有改变量 Δc_k 时，最优表中多个非基变量的检验数 σ_j 都受到影响。任一个非基变量 x_j 的检验数变为

$$\begin{aligned}\bar{\sigma}_j &= c_j - (\boldsymbol{C}_B + \Delta \boldsymbol{C}_B)\boldsymbol{B}^{-1}\boldsymbol{P}_j \\ &= \sigma_j - \Delta \boldsymbol{C}_B \boldsymbol{B}^{-1}\boldsymbol{P}_j\end{aligned}$$

其中，$\boldsymbol{P}_j$ 是最优表中的第 j 列系数列向量，则

$$\bar{\sigma}_j = \sigma_j - \Delta c_k \bar{\alpha}_{sj} \quad (j = 1, 2, \cdots, n)$$

其中，$\bar{\alpha}_{sj}$ 是最优表中第 s 行第 j 列的元素(在最优表中，基变量 x_k 对应的列 $\boldsymbol{B}^{-1}\boldsymbol{P}_k$ 里“1”位于第 s 行)。

则 Δc_k 的变化范围为

$$\max_{j}\left\{\frac{\sigma_j}{\bar{\alpha}_{sj}} \mid \bar{\alpha}_{sj}>0,\ j\text{ 为非基变量下标}\right\}\leqslant \Delta c_k \leqslant \min_{j}\left\{\frac{\sigma_j}{\bar{\alpha}_{sj}} \mid \bar{\alpha}_{sj}<0,\ j\text{ 为非基变量下标}\right\}$$

当 c_j 的变化超出上述范围时，则以最优表为基础，用单纯形法继续求解。

2）右端常数 b_k 的变化分析

若 b_k 有改变量 Δb_k，它只影响到最优表中的 $\boldsymbol{B}^{-1}\boldsymbol{b}$ 及最优值 $\boldsymbol{C_B B}^{-1}\boldsymbol{b}$，设

$$\boldsymbol{B}^{-1}=\begin{bmatrix}\beta_{11} & \cdots & \beta_{1m}\\ \vdots & & \vdots\\ \beta_{m1} & \cdots & \beta_{mm}\end{bmatrix},\ \boldsymbol{b}=\begin{bmatrix}b_1\\ \vdots\\ b_m\end{bmatrix},\ \Delta\boldsymbol{b}=\begin{bmatrix}0\\ \vdots\\ 0\\ \Delta b_k\\ 0\\ \vdots\\ 0\end{bmatrix}$$

令 $\bar{b}_m=\sum_{j=1}^{m}\beta_{mj}b_j$，则

$$\boldsymbol{B}^{-1}(\boldsymbol{b}+\Delta\boldsymbol{b})=\begin{bmatrix}\bar{b}_1\\ \vdots\\ \bar{b}_m\end{bmatrix}+\begin{bmatrix}\beta_{1k}\Delta b_k\\ \vdots\\ \beta_{mk}\Delta b_k\end{bmatrix}$$

为使矩阵 $\boldsymbol{B}$ 的最优基地位不变，应使

$$\bar{b}_i+\beta_{ik}\Delta b_k\geqslant 0\quad (i=1,2,\cdots,m)$$

则 Δb_k 的变化范围为

$$\max_{i}\left\{-\frac{\bar{b}_i}{\beta_{ik}} \mid \beta_{ik}>0,\ i=1,2,\cdots,m\right\}\leqslant \Delta b_k \leqslant \min_{i}\left\{-\frac{\bar{b}_i}{\beta_{ik}} \mid \beta_{ik}<0,\ i=1,2,\cdots,m\right\}$$

其中，β_{ik} 为 $\boldsymbol{B}^{-1}$ 中的元素。

若 b_k 的变化超出了所允许的范围，此时检验数不变，应用对偶单纯形法继续求解。

3）增加一个新变量 x_j 的分析

生产上开发新产品，反映到线性规划模型中就相当于增加新的变量 x_j，并把新增加的变量看成基变量，这里不再举例说明。

4）增加新的约束条件的分析

增加新的约束条件，只会使线性规划的可行域变小，最优值只会变得更好。所以，只要原最优解满足新的约束条件，原最优解仍是最优解。否则，引入新的松弛变量，把新的等式作为新的一行加入原最优表中，列出单纯形表。

5.2 目标规划

在第 5.1 节中，我们已经详细讨论了运筹学中研究最早、发展最成熟、应用也最广泛的一个分支——线性规划，这种数学模型除了要求目标函数和约束条件是线性函数外，还要求决策者只能建立一个目标函数。但由于现代经济管理的迅速发展，在实际生活中往往要考虑多个目标，更加复杂。另外，这一系列目标之间，不仅有主次之分，而且有时会互相

矛盾，这就暴露出传统线性规划的局限性。于是，多目标决策问题新的研究领域便应运而生，其中以多目标线性规划问题最引人注目，而其中又以目标规划研究较为完善和成熟。

目标规划正是为了解决这类多目标问题而产生的一种方法。这一方法与传统方法不同，它强调了系统性。目标规划方法在于寻找一个“尽可能”满足所有目标的解，而不是绝对满足这些目标的值。

5.2.1 目标规划问题的提出

在现实生活中，一般评价某个决策的优劣，往往要同时考虑很多个目标，而这些目标之间又常常不协调，甚至是相互矛盾的。例如，企业拟订生产计划时，不仅要考虑总产值、利润、产品质量和设备利用率等经济指标，而且要考虑环境保护及其他社会因素等。其中，企业利润可能同环境保护目标相矛盾，如何统筹兼顾多种目标，选择合理方案，是十分复杂的问题。由于因素多、问题复杂，很难轻易作出判断；同时又要对多个互不相容的目标进行优化和分析，因而传统线性规划方法很难解决问题。目标规划方法是多目标决策分析中的有效工具之一，也是解决多目标线性规划问题的一种比较成熟的方法。

目标规划的应用范围很广，包括生产计划、投资计划、市场战略、人事管理、环境保护、土地利用等。为了具体说明目标规划与线性规划问题在处理方法上的区别，下面通过实例介绍目标规划的有关概念及数学模型。

【例 5.10】 某企业生产两种产品，并受到原材料供应和设备工时的限制，具体数据见表 5.11。在单件利润等有关数据已知的条件下，要求制订一个获利最大的生产计划。

表 5.11 企业生产数据

产　品	Ⅰ	Ⅱ	拥有量
原材料(千克/件)	2	1	11
设备工时(小时/件)	1	2	10
利润(元/件)	8	10	

解 设产品Ⅰ和Ⅱ的产量分别为 x_1 和 x_2，当用线性规划来描述和解决这个问题时，其数学模型为

$$\max z = 8x_1 + 10x_2$$

$$\text{s.t.}\begin{cases} 2x_1 + x_2 \leqslant 11 \\ x_1 + 2x_2 \leqslant 10 \\ x_1,\ x_2 \geqslant 0 \end{cases}$$

用图解法求得最优决策方案为 $x_1{}^* = 4$，$x_2{}^* = 3$，$z^* = 62$。

假设在此题基础上计划人员被要求进一步考虑如下因素的影响：

(1) 根据市场需求预测，产品Ⅰ的销量下降，故决定Ⅰ的生产量不超过产品Ⅱ的生产量，即考虑目标 $x_1 \leqslant x_2$。

(2) 尽可能充分利用设备，但不希望加班(目标值为 10)。

(3) 尽可能达到并超过计划利润值 56 元(目标值为 56 元)。

(4) 尽可能不超过计划使用原材料，因为超计划后，需高价采购原材料，成本将增加。

显然，这是一个多目标决策问题，目标规划方法就是解决这类决策问题的方法之一。

5.2.2 目标规划的数学模型

为更好地说明目标规划的数学模型，首先引入相关的基本概念。

1. 目标偏差变量

为了圆满解决实际问题中遇到的相互矛盾目标的优化问题，我们需要引入目标偏差变量的概念。

我们可以对每一个优化目标预先给定一个理想的目标值，然后把目标实际可能达到的值与目标值之间的偏差作为目标的偏差变量，从而将对目标求极值的问题转化为对目标偏差变量求极值的问题来处理。

目标偏差变量分为"超过"和"不足"两种情形，正、负偏差变量 d^+ 和 d^- 分别表示决策值的超过量和不足量，按定义有 $d^+\geqslant 0$，$d^-\geqslant 0$，$d^+\cdot d^-=0$。

我们可以把原优化系统中的任何一个约束条件视为一个优化目标，也可以把目标函数看作一个约束，称为目标约束。必须严格满足的约束条件，称为绝对约束，也称硬约束，如线性规划问题的所有约束条件都是硬约束。相应地，目标规划特有的目标约束就是软约束。

2. 优先因子和权重系数

不同目标的主次轻重有两种差别。一种差别是绝对的，可用优先因子 P_j 表示，优先因子间的关系为 $P_j \gg P_{j+1}$，即 P_j 对应的目标比 P_{j+1} 对应的目标有绝对的优先性。在多目标规划的求解时，必须注意从最高优先级(即 P_1 级)开始逐次地降低，直到完成多个目标的考虑。只有在高级优先因子对应的目标已优化的基础上，才能考虑较低级优先因子对应的目标。在考虑低级优先因子对应的目标时，决不允许违背已经优化的高级优先因子对应的目标。另一种差别是相对的，这些目标具有相同的优先因子，即处于同一优先级内，它们的重要程度可用权(重)系数 W_{lk} 来表示，以区别其轻重缓急。

3. 目标规划的目标函数

目标规划的目标函数(又称为达成函数)由各目标约束的偏差变量及相应的优先因子和权重系数构成。由于目标规划追求的是尽可能接近各既定目标值，也就是使各有关偏差变量尽可能小，所以其目标函数只能是极小化。有如下三种基本表达式：

第一种：

$$\min\{f(d^+ + d^-)\}$$

此时，d^- 与超过量 d^+ 之和越小越好，最优值是 $d^+=d^-=0$，意味着要求决策值尽量接近目标值。

第二种：

$$\min\{f(d^+)\}$$

此时，超过量 d^+ 越小越好，最优值是 $d^+=0$，意味着要求决策值尽量不超过目标值。

第三种：

$$\min\{f(d^-)\}$$

此时，不关心超过量 d^+ 的大小，要求不足量 d^- 越小越好，最优值是 $d^-=0$，意味着要求决策值尽量不低于目标值。

下面通过实例分析说明如何由线性规划模型演变得到目标规划模型。

【例 5.11】 建立在例 5.10 的基础上增加前三个因素(数据见表 5.12)后的目标规划模型。

解

表 5.12　已 知 数 据

目标函数	期望值	不等式方向	目标约束	新目标
x_1-x_2	0	$\leqslant$	$x_1-x_2+d_1^- -d_1^+=0$	d_1^+
x_1+2x_2	10	$=$	$x_1+2x_2+d_2^- -d_2^+=10$	d_2^-，d_2^+
$8x_1+10x_2$	56	$\geqslant$	$8x_1+10x_2+d_3^- -d_3^+=56$	d_3^-

则此目标规划的数学模型为

$$\min z = P_1 d_1^+ + P_2(d_2^- + d_2^+) + P_3 d_3^-$$

$$\text{s.t.}\begin{cases} 2x_1 + x_2 \leqslant 11 \\ x_1 - x_2 + d_1^- - d_1^+ = 0 \\ x_1 + 2x_2 + d_2^- - d_2^+ = 10 \\ 8x_1 + 10x_2 + d_3^- - d_3^+ = 56 \\ x_1,\ x_2,\ d_i^-,\ d_i^+ \geqslant 0 \quad (i=1,\ 2,\ 3) \end{cases}$$

以下给出目标规划数学模型的一般形式：

$$\min z = \sum_{i=1}^{s} P_i \sum_{j=1}^{m} (\omega_{ij}^- d_j^- + \omega_{ij}^+ d_j^+)$$

$$\text{s.t.}\begin{cases} \sum\limits_{j=1}^{n} c_{ij}x_j + d_i^- - d_i^+ = e_i \quad (i=1,\ 2,\ \cdots,\ m) \\ \sum\limits_{j=1}^{n} a_{ij}x_j \leqslant (\text{或} \geqslant,\ \text{或} =) b_i \quad (i=1,\ 2,\ \cdots,\ m) \\ x_j \geqslant 0 \quad (j=1,\ 2,\ \cdots,\ n) \\ d_i^-,\ d_i^+ \geqslant 0 \quad (i=1,\ 2,\ \cdots,\ m) \end{cases}$$

其中，$\omega_{ij}^- \geqslant 0$ 是 P_i 级目标中 d_j^- 的权重系数，$\omega_{ij}^+ \geqslant 0$ 是 P_i 级目标中 d_j^+ 的权重系数。

建立目标规划的数学模型时，需要确定目标值、优先等级、权重系数等，都具有一定的主观性和模糊性，可以用专家评定法给予量化。

5.2.3　目标规划的图解法

对于两个决策变量的目标规划问题，可以用图解法来求解。传统的线性规划的图解法，是从各个极点中选择一个使目标函数值取得最大(或最小)的极点。目标规划的图解法，则是按照优先级的次序取得一个解的区域，并且逐步将解区域缩小到一个点。

目标规划图解法的计算步骤如下：

(1) 先考虑硬约束与决策变量的非负约束，同一般线性规划作图法。对于例 5.11，作硬约束：

$$2x_1 + x_2 \leqslant 11 \qquad ①$$

及 $x_1 \geqslant 0$，$x_2 \geqslant 0$，见图 5.2，此时可行域为$\triangle OAB$。

(2) 作目标约束，此时，先令 $d^- = d^+ = 0$(与作绝对约束时类似)，然后标出 d_i^- 及 d_i^+ 的增加方向(即目标值减少与增加的方向)，对于例 5.11 作：

$$x_1 - x_2 = 0 \quad ②$$

$$x_1 + 2x_2 = 10 \quad ③$$

$$8x_1 + 10x_2 = 56 \quad ④$$

如图 5.2 中的②、③、④所示。

(3) 按优先级的次序，逐级让目标规划的目标函数中的极小化偏差变量取零，从而逐步缩小可行域，最后找出问题的解。对于例 5.11，其目标函数中第一优先级 P_1 是对 d_1^+ 取极小值，而对直线 OC 是 $x_1 - x_2 = 0$(②)，在直线②的左上方为 d_1^- 区域，$d_1^+ = 0$(含直线 OC)，因此当取 $\min d_1^+ = 0$ 时，与△OAB 可行域的公共解集为△OCB(即在△OCB 内，既满足了绝对约束①，也满足了第一优先级 P_1 的要求)。

考虑第二优先级 P_2：$\min(d_2^- + d_2^+)$。因为 P_2 是对 d_2^- 及 d_2^+ 同时取极小值，此时满足条件的解只能在直线 $x_1 + 2x_2 = 10$(③)上，因此总的可行域缩小为线段 ED。

考虑第三优先级 P_3：$\min d_3^-$。满足 $d_3^- = 0$ 的点，应在直线 FH($8x_1 + 10x_2 = 56$)的右上方，故与线段 ED 的交集为线段 GD，因此例 5.11 的解为线段 GD 上所有的点(无穷多个解)。由图 5.2 可知，G 点的坐标为方程组

$$\begin{cases} x_1 + 2x_2 = 10 \\ 8x_1 + 10x_2 = 56 \end{cases}$$

的解：$x_1^{(G)} = 2$，$x_2^{(G)} = 4$。

D 点的坐标为方程组

$$\begin{cases} x_1 + 2x_2 = 10 \\ x_1 - x_2 = 0 \end{cases}$$

的解：$x_1^{(D)} = x_2^{(D)} = 10/3$。

G、D 的凸线性组合都是该目标规划问题的解。

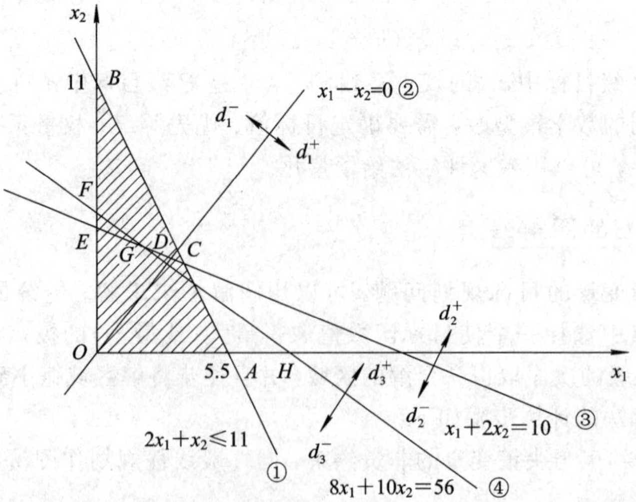

图 5.2 可行域

值得注意的是，如例 5.11 那样，最后能使所有优先级都达到极值的情况，在目标规划问题中并不多见。在大多数问题中会出现某些约束得不到满足，此时得到的解称为满意解。

【例 5.12】 某厂装配黑白与彩色两种电视机，每装配一台电视机需占用装配线 1 小时，装配线每周计划开动 40 小时。预计市场每周彩电销量为 24 台，每台可获利 80 元；黑白电视机销量为 30 台，每台可获利 40 元。该厂的目标是：

第一优先级：充分利用装配线每周开动 40 小时。

第二优先级：允许装配线加班，但每周加班时间不超过 10 小时。

第三优先级：装配电视机的数量尽量满足市场需要，因彩电利润高，取其权系数为 2。

建立目标规划模型，并计算两种电视机的产量。

解　设 x_1、x_2 分别为彩色和黑白电视机的产量，则该问题的目标规划模型为

$$\min z = P_1 d_1^- + P_2 d_2^+ + P_3(2d_3^- + d_4^-)$$

$$\text{s.t.}\begin{cases} x_1 + x_2 + d_1^- - d_1^+ = 40 \\ x_1 + x_2 + d_2^- - d_2^+ = 50 \\ x_1 + d_3^- - d_3^+ = 24 \\ x_2 + d_4^- - d_4^+ = 30 \\ x_1, x_2, d_i^-, d_i^+ \geqslant 0 \quad (i = 1, 2, 3, 4) \end{cases}$$

用图解法求解，见图 5.3。

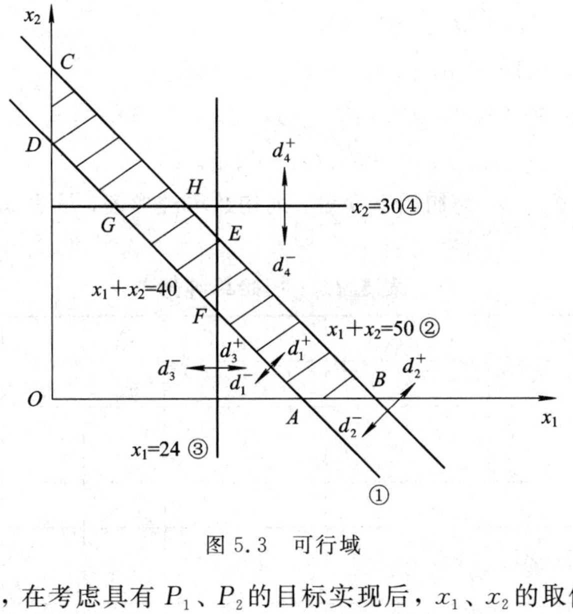

图 5.3　可行域

从图 5.3 中看到，在考虑具有 P_1、P_2 的目标实现后，x_1、x_2 的取值范围为 $ABCD$。考虑 P_3 的目标要求时，因 d_3^- 的权系数 2 大于 d_4^- 的权系数 1，应先考虑 d_3^- 极小化，故先取 $d_3^- = 0$，此时可行域缩小为 $ABEF$。再考虑 d_4^- 极小化，在 $ABEF$ 中只有 $E(24, 26)$ 点使 d_4^- 取值最小，此时 $d_1^- = 0$，$d_2^+ = 0$，$d_3^- = 0$，$d_4^- = 4$。

此题的满意解为 E 点：$x_1^{(E)} = 24$，$x_2^{(E)} = 26$。也就是说，该厂每周应装配彩色电视机 24 台，黑白电视机 26 台。

5.2.4 解目标规划的单纯形法

目标规划的数学模型实际上是最小化形式的线性规划问题，可以用单纯形法求解。在用单纯形法解目标规划时，检验数是各优先因子的线性组合。因此，在判断各检验数的正负及大小时，必须注意 $P_1 \gg P_2 \gg P_3 \cdots$ 当所有检验数都已满足最优性条件（$c_j - z_j \geqslant 0$）时，从最终单纯形表上就可以得到目标规划的解。

解目标规划的单纯形法的计算步骤如下：

(1) 建立初始单纯形表，在表中将检验数行按优先因子个数从高到低分别排列成 K 行，置 $k=1$。

(2) 检查 K 行中是否存在负数，对应的前 $k-1$ 行的系数是零。若有负数，取其中最小者对应的变量为换入变量，转步骤(3)；若无负数，转步骤(5)。

(3) 按最小比值规则确定换出变量。当存在两个和两个以上相同最小比值时，选取具有较高优先级别的变量为换出变量。

(4) 按单纯形法进行基变换运算，建立新的计算表，返回步骤(2)。

(5) 当 $k=K$ 时，计算结束，表中的解即为满意解；否则置 $k=k+1$，返回到步骤(2)。

【例 5.13】 试用单纯形法求解例 5.11。

解 将例 5.11 的数学模型化为标准型：

$$\min z = P_1 d_1^+ + P_2(d_2^- + d_2^+) + P_3 d_3^-$$

$$\text{s.t.}\begin{cases} 2x_1 + x_2 + x_s = 11 \\ x_1 - x_2 + d_1^- - d_1^+ = 0 \\ x_1 + 2x_2 + d_2^- - d_2^+ = 10 \\ 8x_1 + 10x_2 + d_3^- - d_3^+ = 56 \\ x_1, x_2, d_i^-, d_i^+ \geqslant 0 \quad (i = 1, 2, 3) \end{cases}$$

目标规划举例

(1) 取 x_s、d_1^-、d_2^-、d_3^- 为初始基变量，列初始单纯形表，见表 5.13。表中空白处相应数值均为 0。

表 5.13 初始单纯形

c_j		0	0	0	0	P_1	P_2	P_2	P_3		b	θ
C_B	X_B	x_1	x_2	x_s	d_1^-	d_1^+	d_2^-	d_2^+	d_3^-	d_3^+		
	x_s	2	1	1							11	$\frac{11}{1}$
	d_1^-	1	−1		1	−1					0	
P_2	d_2^-	1	(2)				1	−1			10	$\frac{10}{2}$
P_3	d_3^-	8	10						1	−1	56	$\frac{56}{10}$
$c_j - z_j$	P_1					1						
	P_2	−1	−2					2				
	P_3	−8	−10							1		

(2) 取 $k=1$，检查检验数的 P_1 行，因该行无负检验数，故转上述步骤(5)。因 $k=1<K=3$，置 $k=k+1=2$，返回到上述步骤(2)。

(3) 查出检验数 P_2 行中有 -1、-2，取 $\min(-1,-2)=-2$，它对应的变量 x_2 为换入变量，转入上述步骤(3)。

(4) 在表 5.13 中计算最小比值 $\theta=\min(11/1, 0, 10/2, 56/10)=10/2$，它对应的变量 d_2^- 为换出变量，转入上述步骤(4)。

(5) 进行基变换运算，得到表 5.14，返回上述步骤(2)。以此类推，直至得到最终表为止，见表 5.15。

表 5.14　单纯形法计算

c_j		0	0	0	0	P_1	P_2	P_2	P_3		$\boldsymbol{b}$	θ
$\boldsymbol{C}_B$	$\boldsymbol{X}_B$	x_1	x_2	x_s	d_1^-	d_1^+	d_2^-	d_2^+	d_3^-	d_3^+		
	x_s	$\frac{3}{2}$		1			$-\frac{1}{2}$	$\frac{1}{2}$			6	4
	d_1^-	$\frac{3}{2}$			1	-1	$\frac{1}{2}$	$-\frac{1}{2}$			5	$\frac{10}{3}$
	x_2	$\frac{1}{2}$	1				$\frac{1}{2}$	$-\frac{1}{2}$			5	10
P_3	d_3^-	(3)					-5	5	1	-1	6	$\frac{6}{3}$
c_j-z_j	P_1					1						
	P_2						1	1				
	P_3	-3					5	-5		1		

表 5.15　单纯形法计算

c_j		0	0	0	0	P_1	P_2	P_2	P_3		$\boldsymbol{b}$	θ
$\boldsymbol{C}_B$	$\boldsymbol{X}_B$	x_1	x_2	x_s	d_1^-	d_1^+	d_2^-	d_2^+	d_3^-	d_3^+		
	x_s			1			2	-2	$-\frac{1}{2}$	$\frac{1}{2}$	3	6
	d_1^-				1	-1	3	-3	$-\frac{1}{2}$	$\frac{1}{2}$	2	4
	x_2		1				$\frac{4}{3}$	$-\frac{4}{3}$	$-\frac{1}{6}$	$\frac{1}{6}$	4	24
	x_1	1					$-\frac{5}{3}$	$\frac{5}{3}$	$\frac{1}{3}$	$-\frac{1}{3}$	2	
c_j-z_j	P_1					1						
	P_2						1	1				
	P_3								1			

表 5.15 所示的解 $x_1^*=2$，$x_2^*=4$ 为例 5.11 的最优解，此解相当于图 5.2 的 G 点。检查表 5.15 的检验数行，发现非基变量 d_3^+ 的检验数为 0，这表示存在多重解。表 5.15 中以 d_3^+ 为换入变量，d_1^- 为换出变量，经迭代得到表 5.16。

表 5.16　单纯形法计算

c_j		0	0	0	0	P_1	P_2	P_2	P_3		$\boldsymbol{b}$	θ
$\boldsymbol{C}_B$	$\boldsymbol{X}_B$	x_1	x_2	x_s	d_1^-	d_1^+	d_2^-	d_2^+	d_3^-	d_3^+		
	x_s			1	-1	1	-1	1			1	6
	d_3^+				2	-2	6	-6	-1	1	4	4
	x_2		1		$-\frac{1}{3}$	$\frac{1}{3}$	$\frac{1}{3}$	$-\frac{1}{3}$			$\frac{10}{3}$	24
	x_1	1			$\frac{2}{3}$	$-\frac{2}{3}$	$\frac{1}{3}$	$-\frac{1}{3}$			$\frac{10}{3}$	
c_j-z_j	P_1					1						
	P_2						1	1				
	P_3								1			

由表 5.16 得到解 $x_1^*=10/3$，$x_2^*=10/3$，此解相当于图 5.2 中的 D 点，G、D 两点的凸线性组合都是例 5.11 的最优解。

5.2.5　目标规划的灵敏度分析

目标规划建模时，目标优先级和权系数的确定往往带有一定的主观性，因此，对它们的灵敏度分析是目标规划灵敏度分析的主要内容。目标规划灵敏度分析的方法、原理同线性规划的灵敏度分析本质上相同，下面举例说明。

【例 5.14】 已知目标规划问题：

$$\min z = P_1 d_1^- + P_2 d_2^+ + P_3(5d_3^- + 3d_4^-) + P_4 d_1^+$$

$$\text{s.t.}\begin{cases} x_1 + 2x_2 + d_1^- - d_1^+ = 6 \\ x_1 + 2x_2 + d_2^- - d_2^+ = 9 \\ x_1 - 2x_2 + d_3^- - d_3^+ = 4 \\ x_2 + d_4^- - d_4^+ = 2 \\ x_1,\ x_2,\ d_i^-,\ d_i^+ \geqslant 0 \quad (i=1,2,3,4) \end{cases}$$

在得到最终表(见表 5.17)后，已求得最优解 $x_1^*=13/2$，$x_2^*=5/4$。为了分析目标函数中各目标优先因子和权系数对最终解的影响，提出了以下两个灵敏度分析问题，即目标函数分别变为

① $\min z=P_1d_1^- +P_2d_2^+ +P_3d_1^+ +P_4(5d_3^- +3d_4^-)$；

② $\min z=P_1d_1^- +P_2d_2^+ +P_3(W_1d_3^- +W_2d_4^-)+P_4d_1^+ \quad (W_1, W_2>0)$。

表 5.17　单纯形法计算

c_j		0	0	P_1	P_4	0	P_2	$5P_3$	0	$3P_3$	0	$\boldsymbol{b}$
$\boldsymbol{C}_B$	$\boldsymbol{X}_B$	x_1	x_2	d_1^-	d_1^+	d_2^-	d_2^+	d_3^-	d_3^+	d_4^-	d_4^+	
0	x_1	1	0	0	0	$\frac{1}{2}$	$-\frac{1}{2}$	$\frac{1}{2}$	$-\frac{1}{2}$	0	0	$\frac{13}{2}$
P_4	d_1^+	0	0	-1	1	1	-1	0	0	0	0	3
$3P_3$	d_4^-	0	0	0	0	$-\frac{1}{4}$	$\frac{1}{4}$	$\frac{1}{4}$	$-\frac{1}{4}$	1	-1	$\frac{3}{4}$
0	x_2	0	1	0	0	$\frac{1}{4}$	$-\frac{1}{4}$	$-\frac{1}{4}$	$\frac{1}{4}$	0	0	$\frac{5}{4}$
c_j-z_j	P_1	0	0	1	0	0	0	0	0	0	0	
	P_2	0	0	0	0	0	1	0	0	0	0	
	P_3	0	0	0	0	$\frac{3}{4}$	-3	$\frac{17}{4}$	$\frac{3}{4}$	0	3	
	P_4	0	0	1	0	-1	1	0	0	0	0	

解　目标函数的变化只影响原解的最优性，即各变量的检验数。因此应当先考虑检验数的变化，然后再做适当处理。

(1) 当目标函数变为①时，就是要了解交换第三和第四优先级目标对原解的影响。此时单纯形表变为表 5.18。

表 5.18　单纯形法计算

c_j		0	0	P_1	P_3	0	P_2	$5P_4$	0	$3P_4$	0	$\boldsymbol{b}$
$\boldsymbol{C}_B$	$\boldsymbol{X}_B$	x_1	x_2	d_1^-	d_1^+	d_2^-	d_2^+	d_3^-	d_3^+	d_4^-	d_4^+	
0	x_1	1	0	0	0	$\frac{1}{2}$	$-\frac{1}{2}$	$\frac{1}{2}$	$-\frac{1}{2}$	0	0	$\frac{13}{2}$
P_4	d_1^+	0	0	-1	1	1	-1	0	0	0	0	3
$3P_3$	d_4^-	0	0	0	0	$-\frac{1}{4}$	$\frac{1}{4}$	$\frac{1}{4}$	$-\frac{1}{4}$	1	-1	$\frac{3}{4}$
0	x_2	0	1	0	0	$\frac{1}{4}$	$-\frac{1}{4}$	$-\frac{1}{4}$	$\frac{1}{4}$	0	0	$\frac{5}{4}$
c_j-z_j	P_1	0	0	1	0	0	0	0	0	0	0	
	P_2	0	0	0	0	0	1	0	0	0	0	
	P_3	0	0	1	0	-1	1	0	0	0	0	
	P_4	0	0	0	0	$\frac{3}{4}$	$-\frac{3}{4}$	$\frac{17}{4}$	$\frac{3}{4}$	0	3	

由表 5.18 可见，原解最优性已被破坏（d_2^- 的检验数 $-P_3+\frac{3}{4}P_4<0$），故应用单纯形法继续求解，见表 5.19。

表 5.19　单纯形法计算

c_j		0	0	P_1	P_3	0	P_2	$5P_4$	0	$3P_4$	0	$\boldsymbol{b}$
$\boldsymbol{C}_B$	$\boldsymbol{X}_B$	x_1	x_2	d_1^-	d_1^+	d_2^-	d_2^+	d_3^-	d_3^+	d_4^-	d_4^+	
0	x_1	1	0	$\frac{1}{2}$	$-\frac{1}{2}$	0	0	$\frac{1}{2}$	$-\frac{1}{2}$	0	0	5
0	d_2^-	0	0	-1	1	1	-1	0	0	0	0	3
$3P_4$	d_4^-	0	0	$-\frac{1}{4}$	$\frac{1}{4}$	0	0	$\frac{1}{4}$	$-\frac{1}{4}$	1	-1	$\frac{3}{2}$
0	x_2	0	1	$\frac{1}{4}$	$-\frac{1}{4}$	0	0	$-\frac{1}{4}$	$\frac{1}{4}$	0	0	$\frac{1}{2}$
c_j-z_j	P_1	0	0	1	0	0	0	0	0	0	0	
	P_2	0	0	0	0	0	1	0	0	0	0	
	P_3	0	0	0	1	0	0	0	0	0	0	
	P_4	0	0	$\frac{3}{4}$	$-\frac{3}{4}$	0	0	$\frac{17}{4}$	$\frac{3}{4}$	0	3	

由表 5.19 可知，新的最优解为 $x_1^*=5$，$x_2^*=1/2$。

（2）当目标函数变为②时，就是要了解第三优先级中两个目标权系数取值对原来解的影响。此时单纯形表变为表 5.20。

表 5.20　单纯形法计算

c_j		0	0	P_1	P_3	0	P_2	W_1P_3	0	W_2P_3	0	$\boldsymbol{b}$
$\boldsymbol{C}_B$	$\boldsymbol{X}_B$	x_1	x_2	d_1^-	d_1^+	d_2^-	d_2^+	d_3^-	d_3^+	d_4^-	d_4^+	
0	x_1	1	0	0	0	$\frac{1}{2}$	$-\frac{1}{2}$	$\frac{1}{2}$	$-\frac{1}{2}$	0	0	$\frac{13}{2}$
P_4	d_1^+	0	0	-1	1	1	-1	0	0	0	0	3
W_2P_3	d_4^-	0	0	0	0	$-\frac{1}{4}$	$\frac{1}{4}$	$\frac{1}{4}$	$-\frac{1}{4}$	1	-1	$\frac{3}{4}$
0	x_2	0	1	0	0	$\frac{1}{4}$	$-\frac{1}{4}$	$-\frac{1}{4}$	$\frac{1}{4}$	0	0	$\frac{5}{4}$
c_j-z_j	P_1	0	0	1	0	0	0	0	0	0	0	
	P_2	0	0	0	0	0	1	0	0	0	0	
	P_3	0	0	0	0	$\frac{W_2}{4}$	$-\frac{W_2}{4}$	$W_1-\frac{W_2}{4}$	$\frac{W_2}{4}$	0	W_2	
	P_4	0	0	1	0	-1	1	0	0	0	0	

由表 5.20 可知，原解是否改变取决于 d_3^- 的检验数 $W_1-W_2/4$，因此，

① 当 $W_1-W_2/4>0$，即 $W_1/W_2>1/4$ 时，原解不变，仍为 $x_1=13/2$，$x_2=5/4$。

② 当 $W_1/W_2<1/4$ 时，原解改变。用单纯形法继续求解，得到新的最优解 $x_1^*=5$，$x_2^*=2$（此时，$d_3^-=3$，$d_4^-=0$）。

③ 当 $W_1/W_2=1/4$ 时，两点皆为最优解。

由以上分析可知，第三优先级两个目标权系数的改变有可能影响所得的最优解。解的变化取决于两个目标权系数的比值 W_1/W_2，其临界点为 1/4。事实上，在前两个优先级目标均已被满足的条件下，如满足 $d_3^-=0$，则使 $d_4^-=3/4$；如满足 $d_4^-=0$，则使 $d_3^-=3$。$d_4^-/d_3^-=1/4$。如将 W_1/W_2 看成同一优先级下两个目标重要程度的比较，而将 d_4^-/d_3^- 看成因此而引起的不满程度的比较，则两者的一致恰好说明了目标规划中权系数的作用和意义。

5.3 整数规划

在一个数学规划问题中，如果要求一部分或者全部决策变量的值必须取整数，那么这样的数学规划就称为整数规划问题(Integer Programming)。若整数规划问题是线性的，则称其为整数线性规划问题(Integer Linear Programming，ILP)；若不考虑整数条件，由余下的目标函数和约束条件构成规划问题，则称为该规划问题的松弛问题。本节主要研究整数线性规划问题的解法和应用。

5.3.1 整数规划模型及其一般形式

【例 5.15】（生产计划问题）某厂在一个计划期内生产甲、乙两种大型设备。该厂有充分的生产能力来加工制造这两种设备的全部零件，只有 A、B 两种生产原料的供应受到严格限制。可供原料总量、每台设备所需原料的数量及利润如表 5.21 所示。问该厂安排生产甲、乙设备各多少台，才能使利润达到最大。

表 5.21　工厂生产数据

设备	A/吨	B/千克	利润/(万元/台)
甲	1	5	5
乙	1	9	8
原料限量	6	45	

解　设 x_1、x_2 分别为该厂生产甲、乙设备的台数，z 为生产这两种设备可获得的总利润。其中 x_1、x_2 都是非负整数。由题意得该问题的数学模型为

$$\max z = 5x_1 + 8x_2$$

$$\text{s.t.}\begin{cases} x_1 + x_2 \leqslant 6 \\ 5x_1 + 9x_2 \leqslant 45 \\ x_1,\ x_2 \geqslant 0，且为整数 \end{cases}$$

整数规划模型的一般形式为

$$\max z(\text{或} \min z) = \sum_{j=1}^{n} c_j x_j$$

$$\text{s. t.} \begin{cases} \sum_{j=1}^{n} a_{ij} x_j = b_i \quad (i = 1, 2, \cdots, m) \\ x_j \geqslant 0 \quad (j = 1, 2, \cdots, n), \text{且部分或全部为整数} \end{cases}$$

按照决策变量取整要求的不同，整数规划可分为纯整数规划、混合整数规划、0-1 整数规划。

(1) 纯整数规划：所有决策变量要求取非负整数(这时引进的松弛变量和剩余变量可以不要求取整数)。

(2) 混合整数规划：只有一部分决策变量要求取非负整数，另一部分可以取非负实数。

(3) 0-1 整数规划：所有决策变量只能取 0 或 1 两个整数。

5.3.2 割平面法

割平面法适用于求解纯整数规划的情形，是 R. E. Gomory 于 1985 年首次提出来的，所以又称为 Gomory 割平面法。

思路 先不考虑变量取整这一条件，增加线性约束条件，将原可行域切割掉一部分，这部分只包含非整数解，但没有切割掉任何整数可行解。直到增加约束条件后最终得到这样的可行域，其最优解恰好是整数最优解。

计算步骤

(1) 用单纯形法求解 ILP 对应的松弛问题 LP。若 LP 没有可行解，则 ILP 也没有可行解，停止计算；若 LP 有最优解，并符合 ILP 的整数条件，则 LP 的最优解即 ILP 的最优解，停止计算；若 LP 有最优解，但不符合 ILP 的整数条件，则继续步骤(2)。

(2) 从 LP 的最优解中，任选一个不为整数的分量 x_r，将最优单纯形表中该行的系数 a'_{rj} 和 b'_r 分解为整数部分和小数部分之和，并以该行为源行，按下式作割平面方程：

$$f_r - \sum_{j=m+1}^{n} f_{rj} x_j \leqslant 0$$

$\downarrow$ $\downarrow$

a'_{rj} 的小数部分　b'_r 的小数部分

(3) 将所得的割平面方程作为一个新的约束条件置于最优单纯形表中(同时增加一个单位列向量)，用对偶单纯形法求出新的最优解，返回步骤(1)。

【例 5.16】 解整数规划：

$$\max z = 3x_1 + 2x_2$$

$$\text{s. t.} \begin{cases} 2x_1 + 3x_2 \leqslant 14 \\ 2x_1 + x_2 \leqslant 9 \\ x_1, x_2 \geqslant 0, \text{且为整数} \end{cases}$$

整数规划举例

解 用单纯形法解松弛问题，最优表如表 5.22 所示。

表 5.22 单 纯 形 表

c_j		3	2	0	0	$\boldsymbol{b}$
$\boldsymbol{C}_B$	$\boldsymbol{X}_B$	x_1	x_2	x_3	x_4	
2	x_2	0	1	$\frac{1}{2}$	$-\frac{1}{2}$	$\frac{5}{2}$
3	x_1	1	0	$-\frac{1}{4}$	$\frac{3}{4}$	$\frac{13}{4}$
σ_j		0	0	$-\frac{1}{4}$	$-\frac{5}{4}$	$-\frac{59}{4}$

最优解非整数，选 $x_2=5/2$ 所在第 1 行构造割平面约束：

$$\frac{1}{2}=0+\frac{1}{2},\ -\frac{1}{2}=-1+\frac{1}{2},\ \frac{5}{2}=2+\frac{1}{2}$$

得割平面约束：

$$-\frac{1}{2}x_3-\frac{1}{2}x_4\leqslant-\frac{1}{2}$$

在其中引入松弛变量 x_5，加到表 5.22 中作为第 3 行，得到表 5.23。

表 5.23 引入松弛变量后的单纯形表

c_j		3	2	0	0	0	$\boldsymbol{b}$
$\boldsymbol{C}_B$	$\boldsymbol{X}_B$	x_1	x_2	x_3	x_4	x_5	
2	x_2	0	1	$\frac{1}{2}$	$-\frac{1}{2}$	0	$\frac{5}{2}$
3	x_1	1	0	$-\frac{1}{4}$	$\frac{3}{4}$	0	$\frac{13}{4}$
0	x_5	0	0	$-\frac{1}{2}$	$\left(-\frac{1}{2}\right)$	1	$-\frac{1}{2}$
σ_j		0	0	$-\frac{1}{4}$	$-\frac{5}{4}$	0	$-\frac{59}{4}$

用对偶单纯形法，以 $a'_{33}=-\dfrac{1}{2}$为主元，迭代得表 5.24。

表 5.24 迭代后的单纯形表

c_j		3	2	0	0	0	$\boldsymbol{b}$
$\boldsymbol{C}_B$	$\boldsymbol{X}_B$	x_1	x_2	x_3	x_4	x_5	
2	x_2	0	1	0	-1	1	2
3	x_1	1	0	0	1	$-\frac{1}{2}$	$\frac{7}{2}$
0	x_3	0	0	1	1	-2	1
σ_j		0	0	0	-1	$-\frac{1}{2}$	$-\frac{29}{2}$

第 2 行 $x_1=7/2$ 不是整数，用第 2 行构造割平面约束：

$$-\frac{1}{2}x_5\leqslant-\frac{1}{2}$$

引入松弛变量 x_6，加到表 5.24 中继续迭代，得到表 5.25。

表 5.25　最　优　解

c_j		3	2	0	0	0	0	$\boldsymbol{b}$
$\boldsymbol{C}_B$	$\boldsymbol{X}_B$	x_1	x_2	x_3	x_4	x_5	x_6	
2	x_2	0	1	0	-1	1	0	2
3	x_1	1	0	0	1	$-\frac{1}{2}$	0	$\frac{7}{2}$
0	x_3	0	0	1	1	-2	0	1
0	x_6	0	0	0	0	$\left(-\frac{1}{2}\right)$	1	$-\frac{1}{2}$
σ_j		0	0	0	-1	$-\frac{1}{2}$	0	$-\frac{29}{2}$
2	x_2	0	1	0	-1	0	2	1
3	x_1	1	0	0	1	0	-1	4
0	x_3	0	0	1	1	0	-4	3
0	x_5	0	0	0	0	1	-2	1
σ_j		0	0	0	-1	0	-1	-14

最优解为 $\boldsymbol{X}^*=(4, 1, 3, 0, 1, 0)^{\mathrm{T}}$，$z^*=14$，$x_1^*=4$，$x_2^*=1$ 为原整数规划的最优解。

5.3.3　分枝定界法

分枝定界法灵活且便于用计算机求解，目前已成为解整数规划的重要方法之一，可用于解纯整数或混合整数规划。分枝的意思是将整数规划的松弛问题分别添加两个不同的约束条件分成两个线性规划问题，称其为子问题。子问题的可行域包含了原整数规划的全部可行解，舍弃了一部分非整数的可行解(其中包括松弛问题非整数的最优解)。

以下介绍分枝定界法的基本思路及步骤。

考虑纯整数问题：

$$\max z=\sum_{j=1}^{n}c_jx_j$$

$$\text{(ILP)}\quad \text{s.t.}\begin{cases}\displaystyle\sum_{j=1}^{n}a_{ij}x_j=b_i & (i=1, 2, \cdots, m)\\ x_j\geqslant 0 & (j=1, 2, \cdots, n\text{ 且为整数})\end{cases}$$

整数问题的松弛问题：

$$\max z = \sum_{j=1}^{n} c_j x_j$$

$$\text{s. t.}\ (\text{LP}) \begin{cases} \sum_{j=1}^{n} a_{ij} x_j = b_i & (i = 1, 2, \cdots, m) \\ x_j \geqslant 0 & (j = 1, 2, \cdots, n) \end{cases}$$

（1）先不考虑整数约束，解 ILP 的松弛问题 LP，若 LP 没有可行解，则 ILP 也没有可行解，停止计算；若 LP 有最优解，并符合 ILP 的整数条件，则 LP 的最优解即 ILP 的最优解，停止计算；若 LP 有最优解，但不符合 ILP 的整数条件，则继续进行步骤(2)。

设 LP 的最优解为 $x^{(0)}=(b_1', b_2', \cdots, b_r', \cdots, b_m', 0, \cdots, 0)^{\mathrm{T}}$，目标函数最优值为 $z^{(0)}$，其中 $z_i'(1, 2, \cdots, m)$不全为整数。

（2）定界。记 ILP 的目标函数最优值为 z^*，以 $z^{(0)}$ 作为 z^* 的上界，记为 $\bar{z}=z^{(0)}$。再用观察法找到一个整数可行解 x'，并以其相应的目标函数值 z' 作为 z^* 的下限，记为$\underline{z}=z'$，也可令$\underline{z}=-\infty$，则有$\underline{z}\leqslant z^*\leqslant\bar{z}$。

（3）分枝。在 LP 的最优解 $x^{(0)}$ 中，任选一个不符合整数条件的变量，例如 $x_r=b_r'$(不为整数)，以$[b_r']$表示不超过 b_r' 的最大整数。构造两个约束条件 $x_r\leqslant[b_r']$和 $x_r\geqslant[b_r']+1$，将这两个约束条件分别加入问题 ILP，形成两个子问题 ILP1 和 ILP2，再解这两个问题的松弛问题。

（4）修改上下界。在各分枝问题中，找出目标函数值最大者作为新的上界，从已符合整数条件的分枝中，找出目标函数值最大者作为新的下界。

（5）比较与剪枝。各分枝的目标函数值中，若有小于 $\underline{z}$ 者，则剪掉此枝，表明此子问题已经探清，不必再分枝了，否则继续分枝，直到得到 $\underline{z}=z^*=\bar{z}$为止，即得到最优解。

【例 5.17】 用分枝定界法求解整数规划问题：

$$\max z = 3x_1 + 2x_2$$

$$\text{s. t.}\ (\text{ILP}) \begin{cases} 2x_1 + x_2 \leqslant 9 \\ 2x_1 + 3x_2 \leqslant 14 \\ x_1,\ x_2 \geqslant 0，\text{且为整数} \end{cases}$$

解 用单纯形法解对应的 LP 问题，得最优解：

$$x_1^* = \frac{13}{4},\ x_2^* = \frac{5}{2},\ z^{(0)} = \frac{59}{4}$$

选 x_2进行分枝，即增加两个约束，$x_2\leqslant 2$，$x_2\geqslant 3$，有

$$\max z = 3x_1 + 2x_2 \qquad\qquad \max z = 3x_1 + 2x_2$$

$$\text{s. t.}\ (\text{ILP1}) \begin{cases} 2x_1 + x_2 \leqslant 9 \\ 2x_1 + 3x_2 \leqslant 14 \\ x_2 \leqslant 2 \\ x_1,\ x_2 \geqslant 0，\text{且为整数} \end{cases} \qquad \text{s. t.}\ (\text{ILP2}) \begin{cases} 2x_1 + x_2 \leqslant 9 \\ 2x_1 + 3x_2 \leqslant 14 \\ x_2 \geqslant 3 \\ x_1,\ x_2 \geqslant 0，\text{且为整数} \end{cases}$$

在 ILP1 中引入松弛变量 x_5，得

$$x_1 = \frac{7}{2},\ x_2 = 2,\ z^{(1)} = \frac{29}{2}$$

继续分枝，加入约束条件 $x_1 \leqslant 3$，$x_1 \geqslant 4$。

在 ILP2 中引入松弛变量 x_6，得

$$x_1 = \frac{5}{2},\ x_2 = 3,\ z^{(2)} < z^{(1)}$$

所以先不考虑分枝。

按 LP1 继续分枝，加入约束条件 $x_1 \leqslant 3$，$x_1 \geqslant 4$，有

$$\max z = 3x_1 + 2x_2$$
$$\text{s. t. (ILP3)}\begin{cases} 2x_1 + x_2 \leqslant 9 \\ 2x_1 + 3x_2 \leqslant 14 \\ x_2 \leqslant 2 \\ x_1 \leqslant 3 \\ x_1,\ x_2 \geqslant 0\text{，且为整数} \end{cases}$$

$$\max z = 3x_1 + 2x_2$$
$$\text{s. t. (ILP4)}\begin{cases} 2x_1 + x_2 \leqslant 9 \\ 2x_1 + 3x_2 \leqslant 14 \\ x_2 \leqslant 2 \\ x_1 \geqslant 4 \\ x_1,\ x_2 \geqslant 0\text{，且为整数} \end{cases}$$

在 ILP3 中引入松弛变量 x_7，得

$$x_1 = 3,\ x_2 = 2,\ z^{(3)} = 13$$

在 ILP4 中引入松弛变量 x_8，得

$$x_1 = 4,\ x_2 = 1,\ z^{(4)} = 14$$

找到整数解，问题已探清，停止计算。

5.3.4　0-1 型整数规划

0-1 型整数规划是整数规划中的特殊情形，它的变量 x_i 仅取值 0 或 1，这时 x_i 称为 0-1 变量，或称二进制变量。解 0-1 型整数规划最容易想到的方法就是穷举法，这需要检查变量取值的 2^n 个组合，如果 n 较大，显然是不可能的，因此通常只检查变量取值组合的一部分，求得问题的最优解，这种方法称为隐枚举法。

【例 5.18】 求解 0-1 规划问题：

$$\max z = 3x_1 - 2x_2 + 5x_3$$
$$\text{s. t.}\begin{cases} x_1 + 2x_2 - x_3 \leqslant 2 \\ x_1 + 4x_2 + x_3 \leqslant 4 \\ x_1 + x_2 \leqslant 3 \\ 4x_1 + x_3 \leqslant 6 \\ x_1,\ x_2,\ x_3 = 0 \text{ 或 } 1 \end{cases}$$

解　应用隐枚举法，容易看出$(x_1,\ x_2,\ x_3)=(1,\ 0,\ 0)$满足约束条件，且目标函数值 $z=3$。

对于极大化问题求最优解，我们可以增加一个约束条件◎：$3x_1 - 2x_2 + 5x_3 \geqslant 3$，这样就减少了运算次数，计算过程如表 5.26 所示。

表 5.26　最优解计算过程

点	条件					满足条件？是(√)否(×)	z 值
	◎	①	②	③	④		
(0, 0, 0)	0					×	
(0, 0, 1)	5	−1	1	0	1	√	5
(0, 1, 0)	−2					×	
(0, 1, 1)	3	1	5			×	
(1, 0, 0)	3	1	1	1	0	√	3
(1, 0, 1)	8	0	2	1	1	√	8
(1, 1, 0)	1					×	
(1, 1, 1)	6	2	6			×	

所以，得到的最优解为$(x_1, x_2, x_3)=(1, 0, 1)$，$\max z=8$。

其实，在计算过程中，若遇到 z 值已超过条件◎右边的值，应改变该值，使其始终为计算中遇到的最大者，这样可以减少计算量。例如，在检查点(0, 0, 1)时，$z=5(>3)$，就可把约束条件改为 $3x_1-2x_2+5x_3\geqslant 5$。

通常重新排列目标函数中 x_i 的顺序，使其递增(不减)排列。如本题目标函数就可改为 $\max z=-2x_2+3x_1+5x_3$，然后变量(x_2, x_1, x_3)也可按下述顺序(0, 0, 0)，(0, 0, 1)，(0, 1, 0)，(0, 1, 1)，…取值，这样最优解容易较早发现。再结合约束条件的改进，更可使计算程序简化。

5.3.5　指派问题

在生活中我们经常遇到这样的问题：某单位需完成 n 项任务，恰好有 n 个人可承担这些任务。由于每人的专长不同，各人完成的任务不同(或所需时间不同)，效率也不同。于是产生应指派哪个人去完成哪项任务，使完成 n 项任务的总效率最高。这类问题称为指派问题或分派问题。

下面给出指派问题(匈牙利法)的数学模型。设决策变量为

$$x_{ij}=\begin{cases}1, \text{分配第 } i \text{ 个人去做第 } j \text{ 件工作} \\ 0, \text{不指派第 } i \text{ 人去做第 } j \text{ 件工作}\end{cases} \quad (i, j=1, 2, \cdots, n)$$

当问题要求为最小化时，数学模型为

$$\max z=\sum_{i=1}^{n}\sum_{j=1}^{n}c_{ij}x_{ij}$$

$$\text{s.t.}\begin{cases}\displaystyle\sum_{j=1}^{n}x_{ij}=1 \quad (i=1, 2, \cdots, n) \\ \displaystyle\sum_{i=1}^{n}x_{ij}=1 \quad (j=1, 2, \cdots, n) \\ x_{ij}=0 \text{ 或 } 1 \quad (i, j=1, 2, \cdots, n)\end{cases}$$

其中，系数矩阵中的元素 $c_{ij}>0(i, j=1, 2, \cdots, n)$ 表示指派第 i 人去完成第 j 项任务时的效率(时间、成本等)。

求解最小化指派问题的思路及步骤如下：

(1) 使指派问题的系数矩阵经变换，在各行各列中都出现 0 元素。先从系数矩阵(c_{ij})的每行元素中减去该行的最小元素，再从所得系数矩阵的每列元素中减去该列的最小元素，得到新矩阵(b_{ij})。

(2) 进行试指派，以寻求最优解。在新的系数矩阵中每行每列都有了 0 元素，但需找出 n 个独立的 0 元素。若能找出，则这些 0 元素对应矩阵 x_{ij} 中的元素为 1，其余为 0，就得到最优解。当 n 较小时，可用观察法、试探法找出 n 个独立 0 元素。若 n 较大，就必须按以下步骤寻找：

① 从只有一个 0 元素的行(列)开始，给这个 0 元素加圈，记作◎。这表示对这行所代表的人，只有一种任务可指派。然后划去◎所在列(行)的其他 0 元素，记作∅，表示这列所代表的任务已指派完，不必再考虑别人了。

② 给只有一个 0 元素列(行)的 0 元素加圈，记作◎；然后划去◎所在行的 0 元素，记作∅。

③ 反复进行步骤①、②，直到所有 0 元素都被圈出和划掉为止。

④ 若仍有未划掉的 0 元素，且同行(列)的 0 元素至少有两个，可从剩有 0 元素最少的行(列)开始，比较该行各 0 元素所在列中 0 元素的数目，选择 0 元素少的那一列的这个 0 元素加圈；然后划掉同行同列的其他 0 元素，反复进行，直到所有 0 元素都被圈出和划掉为止。

⑤ 若◎元素的数目 m 等于矩阵的阶数 n，则得到指派问题的最优解；否则，进行步骤(3)。

(3) 作最少的直线覆盖所有 0 元素。

① 对没有◎的行打√。

② 对已打√的行中所有含∅元素的列打√。

③ 对打√的列中所有含◎元素的行打√。

④ 重复步骤②、③，直到得不出新的打√的行、列为止。

⑤ 对没有打√的行画横线，有打√的列画纵线，就得到覆盖所有 0 元素的最少直线数。

设直线数为 l，若 $l=n$，而 $m<n$，则应回到步骤(2)的④，另行试探；若 $l<n$，说明必须再变换当前的系数矩阵，才能找到 n 个独立的 0 元素，进行步骤(4)。

(4) 变换新矩阵以增加 0 元素。

在没有被直线覆盖的所有元素中找出最小元素，然后打√的各行都减去该最小元素；打√的各列都加上该最小元素(以保证系数矩阵中不出现负元素)。新系数矩阵的最优解与原问题仍相同，则应回到步骤(2)，依次进行后续步骤。

【例 5.19】 有一份中文说明书，需译成英、日、德、俄四种文字，分别记作甲、乙、丙、丁。现有张、王、李、赵四个人，他们将中文说明书译成不同语种的说明书所需时间如表 5.27 所示，如何分派任务，可使总时间最少？

表 5.27　翻 译 时 间

人　员	时　间			
	任务甲	任务乙	任务丙	任务丁
张	6	7	11	2
王	4	5	9	8
李	3	1	10	4
赵	5	9	8	2

解　(1) 变换系数矩阵：

$$(c_{ij})=\begin{bmatrix}6&7&11&2\\4&5&9&8\\3&1&10&4\\5&9&8&2\end{bmatrix}\begin{matrix}-2\\-4\\-1\\-2\end{matrix}\Rightarrow\begin{bmatrix}4&5&9&0\\0&1&5&4\\2&0&9&3\\3&7&6&0\end{bmatrix}\Rightarrow\begin{bmatrix}4&5&4&0\\0&1&0&4\\2&0&4&3\\3&7&1&0\end{bmatrix}=(b_{ij})$$

$$\qquad\qquad\qquad\qquad -5$$

(2) 试指派：

$$\begin{bmatrix}4&5&4&\circledcirc\\\circledcirc&1&\varnothing&4\\2&\circledcirc&4&3\\3&7&1&\varnothing\end{bmatrix}$$

找到三个独立零元素，但 $m=3<n=4$。

(3) 作最少的直线覆盖所有 0 元素：

$$\begin{bmatrix}4&5&4&\circledcirc\\\circledcirc&1&\varnothing&4\\2&\circledcirc&4&3\\3&7&1&\varnothing\end{bmatrix}\begin{matrix}\checkmark\\ \\ \\ \checkmark\end{matrix}$$

$$\qquad\qquad\qquad\checkmark$$

独立零元素的个数 m 等于最少直线数 l，即 $l=m=3<n=4$。

(4) 变换矩阵 (b_{ij}) 以增加 0 元素，没有被直线覆盖的所有元素中的最小元素为 1，然后打√的各行都减去 1；打√的各列都加上 1，得到如下矩阵，并转第(2)步进行试指派：

$$\begin{bmatrix}3&4&3&\circledcirc\\\circledcirc&1&\varnothing&5\\2&\circledcirc&4&4\\2&6&0&\varnothing\end{bmatrix}\Rightarrow\begin{bmatrix}3&4&3&0\\0&1&0&5\\2&0&4&4\\2&6&0&0\end{bmatrix}\Rightarrow\begin{bmatrix}3&4&3&\circledcirc\\\circledcirc&1&\varnothing&5\\2&\circledcirc&4&4\\2&6&\circledcirc&\varnothing\end{bmatrix}$$

得到四个独立的零元素，所以最优解矩阵为 $\begin{bmatrix}0&0&0&1\\1&0&0&0\\0&1&0&0\\0&0&1&0\end{bmatrix}$。

以上讨论限于极小化的指派问题，对极大化的问题，即求

$$\max z = \sum_{i=1}^{n}\sum_{j=1}^{n} c_{ij}x_{ij}$$

可令

$$b_{ij} = M - c_{ij}$$

其中，M 是足够大的常数(如选 c_{ij} 中最大元素为 M 即可)，这时系数矩阵可变换为 $\boldsymbol{B}=(b_{ij})$，这时 $b_{ij}\geqslant 0$，符合匈牙利法的条件。目标函数经变换后，即解

$$\min z' = \sum_{i=1}^{n}\sum_{j=1}^{n} b_{ij}x_{ij}$$

所得最小解就是原问题的最大解。

5.4 动态规划

一些现实问题在解决的过程中，常被划分为几个相互联系的阶段，每个阶段都有若干种方案供选择，而决策的任务就是在每个阶段选择一个适当的方案，从而使整体达到最优。动态规划就是这样一种解决多阶段决策问题的运筹学方法。动态规划始于1951年的美国科学家 R. E. Bellman，他在一类多阶段决策问题的研究中首先提出了解决此类问题的"最优性原理"，在研究了许多实际问题的基础上提出了动态规划的方法。本节首先通过具体的事例引入多阶段决策问题，引出动态规划的基本概念及基本定理的介绍，结合模型的建立及求解方法，最后通过各类问题讲解动态规划的应用，达到解决此类问题的目的。

5.4.1 多阶段决策问题

在生产和科学实验的过程中，有一类活动过程，可被分成若干个互相联系的阶段，而在每一个阶段都需要作出决策，从而使整个过程达到最好的活动效果。每个阶段的选取不是任意确定的，它依赖于当前面临的状态，并影响以后的发展。各个阶段的决策确定后，即确立了一组决策序列，也即产生了一条活动路线。这类问题可以简单地看成一个前后关联、具有链状结构的多阶段过程(见图 5.4)，称其为多阶段决策过程(Multistage Decision Process)，也称为序贯决策过程。

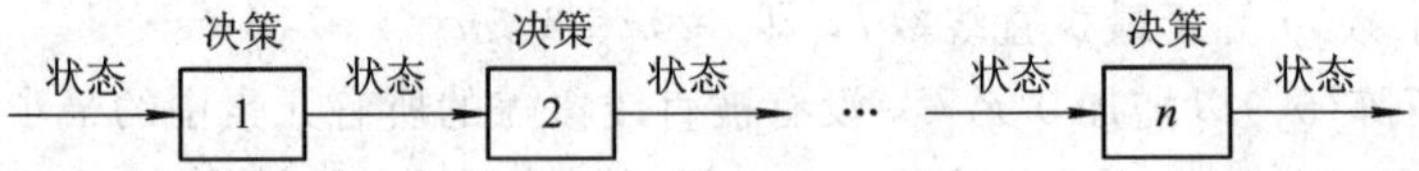

图 5.4 多阶段决策过程

在多阶段决策问题中，各个阶段采取的决策一般是与时间有关的，即决策依赖于当前的状态，同时引起状态的转移，而一个决策序列就是在变化的状态中产生出来的，因此把处理的方法称为动态规划方法。

多阶段决策问题很多，下面通过几个典型实例的分析，来逐步归纳多阶段决策问题的共同特点。

【例 5.20】 (不定阶段最短路线问题)图 5.5 是五座城市及其相连道路的交通图，线上的数字是对应的路长，问：应如何确定行驶路线，才能使从 A、B、C、D 各城市到 E 的行驶路线最短？

分析 观察图 5.5 的结构，发现任意两座城市间都有道路连通，利用这种特点把一座城市直接到达另外一座城市作为一个阶段，从 A、B、C、D 中的某城市(例如 A)到 E 的阶段数，少则一个(直达)，多则无限(从 A 出发，在 B、C、D 三城市间兜圈)。为了避免循环，需要加上一个约束条件，即每个城市至多绕一次。于是从 A 到 D 的阶段数有下列四种情况。

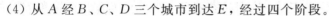

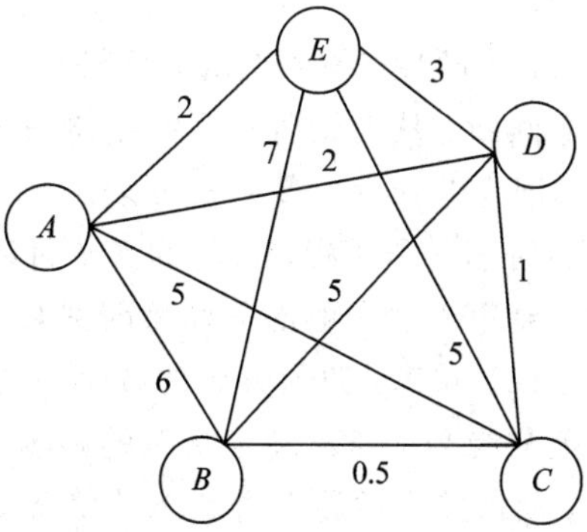

图 5.5 交通图

(1) 从 A 直达 E，经过一个阶段；

(2) 从 A 经 B、C、D 中之一到达 E，经过两个阶段；

(3) 从 A 经 B、C、D 中之二到达 E，经过三个阶段；

(4) 从 A 经 B、C、D 三个城市到达 E，经过四个阶段。

一般所求的最短路线究竟存在于上述哪一种情形之中，也就是说最短路线将经过几个阶段需要研究。这类问题——最短路线问题是十分常见的，若图中数字表示城市之间的运费，就可成为求最小运费问题。

【例 5.21】 (投资问题)有资金 7 亿元，可在三个项目上进行投资：项目 A 的投资额不得超过 3 亿元；项目 B 与项目 C 的投资额不得低于 2 亿元，但不得超过 4 亿元，或者可以不投资。投资方式与预期收益如表 5.28(“—”表示不允许发生的情况，单位为亿元)所示。应如何分配三个项目上的投资额，才能使总收益最大？

表 5.28 投资方式与预期收益

项 目	收益/亿元				
	投资 0 亿元	投资 1 亿元	投资 2 亿元	投资 3 亿元	投资 4 亿元
A	0	5	8	10	—
B	0	—	3	9	11
C	0	—	7	11	13

分析 该例可按项目顺序确定阶段数，第 k 阶段就是指要确定第 k 个项目的投资额 $x_k(k=1, 2, 3)$这一步骤。设 A、B、C 分别为第 1、2、3 三个项目，则有

$$\begin{cases} 0 \leqslant x_1 \leqslant 3 \\ x_2 = 0 \text{ 或 } 2 \leqslant x_2 \leqslant 4 \\ x_3 = 0 \text{ 或 } 2 \leqslant x_3 \leqslant 4 \end{cases}$$

除以上的两种类型外，机器负荷分配问题、载货问题以及各种资源(人力、物力)分配问题等等，都具有多阶段决策问题的特征，均可用动态规划方法求解。

5.4.2 动态规划的基本概念及基本定理

1. 动态规划的基本概念

为了讨论的方便，这里引入几个主要概念：阶段、状态、决策、策略、转移方程、目标

函数。

(1) 阶段：按问题的时间演变或空间特征对过程进行划分的结果。每个阶段相互连接而不间断，从初始阶段到终结阶段即组成问题的全过程。描写阶段序数的变量称为阶段变量，记为k，$k=1, 2, \cdots, n$ 表示 1, 2, …, n 阶段。全过程中从第k阶段到第n阶段的部分称为后部k子过程，常简称k子过程(当$k=1$时，k子过程就是全过程)。全过程中从第1阶段到第k阶段的部分称为前部k子过程(当$k=n$时，前部k子过程就是全过程)。

(2) 状态：阶段开始的各种可能情况，一种情况就是一个状态。动态规划要求过程的发展只受当前阶段特定状态的影响(也被称为无后效性)。描写状态特征的变量称为状态变量，反映第k阶段多种状态的状态变量记作s_k。由于阶段开始时往往有多种状态，所以s_k相应有多个取值，其全体组成第k阶段的状态集合，记为S_k。

(3) 决策：依据当前阶段的特定状态，为了达到下一阶段某一状态所作出的选择方案。描写决策方案的变量称为决策变量，反映依据第k阶段已给定状态s_k来作出决策的决策变量记为x_k。决策变量是依赖于状态变量，依据状态变量s_k的允许而作出的决策方案的全体，即当前阶段决策的结果决定了下一阶段将达到哪种状态。

(4) 策略(状态转移方程)：依据第一阶段的给定状态，由全过程中每一个阶段的决策所组成的序列。系统在阶段k时的状态变量为s_k，该阶段的决策变量x_k一经确定，第$k+1$阶段的状态变量s_{k+1}的值也就完全确定了。为了描述过程的演变，需要确定的策略(状态转移方程)

$$s_{k+1}=T_k(s_k, x_k) \tag{5.10}$$

必须具有递推关系。

(5) 目标函数——阶段效应和最优指标函数：在阶段k时状态为s_k，当决策变量x_k取得某个值(或方案)后，就得到一个反映这个局部措施效应的数量指标$r_k(s_k, x_k)$，称为k阶段的效应函数(阶段指标函数)。第k阶段的状态为s_k，当采取最优子策略$(x_k, x_{k+1}, \cdots, x_n)$后，从阶段$k$到阶段$n$获得的是总效应，称为最优指标函数，记为$f_k(s_k)$。通常，$f_k(s_k)$可以写成形式$f_k(s_k)=\underset{D_k(s_k)}{\text{opt}}\{r_k(s_k, x_k)\odot r_{k+1}(s_{k+1}, x_{k+1})\odot\cdots\odot r_n(s_n, x_n)\}$，其中运算符号$\odot$表示某种运算，可以是加、乘或其他运算，符号 opt 是英文 optimization 的缩写，可根据问题的性质求 max 或 min。

2. 基本定理——最优性原理

人们长期以来将最优性原理作为动态规划的理论基础，经过研究后才发现最优性原理仅是策略最优化的必要条件，只是最优化定理的一个推论，因此人们把至关重要的最优性原理称为动态规划的基本定理。

最优性原理作为整个过程的最优策略，具有这样的性质：无论过去的状态和决策如何，相对于前面决策所形成的状态而言，余下的决策序列必然构成最优子策略。

最优性原理作为动态规划的核心，利用它以递推方法解决多阶段策略问题时，前面的状态和决策对其后面的子问题来说，仅相当于初始条件，并不影响后面的最优决策。

5.4.3 动态规划模型及求解方法

1. 动态规划的数学模型

设在阶段k时状态为s_k，执行了选定的决策x_k后，由式(5.10)可知，状态变为$s_{k+1}=$

$T_k(s_k, x_k)$。k 后部子过程变为 $k+1$ 后部子过程，根据最优性原理，可知 k 后部子过程的最优指标函数为

$$f_k(s_k) = \underset{x_k \in D_k(x_k)}{\text{opt}} \{r_k(s_k, x_k) \odot f_{k+1}(s_{k+1})\} \tag{5.11}$$

另有以下等式：

$$f_{n+1}(s_{n+1}) = 0 \text{ 或 } 1 \tag{5.12}$$

式(5.12)通常称为边界条件，为过程结束或开始时的状态。式(5.11)和式(5.12)一起被称为动态规划的基本函数方程，即动态规划的基本方程，也被称为递归方程。

用动态规划方法解决实际问题，需要根据实际情况建立动态规划的数学模型，这是解决整个问题的过程中非常重要的一步，也是很困难的一步。

动态规划的数学模型的建立一般包括以下步骤：

(1) 划分阶段：依据实际问题的性质，按照时间或空间的顺序，将过程划分为若干个相互联系的阶段，将求解精度和计算速度等多方面因素综合考虑，以便有效地求解。

(2) 确定状态变量及其取值范围：状态变量既要能描述过程演变的状态，又要满足无后效性的要求，且状态变量的维数应尽量地小，一般是从限制系统运筹的条件或从问题的约束条件中寻找，在确定状态变量后还需进一步明确变量在各阶段的取值范围，即确定允许状态集合。

(3) 确定决策变量及其取值范围：决策变量是状态的函数，对于 k 阶段的决策变量确定后，它将影响本阶段的效应，并会影响下一阶段的初始状态，从而影响第 $k+1$ 阶段到最终状态的最优指标函数。明确决策变量的取值范围，即确定允许决策集合。

(4) 建立状态转移方程：如果给定第 k 阶段状态变量 s_k 的值，则该阶段的决策变量 x_k 一经确定，第 $k+1$ 阶段的状态变量 s_{k+1} 的值也就完全确定了，即状态转移方程 $s_{k+1} = T_k(s_k, x_k)$ 必须具有递推关系。

(5) 确定阶段效应和最优指标函数，建立动态规划的函数方程：阶段效应函数 $r_k(s_k, x_k)$ 根据问题的性质，可以为收益函数或损耗函数，而第 k 阶段的最优指标函数 $f_k(s_k)$ 是指从 k 阶段到 n 阶段获得的总效应，要求 $f_k(s_k)$ 是按阶段单调的，最后建立满足式(5.11)和式(5.12)的基本函数方程。

以上 5 个步骤全部完成后，即完成了动态规划数学模型的建立，但这并不是轻而易举的，需要读者不断地实践并总结经验，才能深刻领会，才能有效地解决此类问题。

2. 动态规划的求解方法

经过长期对实际问题的研究发现，最常见的最优指标函数形式有两类，即加法型和乘法型，所以动态规划递推形式的基本方程分别为

$$\begin{cases} f_k(s_k) = \underset{x_k \in D_k(s_k)}{\text{opt}} [r_k(s_k, x_k) + f_{k+1}(s_{k+1})] \ (k = n, n-1, \cdots, 1) \\ f_{n+1}(s_{k+1}) = 0 \end{cases} \tag{5.13}$$

和

$$\begin{cases} f_k(s_k) = \underset{x_k \in D_k(s_k)}{\text{opt}} [r_k(s_k, x_k) \cdot f_{k+1}(s_{k+1})] \ (k = n, n-1, \cdots, 1) \\ f_{n+1}(s_{k+1}) = 1 \end{cases} \tag{5.14}$$

通过递推基本方程式(5.13)(或式(5.14))及状态转移方程(5.10)求解动态规划的过

程，可以发现是由 $k=n$ 递推至 $k=1$ 的，这种由后向前逐步递推的方法，称为逆序解法。逆序解法是一般常用的方法，当求出全过程的最优策略时即可得到原问题的最优解。有些问题也可采用由前向后逐步递推的方法，即顺序解法，这时状态转移方程和基本方程(加法型的)分别为

$$s_{k-1}=T_k(s_k,\ x_k)\ (k=1,\ 2,\ \cdots,\ n) \tag{5.15}$$

$$\begin{cases} f_k(s_k)=\underset{x_k\in D_k(s_k)}{\text{opt}}\ [r_k(s_k,\ x_k)+f_{k-1}(s_{k-1})]\ (k=1,\ 2,\ \cdots,\ n) \\ f_0(s_0)=0 \end{cases} \tag{5.16}$$

同理，与最优指标函数是乘法形式对应的基本方程，读者也可以很容易地写出。

既可用逆序解法求解，又可用顺序解法求解的多阶段决策过程，称为可逆过程，如最短路线问题的求解过程就是一个可逆过程。在此主要讨论逆序解法，顺序解法类似。以下通过实例来讲述动态规划建模及求解的全过程。

【例 5.22】 (投资分配问题)假设某工业部门通过各种正规渠道共筹集了600万元的资金供四个老企业进行技术改造，各企业技术改造后所得的利润(万元)与投资额(百万元)大小的关系如表5.29所示。要求确定各工厂的投资资金，使得这些工厂接受后，该部门的总利润达到最大。

表 5.29 工厂利润与投资额关系

投资额	利润			
	工厂Ⅰ	工厂Ⅱ	工厂Ⅲ	工厂Ⅳ
0	0	0	0	0
1	40	40	50	50
2	100	80	120	80
3	130	100	170	100
4	160	110	200	120
5	170	120	220	130
6	170	130	230	140

分析 这类问题属极为典型的“资源分配”问题，即解决如何将一定数量的一种或若干种资源(如人力、资金、材料、时间等)，合理分配给若干个使用者(或生产方式)，使资源的投放可以达到最优。

假定有一种资源，其数量为 a，现需要将它分配给 n 个使用者，而使总收益最大。若分配给第 i 个使用者的数量为 $x_i(i=1,\ 2,\ \cdots,\ n)$，且由此产生的收益为 $g_i(x_i)$，$g_i(x_i)$ 自然应该是 x_i 的非递减函数，于是该问题的数学模型为

$$\max\sum_{i=1}^{n}g_i(x_i)$$

$$\text{s.t.}\begin{cases} \sum_{i=1}^{n}x_i=a \\ x_i\geqslant 0\quad (i=1,\ 2,\ \cdots,\ n) \end{cases} \tag{5.17}$$

这是一种资源的分配问题，称为一维分配问题。

解　这是一类静态的线性或非线性规划问题，此类问题可以看作一个多阶段决策问题，利用动态规划的方法进行求解。

建立动态规划数学模型：把资金分配给前 k 个工厂的过程作为第 k 个阶段（$k=1, 2, 3, 4$），这样就将过程划分为相互联系的四个阶段。

设状态变量 s_k 为分配给第 k 个工厂到第 n 个工厂的资金总额，即 k 阶段初所拥有的资金额，显然可知 $0 \leqslant s_k \leqslant a$（$a=600$ 万元，此不等式即允许状态集合）。决策变量 x_k 为分配给第 k 个工厂的资金额，此处 $0 \leqslant x_k \leqslant s_k$。

状态转移方程为

$$\begin{cases} s_{k+1} = s_k - x_k & (k = 4, 3, 2, 1) \\ s_1 = a; \ s_5 = 0 & (\text{将全部资金分配完}) \end{cases}$$

阶段收益函数 $g_k(s_k, x_k)$ 为第 k 个工厂接受 x_k 资金后所得的利润。最优指标函数 $f_k(s_k)$ 就是将资金 s_k 完全分配给第 k 个工厂到第 n 个工厂后所获得的总利润，则可得到动态规划的基本方程：

$$\begin{cases} f_k(s_k) = \max\limits_{0 \leqslant x_k \leqslant s_k} [g_k(s_k, x_k) + f_{k+1}(s_{k+1})] \\ \qquad\quad = \max\limits_{0 \leqslant x_k \leqslant s_k} [g_k(s_k, x_k) + f_{k+1}(s_k - x_k)] \quad (k = 4, 3, 2, 1) \\ f_5(s_5) = 0 \quad (\text{或等价地有 } f_4(s_4) = g_4(s_4)) \end{cases}$$

这样决策变量和状态变量的取值（以百万为分配单位）就是离散的非负整数 0，1，2，…，6，故计算结果用表格形式表示比较简便。

下面用逆序法求解。

当 $k=4$ 时，$s_4=0,1,2,\cdots,6$，$x_4=0,1,2,\cdots,6$，最大利润为 $f_4(s_4)=\max\limits_{x_4}[g_4(s_4, x_4)]$。数值计算列于表 5.30 中。表中 x_4^* 表示使得 $f_4(s_4)$ 为最大时的最优决策。

表 5.30　逆序法计算

s_4	$g_4(x_4)$							$f_4(s_4)$	x_4^*
	$x_4=0$	$x_4=1$	$x_4=2$	$x_4=3$	$x_4=4$	$x_4=5$	$x_4=6$		
0	0							0	0
1		50						50	1
2			80					80	2
3				100				100	3
4					120			120	4
5						130		130	5
6							140	140	6

当 $k=3$ 时，$s_3=0, 1, 2, \cdots, 6$，即把 s_3 的资金额分配给第 3 个工厂和第 4 个工厂的情形，数值计算列于表 5.31 中。

表 5.31 逆序法计算

s_3	$g_3(x_3)+f_4(s_3-x_3)$							$f_3(s_3)$	x_3^*
	$x_3=0$	$x_3=1$	$x_3=2$	$x_3=3$	$x_3=4$	$x_3=5$	$x_3=6$		
0	0							0	0
1	0+50	50+0						50	0，1
2	0+80	50+50	120+0					120	2
3	0+100	50+80	120+50	170+0				170	2，3
4	0+120	50+100	120+80	170+50	200+0			220	3
5	0+130	50+120	120+100	170+80	200+50	220+0		250	3，4
6	0+140	50+130	120+120	170+100	200+80	220+50	230+0	280	4

当 $k=2$ 时，$s_2=0$，1，2，…，6，即把 s_2 的资金额分配给第 2、3、4 个工厂的情形，数值计算列于表 5.32 中。

表 5.32 逆序法计算

s_2	$g_2(x_2)+f_3(s_2-x_2)$							$f_2(s_2)$	x_2^*
	$x_2=0$	$x_2=1$	$x_2=2$	$x_2=3$	$x_2=4$	$x_2=5$	$x_2=6$		
0	0							0	0
1	0+50	40+0						50	0
2	0+120	40+50	80+0					120	0
3	0+170	40+120	80+50	100+0				170	0
4	0+220	40+170	80+120	100+50	110+0			220	0
5	0+250	40+220	80+170	100+120	110+50	120+0		260	1
6	0+280	40+250	80+220	100+170	110+120	120+50	130+0	300	2

当 $k=1$ 时，只有 $s_1=6$ 的情况，即把 s_1 的资金额分配给第 1、2、3、4 个工厂的情形，此时最大利润值为 $f_1(6)=\max\limits_{x_1}[g_1(6,x_1)+f_2(6-x_1)]$，其中 $x_1=0$，1，2，…，6，数值计算列于表 5.33 中。

表 5.33 逆序法计算

s_1	$g_1(x_1)+f_2(6-x_1)$							$f_1(6)$	x_1^*
	$x_1=0$	$x_1=1$	$x_1=2$	$x_1=3$	$x_1=4$	$x_1=5$	$x_1=6$		
6	0+300	40+260	100+220	130+170	160+120	170+50	170+0	320	2

从表 5.33 中可以看出，最大利润值为 $f_1(s_1)=320$。然后，分别按表 5.33、表 5.32、表 5.31 和表 5.30 的顺序递推，从而求得最优策略是 $x_1^*=2$，$x_2^*=0$，$x_3^*=3$，$x_4^*=1$，这样就得到了整个问题的最优解，即分别分配给第 1、2、3、4 工厂的资金为 200 万元、0 元、300 万元和 100 万元，该部门的总收益为 320 万元。

注 在应用动态规划方法处理这类静态规划问题时，一般总是把资源分配给一个或几个使用者的过程作为一个阶段，把原规划的变量中的 x_k 作为决策变量，把累积的量或随递推过程演变的量作为状态变量。

一般若考虑的动态规划的基本方程是由 $f_k(s_k)=\underset{x_k\in D_k(x_k)}{\text{opt}}\{r_k(s_k,x_k)\odot f_{k+1}(s_{k+1})\}$ $(k=n,n-1,\cdots,1)$和 $f_{n+1}(s_{k+1})=0$ 或 1 组成的，当 $g_i(x_i)$是线性函数或凸函数时，则容易求出最优指标函数 $f_k(s_k)$的表达式，从而可以很快地求解出各个子过程的最优子策略；但当 $g_i(x_i)$不具备上述特性时，求最优指标函数 $f_k(s_k)$的表达式会遇到很大的困难，所以我们需要通过将连续变量离散化，然后分段列举求解。

不失一般性，通过考虑连续变量的一维分配问题

$$\begin{cases}\max[g_1(x_1)+g_2(x_2)+\cdots+g_n(x_n)]\\x_1+x_2+\cdots+x_n=a\\x_j\geqslant 0\quad(j=1,2,\cdots,n)\end{cases}$$

其具体操作步骤为：

(1) 根据问题的精度要求对区间[0，a]进行分割，分割的数目 $m=\dfrac{a}{\Delta}$，其中 Δ 为小区间的长度，各分割点分别为 0，Δ，2Δ，3Δ，…，$m\Delta(=a)$。

(2) 规定状态变量 s_k及决策变量 x_k，它们只在离散点 0，Δ，2Δ，3Δ，…，$m\Delta$ 上取值，相应的最优指标函数 $f_k(s_k)$也只在这些离散的分割点处取值，于是状态转移方程为

$$\begin{cases}s_{k+1}=s_k-x_k\\s_1=a\end{cases}$$

动态规划的基本方程为

$$\begin{cases}f_k(s_k)=\max\limits_{0\leqslant x_k\leqslant s_k}[g_k(s_k,x_k)+f_{k+1}(s_{k+1})]\\\qquad\quad=\max\limits_{p=0,1,2,\cdots,q}[g_k(s_k,p\Delta)+f_{k+1}(s_k-p\Delta)]\quad(k=n,n-1,\cdots,1)\\f_n(s_n)=g_n(s_n)\quad(\text{或 } f_{n+1}(s_{n+1})=0)\end{cases}$$

其中，$s_k=q\Delta$ 是第 k 阶段开始时拥有的限量资源。

(3) 按照逆序求解原则，逐步递推求出问题的各个后部子过程的最优解，直至求出整个过程的最优解。

5.4.4　动态规划的应用

动态规划的应用是极其广泛的，本节将通过对两个动态规划应用典型实例的分析，进一步讲述动态规划方法。

1. 采购—生产—库存—销售等涉及生产经营的问题

在实际的生产经营活动中经常会遇到一系列问题，尤其会遇到是否要扩大生产的难题：一方面，大量生产必将降低生产成本，但若超过市场需求则会造成产品积压，从而影响资金链的正常运转；另一方面，小产量的生产可以降低产品的积压，保证资金链的正常运转，但是由于产品数量较少，很难形成一定规模的经济效益，同时还会使生产成本大幅增加。为了保证企业生产经营活动的正常运行，并获取较好的经济效益，必须合理安排采购、生产、库存、销售等一系列活动，使计划期内各项费用总和达到最小，同时效益达到一

定规模。

【例 5.23】 (限期采购问题)某工厂生产上要求必须在近 5 周之内采购一批工业原料，而原料价格估计会在未来 5 周之内有波动，其浮动价格和概率已测得(如表 5.34 所示)，试确定该工厂在 5 周内采购这批原材料的最优策略，使采购价格的期望值最小。

表 5.34 原料价格及其概率

原料单价/元	概率
500	0.3
600	0.3
700	0.4

分析 这里的价格是一个随机变量，它是按某种已知的概率分布取值的。首先需要将采购期限 5 周分解为 5 个阶段，即阶段变量 $k=1, 2, 3, 4, 5$。状态变量 s_k 表示第 k 周的原料实际价格，决策变量 x_k 表示是否决定采购($x_k=1$ 表示第 k 周决定采购，$x_k=0$ 表示第 k 周不采购)。用 S_{kE} 表示第 k 周决定等待，而在以后采取最优决策时采购价格的期望值。最优指标函数 $f_k(s_k)$ 表示第 k 周实际价格为 s_k 时，从第 k 周至第 5 周采取最优决策时的最小期望价格。

解 由题意可得逆序递推关系式为

$$\begin{cases} f_k(s_k) = \min\{s_k, S_{kE}\}(s_k \in D_k, k = 4, 3, 2, 1) \\ f_5(s_5) = s_5(s_5 \in D_5) \end{cases}$$

其中，$D_k=\{500, 600, 700\}$，$k=1, 2, 3, 4, 5$。

由 S_{kE} 和 $f_k(s_k)$ 的定义可知：

$$S_{kE}=Ef_{k+1}(s_{k+1})=0.3f_{k+1}(500)+0.3f_{k+1}(600)+0.4f_{k+1}(700)$$

得出最优决策为

$$x_k = \begin{cases} 1(\text{采购})，当\ f_k(s_k) = s_k\ 时 \\ 0(\text{等待})，当\ f_k(s_k) = S_{kE}\ 时 \end{cases}$$

从最后一周开始，逐步向前递推计算。

$k=5$ 时，由 $f_5(s_5)=s_5(s_5\in D_5)$，可得 $f_5(500)=500$，$f_5(600)=600$，$f_5(700)=700$，即在第 5 周时，若所需的原料尚未买入，则无论市场价格如何都要进行采购，不能再等待。

$k=4$ 时，由 $S_{4E}=Ef_5(s_5)=0.3f_5(500)+0.3f_5(600)+0.4f_5(700)=610$，所以可得到

$$f_4(s_4) = \min_{s_4\in D_4}\{s_4, S_{4E}\} = \min_{s_4\in D_4}\{s_4, 610\}$$

$$= \begin{cases} 500，当\ s_4 = 500\ 时，x_4 = 1(\text{采购}) \\ 600，当\ s_4 = 600\ 时，x_4 = 1(\text{采购}) \\ 610，当\ s_4 = 700\ 时，x_4 = 0(\text{不采购}) \end{cases}$$

$k=3$ 时，由 $S_{3E}=Ef_4(s_5)=0.3f_4(500)+0.3f_4(600)+0.4f_4(700)=574$，所以可得到

$$f_3(s_3) = \min_{s_3\in D_3}\{s_3, S_{3E}\} = \min_{s_3\in D_3}\{s_3, 574\}$$

$$= \begin{cases} 500，当\ s_3 = 500\ 时，x_3 = 1(\text{采购}) \\ 574，当\ s_3 = 600\ 或\ 700\ 时，x_3 = 0(\text{不采购}) \end{cases}$$

同理，可知 $k=2$ 时，有

$$f_2(s_2)=\min_{s_2\in D_2}\{s_2,\ S_{2E}\}=\min_{s_2\in D_2}\{s_2,\ 551.8\}$$

$$=\begin{cases}500，当\ s_2=500\ 时，x_2=1(采购)\\ 551.8，当\ s_2=600\ 或\ 700\ 时，x_2=0(不采购)\end{cases}$$

$k=1$ 时，有

$$f_1(s_1)=\min_{s_1\in D_1}\{s_1,\ S_{1E}\}=\min_{s_1\in D_1}\{s_1,\ 536.26\}$$

$$=\begin{cases}500，当\ s_1=500\ 时，x_1=1(采购)\\ 536.26，当\ s_1=600\ 或\ 700\ 时，x_1=0(不采购)\end{cases}$$

所以，最后采购策略为：若第 1、2、3 周原材料价格为 500 元，立即采购，否则在以后几周内再采购；若第 4 周价格为 500 或 600 元，则立即采购，否则等第 5 周再采购；第 5 周无论什么价格，必须采购。

按照以上最优策略进行采购时，价格的数学期望为

$$f_1(s_1)=0.3f_1(500)+0.3f_1(600)+0.4f_1(700)=525.382$$

2. 背包问题

这是运筹学中的一个著名问题，即一名旅行者携带背包去登山，已知他所能承受的背包重量限制为 a 公斤，现有 n 件物品供他选择装入背包，第 i 种物品的单件重量为 a_i 公斤，其价值 c_i(表示物品对登山重要性的指标)是携带物品数量 x_i 的函数 $c_i(x_i)(i=1,\ 2,\ \cdots,\ n)$，问旅行者应该如何选择才能使所带的物品的总价值达到最大。这类问题在海运、空运以及人造卫星内物品的装载等领域有着重要应用，通常称为最优装载问题，同时还能应用于解决机床加工中的零件最优加工、下料问题。

【例 5.24】 有一辆最大载货量为 10 吨的卡车，用以装载 3 种货物，每种货物的单位重量及相应的单位价值如表 5.35 所示，问应如何装载才能使总价值最大。

表 5.35　货物重量及价值

货物编号(i)	1	2	3
单位重量/吨	3	4	5
单位价值(c_i)	4	5	6

动态规划举例

分析　设 x_i 表示第 i 种货物装载的件数，则背包问题可归结为如下形式的整数规划模型：

$$\max z=\sum_{i=1}^{n}c_i(x_i)$$

$$\text{s. t.}\begin{cases}\displaystyle\sum_{i=1}^{n}a_ix_i\leqslant a\\ x_i\geqslant 0\ 且为整数\quad(i=1,\ 2,\cdots,\ n)\end{cases}$$

如果上述模型中的 x_i 只取 0 或 1，则以上模型又被称为 0－1 背包问题，一般常采用顺序递推法进行求解。

解　设 x_i 表示第 i 种货物装载的件数($i=1,\ 2,\ 3$)，则问题的数学模型为

$$\max z = 4x_1 + 5x_2 + 6x_3$$

$$\text{s.t.} \begin{cases} 3x_1 + 4x_2 + 5x_3 \leqslant 10 \\ x_i \geqslant 0 \text{ 且为整数} \quad (i = 1, 2, 3) \end{cases}$$

由于决策变量取离散值，此类问题可以采用列表法，利用顺序递推法列出所有可能的情况：

当 $k=1$ 时，$f_1(s_2) = \max\limits_{\substack{0 \leqslant 3x_1 \leqslant s_2 \\ x_1 \text{为整数}}} \{4x_1\}$ 或者 $f_1(s_2) = \max\limits_{\substack{0 \leqslant x_1 \leqslant s_2/3 \\ x_1 \text{为整数}}} \{4x_1\} = 4[s_2/3]$，计算结果列于表 5.36 中。

表 5.36　顺序递推法计算

s_2	0	1	2	3	4	5	6	7	8	9	10
$f_1(s_2)$	0	0	0	4	4	4	8	8	8	12	12
x_1^*	0	0	0	1	1	1	2	2	2	3	3

当 $k=2$ 时，$f_2(s_3) = \max\limits_{\substack{0 \leqslant 4x_2 \leqslant s_3 \\ x_2 \text{为整数}}} \{5x_2 + f_1(s_3 - 4x_2)\} = \max\limits_{\substack{0 \leqslant x_2 \leqslant s_3/4 \\ x_2 \text{为整数}}} \{5x_2 + f_1(s_3 - 4x_2)\}$，计算结果列于表 5.37 中。

表 5.37　顺序递推法计算

s_3	0	1	2	3	4	5	6	7	8	9	10
x_2	0	0	0	0	0，1	0，1	0，1	0，1	0，1，2	0，1，2	0，1，2
$c_2 + f_1$	0	0	0	4	4，5	4，5	8，5	8，9	8，9，10	12，9，10	12，13，10
$f_2(s_3)$	0	0	0	4	5	5	8	9	10	12	13
x_2^*	0	0	0	0	1	1	0	1	2	0	1

$$\begin{aligned} f_3(10) &= \max_{\substack{0 \leqslant x_3 \leqslant 2 \\ x_3 \text{为整数}}} \{6x_3 + f_2(10 - 5x_3)\} \\ &= \max\{f_2(10), 6 + f_2(5), 12 + f_2(0)\} \qquad (\text{当 } k = 3 \text{ 时}) \\ &= \max\{13, 6 + 5, 12 + 0\} \\ &= 13 \end{aligned}$$

此时，$x_3^* = 0$。逆推可得最优策略为 $x_1^* = 2$，$x_2^* = 1$，$x_3^* = 0$，最大价值为 13。

上面的例题中，我们只考虑了背包重量的限制，即所谓的“一维背包问题”，如果还增加了背包的体积限制 b，并假设第 i 种物品的每件体积为 v_i 立方米，问：应如何装背包，总价值最大？这就是“二维背包问题”，其数学模型为

$$\max z = \sum_{i=1}^{n} c_i(x_i)$$

$$\text{s.t.}\begin{cases}\sum_{i=1}^{n} a_i x_i \leqslant a \\ \sum_{i=1}^{n} v_i x_i \leqslant b \\ x_i \geqslant 0 \text{ 且为整数} \quad (i=1, 2, \cdots, n)\end{cases}$$

用动态规划方法求解，其解法与一维背包问题完全类似，只是状态变量是两个，决策变量仍为一个，请读者联系一下实例，求装载货物使其价值达到最大的方案。

思考　有一辆最大载货量为 5 吨、最大装载体积 $v=8$ 立方米的卡车，用以装载 3 种货物，已知每种货物各 8 件，每种货物的单位重量、单位体积及相应的单位价值如表 5.38 所示，问应如何装载才能使总价值最大？

表 5.38　装载货物数据

货物编号 i	1	2	3
单位重量/吨	1	3	2
单位体积/立方米	2	4	3
单位价值(c_i)	30	75	60

习　题　5

1. 把下列线性规划问题化为标准型：

(1) $\min z = -x_1 + 2x_2 - x_3$

$$\text{s.t.}\begin{cases}x_1 + x_3 - x_4 \leqslant 1 \\ 2x_1 + x_2 - x_3 \geqslant -2 \\ 3x_1 + x_2 + x_3 - x_4 = 1 \\ x_1 \leqslant 0;\ x_2,\ x_3 \geqslant 0;\ x_4 \text{ 无约束}\end{cases}$$

(2) $\max z = 2x_1 + 3x_2$

$$\text{s.t.}\begin{cases}x_1 + 2x_2 \leqslant 8 \\ -x_1 + x_2 \geqslant 1 \\ x_1 \leqslant 2 \\ x_1 \leqslant 0;\ x_2 \text{ 无约束}\end{cases}$$

2. 用图解法解下列线性规划问题：

(1) $\min z = x_1 - 3x_2$

$$\text{s.t.}\begin{cases}2x_1 - x_2 \leqslant 4 \\ x_1 + x_2 \geqslant 3 \\ x_2 \leqslant 5 \\ x_1 \leqslant 4 \\ x_1,\ x_2 \geqslant 0\end{cases}$$

(2) $\max z = 2x_1 + x_2$

$$\text{s.t.}\begin{cases}-x_1 + x_2 \leqslant 1 \\ -4x_1 + 3x_2 \geqslant 4 \\ x_1,\ x_2 \geqslant 0\end{cases}$$

3. 表 5.39 是对某个极大化线性问题计算得到的单纯形表。表中无人工变量，a_1、a_2、a_3、d、c_1、c_2为待定常数，$x_j \geqslant 0 (j=1, 2, \cdots, 6)$，试说明这些常数分别取何值时，以下结论成立：

(1) 表中解为唯一最优解；

(2) 表中解为最优解，但存在无穷多最优解；

(3) 该线性规划问题具有无界解；

(4) 表中解非最优，为对解进行改进，换入变量为 x_1，换出变量为 x_6。

表 5.39 单纯形表

基	x_1	x_2	x_3	x_4	x_5	x_6	b
x_1	4	a_1	1	0	a_2	0	d
x_4	−1	−3	0	1	−1	0	2
x_6	a_3	−5	0	0	−4	1	3
	c_1	c_2	0	0	−3	0	

4. 用单纯形法解下列线性规划问题：

(1) $\max z = x_1 - 2x_2 + x_3$

$$\text{s.t.}\begin{cases} x_1 + x_2 + x_3 \leqslant 12 \\ 2x_1 + x_2 - x_3 \leqslant 6 \\ -x_1 + 3x_2 \leqslant 9 \\ x_1,\ x_2,\ x_3 \geqslant 0 \end{cases}$$

(2) $\min z = -2x_1 - x_2 + 3x_3 - 5x_4$

$$\text{s.t.}\begin{cases} x_1 + 2x_2 + 4x_3 - x_4 \leqslant 6 \\ 2x_1 + 3x_2 - x_3 + x_4 \leqslant 12 \\ x_1 + x_3 + x_4 \leqslant 4 \\ x_1,\ x_2,\ x_3,\ x_4 \geqslant 0 \end{cases}$$

5. 用大 M 法和两阶段法解下列线性规划问题：

(1) $\max z = 3x_1 + 2x_2$

$$\text{s.t.}\begin{cases} x_1 + 2x_2 \leqslant 7 \\ x_1 - x_2 \geqslant 1 \\ x_1 + x_2 \geqslant 2 \\ x_1,\ x_2 \geqslant 0 \end{cases}$$

(2) $\max z = 2x_1 - x_2 - x_3$

$$\text{s.t.}\begin{cases} 3x_1 + 2x_2 + x_3 \geqslant 18 \\ 2x_1 + x_2 \leqslant 4 \\ x_1 + x_2 - x_3 = 5 \\ x_1,\ x_2,\ x_3 \geqslant 0 \end{cases}$$

(3) $\max z = -x_1 + x_2$

$$\text{s.t.}\begin{cases} 4x_1 + 3x_2 \geqslant 12 \\ 3x_1 - x_2 \leqslant 6 \\ x_2 \geqslant 2 \\ x_1,\ x_2 \geqslant 0 \end{cases}$$

(4) $\min z = x_1 + 3x_2 + 4x_3 + 3x_4$

$$\text{s.t.}\begin{cases} 3x_1 + 6x_2 + x_3 + 2x_4 \geqslant 15 \\ 6x_1 + 3x_2 + 2x_3 + x_4 \geqslant 12 \\ x_1,\ x_2,\ x_3,\ x_4 \geqslant 0 \end{cases}$$

6. 用图解法解下面的目标规划模型：

$$\min f = p_1(d_1^- + d_1^+) + p_2(d_2^- + d_3^-)$$

$$\text{s.t.}\begin{cases} 15x_1 + 25x_2 + d_1^- - d_1^+ = 600 \\ x_1 + 3x_2 + d_2^- - d_2^+ = 60 \\ x_1 + x_2 + d_3^- - d_3^+ = 40 \\ x_1,\ x_2,\ d_i^-,\ d_i^+ \geqslant 0 \quad (i = 1,\ 2,\ 3) \end{cases}$$

7. 用单纯形法解下面的目标规划模型：

$$\min f = p_1(d_1^- + d_1^+) + p_2(2d_2^+ + 3d_3^+)$$

$$\text{s. t.}\begin{cases} x_1 - 10x_2 + d_1^- - d_1^+ = 50 \\ 4x_1 + 8x_2 + d_2^- - d_2^+ = 20 \\ 6x_2 + d_3^- - d_3^+ = 100 \\ x_1,\ x_2,\ d_i^-,\ d_i^+ \geqslant 0 \quad (i = 1, 2, 3) \end{cases}$$

8. 用分枝定界法解下面的整数线性规划问题：

(1) $\max z = 3x_1 + 13x_2$

$$\text{s. t.}\begin{cases} 2x_1 + 9x_2 \leqslant 40 \\ 11x_1 - 8x_2 \leqslant 82 \\ x_1,\ x_2 \geqslant 0 \text{ 且为整数} \end{cases}$$

(2) $\min z = x_1 + 4x_2$

$$\text{s. t.}\begin{cases} 2x_1 + x_2 \leqslant 8 \\ x_1 + 2x_2 \geqslant 6 \\ x_1,\ x_2 \geqslant 0 \text{ 且为整数} \end{cases}$$

9. 用隐枚举法解下面的 0 - 1 规划问题：

$$\max z = 2x_1 - x_2 + 5x_3 - 3x_4 + 4x_5$$

$$\text{s. t.}\begin{cases} 3x_1 - 2x_2 + 7x_3 - 5x_4 + 4x_5 \leqslant 6 \\ x_1 - x_2 + 2x_3 - 4x_4 + 2x_5 \leqslant 0 \\ x_j = 0 \text{ 或 } 1 \quad (j = 1, 2, \cdots, 5) \end{cases}$$

规划模型习题

第6章 图论模型

我们周围有许多的问题，是通过图形的方式来对其进行描述和分析的，这种方式形象直观，易于理解且效果很好。图论通过由点与边组成的图形来描述具有某种二元关系的系统，依据图的性质进行分析，提供研究各种系统的巧妙方法。事物关系、物质结构、电气网络、通信网络、城市规划、交通运输、信息传递及工作调配等都可以用点和边连接起来构成的图进行模拟。图论中最重要的部分在于点与点之间是否具有连接关系，而不是几何中点的位置、边的长度。

6.1 图的基本概念与定理

18世纪的哥尼斯堡城(以下简称哥城，即现今的加里宁格勒，位于现俄罗斯西部)，是一座历史名城，普雷格尔河流经该城，把该城分为如图6.1(a)所示的四个区域，即A区、B区、C区、D区，四个区域通过七座桥互相连接。哥城的居民在沿河散步欣赏景色之余，提出一个问题：能否从一点出发，走遍七座桥，且通过每座桥恰好一次，最后仍回到起始地点？

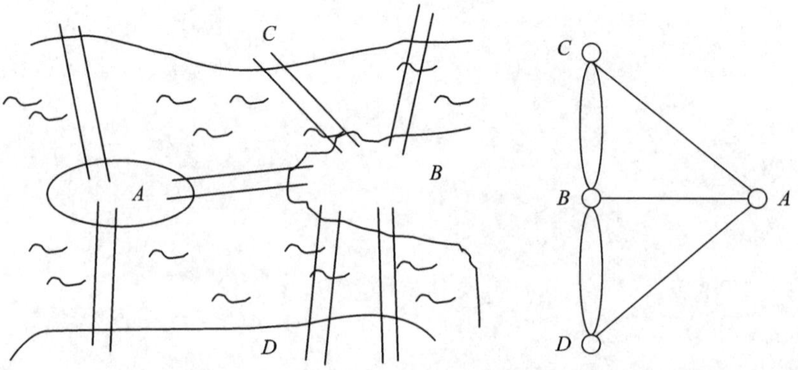

(a) 七桥问题示意图　　(b) 七桥问题抽象图

图6.1　七桥问题

1736年，29岁的Euler(欧拉)通过研究这一问题，向彼得堡科学院递交了一份题为《哥尼斯堡的七座桥》的论文(图论的首篇论文)。论文的开头是这样写的：讨论长短大小的几何学分支，一直被人们热心地研究着。尽管如此，至今仍有一个几乎没有被探索过的分支，莱布尼兹最先提起过它，称之为“位置的几何学”。这个几何学分支只讨论与位置有关的关系，而不考虑长短，也不涉及量的计算。在论文中，欧拉用他娴熟的变换技巧，把 A、B、C、D 四块区域抽象为四个点，而每座桥用连接两点的一条线表示，于是得到图 6.1(b)，问题变得清晰且利于思考。正是基于上述基础，经过悉心研究，确立了著名的"一笔画原理"，从而成功地解决了哥尼斯堡七桥问题。

6.1.1　图的定义、顶点的次数及图的同构

定义 6.1　有序三元组 $G=(V, E, \psi)$ 称为一个图，其中，$V=\{v_1, v_2, v_3, \cdots, v_n\}$ 是有穷非空集，称为顶点集；E 称为边集，其中的元素叫作边；ψ 是从边集 E 到顶点集 V 中有序或无序的元素所对应集合的映射，称为关联函数。

注　V 中元素可以用不重合的几何点表示(顺序不限)。当 $\psi(e)=uv$(或 (u, v))时，u 与 v 之间连线，连线可曲可直，表示边 e；对于有序集合 $\{(u, v)\}$，则还需要在连线上画箭头指向 v。

【例 6.1】　设 $G=(V, E, \psi)$，其中 $V=\{v_1, v_2, v_3, v_4\}$，$E=\{e_1, e_2, e_3, e_4\}$，$\psi(e_1)=v_2v_3$，$\psi(e_2)=v_3v_4$，$\psi(e_3)=v_1v_3$，$\psi(e_4)=v_2v_4$，G 的图解如图 6.2 所示。

注　图与图解不是一回事，但它们都是同构的，而且在以后都可将图解看成原来的那个图。

定义 6.2　在图 $G=(V, E)$ 中，与 V 中有序偶对应的边 $e(\psi(e)=(v_1, v_2))$，称为图 G 的有向边(或弧)；而与 V 中顶点的无序偶 v_iv_j 相对应的边 e，称为图 G 的无向边。每一条边都是无向边的图，称为无向图(见图 6.2)；每一条边都是有向边的图称为有向图(见图 6.3)；一些边是无向边，一些边是有向边的图称为混合图(见图 6.4)。

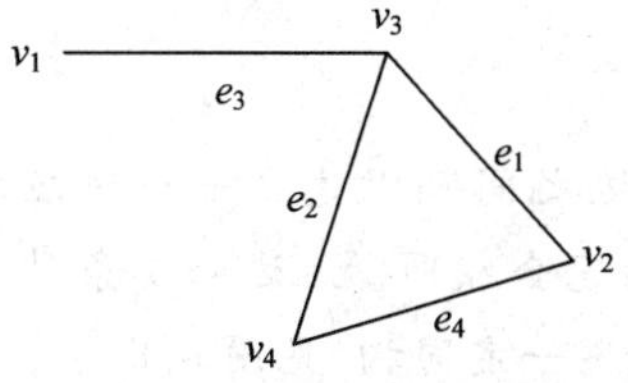

图 6.2　无向图

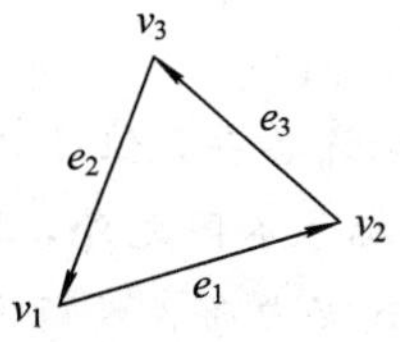

图 6.3　有向图

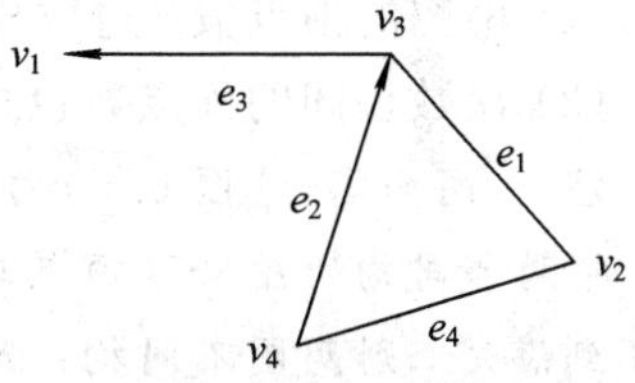

图 6.4　混合图

通过以上定义我们可以知道，$\psi(e)=uv$，称 e 与顶点 u、v 相关联，且 u 与 v 相邻。并且可以引出相关概念：与同一顶点相关联的两边称为相邻边；两端点重合的边称为环，端点相同的两条边称为重边；既无环又无重边的图称为简单图；任意两顶点相邻的简单图称为完备图，且记为 K_n(其中 n 为顶点的数目)；若 $V=X\cup Y$，$X\cap Y=\varnothing$，X、Y 中任意两顶点不相邻，称 G 为二部图；若 X 中的每一顶点皆与 Y 中一切顶点相邻，G 称为完备二部图，记为 $K_{m,n}$(其中 m、n 分别为 X 与 Y 的顶点数目)。

定义 6.3　设图 $G=(V, E, \psi)$ 和 $G_1=(V_1, E_1, \psi_1)$，若 $V_1\subseteq V$，$E_1\subseteq E$，且当 $e\in E_1$ 时，$\psi_1(e)=\psi(e)$，则称 G_1 是 G 的子图(当 $V_1=V$ 时称 G_1 为 G 的生成子图)；设 $V_1\subseteq V$ 且 $V_1\neq\varnothing$，以 V_1 为顶点集，两端都在 V_1 中的边为边集的 G 的子图，称为 G 的由顶点集 V_1 导出的子图，记为 $G[V_1]$；设 $E_1\subseteq E$ 且 E_1 为边集，E_1 的端点集为顶点集的 G 的子图，称为 G 的由边集 E_1 导出的子图，记为 $G[E_1]$。

下面引入顶点次数的相关定义：在无向图中，与顶点 v 关联的边的数目(环算两次)称为 v 的次数，记为 $d(v)$；在有向图中，从 v 引出的边的数目称为 v 的出次，记为 $d^+(v)$，

而将 v 引入边的数目称为 v 的入次，记为 $d^{-}(v)$，且 v 的次数 $d(v)=d^{+}(v)+d^{-}(v)$。

定理 6.1(图论第一定理) $\sum\limits_{v\in V(G)} d(v)=2\varepsilon(G)$，其中 $\varepsilon(G)$ 为 G 的边数。

证明 因为每条边都与两个顶点相关联，每条边出现一次，顶点的总次数增加 2，可证。

推论 6.1 任何图中，奇次顶点的总数必为偶数。

证明 设 V_1 和 V_2 分别表示图 G 中奇次顶点和偶次顶点的集合，则易得

$$\sum_{v\in V(G)} d_G(v)=\sum_{v\in V_1} d_G(v)+\sum_{v\in V_2} d_G(v)=2\varepsilon$$

为偶数。又因 $\sum\limits_{v\in V_2} d_G(v)$ 为偶数，故 $\sum\limits_{v\in V_1} d_G(v)$ 也为偶数，从而奇次顶点的总数是偶数。

【例 6.2】 证明：空间中不可能存在有奇数个面且每个面又有奇数条边的多面体。

证明 由此多面体的面集合为顶点集 $V(G)$，当且仅当两个面有公共棱时，相应的两顶点连在一起，得到图 G。依题可知，$V(G)$ 为奇数，而且 $d(v)$ 是奇数，从而 $\sum\limits_{v\in V(G)} d_G(v)$ 也是奇数，与推论 6.1 矛盾，故这种多面体不存在。

定义 6.4 设有两个无向图 G 和 H，若顶点集之间存在一一对应关系，且对应顶点间的边也有一一对应的关系，则称图 G 与 H 同构，记为 $G\cong H$(对于有向图，对应的边也要求相同)。

根据同构的定义来判断图的同构是不容易的，至今也未有简单有效的法则来进行判断。这是图论问题中尚待解决的问题，但图的同构具有如下必要条件：

(1) 两图的顶点数、边数相等；

(2) 次数相同的顶点数也相等。

注 同构图(见图 6.5)的形状也许各异，但是顶点、边之间可以建立一一对应的关系，即两个同构的图除了顶点与边的标号不同之外，其结构完全相同。上述必要条件如果得不到满足，则两图不同构；满足上述必要条件的两个图也不一定同构(见图 6.6)。

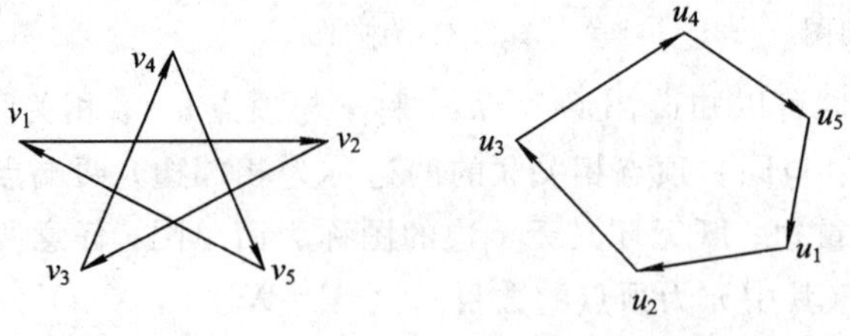

图 6.5 同构图

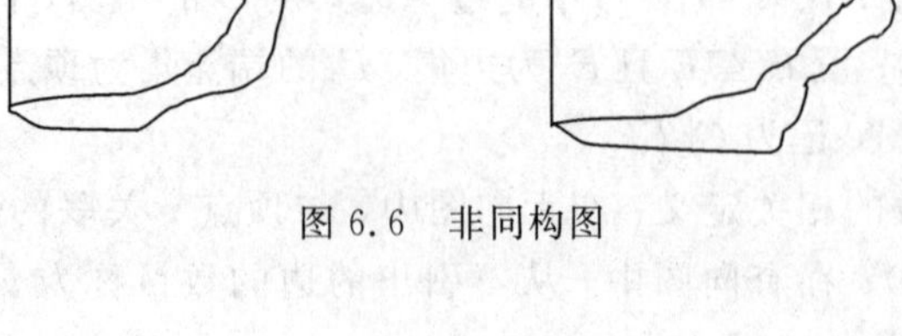

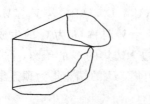

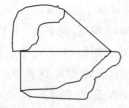

图 6.6 非同构图

6.1.2　路径与连通

定义 6.5　在无向图 $G=(V,E,\psi)$ 中，设 $\psi(E)=v_{i-1}v_i(i=1,2,\cdots,k)$，序列 $v_0e_1v_1e_2v_2\cdots e_kv_k$ 称为从 v_0 到 v_k 的一条通路，记为 Wv_0v_k；顶点不重复的通路称为路径，记为 Pv_0v_k。

在简单图中，通路可表示为一个顶点序列 $v_0v_1v_2\cdots v_k$，显然，若 u 与 v 之间存在通路，则 u 与 v 之间必存在路径。

定义 6.6　设 G 是一个无向图：① 如 G 中存在路径 P_{uv}，则称顶点 u 与 v 在 G 中连通；② 若 G 中任意两顶点都连通，则称 G 连通；③ G 的最大连通子图称为 G 的分图(或称为 G 的连通片)，用 $\omega(G)$ 表示 G 的分图数目。

由此定义可知 G 是连通图，当且仅当 $\omega(G)=1$(图 6.7 给出了连通和非连通图)。另有图中只有两个奇次顶点的图必连通。

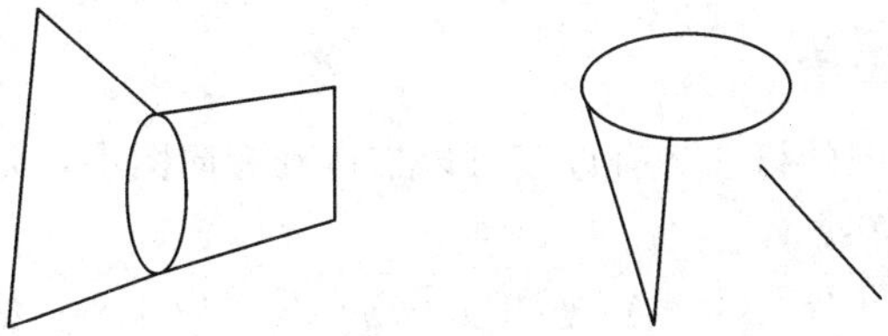

(a) 连通图　　(b) 非连通图

图 6.7　连通图和非连通图

【例 6.3】　有一种电话交换机，每个可以同时与 n 个电话交换机相连，现有 $2n$ 个电话交换机，则其中任意两个是否可以互相通话？

分析　通过上面的学习，我们可以将电话交换机视为图 G 的顶点，当且仅当两个交换机有直通线路时，两个相应的顶点连接成边，问题可以转化为：$2n$ 个顶点的简单图，每当顶点的次数至少为 n 时，则 G 连通。可以通过反证法进行证明。

证明　若 G 不连通，则 G 至少有两个分图，顶点最少的那个分图的顶点数至多是 n，在此分图中顶点的次数最大的是 $n-1$，与 G 中每顶点次数至少为 n 矛盾。

定义 6.7　起点和终点重合的路径称为圈，记为 C_k(其中 k 为圈所含边的数目)。一条路径(包括圈)所含边的数目称为这条路径的长度。圈的长度为奇数的圈称为奇圈，记为 C_{2k+1}；圈的长度为偶数的圈称为偶圈，记为 C_{2k}。G 中顶点 u 到 v 的最短路径的长度，称为 u 与 v 之间的距离，记为 $d(u, v)$。

通过以上的定义可以得到二部图的一个重要判定定理。

定理 6.2　G 是二部图的充要条件是 G 不含奇圈。

证明　必要性：若二部图中无圈，则无奇圈。若 G 中有一个圈 $C=v_0v_1v_2\cdots v_kv_0$，不妨设 $v_0\in X$，于是 v_0，v_2，$\cdots$，$v_0\in X$，$v_k\in Y$，可见 k 是奇数，圈 C 的长是 $k+1$，为偶圈，即二部图无奇圈。

充分性：不妨设 G 是连通图，若 G 中无奇圈，任取 $v_1\in V(G)$，取 u，$v\in X$，$X=\{v|v\in V(G)$，$d(v_1, v)$是偶数$\}$，$Y=\{v|v\in V(G)$，$d(v_1, v)$是奇数$\}$，设 P 是 v_1 到 u 的最短路径，Q 是 v_1 到 v 的最短路径，u_1 是 P、Q 的最后一个公共点，则 $P(v_1, u_1)$和 $Q(v_1, u_1)$必等长。设 P 中 u_1 到 u 的那一段为 P_2，Q 中 u_1 到 v 的那一段为 Q_2，又因 P、Q 的长度均为偶数，则可知 $P_2(u_1, u)$和 $Q_2(u_1, v)$的长度必有相同的奇偶性，若 u、v 两点相邻，则可知 P_2、Q_2、

uv 形成一个奇圈，与 G 无奇圈矛盾，故 X 中任意两顶点不相邻。同理，可证 Y 中任意两顶点不相邻，满足二部图定义，即可证。

【例 6.4】 在一个简单图 G 中，若 G 的每个顶点的次数至少是 2，则 G 含有一个圈；若每个顶点的次数至少是 3，则 G 含有偶圈。

证明 设 $P(u, v)$ 是简单图 G 中的最长路径，由于 $d(v)\geqslant 2$，故存在不在 $P(u, v)$ 上的一条边 e 与 v 关联。设 e 的另一端点为 ω，若 $\omega\notin P(u, v)$，则 $P(u, v)$ 可加长，与假设矛盾。故 $\omega\in P(u, v)$，P 从 ω 到 v，再加上 $v\omega$ 便为 G 中的圈，故 G 中有圈。

进一步设 $v_0v_1v_2\cdots v_m$ 为 G 中的一条最长路径，由于 $d(v_0)\geqslant 3$，存在 $v_i\neq v_j(1<i<j\leqslant m)$，$v_i$、$v_j$ 均与 v_0 相邻。若 i 与 j 中有一个奇数，以 i 为奇数进行分析，则 $v_0, v_1, v_2, \cdots, v_i$ 与边 v_0v_i 形成一个偶圈(长度为 $i+1$)；若 i 与 j 为偶数，则 $v_i, v_{i+1}, v_{i+2}, \cdots, v_j$ 与边 v_0v_i、v_0v_j 形成一个偶圈(长度为 $j-i+2$)。

6.1.3 有向图的连通性

上一节讲述的无向图的概念中有许多可以推广到有向图中，实际问题中大部分都需要以有向图为基础进行解答。

定义 6.8 在有向图 $D=(V, A, \psi)$ 中，设 $\psi(a_i)=(v_{i-1}, v_i)(i=1, 2, \cdots, k)$，序列 $v_0a_1v_1a_2v_2\cdots a_kv_k$ 称为从 v_0 到 v_k 的有向通路；顶点不重复的有向通路称为有向路径；起点和终点重合的有向路径称为有向圈，起点和终点重合的有向通路称为有向回路；通过所有顶点的有向回路称为 D 的完备回路；通过所有顶点的有向通路称为 D 的完备通路。

路径和圈的长度与无向图中一样，只是需要注意有向图中弧的方向必须一致。

定义 6.9 在有向图 D 中，对于任意两顶点 v_i、v_j：① 若存在从顶点 v_i 到 v_j 的有向通路，则称 v_i 可到达 v_j；② 若改变某些弧的方向，能从顶点 v_i 到达 v_j，则称顶点 v_i 与 v_j 是连接的，且称 v_i 与 v_j 之间存在一条半通路，并称通过所有顶点的有向回路为 D 的完备回路；③ 若 v_i 与 v_j 可以互相到达，则称 D 是强连通图；④ 若 v_i 可到达 v_j，或 v_j 可到达 v_i，则称 D 为单向连通图；⑤ 若 v_i 与 v_j 是连接的，则称 D 为弱连通图；⑥ 不满足③、④、⑤的图称为不连通图。

图 6.8 给出了半通路(u 到 v，即图(a))、强连通图(图(b))、单向连通图(图(c))、弱连通图(图(d))、不连通图(图(e))。连通图的类型是根据连通性的强弱进行划分的，强连通图的连通性最强，即强连通必然单向连通，单向连通必然是弱连通，反之则不成立。

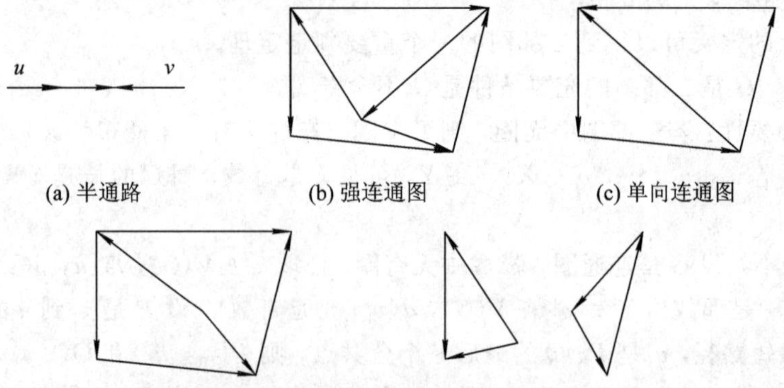

(a) 半通路 (b) 强连通图 (c) 单向连通图

(d) 弱连通图 (e) 不连通图

图 6.8 有向图的连通性

因为对于结点数 n 比较大时需要检查任两点间的路径，依据定义判别有向图是哪一类连通图是很复杂的。下面给出一个有效的判别定理。

定理 6.3　一个有向图 D 是强连通的必要条件是它有一条完备回路，一个有向图是单连通的当且仅当它有一条完备通路，一个有向图是弱连通的当且仅当它有一条完备半通路。

定义 6.10　在有向图 D 中，最大的强连通子图 D_1 称为 D 的强连通分图。

最大的强连通子图 D_1 是指 D_1 是强连通的子图，且 D 中不再有包含 D_1 的强连通子图。图 6.9 所示的强连通分图为

$$D_1 = (\{v_1, v_2, v_3\}, \{e_1, e_2, e_3\})$$
$$D_2 = (\{v_4, v_5, v_6\}, \{e_5, e_6, e_7\})$$
$$D_3 = (\{v_7\}, \varnothing)$$

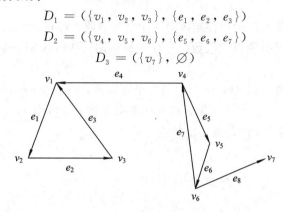

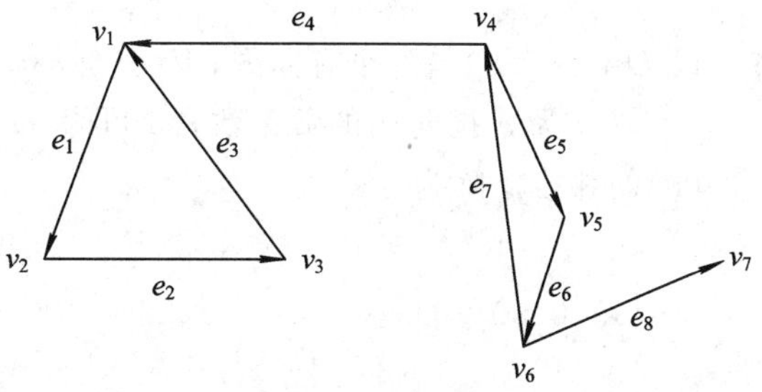

图 6.9　强连通分图

通过例题可以看出两个顶点是否在一个强连通分图里与两个点的关系是等价的，故可以得到：有向图的每一个顶点必在一个且仅在一个强连通分图中，有向图的各强连通分图无公共顶点也无公共边。

6.1.4　图的矩阵表示

为了便于计算机进行计算与处理，常需要将图数字化，即用矩阵表示图。图的矩阵表示形式需要依情况而定，本节介绍比较简单的邻接矩阵和关联矩阵。

1. 邻接矩阵

无向图的邻接矩阵　设 $G=(V, E)$ 是一个无向图，$V=\{v_1, v_2, \cdots, v_n\}$，则 G 的邻接矩阵 $\boldsymbol{A}=(a_{ij})_{n\times n}$，其中：

$$a_{ij}=\begin{cases} m，若\ v_i\ 与\ v_j\ 有\ m\ 条边连接(环算两次) \\ 0，v_i\ 与\ v_j\ 不相邻 \end{cases}$$

【例 6.5】　图 6.10(a)的邻接矩阵为

$$\boldsymbol{A}=\begin{bmatrix} 0 & 1 & 0 & 0 & 1 \\ 1 & 0 & 2 & 0 & 0 \\ 0 & 2 & 0 & 1 & 0 \\ 0 & 0 & 1 & 0 & 1 \\ 1 & 0 & 0 & 1 & 2 \end{bmatrix}\begin{matrix} v_1 \\ v_2 \\ v_3 \\ v_4 \\ v_5 \end{matrix}$$
$$\quad v_1 \quad v_2 \quad v_3 \quad v_4 \quad v_5$$

无向图的邻接矩阵

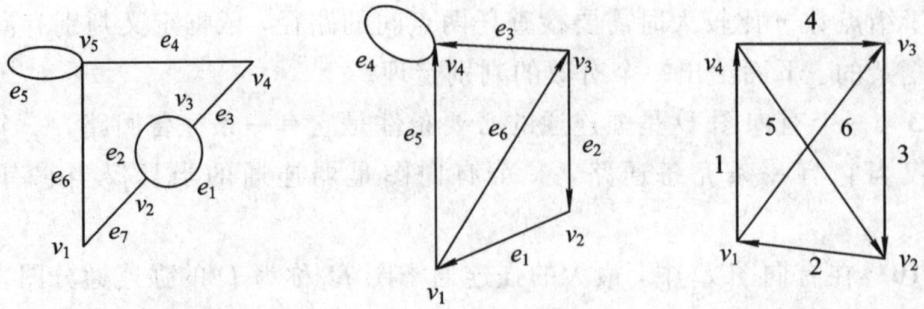

(a) 无向图　(b) 有向图　(c) 加权有向图

图 6.10　邻接矩阵例图

观察后可以发现无向图的邻接矩阵是一个对称方阵，若 G 是无向图，则 $\mathbf{A}$ 的每一行或每一列的元素之和为对应顶点的次数。若 G 为简单图，可知 $\mathbf{A}$ 是一个对称(0，1)矩阵，且对角线元素均为 0。

有向图的邻接矩阵　设 $D=(V, E)$是一个有向图，$V=\{v_1, v_2, \cdots, v_n\}$，则 D 的邻接矩阵 $\mathbf{A}=(a_{ij})_{n\times n}$，其中 $a_{ij}=m$(m 为 v_i 指向 v_j 的弧条数，m 可为 0)。

【例 6.6】　如图 6.10(b)的邻接矩阵为

$$\mathbf{A}=\begin{bmatrix}0&0&1&1\\1&0&0&0\\0&1&0&1\\0&0&0&2\end{bmatrix}\begin{matrix}v_1\\v_2\\v_3\\v_4\end{matrix}$$
$$\quad\begin{matrix}v_1&v_2&v_3&v_4\end{matrix}$$

有向图的邻接矩阵

有向图的邻接矩阵不一定是对称的，第 i 行元素之和为 v_i 的出次，第 j 列元素之和为 v_j 的入次。图与邻接矩阵的关系是一一对应的，有了其中之一就可以作出另外一个。

加权有向图的带权邻接矩阵　若为有向图 $D=(V, E)$的每条边都赋予一个数，则称 D 为加权有向图；设 $D=(V, E)$是一个简单加权有向图，$V=\{v_1, v_2, \cdots, v_n\}$，则 D 的邻接矩阵 $\mathbf{A}=(a_{ij})_{n\times n}$，其中：

$$a_{ij}=\begin{cases}\omega_{ij}，若(v_i, v_j)\in E 且 \omega_{ij} 是它的权\\0，若 i=j\\\infty，若(v_i, v_j)\notin E\end{cases}$$

简单有向图是指无环、无同向重边的有向图。

【例 6.7】　如图 6.10(c)的邻接矩阵为

$$\mathbf{A}=\begin{bmatrix}0&\infty&6&1\\2&0&\infty&\infty\\\infty&3&0&\infty\\\infty&5&4&0\end{bmatrix}\begin{matrix}v_1\\v_2\\v_3\\v_4\end{matrix}$$
$$\quad\begin{matrix}v_1&v_2&v_3&v_4\end{matrix}$$

加权有向图的带权邻接矩阵

2. 关联矩阵

无向图的关联矩阵　设 $G=(V, E)$是一个无向图，$V=\{v_1, v_2, \cdots, v_n\}$，$E=\{e_1, e_2, \cdots, e_m\}$，则 G 的关联矩阵 $\mathbf{M}=(m_{ij})_{n\times m}$，其中：

$$m_{ij}=\begin{cases}1，若 v_i 与 e_j 相关联\\2，若 e_j 是 v_i 上的环\\0，v_i 与 e_j 不相关联\end{cases}$$

【例 6.8】 如图 6.10(a)的关联矩阵为

$$M=\begin{matrix}v_1\\v_2\\v_3\\v_4\\v_5\\ \end{matrix}\begin{bmatrix}0&0&0&0&0&1&1\\1&1&0&0&0&0&1\\1&1&1&0&0&0&0\\0&0&1&1&0&0&0\\0&0&0&1&2&1&0\end{bmatrix}$$
$$\quad e_1\quad e_2\quad e_3\quad e_4\quad e_5\quad e_6\quad e_7$$

无向图的
关联矩阵

从定义我们易知，无向图的关联矩阵每一列的元素之和均为 2，且第 i 行的元素之和是 v_i 的次数。简单图的关联矩阵为(0，1)矩阵。

有向图的关联矩阵　设 $D=(V, E)$ 是一个有向无环图，$V=\{v_1, v_2, \cdots, v_n\}$，$E=\{e_1, e_2, \cdots, e_m\}$，则 G 的关联矩阵 $\boldsymbol{M}=(m_{ij})_{n\times m}$，其中：

$$m_{ij}=\begin{cases}1，若 v_i 是 e_j 的起点\\-1，若 v_i 是 e_j 的终点\\0，其他\end{cases}$$

【例 6.9】 图 6.11 的关联矩阵为

$$M=\begin{matrix}v_1\\v_2\\v_3\\v_4\end{matrix}\begin{bmatrix}-1&0&0&1&1\\1&-1&0&0&0\\0&1&1&0&-1\\0&0&-1&-1&0\end{bmatrix}$$
$$\quad e_1\quad e_2\quad e_3\quad e_4\quad e_5$$

有向图的
关联矩阵

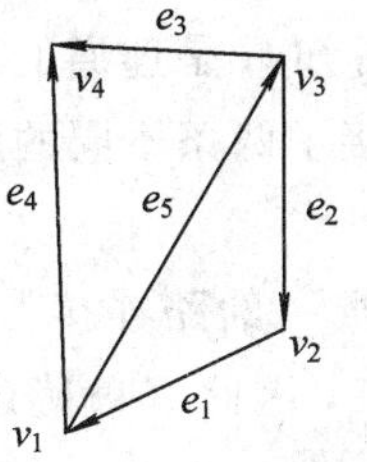

图 6.11　有向无环图

从定义可以知道，有向图的关联矩阵的每一列之和为 0，每一行“1”的数目是对应顶点的出次，“－1”的数目是对应顶点的入次，完全为“0”的行对应的是孤立点。

6.2　树与生成树

树在图论中是一个重要概念，它是所有图中极为简单又极为重要的一类图，大部分的图论问题都可以从树入手探讨，通过树的性质以及相关成熟的理论进行解决。例如在人口稀少或者交通不便的乡村地区，乡村道路可以让我们在某些村落之间直接通行，但由于人口和交通因素的制约，这些地区所修建的道路非常少。假如在 G 地存在 7 个乡村(分别记为 v_1，v_2，…，v_7)，有 6 条道路相连，如图 6.12(a)所示。

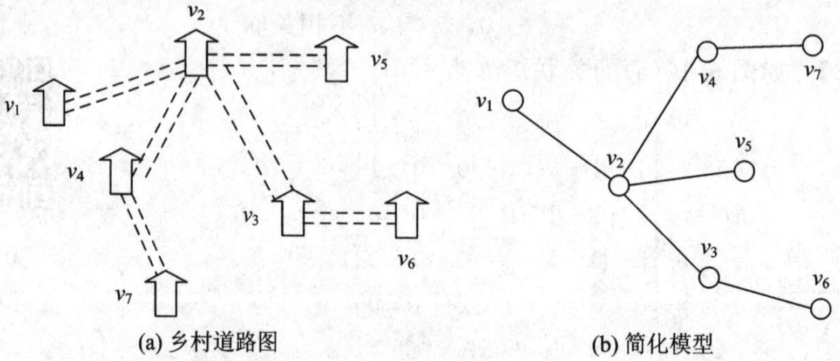

图 6.12　乡村道路图及其简化模型

以 7 个点和 6 条线段建立模型(见图 6.12(b))，即 G 地地图的简化模型，同时也是树的基本形式。观察后发现，这两个图有一个共同的特征：连通(即通过一点可以到达图中任意一点)。但当道路进行维修、洪水泛滥、暴风雪肆虐等原因造成某条道路无法通行时就无法到达每一个乡村了，在此情况下可以选择修建其他的道路来弥补缺陷。如何才能保证使用尽可能少的资金去修建出最短的可以通往所有村庄的道路呢?

6.2.1　树的定义与性质

定义 6.11　一个不含有圈的图 G 称为无圈的。树是无圈的连通图，记为 T；T 中，$d(v)=1$ 的顶点 v 称为树叶；每个连通分支都是树的图称为森林或林；孤立顶点称为平凡树。

注　树要求是连通的，森林并不要求是连通的。

定理 6.4　G 是树的充要条件是：G 无环且任何两个顶点之间有唯一的路径。

证明　必要性：设 G 是一个树，则由定义可知 G 是连通的。因此 G 的每两个顶点之间都会连接一条路。假设 G 的某两个顶点之间连接了两条不同的路，则可由这两条路的全部或者部分边产生一个圈，导致矛盾。

充分性：设 G 的每两个不同顶点之间都被唯一的路连接。显然，G 是连通的。假设 G 含有一个圈 C，设 u 和 v 是 C 的两个不同的顶点，因此 C 就确定了两条不同的 $u-v$ 路，导致矛盾，即 G 是无圈的，从而 G 是树。

通过定理 6.4，我们可以发现树至少有两个端点，事实上，所有非平凡树都有这个性质。

定理 6.5　每个非平凡树至少有两个端点。

证明　[直接证法] 设 T 是一个非平凡树，且在 T 的所有路中 P 是一条最长的路。不妨设 P：$u=v_0$，u_1，u_2，…，$u_k=v$ 为一条 $u-v$ 路，其中 $k\geqslant 1$。我们来证明 u 和 v 是 T 的端点。显然，u 和 v 都不会邻接到不在 P 上的任何一个顶点，否则将产生一条更长的路。当然，u 邻接到 u_1，v 邻接到 u_{k-1}，另外，由于 T 不含圈，所以 u 和 v 都不会邻接到 P 上的其他任何顶点。因此，$\deg u=\deg v=1$。

该结果的一个主要推论：若 T 是一个阶为 $k+1\geqslant 2$ 的树，则对于 T 的每个端点 v，子

图 $T-v$ 是一个阶为 k 的树。这个推论对于树的相关结论的归纳证明是很有用的，可以利用该想法证明树的另外一个重要性质，即每个树的边数都比它的阶少 1。

定理 6.6　每个 n 阶树的边数是 $n-1$。

证明　[归纳法]我们对 n 进行归纳。1 阶树是唯一的，即平凡树 K_1，其边数为 0。因此对于 $n=1$，结论正确。假设对于正整数 k，每个 k 阶树的边数都是 $k-1$，设 T 是一个 $k+1$ 阶树。由定理 6.5 可知，T 至少有两个端点，设 v 是其中一个端点，则 $T'=T-v$ 是一个阶为 k 的树。由归纳假设知，T' 的边数是 $m=k-1$。由于 T 恰好比 T' 多了一条边，所以 T 的边数为 $m+1=k$，从而结论成立。

【例 6.10】　设 T 为某个 13 阶树，其顶点的度为 1、2、5。如果 T 恰好有 3 个度为 2 的顶点，那么 T 有多少个端点？

由于 T 有 3 个度为 2 的顶点，故 T 就有 10 个度为 1 或 5 的顶点。设 T 有 x 个度为 1 的端点，则 T 含有 $10-x$ 个度为 5 的顶点。由 T 为 13 阶树，据定理 6.6 知，T 有 12 条边。由图论第一定理可以得到

$$1\times x+2\times 3+5\times(10-x)=2\times 12$$

$$x=8$$

注　画出一个 13 阶的树(该树有 3 个度为 2 的顶点，两个度为 5 的顶点，8 个端点)并不能回答上述问题，但例题的解法告诉我们，具有例 6.10 所描述性质的树 T 均有 8 个端点。

根据森林的阶及其连通分支的个数，我们可以确定森林的边数。

推论 6.2　阶为 n 且有 k 个连通分支的森林有 $n-k$ 条边。

证明　[直接证法]设 F 是一个阶为 m 的森林，且 $G_1, G_2, \cdots, G_k$ 是 F 的连通分支，其中 $k\geqslant 1$。设 G_i 的阶为 n_i，边数为 m_i，其中 $1\leqslant i\leqslant k$，则有 $n=\sum_{i=1}^{k} n_i$，$m=\sum_{i=1}^{k} m_i$。由于每个连通分支 $G_i(1\leqslant i\leqslant k)$ 都是树，所以根据定理 6.6 可知，$m_i=n_i-1$。因此，

$$m=\sum_{i=1}^{k} m_i=\sum_{i=1}^{k}(n_i-1)=n-k$$

定理 6.7　每个 n 阶连通图的边数至少是 $n-1$。

证明　[最小反例证法]易见定理对阶分别为 1、2、3 的连通图成立。现在假设定理不成立，则存在一个具有最小阶(设为 n)的连通图 G，它的边数 m 至多是 $n-2$。显然，$n\geqslant 4$。由于 G 是一个非平凡的连通图，所以 G 不含孤立点。

我们断言：G 必含有一个端点。假设 G 的每个顶点的度至少是 2，则 G 的顶点的度和是 $2m\geqslant 2n$。因此，$m\geqslant n\geqslant m+2$，导致矛盾。所以 G 含有一个端点。

设 v 是 G 的一个端点，由于 G 是连通的，并且阶为 n，边数为 $m\leqslant n-2$，所以 $G-v$ 是连通的，并且阶为 $n-1$，边数为 $m-1\leqslant n-3$。这与上述对 G 的假设矛盾，即 G 是边数至少比阶小 2 且阶最小的连通图。

设 G 是一个阶为 n 且边数为 m 的树。由树的定义和定理 6.6 知，G 有如下三个性质：① G 是连通的；② G 是无圈的；③ $m=n-1$。

事实上，若图 G 的阶为 n，边数为 m，且满足这三个性质中的任意两个，则 G 是一个树。

定理 6.8　设 G 是一个阶为 n 且边数为 m 的图，若 G 满足如下性质中的任意两个：

① G 是连通的；② G 是无圈的；③ $m=n-1$。
则 G 是树。

证明 [反证法，直接证法]首先，若 G 满足性质①和②，则由定义可知 G 是一个树。因此，我们只需假设 G 满足性质①和③，或者满足性质②和③即可。下面考虑这两种情况：

情况 1 G 满足性质①和③。由于 G 是连通的，只需证明 G 是无圈的。假设 G 含有一个圈 C。设 e 是 C 的一条边，则由 $G-e$ 是一个连通图，并且其阶为 n，边数为 $n-2$，与定理 6.7 矛盾。因此，G 是无圈的，从而是树。

情况 2 G 满足性质②和③。由于 G 是无圈的，只需证明 G 是连通的。因为 G 满足性质②和③，所以 G 是一个森林，且其阶为 n，边数为 $m=n-1$。由推论 6.2 知，G 的边数为 $n-k$，其中 k 是 G 的连通分支个数。因此 $n-1=n-k$，可知 $k=1$。所以 G 是连通的。

如果 T 是一个 k 阶树，显然，T 同构于 K_k 的一个子图。易见，$\delta(K_k)=k-1$。事实上，T 不仅仅同构于 K_k 的一个子图，而且同构于最小度至少为 $k-1$ 的任意图的一个子图。

定理 6.9 设 T 为 k 阶树，若 G 满足 $\delta(G)=k-1$，则 T 同构于 G 的某个子图。

证明 [归纳证法]我们对 k 进行归纳。当 $k=1$ 时，由于每个图都至少含有一个顶点，结论显然成立。当 $k=2$ 时，由于不含孤立点的每个图都会含有边，所以结论也成立。

假设对阶为 $k-1(k\geqslant 3)$ 的每个树 T'，以及最小度至少为 $k-2$ 的每个图 H，T' 同构于 H 的某个子图。现在设 T 为 k 阶树，G 为满足 $\delta(G)\geqslant k-1$ 的图，我们来证明 T 同构于 G 的某个子图。

设 v 是 T 的一个端点，u 是 T 中与 v 邻接的顶点，则 $T-v$ 是 $k-1$ 阶树。由于 $\delta(G)\geqslant k-1\geqslant k-2$，所以由归纳假设可知：$T-v$ 同构于 G 的某个子图 F。设 u' 是与 T 中 u 相对应的 F 的顶点。由于 $\deg_G u'\geqslant k-1$，以及 F 的阶为 $k-1$，所以 u' 一定邻接到 G 的某个不属于 F 的顶点 ω（见图 6.13）。因此，T 同构于 G 的某个子图。

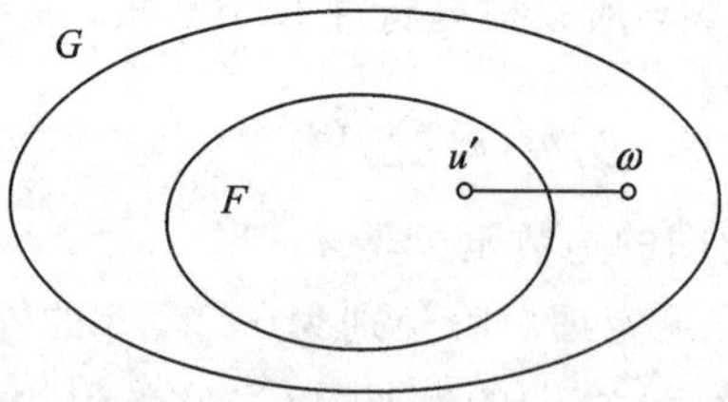

图 6.13 T 同构于 G 的子图 $T-v$

6.2.2 生成树的定义及构造方法

定义 6.12 若 T 是 G 的生成子图，且 T 是树，则称 T 为 G 的生成树(spanning tree)。

定理 6.10 G 连通的充分条件是 G 有生成树。

证明 充分性：由生成树的定义即可得。

必要性：设 G 连通，T 是 G 的边数最少的连通生成子图，则 T 不含圈；否则，任意去掉圈上的一边，T 仍连通，与 T 是边数最少的连通生成子图矛盾，即可证。

树是无圈的连通图，可得到求连通图生成树的两种方法：破圈法与避圈法。

破圈法是由连通图 G 开始，若 G 中含圈，则去掉圈上的一边；若还含有圈，再去掉圈上的边。不断重复，直到不含为止，最终得到的就是 G 的不含圈的连通生成子图，即生成树。图 6.14 即可以说明破圈法的过程。

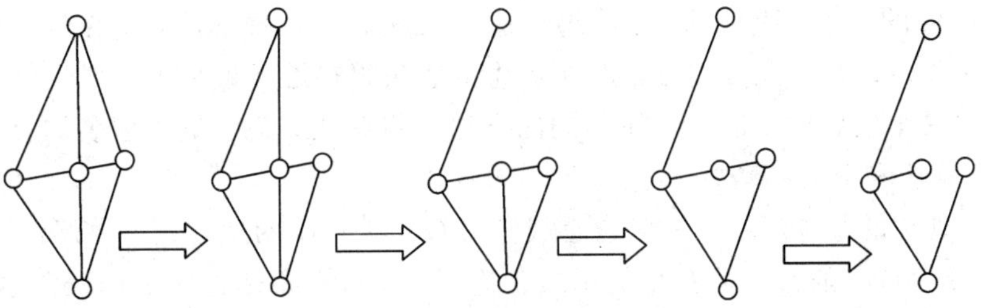

图 6.14　破圈法生成树

避圈法是在 G 内任意选择一条边 e_1，找一条不与 e_1 形成圈的边 e_2，得到 $\{e_1, e_2\}$；在余下的边中找一条不与 $\{e_1, e_2\}$ 形成圈的 e_3，得到 $\{e_1, e_2, e_3\}$。不断重复，直到无法继续进行，得到 $\{e_1, e_2, \cdots, e_i\}$，即在余下的任何一条边中都可以找到一条边与 $\{e_1, e_2, \cdots, e_i\}$ 形成圈。图 6.15 即可说明避圈法构造生成树的过程。

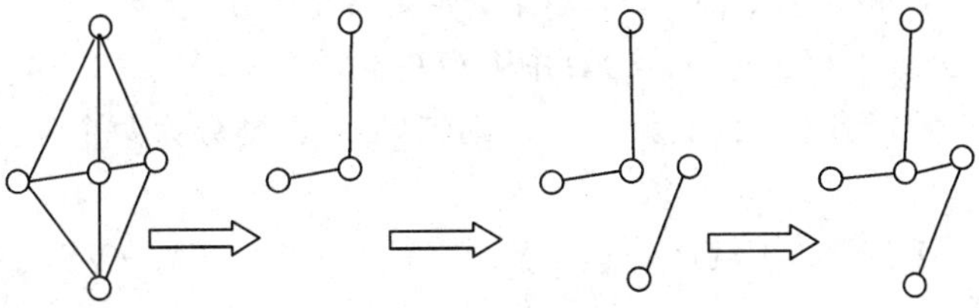

图 6.15　避圈法生成树

6.2.3　最小生成树问题及其算法

再次回到引出树的概念的例子，其中有 7 个村和 6 条公路，可以在任意两个乡村之间走动。但不可否认的是，任意两个乡村之间都只有唯一的道路可以通行，例如在 v_1 和 v_7 之间通行，必须经过 v_2、v_4，也就是从 v_1 到 v_7 是非常不方便的，这是目前无法改变的事实。如果为了减少这段路程而修建一条新的路直接连接 v_1 和 v_7，这样做则可能要花费一大笔费用，并且需要考虑当地的人口及各种因素。在最初修建公路时，如何确定图中的 6 条路就是需要的那几条呢？假定我们对于每段路的修建造价都有了一个较为精确的估计(若在两个村庄之间由造价过高的路段如特殊地貌(如流沙、高山等)引起，则不予考虑)。我们知道，无论如何修建总能形成一个连通图，而我们的目的就是得到一个由最优路径组成的连通图。

设 G 是连通图并且对它的每条边都分配一个数值，该值称为边的成本(在图论中一般被称为权值)。图 G 的边 e 的权值可记为 $\omega(e)$，这样的图称为赋权图。对于 G 的任一子图 H，H 的权值 $\omega(H)$ 定义为其边的权值和，即

$$\omega(H) = \sum_{e \in E(H)} \omega(e)$$

我们需要找到 G 的一个生成树，使其权值在 G 的所有生成树中最小，称为最小生成树。在连通赋权图中寻找最小生成树的问题称为最小生成树问题。

许多的实际问题都可归结为如下的数学模型：在已知的加权连通图上，求权最小的连通生成子图，容易知道在权非负的情况下，生成树的边最小，则权最小者肯定是生成树。最小生成树问题的重要性在于它在计算机网络、通信网络、运输网络设计方面的应用。该

问题最初是由 Otakar Borùvka 在 1926 年明确提出的，问题的提出源于他在输电线网络的最节约设计方面的兴趣。Borùvka 还给出了这个问题的第一种解法，而在他之前的人类学家 Jan Czekanowski 在研究分类方案时所产生的想法很接近于最小生成树问题。

多年来，最小生成树问题已经用不同的方法获得解决，其中最为著名的算法主要有两个：Kruskal 算法和 Prim 算法。

Kruskal 算法的基本思路：一个连通赋权图 G，对于 G 的生成树 T 的第一条边 e_1，选择 G 的任意权值最小的边；对于 T 的第二条边 e_2，在 G 剩下的边中选择权值最小的边；对于 T 的第三条边 e_3，在 G 剩下的边中选择权值最小的边，且不与前面所选的边构成圈。不断重复以上步骤，直至产生一个生成树。

Kruskal 算法步骤如下：

(1) $\varnothing \to T_0$，$0 \to C(T_0)$，$\{\{v_1\}, \{v_2\}, \cdots, \{v_n\}\} \to \mathrm{VS}$，将 E 中的边按权值从小到大排成列 Q。

(2) 若$\{\mathrm{VS}\}=1$，输出 T_0、$C(T_0)$，结束；否则转下一步。

(3) 从 Q 中取出最小权值边(u, v)，并从 Q 中删除(u, v)。

(4) 如 u、v 在 VS 的同一个元素 V_1 中，则转(3)，否则分为两个集合 V_1、V_2，进行下一步。

(5) $T_0 \cup \{(u, v)\} \to T_0$，$V_1 \cup V_2 \to V$，$\mathrm{VS}-\{V_1\}-\{V_2\}+V \to \mathrm{VS}$，$C(T_0)+C(u, v) \to C(T_0)$，转(2)。

其中：

T_0——存放生成树的边的集合，初始为$\varnothing$；

$C(T_0)$——最小生成树的权，初值为 0；

VS——部分树的顶点集的集合，其初值为$\{\{v_1\}, \{v_2\}, \cdots, \{v_n\}\}$。

Prim 算法基本思路：对一个连通赋权图 G，G 的任意顶点为 u，选择与 u 关联且权值最小的边作为 T 的第一条边 e_1，对于余下的边 e_2，e_3，…，e_{n-1}，选出与已选边只有一个公共顶点的所有边中权值最小的边，不断重复，直到所有顶点用完。

Prim 算法步骤如下：

(1) $\varnothing \to T_0$，$0 \to C(T_0)$，$V'=\{v_0\}$。

(2) 对每一个点 $v \in V-V'$，$C(v, v_0) \to L(v)$(若$(v, v_0) \notin E$，则 $C(v, v_0)=\infty$)。

(3) 若 $V'=V$，输出 T_0、$C(T_0)$，结束；否则转下一步。

(4) 在 $V-V'$中找一点 u，使 $L(u)=\min\{L(v) \mid v \in (V-V')\}$，并记住 V'中与 u 相邻的点为 w，$e=(w, u)$。

(5) $T_0 \cup \{e\} \to T_0$，$C(T_0)+C(e) \to C(T_0)$，$V' \cup \{u\} \to V'$。

(6) 对所有 $v \in V-V'$，若 $C(v, u)<L(v)$，则 $C(v, u) \to L(v)$，否则 $L(v)$不变，转(3)。

其中：

$L(v)$——v 到子树 T_0的直接距离。

注 Kruskal 算法时间复杂度以 $O(m\ \mathrm{lb} m)$为界，当边数较多或是一个完备图时，$m \approx n(n-1)/2$，则时间复杂度近似于 $O(n^2 \mathrm{lb} n)$；Prim 算法的时间复杂度为 $O(n^2)$。若图的连通度较高(最高为完备图)时，则 Prim 算法较好；图的连通度较低($m \approx O(n)$)时，则 Kruskal 算法更适合。图 6.16 给出了如何应用 Kruskal 算法构造连通赋权图的一个生成树。图 6.17 给出了如何应用 Prim 算法构造连通赋权图的一个生成树。

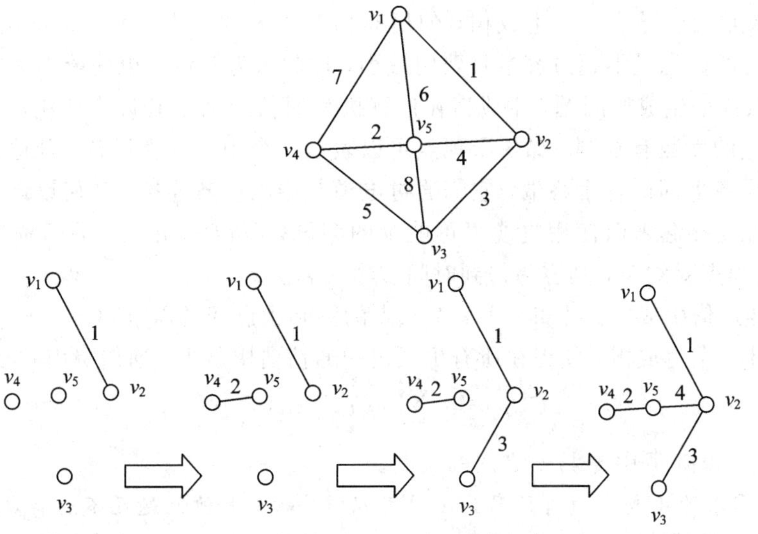

图 6.16　Kruskal 算法构造生成树

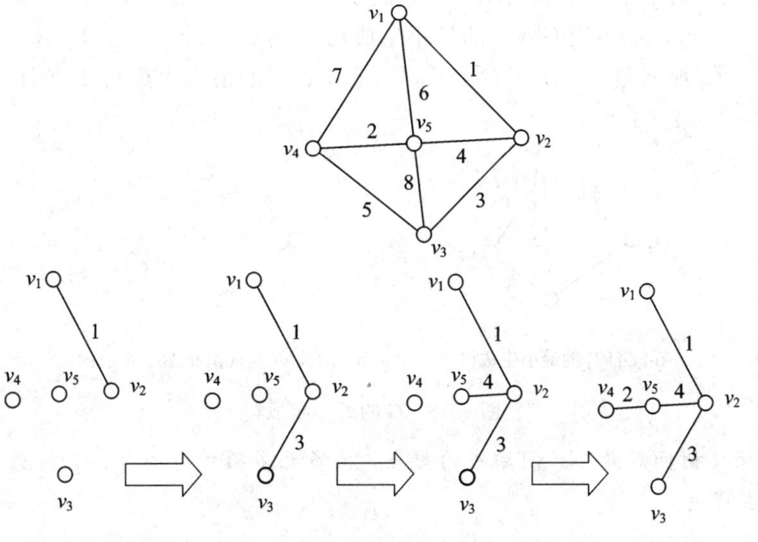

图 6.17　Prim 算法构造生成树

6.2.4　最小生成树问题的应用及推广

最小生成树的理论可以在很多工程、技术领域中得到应用，如在若干城市之间架设通信线路、供电线路、铺设各种管道等，要求总的线路长度最短或成本最低；在印制电路板上布线，不允许线路在非结点上相交，并使设计的线路最短等。

在实际应用中有最小生成树问题的各种推广，其中较典型的是在可行解的结构上增加一些约束条件，主要有以下 5 类：

(1) 最大生成树问题。在连通加权图中求最大权的生成树，仅需按照前面两种方法由大到小选择各边权值，这样求最小生成树的算法即可改为求最大生成树。

(2) 容量约束最小生成树问题。在信息处理网络的设计过程中需要考虑这样的一个问题：已知一个无向图 $G=(X, E)$，每条边 (x, y) 具有费用 $d(x, y)$ 以及容量 $c(x, y)$，一个顶点为信息接收站。寻求一个生成树，使所有信息沿树的边送到接收站，满足约束容量，即每边上所传的信息量不超过容量且费用最小，称此树为容量约束的最小生成树。

(3) 度数约束生成树问题。生成树在计算机和通信网络中有许多应用，其中的大多数对于某些顶点的度数有限制。如一个顶点可以表示一个中央计算设备，其他顶点表示连接在中央计算设备上面的各个终端，它们通过电缆与中央设备连接。如何设计才能使中央计算设备与终端连接起来而使用电缆尽可能少的问题，可以利用以上的两种算法进行解决(若只有一个顶点受约束，则容易得到时间多项式算法)。

(4) 最佳通信生成树。已知一个 n 个顶点的图和顶点间的需求 $r(x, y)$，这些可代表电话呼叫。设计一个生成树，使得在所有生成树中通信费用最少。通信费用 $C(T)$ 的定义为

$$C(T)=\sum_{x,\ y\in V} r(x, y)d(x, y)$$

其中，$d(x, y)$ 为树 T 中 x 与 y 之间的长度。

注　除需求为 1 或者所有距离为 1 时可以解决外，其他问题还不能有效解决。

(5) Steiner 树。已知图 $G=(V, E)$ 和一个顶点子集 V'，求包含 V' 所有顶点(也可以是含 G 的其他顶点)的最小权的树。$G[V']$ 的最小生成树不一定是最优解。如图 6.18(a) 所示，设 $V'=\{v_1, v_2, v_3\}$，则 $G[V']$ 的最小生成树 T 为 $T=G[(v_1, v_2), (v_2, v_3)]$，其权为 $\omega(T)=3+5=8$。加入顶点 v_2，则 $G[(v_1, v_2, v_3, v_4)]$ 的最小生成树 T_1 如图 6.18(b) 所示，其权为 $\omega(T)=3+2+1=6$。

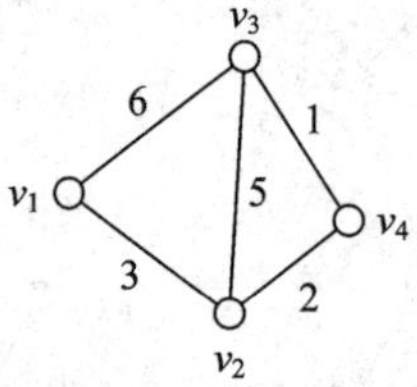

(a) $G[V']$ 的最小生成树

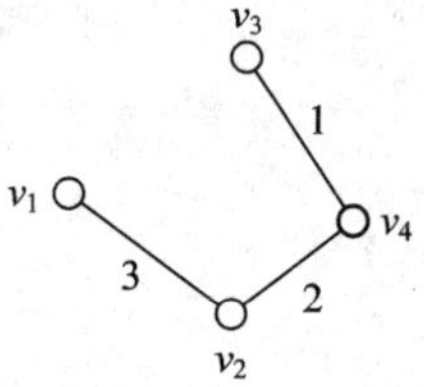

(b) $G[(v_1, v_2, v_3, v_4)]$ 的最小生成树

图 6.18　G 的最小生成树

注　Steiner 树问题是 NP 问题中的难点，很多无多项式时间算法，特别是大型问题只能用近似算法解决。

6.3　最短路问题

在所有图类问题的最优化中，路径问题是得到最广泛研究且有了一定成果的问题之一。这类问题经常在交通、通信、工程规划和决策中遇到，而一般的最短路径问题会在赋权图中进行讨论。本节仅对传统的典型算法及相关应用进行说明。

6.3.1　最短路问题的基本解法

在赋权图 $G=(V, E)$ 中指定的一对顶点 v_i、v_j 间众多的路中寻找一条权和最小的路径，这样的路径称为从 v_i 到 v_j 的最短路径。

常见的最短路径问题有以下几种类型：① 两指定点间的最短路径；② 图中各顶点间

的最短路径；③ 某指定点到其他所有顶点间的最短路径；④ 两个指定顶点之间通过某指定点的最短路径；⑤ 第 2，3，…，k 条最短路径。

我们的讨论仅限于其中最常用的几种，同时为了使讨论简单：假定各边的权值都大于 0，如果边 $v_iv_j \in E$，记其边的权 $l_{ij}=l(v_i, v_j)$；如果边 $v_iv_j \notin E$，记其边的权 $l_{ij}=+\infty$(代表一个足够大的数)；对于图中的每一个顶点 v_i，令 $l_{ii}=0$。

1. 固定起点的最短路径问题

此问题有一个较好的解决方法——1959 年由 Dijkstra 提出的算法。该算法不仅可以求出 v_1 到 v_n 的最短路径，实际上也可以求出 v_1 到其余各顶点的最短路径。

Dijkstra 算法

Dijkstra 算法的基本思想是生成一棵以 v_1 为根的最短树，在这棵树上每一顶点与根之间的路径皆为最短路径。最短路径的生成过程中各顶点将按照距 v_0 的远近以及顶点的相邻关系，依次加入树中，先近后远，直到所有的顶点均在树中。

Dijkstra 算法是一种标号法，给赋权图的每一个顶点记一个数，称为顶点的标号(临时标号，简称 T 标号)或固定标号(简称 P 标号)。T 标号表示从始顶点到这个顶点的最短路长的上界；P 标号表示从始顶点到这个顶点的最短路长。

Dijkstra 算法的基本步骤如下：

(1) 给顶点 v_0 标 P 标号 $d(v_1)=0$，给顶点 $v_j(j=2, 3, \cdots, n)$ 标 T 标号 $d(v_j)=l_{1j}$。

(2) 在所有的 T 标号中取最小值，即若 $d(v_{j_0})=l_{1j_0}$，则把 v_{j_0} 的 T 标号改为 P 标号，并重新计算具有 T 标号的其他各顶点的 T 标号，选顶点 v_j 的 T 标号 $d(v_j)$ 与 $d(v_{j_0})+l_{j_0j}$ 中较小者作为 v_j 的新的 T 标号，即设 $P=\{v_j \mid v_j$ 具有 P 标号$\}$，$T=\{v_j \mid v_j$ 具有 T 标号$\}=V\backslash P$，若 $d(v_k)=\min\limits_{v_j \in T}\{d(v_j)\}$，则 $d(v_k)$ 改记为顶点 v_k 的 P 标号，于是 $v_k \in P$，把 $T\backslash\{v_k\}$ 中的顶点 v_j 的 T 标号修改为 $\min\{d(v_j), d(v_j)+l_{kj}\}$，只需对与 v_k 相邻的具有 T 标号的顶点重新标 T 标号即可。

(3) 重复步骤(2)，直到 $v_n \in P$，则 $d(v_n)$ 即从顶点 v_1 到 v_n 的最短路长。

利用编程解决上述问题时，可以通过安排停机来解决从 v_1 到某个顶点的最短路径问题，在 $|P|=n-1$ 时停机可以解决从 v_1 到每个顶点的最短路径问题。

【例 6.11】 赋权图 G 如图 6.19 所示，求从顶点 v_1 到 v_{11} 的最短路长。

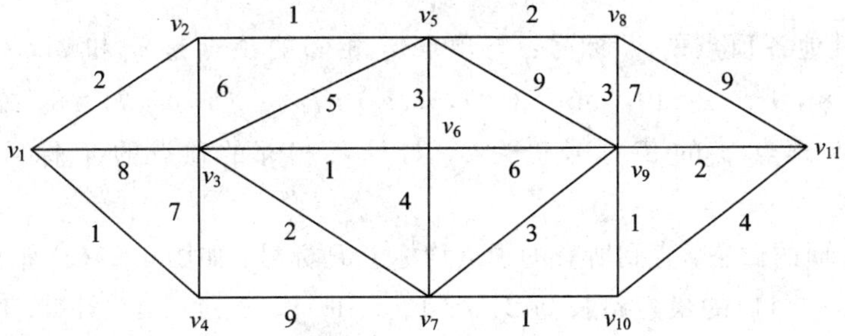

图 6.19　赋权图 G

解　(1) 给顶点 v_1 标 P 标号 0，并用方框把 0 框起来，给与顶点 v_1 相邻的顶点 v_2、v_3、v_4 分别标上 T 标号，$d(v_2)=l_{12}=2$，$d(v_3)=l_{13}=8$，$d(v_4)=l_{14}=1$，其余顶点的 T 标号均

为∞，并用⌊ ⌋表示，如图 6.20(a)所示。

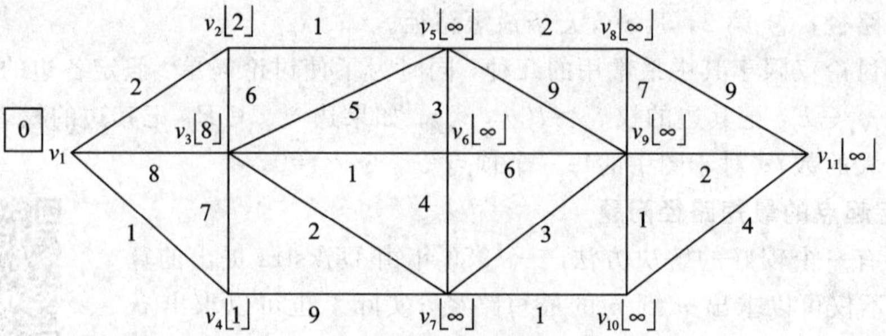

(a) 步骤(1)配图

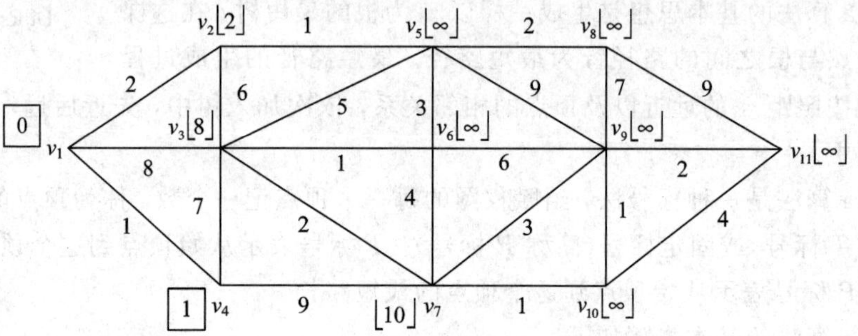

(b) 步骤(2)配图

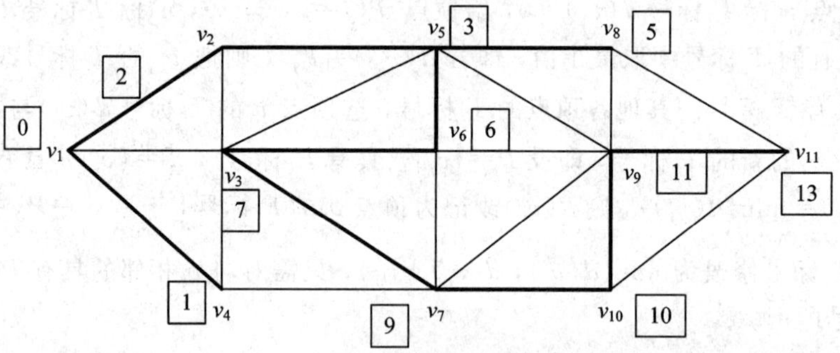

(c) 步骤(3)配图

图 6.20　例 6.11 求解步骤图

(2) 在所有的 T 标号中取最小者 $d(v_4)=1$，把 v_4 的 T 标号改成 P 标号，并用方框框起来。

重新计算其他各顶点的 T 标号：与顶点 v_4 相邻的顶点是 v_3 和 v_7，由 $\min\{d(v_7), d(v_4)+l_{47}\}=\{\infty, 1+9\}=10$，$\min\{d(v_3), d(v_4)+l_{43}\}=\{8, 1+7\}=8$，故将顶点 v_7 的 T 标号修改成 10，顶点 v_3 的 T 标号仍为 8，与 v_4 不相邻的顶点的 T 标号仍为∞，如图 6.20(b)所示。

(3) 重复上面的做法，直到所有的顶点均标上 P 标号，如图 6.20(c)所示。由图易得 v_1 到 $v_i(i=2, 3, \cdots, 11)$ 的最短路长为 2、7、1、3、6、9、5、11、10、13，且最短路径如图 6.20(c)中粗线所示。

为了便于理解固定标号的取值途径，将 v_i 到 v_j 的最短路径中与 v_j 相邻的前一个顶点，称为 v_j 的先驱点(也称父点)。引入先驱点的主要用途是便于追踪最短路径，同时也给出了各顶点间的最短路径，例 6.11 的标号过程可以列表，如表 6.1 所示。

表 6.1　标 号 过 程

步	点											
	v_1	v_2	v_3	v_4	v_5	v_6	v_7	v_8	v_9	v_{10}	v_{11}	先驱点
1	0	2	8	1	∞	∞	∞	∞	∞	∞	∞	
2	0	2	8	1	∞	∞	10	∞	∞	∞	∞	v_1
3	0	2	8	1	3	∞	10	∞	∞	∞	∞	v_1
4	0	2	8	1	3	6	10	5	12	∞	∞	v_2
5	0	2	8	1	3	6	10	5	12	∞	14	v_5
6	0	2	7	1	3	6	10	5	12	∞	14	v_5
7	0	2	7	1	3	6	9	5	12	∞	14	v_6
8	0	2	7	1	3	6	9	5	12	10	14	v_3
9	0	2	7	1	3	6	9	5	11	10	14	v_7
10	0	2	7	1	3	6	9	5	11	10	13	v_{10}
11	0	2	7	1	3	6	9	5	11	10	13	v_9

2. 任意两顶点间的最短路径问题

要求赋权图中任意两顶点间的最短路径，需要采用一种新的算法——矩阵求解法(因由 Floyd 提出，也称 Floyd 算法)。此算法在解决这类问题时具有计算量小、编程简单的特点。

定义 6.13　设图 G 的顶点集为 $V=\{v_1, v_2, \cdots, v_n\}$，记 $V_1=\varnothing$，$V_2=\{v_1\}$，…，$V_n=\{v_1, v_2, \cdots, v_{n-1}\}$，$V_{n+1}=\{v_1, v_2, \cdots, v_n\}$，称矩阵 $\boldsymbol{L}=(l_{ij})_{n\times n}$ 为 G 的长度矩阵，即

$$\begin{array}{cc} & \begin{matrix} v_1 & v_2 & \cdots & v_n \end{matrix} \\ \boldsymbol{L}= & \begin{bmatrix} l_{11} & l_{12} & \cdots & l_{1n} \\ l_{21} & l_{22} & \cdots & l_{2n} \\ \vdots & \vdots & & \vdots \\ l_{n1} & l_{n2} & \cdots & l_{nn} \end{bmatrix} \begin{matrix} v_1 \\ v_2 \\ \vdots \\ v_n \end{matrix} \end{array}$$

任意两点间最短路径算法

设 $d_{ij}^{(m)}$ 为 G 中从顶点 v_i 到 v_j 的内部顶点，只能取 V_m(其中 V_{m-1} 最多只能取长为 1 的最短路径)，即可得 $d_{ij}^{(m)}$ 的递推公式：

$$d_{ij}^{(0)} = l_{ij}\text{(即边 } v_iv_j \text{ 的权)}$$

$$d_{ij}^{(m)} = \min\{d_{ij}^{(m-1)}, d_{im}^{(m-1)} + d_{mj}^{(m-1)}\} \ (i \neq j)$$

从 G 的长度矩阵 $\boldsymbol{D}^{(0)}=(l_{ij})$ 开始，一次构造出 n 个矩阵 $\boldsymbol{D}^{(1)}$，$\boldsymbol{D}^{(2)}$，…，$\boldsymbol{D}^{(n)}$，若 $\boldsymbol{D}^{(m-1)}=(d_{ij}^{(m-1)})$，则第 m 个矩阵 $\boldsymbol{D}^{(m)}=(d_{ij}^{(m)})$，且 $d_{ij}^{(m)}=\min\{d_{ij}^{(m-1)}, d_{im}^{(m-1)}+d_{mj}^{(m-1)}\}$，$i\neq j$。

运算过程从 $m=1$ 开始，i、j 依次取遍 1 到 n 的所有值，然后将 m 增加 1，反复进行，直到 $m=n$ 时停止，这时 $\boldsymbol{D}^{(n)}=(d_{ij}^{(n)})$ 中的元素 $d_{ij}^{(n)}$ 就是从顶点 v_i 到 v_j 的最短路长。

【例 6.12】 赋权图如图 6.21 所示，求任意两顶点间的最短路长。

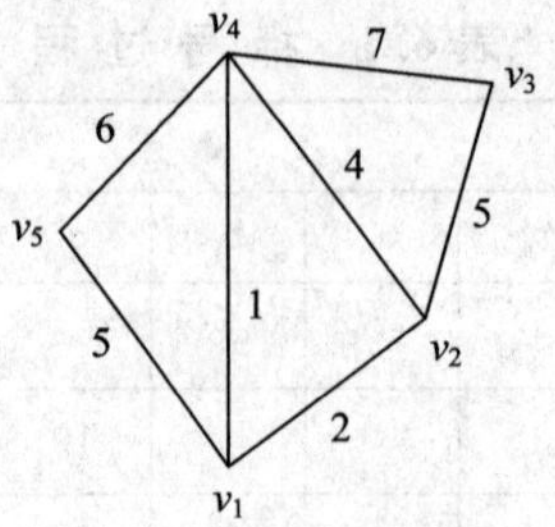

图 6.21 赋权图

解

$$D^{(0)}=(l_{ij})=\begin{bmatrix}0 & 2 & \infty & 1 & 5\\ 2 & 0 & 5 & 4 & \infty\\ \infty & 5 & 0 & 7 & \infty\\ 1 & 4 & 7 & 0 & 6\\ 5 & \infty & \infty & 6 & 0\end{bmatrix}$$

由 $D^{(0)}$ 再求 $D^{(1)}=(d_{ij}{}^{(1)})$：

$$d_{11}{}^{(1)}=0$$
$$d_{12}{}^{(1)}=\min\{d_{12}{}^{(0)},\ d_{11}{}^{(0)}+d_{12}{}^{(0)}\}=\min\{2,\ 0+2\}=2$$
$$d_{13}{}^{(1)}=\min\{d_{13}{}^{(0)},\ d_{11}{}^{(0)}+d_{13}{}^{(0)}\}=d_{13}{}^{(0)}=\infty$$
$$\cdots$$
$$d_{24}{}^{(1)}=\min\{d_{24}{}^{(0)},\ d_{21}{}^{(0)}+d_{14}{}^{(0)}\}=\min\{4,\ 2+1\}=3$$
$$d_{25}{}^{(1)}=\min\{d_{25}{}^{(0)},\ d_{21}{}^{(0)}+d_{15}{}^{(0)}\}=\min\{\infty,\ 2+5\}=7$$
$$\vdots$$

于是可得

$$D^{(1)}=\begin{bmatrix}0 & 2 & \infty & 1 & 5\\ 2 & 0 & 5 & 3 & 7\\ \infty & 5 & 0 & 7 & \infty\\ 1 & 3 & 7 & 0 & 6\\ 5 & 7 & \infty & 6 & 0\end{bmatrix}$$

同理可以求出

$$D^{(2)}=D^{(3)}=\begin{bmatrix}0 & 2 & 7 & 1 & 5\\ 2 & 0 & 5 & 3 & 7\\ 7 & 5 & 0 & 7 & 12\\ 1 & 3 & 7 & 0 & 6\\ 5 & 7 & 12 & 6 & 0\end{bmatrix}$$

注 1 此算法过程中逐一检查 v_i 与 v_j 经过网络的各个顶点的情况，这样形成的网络的所有顶点作为中间点扫视一遍，不断检查，不断修改 d_{ij} 的值，最终的 d_{ij} 的值为 v_i 到 v_j 的最短距离。

注 2 为了得到最短路径，可在计算最短距离矩阵 $\boldsymbol{D}$ 的过程中设置路径矩阵 $\boldsymbol{R}$。

设 $\boldsymbol{R}^{(m)}=(r_{ij}{}^{(m)})$，这里 $r_{ij}{}^{(m)}$ 是当前 v_i 到 v_j 最短链上的第一个中间点，算法开始于 $\boldsymbol{R}^{(0)}=(r_{ij}{}^{(0)})$，$r_{ij}{}^{(0)}=j$，迭代到第 m 步，$r_{ij}{}^{(m)}=\begin{cases} m & (d_{ij}{}^{(m-1)}>d_{im}{}^{(m-1)}+d_{mj}{}^{(m-1)}) \\ r_{ij}{}^{(m-1)} & (\text{其他}) \end{cases}$。

在由 $\boldsymbol{D}^{(m-1)}$ 到 $\boldsymbol{D}^{(m)}$ 的迭代过程中，若某个元素变小，则由 $\boldsymbol{R}^{(m-1)}$ 到 $\boldsymbol{R}^{(m)}$ 的迭代过程中，相应元素改为 m，表示到第 m 次迭代，从 v_i 到 v_j 的最短路径过点 v_m 比过原有中间点更短。

由图 6.21，有

$$\boldsymbol{R}^{(0)}=\begin{bmatrix} 1 & 2 & 3 & 4 & 5 \\ 1 & 2 & 3 & 4 & 5 \\ 1 & 2 & 3 & 4 & 5 \\ 1 & 2 & 3 & 4 & 5 \\ 1 & 2 & 3 & 4 & 5 \end{bmatrix} \Rightarrow \boldsymbol{R}^{(1)}=\begin{bmatrix} 1 & 2 & 3 & 4 & 5 \\ 1 & 2 & 3 & \lfloor 1 \rfloor & \lfloor 1 \rfloor \\ 1 & 2 & 3 & 4 & 5 \\ 1 & \lfloor 1 \rfloor & 3 & 4 & 5 \\ 1 & \lfloor 1 \rfloor & 3 & 4 & 5 \end{bmatrix}$$

$$\boldsymbol{R}^{(2)}=\boldsymbol{R}^{(3)}=\begin{bmatrix} 1 & 2 & \lfloor 2 \rfloor & 4 & 5 \\ 1 & 2 & 3 & 1 & 1 \\ \lfloor 2 \rfloor & 2 & 3 & 4 & \lfloor 2 \rfloor \\ 1 & 1 & 3 & 4 & 5 \\ 1 & 1 & \lfloor 2 \rfloor & 4 & 5 \end{bmatrix}$$

其中，矩阵中带$\lfloor\ \rfloor$的项为经迭代比较后有变化的元素，且通过标记易得路径。例如，$r_{53}{}^{(3)}=2$ 表示 v_5 到 v_3 的第一个中间点是 v_2，$r_{52}{}^{(3)}=1$ 表示 v_5 到 v_2 的第一个中间点是 v_1，$r_{51}{}^{(3)}=1$ 表示 v_5 到 v_1 没有中间点，故 v_5 到 v_3 的最短路径为 $v_5 \to v_1 \to v_2 \to v_3$。

6.3.2　赋权有向图中的最短路

本节为 6.3.1 节所讨论问题的特例：若 v_i 到 v_j 有弧 v_iv_j，则其权 $l_{ij}=l(v_i, v_j)$；若从 v_i 到 v_j 没有弧，则权 $l_{ij}=\infty$。因此，此类问题的算法与 6.3.1 节的算法完全相同，Dijkstra 算法第(2)步中检查顶点 v_{j_0} 的相邻顶点，这里检查以 v_{j_0} 为起点，有弧指向 v_j 的顶点 v_j，以判定 v_j 的 T 标号是否改变。

此处仅对具有负权的有向图讨论其最短路径问题，矩阵算法与 6.3.1 节完全相似，这里介绍标号法的不同之处。

(1) 标号值的修改扩大到所有的顶点，因为 T 标号和 P 标号的标号值可能都会减小，所以在迭代过程中需要随时依据相邻 P 标号点的变动(可能多次)而修改。

(2) 如果一个 P 标号点上的标号值减小，则其本身和相邻的顶点都需要重新修正其标号性质(可能重新变为临时标号)。

(3) 仅当所有顶点均已得到 P 标号，且迭代运算不能再使各顶点的标号值进一步减小时，算法终止。

记 $d^{(m)}(v_j)$ 表示第 m 次迭代顶点 v_j 的标号值，算法如下：

(1) 令 $v_1 \in P$，给顶点 v_1 标 P 标号 $d^{(0)}(v_1)=0$，给顶点 $v_j(j=2, 3, \cdots, n)$ 标 T 标号 $d(v_j)=l_{1j}$。

(2) 按与 P 中顶点的相邻关系，对于各标号分别修改标号值(包括 T、P 中顶点)，

$d^{(m)}(v_j)=\min\{d^{(m)}(v_j), d^{(m)}(v_k)+l_{kj}\}$，若 $P=V$，且 $d^{(m+1)}(v_j)=d^{(m)}(v_j)$，运算终止；否则，转步骤(3)。

(3) $d^{(m+1)}(v_j)=\min\limits_{v_k\in T}\{d^{(m)}(v_k)\}$，即在标号 T 中取最小者 v_j，给 v_j 标 P 标号以扩展 P，转步骤(2)。

【例 6.13】 网络如图 6.22 所示，求任意两点间的最短路径，标号过程如表 6.2 所示。

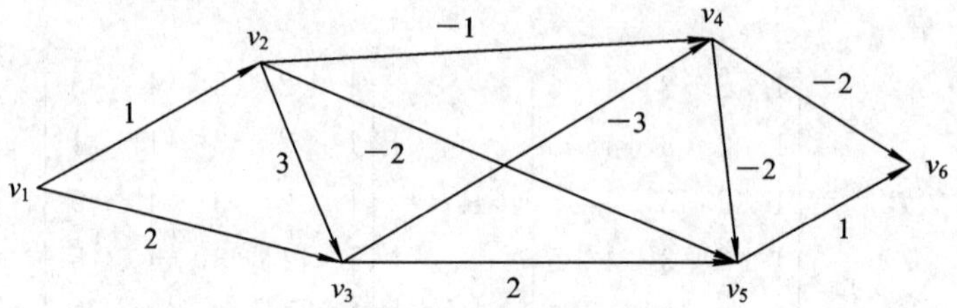

图 6.22 具有负权的有向图

表 6.2 标 号 过 程

步	点							
	v_1	v_2	v_3	v_4	v_5	v_6	本步选入 P 的顶点	先驱点
1	0	1	2	∞	∞	∞	v_1	
2	0	1	2	0	−1	∞	v_2	v_1
3	0	1	2	0	−1	0	v_5	v_2
4	0	1	2	0	−2	−2	v_4，v_6	v_2
5	0	1	2	0	−2	−2	v_5，v_6	v_4
6	0	1	2	−1	−2	−2	v_3	v_1
7	0	1	2	−1	−3	−3	v_4	v_3
8	0	1	2	−1	−3	−3	v_5，v_6	v_4
9	0	1	2	−1	−3	−3		

解 由表 6.2 可知，$d(v_6)=-3$，其最短路径为 $v_6\leftarrow v_4\leftarrow v_3\leftarrow v_1$，同理可得 v_1 到其他各点的最短路径。

6.3.3 最短路问题扩展

前面讨论的最短路径的问题主要集中在由某一点到其他点的路程或费用最小，其权仅限于各边上的权，但在实际问题中会出现路径的权是边上的权的某个函数，权出现在顶点等。对于这些问题，上面两小节的算法不能直接使用，需要进行一定的修改。下面讨论常见的最可靠线路问题、最小爬高路径问题和带有顶点附加值的最短路径问题。

1. 最可靠线路问题

在图 G 中，若 $\forall e\in E(G)$，有 $0<\omega(e)\leqslant 1$（$w(e)$表示线路的可靠性），P 是从 s 到 t 的路径。路径 P 的权 $\omega(P)=\prod\limits_{e\in E(P)}\omega(e)$（$P$ 的可靠性），即 $\omega(P)$是 P 上所有边的权的乘积，称 $\omega(P)$达到最大值的路径为 s 到 t 的最可靠路线。

2. 最小爬高路径问题

在图 $G=(V, E)$中，$\forall e\in E(G)$，$\omega(e)$表示沿 e 的爬高度，则从 s 到 t 沿路径 P 的爬高度 $\omega(P)=\max\limits_{e\in P}\{\omega(e)\}$，故称使 $\omega(P)$达到最小值的路径为 s 到 t 的最小爬高路径。

一般情况下，只要路径权函数在下述两种情形下，均可用最短路径算法(Dijkstra 算法和 Floyd 算法)稍作修改分情况讨论：① 对于任意 $P=v_1v_2v_3\cdots v_k$，$P'=v_1v_2v_3\cdots v_kv_{k+1}$均有 $\omega(P)\leqslant\omega(P')$，求 $\omega(P)$达到最小的路径；② 对于任意 $P=v_1v_2v_3\cdots v_k$，$P'=v_1v_2v_3\cdots v_kv_{k+1}$均有 $\omega(P)\geqslant\omega(P')$，求 $\omega(P)$达到最大的路径。

最小爬高问题属于①，最可靠线路问题属于②。

3. 带有顶点附加值的最短路径问题

解决此类问题的基本思路是将带有顶点附加值的网络转化为无顶点附加值的网络，然后充分利用最短路径问题的算法来求解。

【例 6.14】 在城市交通系统中取出一段，如图 6.23(a)所示，其入口为顶点 v_1，出口为顶点 v_8，每条弧上的数字表示通过该段所需的时间，每次转弯需附加的时间为 2，求从 v_1 到 v_7 的最短时间路径。

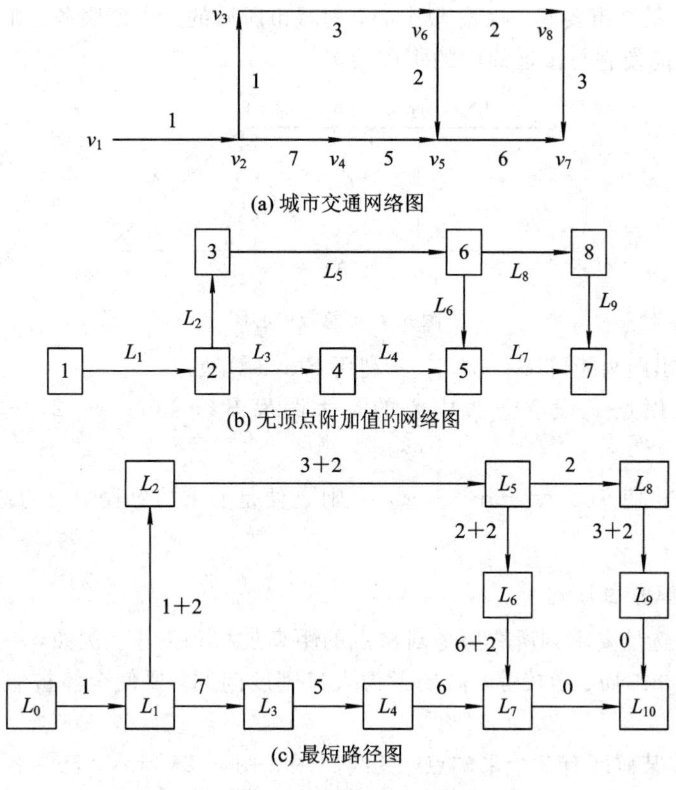

图 6.23　城市交通系统中的最短路径图

解　现将原网络图转化为无顶点附加值的网络，如图 6.23(b)所示，构造一个新网络，以旧网络的弧 L_i为顶点，并增加两个虚拟点代表起点和终点，(L_i, L_j)上的权为 $\omega(L_j)$加上转弯附加值(若不转弯，则不加)。L_0与起点的所有关联边相连，其权为这些边的权；L_{10}与终点的所有关联边相连，其权为 0。

上述做法将原图中转弯附加值的最短路径问题转化为了求新图的最短路径问题。用求最短路径的 Dijkstra 算法求解，得到从 L_0 到 L_{10} 的最短路径为 $L_0 \leftarrow L_1 \leftarrow L_2 \leftarrow L_5 \leftarrow L_8 \leftarrow L_9 \leftarrow L_{10}$，其权 $\omega(P^*)=1+1+2+3+2+2+3+2=16$。与图 6.23(c)的 P^* 对应的原图 6.23(b)的路径 $\bar{P}^*$ 为 1→2→3→6→8→7，其权值为 $\omega(\bar{P}^*)=1+1+(2)+3+(2)+2+3+(2)=16$，$P^*$ 与 $\bar{P}^*$ 的权值相等，$\bar{P}^*$：1→2→3→6→8→7 即原图带转弯附加数的最短路径。

6.3.4 选址问题及中国邮递员问题

1. 选址问题

选址问题即在服务项目中在某个区域内选定位置，使某一指标达到最优值。这类问题在实际生活中很容易遇到。选址问题的数学模型依赖于设施的可能区域和评判为优劣的标准。选址问题有许多不同种类，此处仅介绍设施和对象均位于图的顶点上的单服务设施问题。

1) 中心问题

公共服务设施的选址需要与网络中最远的被服务点的距离尽可能小，如应急服务设施、消防中心等。

【例 6.15】 某城市要建一个急救中心，为城市所属的 7 个区服务，如图 6.24 所示，需要建在哪个区才能使它与最远的区的距离最短？

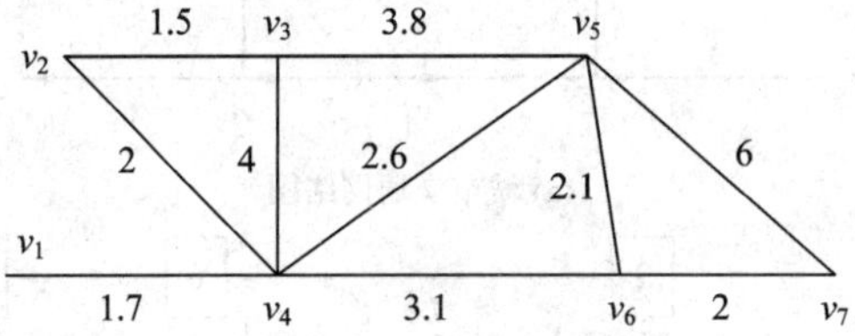

图 6.24 急救中心图

解 (1) 求出距离矩阵 $\boldsymbol{D}=(d_{ij})_{n\times n}$(利用 Floyd 算法)。

(2) 计算以顶点 v_i 设立急救中心的最大距离 $S(v_i)(i=1, 2, \cdots, n)$，$S(v_i)=\max\limits_{1\leqslant j\leqslant n}\{d_{ij}\}$。

(3) 求顶点 v_k 使 $S(v_k)=\min\limits_{1\leqslant i\leqslant n}\{S(v_i)\}$，则 v_k 便是要求的急救中心的地址。此点称为图的中心点。

2) 重心问题(中位问题)

有些设施的选址要求到所有服务对象点的距离加权和最小。例如，一些非紧急性的公共服务单位，比如邮局、学校等，需要考虑人口密度问题，要使全体被服务对象来往的平均路程最短。

【例 6.16】 某矿区有 7 个采矿点，其线路图如图 6.25 所示。已知各采矿点每天的产矿量 $q(v_j)$(已标在图 6.25 的各顶点处)。现需从 7 个采矿点选出一个来建造矿厂，选哪个采矿点才能使各矿点到选矿厂的总运力最小？

解 (1) 求出距离矩阵 $\boldsymbol{D}=(d_{ij})_{n\times n}$。

(2) 计算各顶点作为选矿厂的总运力 $m(v_i)=\sum\limits_{j=1}^{n}q(v_j)\times d_{ij}$。

(3) 求 v_k 使 $m(v_k)=\min\limits_{1\leqslant i\leqslant n}\{m(v_i)\}$，则 v_k 即选矿厂应设立的地址。此点称为图 G 的重

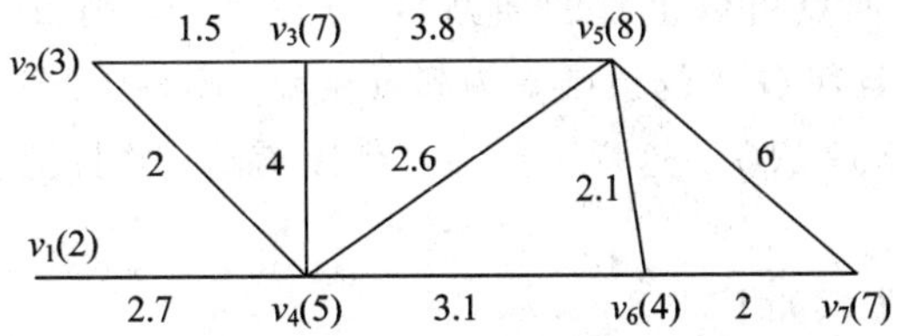

图 6.25　采矿点线路图

心或者中位点。

2. 中国邮递员问题

一位邮递员从邮局选好邮件去投递，然后回到邮局，他必须经过他所管辖的每条街道至少一次，然后返回邮局，如何选择一条行程最短的线路？

这就是中国邮递员问题的原始模型，是由我国管梅谷教授于 1962 年首先提出并进行研究的。这是一个具有普遍意义的模型，如企业的巡回检测、街道除雪等问题都存在如何选择最短巡回线路的问题。

如果把投递区的街道用边表示，街道长度用边权表示，邮局、街道交叉口用点表示，则投递区构成一个加权连通无向图。若将一个赋权图中经过各边至少一次的环路(也可称为环游)的权定义为 $\sum_{i=1}^{n}\omega(e_i)$，显然，中国邮递员问题就是在具有非负权的赋权连通图中找出一条最小权的环游，即最优环游。

此类算法比较复杂，下面仅对两种比较常见的分类(即 G 是欧拉图(存在经过 G 的每条边正好一次的巡回的图)和 G 是非欧拉图)的基本算法作一介绍(相关证明具体见图论类专业资料)。

1) G 是欧拉图

G 是欧拉图，即 G 是最优环游，此类问题主要有两种算法：Fleury 算法和 Hierholzer 算法。

Fleury 算法的基本思想：从任一点出发每访问一边，即进行检查，若共可访问的边不止一条，则应选择一条不是未访问边的到子图的割边作为访问边，直到没有边可供选择为止。

Fleury 算法的基本步骤如下：

(1) $\forall v_0\in V(G)$，令 $\omega_0=v_0$。

(2) 若 $\omega_i=v_0e_1v_1e_2\cdots e_iv_i$ 已选定，则从 $E-\{e_1, e_2, \cdots, e_i\}$ 中选择一条边 e_{i+1}，满足 e_{i+1} 与 v_i 相关联；否则一定使 e_{i+1} 不是 $G_i=G[E-\{e_1, e_2, \cdots, e_i\}]$ 的割边。

(3) 第(2)步不能执行即停止。

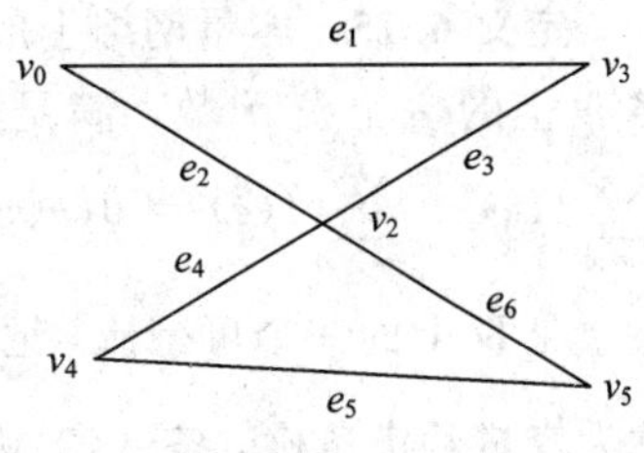

图 6.26　欧拉图

如图 6.26 所示的欧拉图，从 v_0 出发，访问 e_2 后到达 v_2 点，这时下一步访问的边有 3 条可供选择，即 e_3、e_4、e_6。对未访问过的边构成的子图来说，e_3 是割边，e_4、e_6 不是割边；若选择 e_3，必然破坏子图的连通性而无法遍历全图，因此不能选择 e_3，应选择 e_4 或 e_6，继续访问可得 $v_0e_2v_2e_4v_4e_5v_5e_6v_2e_3v_3e_1v_0$。

Hierholzer 算法的基本思路：从某点 v_0 开始产生 G 中

的闭道路 G_1（边不重复但点可以重复的通路），若 $G_1=G$，则 G_1 即欧拉巡回；否则再以 $G-E(G_1)$ 中次数不为 0 且在 G_1 上的顶点 v_1 为起点在 $G-E(G_1)$ 上产生闭道路 G_2。将 G_2 插入 G_1 中，得到更大的闭道路 $G_2\cup G_1$。这样不断地产生闭道路，并且把它们适当地连接在一起，最终便形成欧拉巡回。

Hierholzer 算法的步骤如下：

(1) 任选一点 $v_0\in V(G)$，产生一个以 v_0 为起点的闭道路 T_0，$i\leftarrow 0$。

(2) 若 $E(T_i)=E(G)$ 则停止，否则在 T_i 上选择一个顶点 v_i 使其有不在 T_i 上的关联边，则图 $G-E(T)$ 中构造以 v_i 为起点的闭道路 $T_i{}^*$（$T_i{}^*$ 包含 v_i）。

(3) 构造一个闭道路 T_{i+1}，它包含 T_i 和 $T_i{}^*$ 的所有边，它从 v_i 开始，行遍 $T_i{}^*$ 的边后回到 v_i。由于 v_i 也在 T_i 中，因此行遍 T_i 的边，$i\leftarrow i+1$，转步骤(2)。

2) G 不是欧拉图

此类中国邮递员问题的一般解法是：

(1) 对 G 添加边，使 G 成为欧拉图 G^*，且要求 $\sum\limits_{e\in E(G^*)/E(G)}\omega(e)$ 尽可能小。

(2) 在 G^* 中求一条欧拉巡回。

针对(1)，需要参考相关书籍分类讨论，此处不予分析。

6.4 网络最大流、最小流问题

此节中将加权图统称为网络，将代表长度或费用的弧上的权赋予新的含义，即容量。实际生活中，公路运输网络中路面宽度或者管道输送网络中管道的直径，即为单位时间内允许通过的限量。网络流在交通运输和信息传递方面有着广泛的应用，许多线性规划的实际问题可以转化为网络流的模型来求解。无向图、有向图的连通度与边连通度都是求最大流的有效算法，同时利用网络流可以对某些定理提供简洁的证明，网络流问题在理论和实际应用两个方面都具有重要意义。

6.4.1 基本概念及定理

定义 6.14 $D=(V, E)$ 是一有向图，D 中给定两点：一个点称为源或出发点，记为 s；另一个点称为汇或者收点，记为 t。边 e 上的权 $c(e)\geqslant 0$ 称为边 e 的容量，并称该有向加权图为容量网络，记为 $D=(V, E, c(e))$。

定义 6.15 容量网络上的流：E 上的非负函数 $f(e)$ 称为 e 上的流函数。若 f 是容量网络 D 上的一个流函数，满足：(1) $\forall e\in E$，$0\leqslant f(e)\leqslant c(e)$；(2) $\forall v\in V-\{s, t\}$，$\sum\limits_{c\in\alpha(v)}f(e)-\sum\limits_{e\in\beta(v)}f(e)=0$（$\alpha(v)$ 表示以 v 为终点的边集，$\beta(v)$ 表示以 v 为起点的边集），则称 f 是 D 上的一个可行流，记 $v(f)=\sum\limits_{e\in\alpha(t)}f(e)-\sum\limits_{e\in\beta(t)}f(e)$，称 $v(f)$ 为 f 的流量。条件(1)称为容量约束条件，条件(2)称为守恒条件。

在网络 D 中寻找使流量 $v(f)$ 达到最大的可行流 f（称这样的可行流为最大流），记为网络最大流问题。最大流问题可归结为如下的线性规划问题：

$$\max\left(\sum_{e\in\alpha(t)} f(e) - \sum_{e\in\beta(t)} f(e)\right)$$

$$\text{s. t.}\begin{cases}0 \leqslant f(e) \leqslant c(e) \\ \sum\limits_{c\in\alpha(v)} f(e) - \sum\limits_{e\in\beta(v)} f(e) = 0,\ \forall v \in V - \{s, t\}\end{cases}$$

定义 6.16　设 D 是一个容量网络，$S\in V(D)-S=\overline{S}$，$[S, \overline{S}]$表示 D 的全体起点在 S，终点在 $\overline{S}$ 的弧集，则称$[S, \overline{S}]$为网络的截集，称 $c(S) = \sum\limits_{e\in[S, \overline{S}]} c(e)$ 为截量。

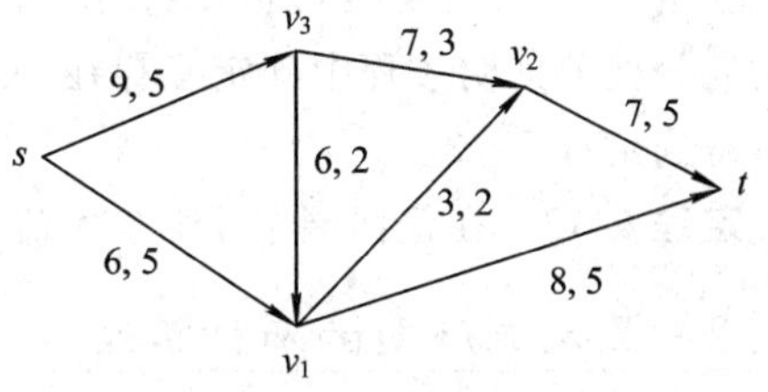

图 6.27　网络

如图 6.27 所示的网络，每条边上的第 1 个数是该边上的容量，第 2 个数是当前流过该边的容量，是一个可行流。其流量 $v(f)=10$。若取 $S=\{s, v_1, v_2\}$，则

$$[S, \overline{S}] = \{(s, v_3), (v_1, v_3), (v_2, t)\}$$

其截量为

$$c(S) = c(s, v_3) + c(v_1, v_3) + c(v_2, t) = 6 + 6 + 3 = 15$$

定理 6.11　对于每个可行流及每个截集$[S, \overline{S}]$都有 $v(f)\leqslant c(S)$。

证明　由 $v(f) = \sum\limits_{e\in[S, \overline{S}]} f(e) - \sum\limits_{e\in[S, \overline{S}]} f(e) \leqslant \sum\limits_{e\in[S, \overline{S}]} c(e) = c(S)$ 即可证明。其中，$v(f) = \sum\limits_{e\in[S, \overline{S}]} f(e) - \sum\limits_{e\in[S, \overline{S}]} f(e)$ 的证明见相关资料，这里不再详细叙述。

现规定 P 是 N 中的一条 s 到 v 的路径，P 的正方向是从 s 到 v，则 P 上的弧被分为两类：一类与 P 的正向相同，称为正向弧；另一类与 P 的正向相反，称为反向弧。

定义 6.17　设 f 是 N 中的一个可行流，P 是一条 s 到 v 的路径(无向)，若 P 上任一弧 e 有：(1) 当 e 是正向弧时，$c(e)>f(e)$；(2) 当 e 是反向弧时，$f(e)>0$，则称 P 是一条 f 非饱和路径，称一条 s 到 t 的 f 非饱和路径为 f 可增长路径。

定理 6.12　网络 N 的一个可行流 f 是最大流的充要条件是：N 中不存在 f 可增长路径 P。

证明　必要性：设 f 是最大流，其流量为 $v(f)$，如果 N 中存在 f 可增长路径 P，令 $l(P)=\min\limits_{e\in E(P)} l(e)$，其中

$$l(e) = \begin{cases}c(e) - f(e) & (\text{若 } e \text{ 是 } P \text{ 的正向弧}) \\ f(e) & (\text{若 } e \text{ 是 } P \text{ 的反向弧})\end{cases}$$

显然可以得到 $l(P)>0$，构成一个新的流 $\widetilde{f}$：

$$\widetilde{f}(e) = \begin{cases}f(e) + l(P) & (\text{若 } e \text{ 是 } P \text{ 的正向弧}) \\ f(e) - l(P) & (\text{若 } e \text{ 是 } P \text{ 的反向弧}) \\ f(e) & (\text{其余})\end{cases}$$

易得 $\widetilde{f}$ 依旧是 N 中的一个可行流，其流量 $v(\widetilde{f})=v(f)+l(P)$，这与 f 是最大流矛盾。

充分性：设 f 是一个可行流，N 中不存在 f 可增长路径，令

$$S=\{v\in V \mid D \text{ 中存在 } s \text{ 到 } v \text{ 的 } f \text{ 非饱和路径}\}$$

于是 $s\in S$，$t\in\overline{S}$，从而$[S, \overline{S}]$是 D 中的截集。

对任意弧 $e=xy\in[S, \overline{S}]$，必有 $f(e)=c(e)$，否则 $y\in S$，这是不存在的；同理，对任意弧 $e=xy\in[S, \overline{S}]$，必有 $f(e)=0$。因此，由 $v(f)=\sum\limits_{e\in[S,\overline{S}]}f(e)-\sum\limits_{e\in[S,\overline{S}]}f(e)=\sum\limits_{e\in[S,\overline{S}]}c(e)$，可知 f 为最大流。

在定理 6.12 的必要性证明过程中，给出了从一种可行流到另一种可行流的改进方法，同时充分性的证明过程中确定了存在一个最大流和最小截集$[S, \overline{S}]$，使得 $v(f)=c(S)$，由此可得到定理 6.13。

定理 6.13　在任何网络中，最大流的流量等于最小截集的截量。

6.4.2　最大流问题的两种解法

标记法的基本思路是：从已知的可行流 f(如零流)开始，寻求 f 可增长路径，若不存在，则现行流即最大流，否则可以按照定理 6.12 证明中的必要性方法对 f 进行改进，得到新的更大的流 $\tilde{f}$，再重复上述过程。

N 中的 f 非饱和树 T 是满足如下两个条件的树：① $s\in V(T)$；② 对 T 中的每个顶点 v，在 T 中 s 到 v 的唯一路径 $P(s, v)$是一条 f 非饱和路径。寻求 f 可增长路径的过程就是在 N 中生长 f 非饱和树的过程，而非饱和树的生长和记录，由一个标号过程来实现，标号点的扩展可采用广探法。

非饱和树每增加一个顶点 v，就给 v 三个标记：① v 的父亲点(可以记录树)；② 连接 v 与 v 的父亲的边在非饱和路径 $P(s, v)$中是正向弧(用“+”)或反向弧(用“−”)；③ 这条边上能增加(或减少)的流值 $l(v)=l[P(s, v)]$。

求最大流的标号算法包括两个过程：标号过程(以广探法讲述)和流的改进过程。下面给出具体步骤。

1. 标记过程 A

(1) 以 s 为出发点标记为$(s, +, l(s)=\infty)$，$S\leftarrow\{s\}$，$U\leftarrow v$，$u\leftarrow s$。

(2) 对 $\overline{S}$ 中 u 的所有邻点 v，分以下情况：

① 若$(u, v)\in E$，且 $c(u, v)>f(u, v)$，则将 v 标记为$(u, +, l(v))$，其中 $l(v)=\min\{l(u), c(u, v)-f(u, v)\}$，$S\leftarrow S\cup\{v\}$。

② 若$(u, v)\in E$，且 $f(u, v)>0$，则可得 v 标记为$(u, -, l(v))$，其中 $l(v)=\min\{l(u), f(v, u)\}$，$S\leftarrow S\cup\{v\}$。

(3) 若 $t\in S$，转向流的改进过程 B，否则若 $t\in\overline{S}$，$U\leftarrow U-\{u\}$。若 $S\cap U$ 为空，算法结束，当前流即最大流；否则若 $S\cap U$ 非空，任选一 $u\in S\cap U$，转步骤(2)。

2. 流的改进过程 B

(1) $z\leftarrow t$。

(2) 若 z 的标记为$(g, +, l(t))$，则 $f(g, z)\leftarrow f(g, z)+l(t)$；若 z 的标记为$(g, -, l(z))$，则 $f(z, g)\leftarrow f(z, g)-l(t)$。

(3) 若 $g=s$，则把全部标记去掉，转向标记过程 A，否则令 $z=g$，转步骤(2)。

【例 6.17】　用标记法求图 6.27 所示的容量网络的最大流。

解　取零流作为初始流，$f(u, v)=0$，$(u, v)\in E$。

(1) 初始点 s 标记为 $(s,+,\infty)$，$S=\{s\}$，$u\leftarrow s$，与 u 相邻的点有 v_1 和 v_2，求点 v_1 的标记。因 $(u,v_1)\in E$ 且 $c(u,v_1)>f(u,v_1)$，故 $l(v_1)=\min\{l(u),c(u,v_1)-f(u,v_1)\}=9$，于是点 v_1 的标记为 $(s,+,9)$。对 v_2 可用同样的方法得到标记 $(s,+,7)$，此时 $S=\{s,v_1,v_2\}$，$U=\{v_1,v_2,v_3,v_4,t)$。

任选 $S\cap U$ 中任一点 v_1，$u\leftarrow v_1$，在 $\bar{S}$ 中与 v_1 相邻的点只有 v_3，因 $(v_1,v_3)\in E$ 且 $c(v_1,v_3)>f(v_1,v_3)$，故 $l(v_3)=\min\{l(v_1),c(v_1,v_3)-f(v_1,v_3)\}=9$，因此将点 v_3 标记为 $(1,+,9)$，$S=\{s,v_1,v_2,v_3\}$，$U=\{v_2,v_3,v_4,t\}$。

在 $S\cap U$ 中任选一点 v_3，与它相邻的在 $\bar{S}$ 中的点有 v_4 和 t。对于点 v_4，因 $(v_3,v_4)\in E$，但是 $f(v_4,v_3)=0$，v_4 不能标记。对于点 t，由于 $(v_3,t)\in E$ 且 $c(v_3,t)>f(v_3,t)$，故 $l(t)=\min\{l(v_3),c(v_3,t)-f(v_3,t)\}=6$，因此将点 v_3 标记为 $(3,+,6)$。此时，

$$S=\{s,v_1,v_2,v_3,v_4\},U=\{v_2,v_4,t\}$$

由于 $v=t$ 已标记，即 $t\in S$ 转到流的改进过程：$f(v_3,t)\leftarrow 0+6=6$，$f(v_1,v_3)\leftarrow 0+6=6$，$f(s,v_1)\leftarrow 0+6=6$，至此得到一个新的流。

(2) 对图重复标记过程，从标记过程重新得到可增长路径 $s\rightarrow v_2\rightarrow v_4\rightarrow t$ 和 $l(t)=8$，$s\rightarrow v_1\rightarrow v_2\rightarrow v_4\rightarrow t$ 和 $l(t)=1$，执行流的改进得到一个新的流。

(3) 重复标记过程，得到 $S=\{s,v_1,v_2,v_3\}$，$U=\varnothing$，饱和树生长停止，算法结束，网上最大流的流量 $v(f)=15$。

同时，通过观察可以发现 $[S,\bar{S}]=\{(v_3,t),(v_2,v_4)\}$ 是最小截集，其截量为 $c(S)=15$。可以验证最大流最小截集定理，即通过最小截集求最大流的方法是可行的。

6.4.3　最小费用流及相关解法

前面讨论的网络流仅限于可行流的条件下，如何确定流的路径使从发点 s 到收点 t 的流量达到最大。本节所探讨的问题不仅保证网络上的流达到预期效果(最大或者一定程度)，而且要使运输流的费用达到最小，这就是最小费用流问题，即最大流问题的扩展。此时网络上任何一个边上都有两个参数：允许流量通过的最大值(边的容量)和通过单位流量时需要的费用。

设 F 为网络 $N=(V,E)$ 上的流，$a(u,v)$ 表示流过边 $(u,v)\in E$ 的单位流量的费用，则称 $a(N,F)=\sum\limits_{(u,v)\in E}a(u,v)*f(u,v)$ 为网络 N 上通过流 F 的费用。最小费用流问题简化为求网络 N 上流量为某一给定值 b 的可行流 f 使其费用最小。

利用求最大流路径的方法进行求解最小费用增长路径，得到两种算法：

(1) 运用最短路径的概念，把各条弧上的费用看作权值即可。

(2) 运用线性规划的对偶理论及互不松弛条件，在各定点设置与对偶变量对应的费用控制函数，使网络增流过程严格按照最小费用增值的方向增加流量，使费用低的弧段逐步饱和，单位流量的增值量将随之增大。

1. 最短路径法

(1) 初始流 $f(e)=0$，$\forall e\in E$。

(2) 判断是否达到流量预定值 b，若是，则停止；若否，则按照下面的方法求剩余网络 $N(f)$。$N(f)=(V,E')$，对 V 中任两顶点 u、v，

① 若$(u, v)\in E$且$c(u, v)-f(u, v)>0$，则$(u, v)\in E'$，且令$w(u, v)=a(u, v)$；

② 若$(u, v)\in E$且$f(u, v)>0$，则$(v, u)\in E'$，且令$w(u, v)=-a(u, v)$。

(3) 剩余网络$N(f)$中求s到t的最短有向路径P，此路径即原网络的最小费用可增长路径，沿此路径正向弧增加δ且要求满足容量约束条件，即得总流量增加的新流f，转步骤(2)。

2. 对偶变量法

(1) $\forall u\in V$，$\pi(u)\leftarrow 0$，$\forall e\in E$，$f(e)\leftarrow 0$。

(2) 用深探法求可增长路径：从s开始生长非饱和树，设u已在树中，则与u相邻的定点v必须满足以下条件之一方可加入树上。

① $c(u, v)-f(u, v)<0$且$\pi(v)-\pi(u)=a(u, v)$；

② $f(u, v)>0$且$\pi(v)-\pi(u)=a(u, v)$，已经达到t，可得到一可增长路径P，沿此路径增流，若其流量达到预定值则停止；

③ $f(u, v)>0$且$\pi(v)-\pi(u)=a(u, v)$，不能达到t，则转步骤(3)。

(3) 修改$\pi(u)$的值，非饱和树中顶点u的π值不变，其余顶点的$\pi(u)$值增加1，转步骤(2)。

【例 6.18】 求图 6.28(a)所示容量网络的流量为10的最小费用流(图中边上两个数字分别代表容量、费用)。

解 最短路径法：

(1) 令$f\equiv 0$，流量$v(f)=0$，未达到预定值10，求剩余网络(见图 6.28(b))。由6.4.2节的算法易求得剩余网络中s到t的最短有向路径P：sv_1v_3t。可增流值$\delta=3$，沿最短路径增流得到新流(见图 6.28(c))。

(2) 总流量$v(f)=3$，未达到预定值10，求剩余网络(见图 6.28(d))。重复使用上一节算法可得s到t的最短有向路径为P：$sv_1v_3v_2t$，可增流值$\delta=2$，沿此路径增流可得到新流(见图 6.28(e))。

(3) 总流量为$v(f)=5$，未达到预定值10，求剩余网络(见图 6.28(f))。重复使用上一节算法可得s到t的最短有向路径为P：sv_3v_2t，可增流值$\delta=5$，沿此路径增流可得到新流(见图 6.28(g))。

(4) 现行流f的流量$v(f)=10$，达到预定值，现行流即所求。

对偶变量法：

(1) 初始状态各边的流均为0，且令$\pi(s)=\pi(v_1)=\pi(v_2)=\pi(v_3)=\pi(t)=0$，从$s$出发的非饱和树，与$s$相邻的两点均不满足①、②条件，修正各项顶点标号$\pi$得$\pi(v_1)=\pi(v_2)=\pi(v_3)=\pi(t)=1$，转对偶变量法的第(2)步，重新生长非饱和树。

(2) 再次从s开始，$S\leftarrow\{s\}$，与s相邻的两点均不满足①、②条件，修正各项顶点标号π得$\pi(v_1)=\pi(v_2)=\pi(v_3)=\pi(t)=2$，与$s$相邻的两顶点$v_1$、$v_3$，由于$\pi(v_1)-\pi(s)=2=a(s, v_1)$且$f(s, v_1)<c(s, v_1)$，$S\leftarrow\{s, v_1\}$，$father(v_1)\leftarrow s$，$v_3$不满足①、②条件，与$v_1$相邻的顶点均不满足①、②条件，因此非饱和树不能再生长，修正π得$\pi(v_2)=\pi(v_3)=\pi(t)=3$，$\pi(s)=0$，$\pi(v_1)=2$。

(3) 与v_1相邻的v_3有$\pi(v_3)-\pi(v_1)=1=a(v_1, v_3)$且$f(v_1, v_3)<c(v_1, v_3)$，$S\leftarrow\{s, v_1, v_3)$，$father(v_3)\leftarrow v_1$，与$v_3$相邻的$t$有$\pi(t)-\pi(v_3)=0=a(v_3, t)$且$f(v_3, t)<c(v_3, t)$，

$S \leftarrow \{s, v_1, v_3, t\}$，$father(t) \leftarrow v_3$，收点 t 在树中，由父子关系从 t 回溯到 s，得到可增长路径 P：sv_1v_3t，可增流值 $\delta = 3$，得到新流(见图 6.28(c))。

(4) 反复应用上述条件，可以得到剩余两条增长路径：$sv_1v_3v_2t$(见图 6.28(e))和 sv_3v_2t(见图 6.28(g))。其流量 $v(f) = 10$ 达到预定值，算法停止，现行流即所求。

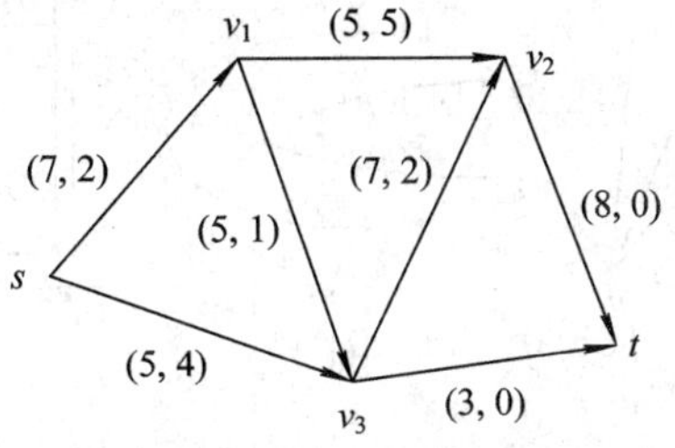

(a) 容量网络

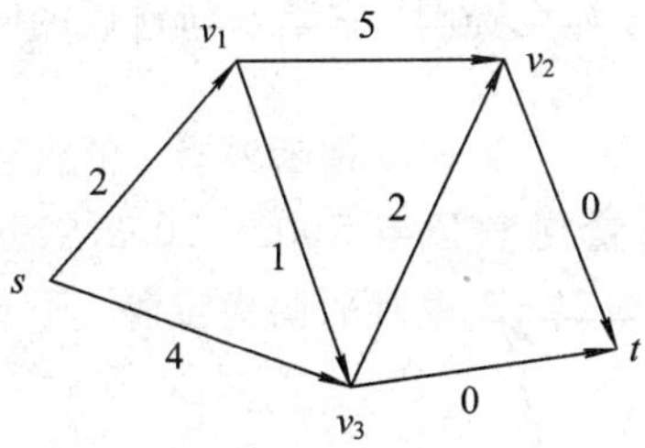

(b) 流量 $v(f)=0$

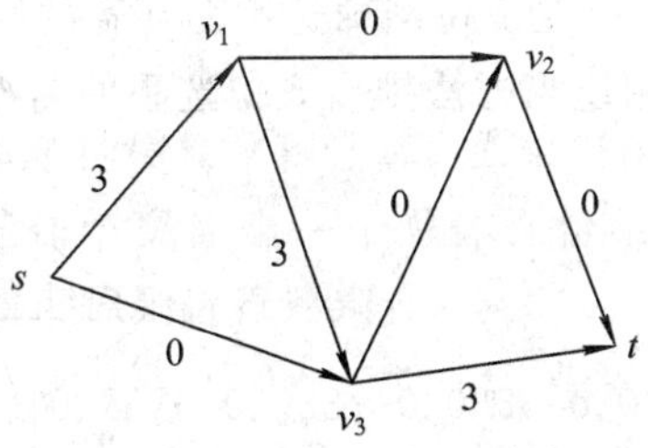

(c) 过程(1)新流

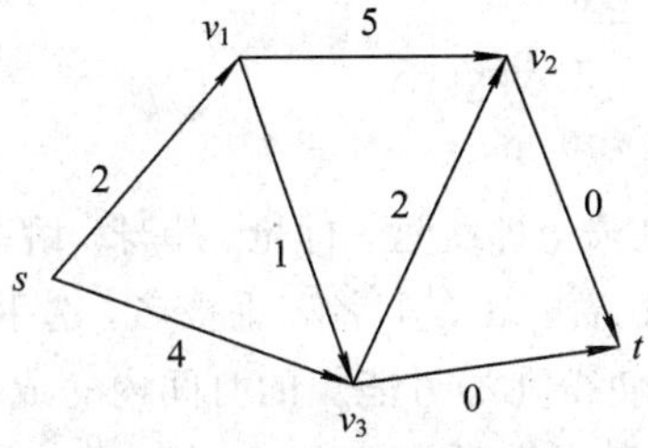

(d) 流量 $v(f)=3$

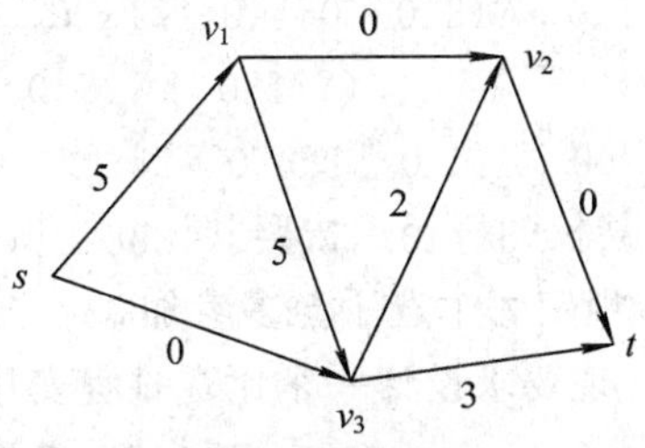

(e) 过程(2)新流

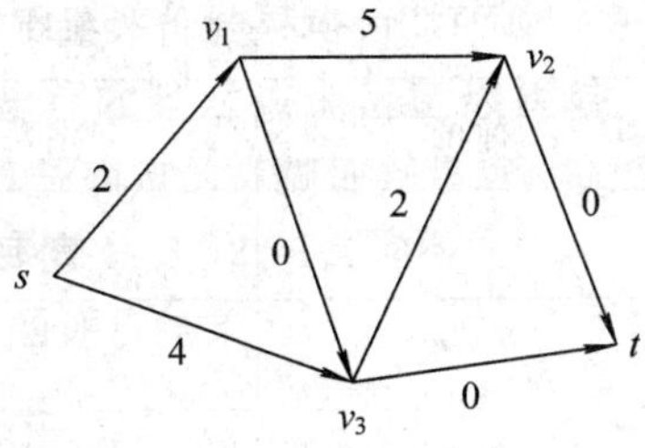

(f) 流量 $v(f)=5$

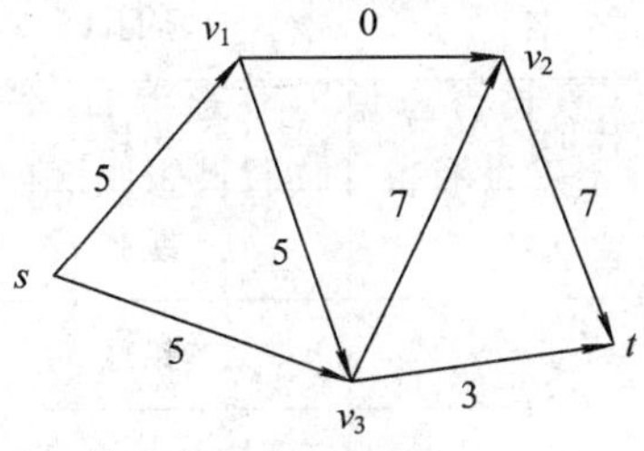

(g) 过程(3)新流

图 6.28　流量为 10 的容量网络

习　题　6

1. 3 个人和 3 个机器人要从河的左岸渡到右岸，但只有一艘船，每次可渡人或机器人共两名；3 个人都会划船，而机器人中仅有 1 个会划船。为避免意外发生，当每个岸上有人的时候，人的数目不能比机器人数目少，应当如何渡河？

2. 证明任何 2 个以上的人组成的人群中至少有 2 个人的朋友数一样多。

3. 证明图 6.29 中的任意两图同构。

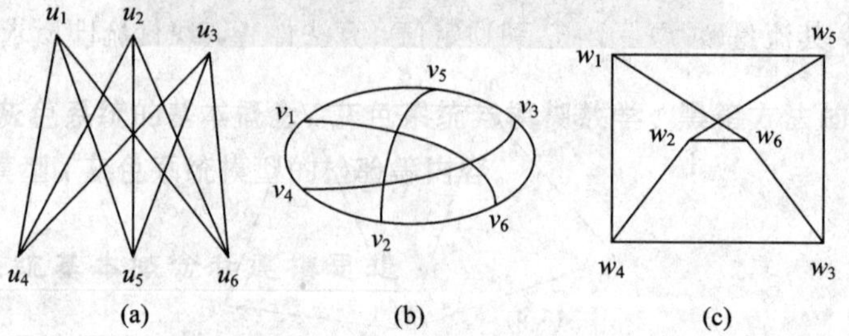

图 6.29　同构图

4. 图 6.30 是 5 位网球选手循环赛的结果，作为竞赛图，它是双向连通的吗？找出几条完全路径，用适当方法排出 5 位选手的名次。

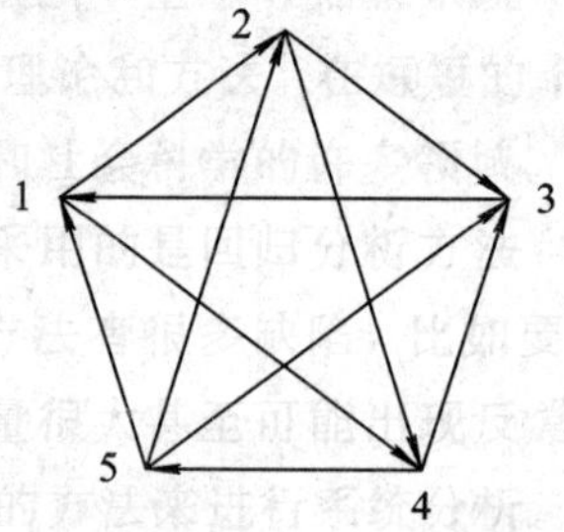

图 6.30　竞赛图

5. 假设某校的田径选拔赛共设 6 个项目的比赛，即跳远、标枪、铅球、跳高、100 米和 200 米短跑，规定每个选手至多参加 3 个项目的比赛。现有 7 名选手报名，选手所选项目如表 6.3 所示。现要求设计一个比赛日程安排表，使得在尽可能短的时间内完成比赛。

表 6.3　各选手及其所选项目

姓　名	项目 1	项目 2	项目 3
张证	铅球	标枪	跳高
李江	跳高	100 米	跳远
孙思	铅球	200 米	
夏登	200 米	标枪	
刘山	跳高	铅球	100 米
王中	跳远	跳高	200 米
钱算	标枪	跳高	

6. 分别试用 Kruskal 算法、Prim 算法求图 6.31 中两图的最小生成树。

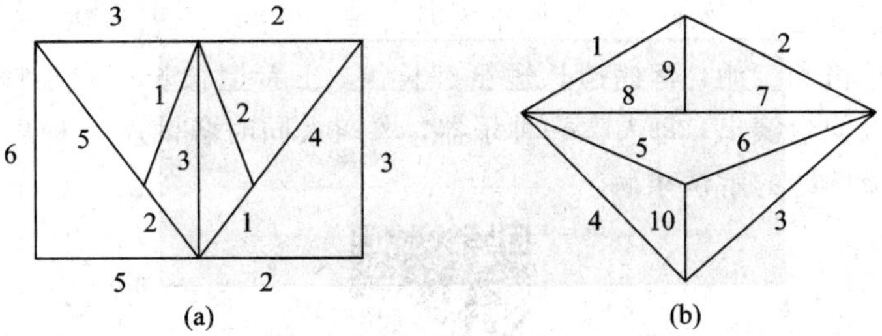

图 6.31　构造生成树

7. 某石油公司在渤海湾附近拥有 a、b、c、d、e、f 六个石油钻井平台，每个平台开采的石油需要装船运往大连的炼油厂，在平台与大连之间需建造一个管道网，该管道网应该如何设计才能使建造费用最低？图 6.32 所示为钻井平台与炼油厂之间可建造管道的路线及费用。

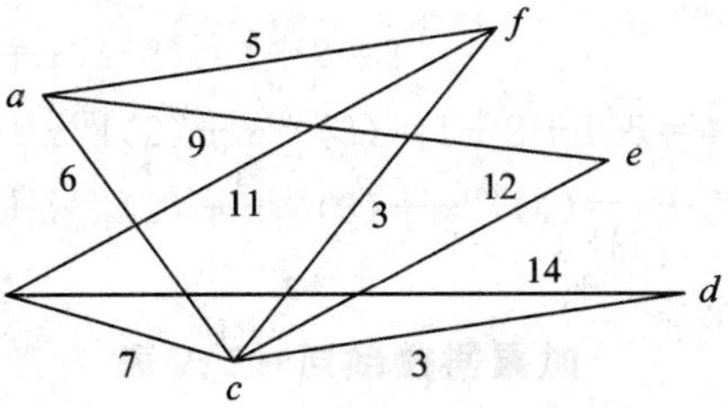

图 6.32　钻井平台与炼油厂之间可建造管道的路线及费用

8. 用 Ford 和 Fulkerson 标记法求如图 6.33 所示的网络最大流，边上的数字是边容量。

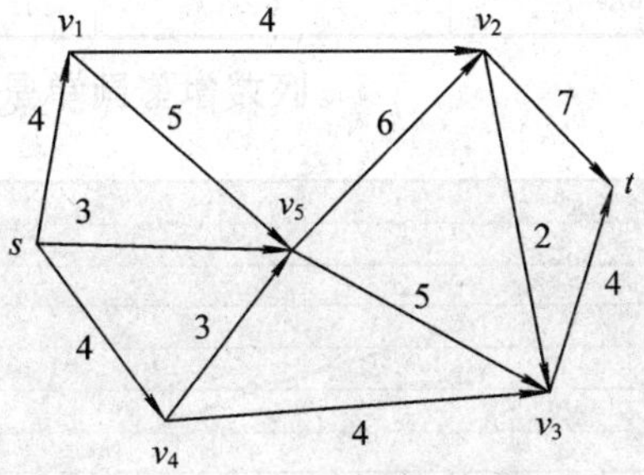

图 6.33　网络最大流

9. 设 a、b、c 是三家工厂，d、e、f 是三个仓库，工厂生产的同类产品需要运往仓库，其运输网络如图 6.34 所示。如果 a、b、c 的生产能力分别为 40、20、10 个单位，应如何安排生产？

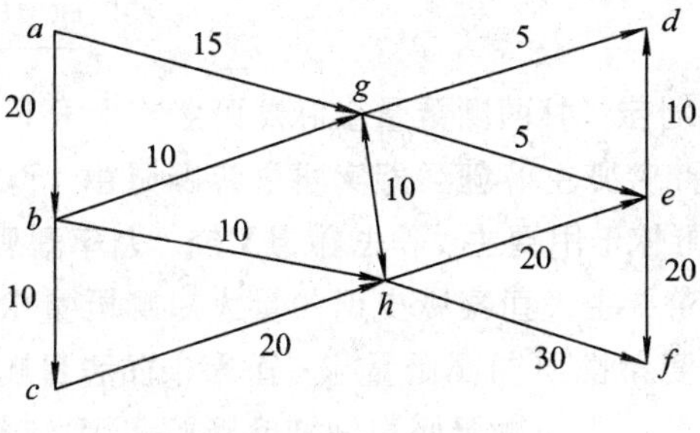

图 6.34　运输网络

10. 设有张东、王希、李楠、赵怀四个人及短笛、长笛、小提琴和二胡四种乐器，已知张东擅长短笛、长笛和二胡，李楠擅长短笛和长笛，王希擅长长笛和小提琴，赵怀只会拉二胡。今假设四人同台演出，每人奏一种乐器，求四人同时各演奏一种乐器时所有可能的方案。试用最大流问题的解法求解。

图论模型习题

第7章　其他模型

在数学建模中，还有很多其他的方法可以解决生活中的实际问题，在这一章中我们主要介绍常用的几种方法：模糊数学、灰色分析理论、层次分析法、变分法等。

7.1　模糊数学

模糊数学是研究和处理模糊性现象的数学，是在美国控制论专家 A. Zadeh 教授提出的模糊集合(Fuzzy Set)基础上发展起来的一门新兴的数学分支，在现实世界中的应用越来越广泛。

1. 与模糊数学相关的问题

(1) 模糊聚类分析：根据研究对象本身的属性构造模糊矩阵，在此基础上根据一定的隶属度来确定其分类关系。

(2) 模糊层次分析：利用模糊数学理论确定层次分析法中两两比较判断矩阵，从而得到综合排序。

(3) 模糊综合评判：综合评判就是对受到多个因素制约的事物或对象作出一个总的评价，如产品质量评定、科技成果鉴定、某种作物种植适应性的评价等，都属于综合评判问题。从多方面对事物进行评价难免带有模糊性和主观性，而采用模糊数学的方法进行综合评判将使结果尽量客观，从而取得更好的实际效果。

2. 模糊数学诞生的背景

(1) 一个古希腊问题：多少粒种子算作一堆？

(2) Fuzzy 概念的广泛存在性，如“找人问题”。

7.1.1　模糊集

1. 模糊集的基本概念

定义 7.1　经典集合具有两条基本属性：元素彼此相异，即无重复性；范围边界分明，即一个元素 x 要么属于集合 A(记作 $x\in A$)，要么不属于集合 A(记作 $x\notin A$)，二者必居其一。也就是说，经典集合具有非此即彼的特点，即互异性、确定性。

定义 7.2　模糊数学是研究和处理模糊性现象的数学方法。众所周知，经典数学是以精确性为特征的。然而，与精确性相悖的模糊性并不完全是消极的、没有价值的，甚至可以说，有时模糊性比精确性还要好。

例如，要你某时到某地去迎接一个“大胡子、高个子、长头发、戴宽边黑色眼镜的中年男人”。尽管这里只提供了一个精确信息——男人，而其他信息——大胡子、高个子、长头发、宽边黑色眼镜、中年等都是模糊概念，但是只要这些模糊概念经过头脑的综合分析判断，你就可以接到这个人。

模糊数学在实际中的应用几乎涉及国民经济的各个领域及部门，农业、林业、气象、环境、地质勘探、医学、经济管理等方面都有模糊数学的广泛应用。

2. 模糊子集及其运算

1）模糊子集与隶属函数

设U是论域，称映射$A(x)$：$U\to[0,1]$，确定了一个U上的模糊子集A，映射$A(x)$称为A的隶属函数，它表示x对A的隶属程度。经典集合的隶属函数的值不是0就是1。$A(x)=0$，则$A=\varnothing$；$A(x)=1$，则A为全集。

注　(1) 使$A(x)=0.5$的点x称为A的过渡点，此点最具模糊性。隶属度为0.5的点是模糊性最高的点。

(2) 当映射$A(x)$只取0或1时，模糊子集A就是经典子集，而$A(x)$就是它的特征函数。可见，经典子集就是模糊子集的特殊情形。

2）模糊集合的表示方法

设论域为U，则模糊集合A可表示为$A=\bigcup\limits_{x\in U}\mu_A(x)/x$，其中“/”不表示除法运算，仅表示$x$为元素，$\mu_A(x)$为$x$的隶属度。若论域$U$为有限论域，即设$U=\{x_1, x_2, \cdots, x_n\}$，则$A$还可以表示为$A=\dfrac{\mu_A(x_1)}{x_1}+\dfrac{\mu_A(x_2)}{x_2}+\cdots+\dfrac{\mu_A(x_n)}{x_n}$(加号与除号仅是一种记号，并不表示加、除运算)。$A=\{\mu_A(x_1), \mu_A(x_2), \cdots, \mu_A(x_n)\}$称为向量表示法。一般地，当$\mu_i\in[0,1]$，$i=1, 2, \cdots, n$时，称$(\mu_1, \mu_2, \cdots, \mu_n)$为模糊向量。

3）模糊集合的运算

定义 7.3　设论域为U，U的所有模糊集合作为元素构成的普通集合称为U的模糊幂集，记为$P(U)$。

定义 7.4　设论域为U，A和B是U的模糊集合，即$A\in P(U)$，$B\in P(U)$。如果对一切$x\in U$有$\mu_A(x)\leqslant\mu_B(x)$，则称模糊集合$B$包含$A$，记为$A\subseteq B$；如果对一切$x\in U$，有$\mu_A(x)=\mu_B(x)$，则称$A$与$B$相等，记为$A=B$。

定义 7.5　设论域为U，A和B是U的模糊集合，即$A\in P(U)$，$B\in P(U)$，它们的隶属函数分别为$\mu_A(x)$和$\mu_B(x)$。A与B的并集是U的模糊集合，记为$A\cup B$，其隶属函数为$\mu_{A\cup B}=\mu_A(x)\vee\mu_B(x)$；$A$与$B$的交集是$U$的模糊集合，记为$A\cap B$，其隶属函数为$\mu_{A\cap B}=\mu_A(x)\wedge\mu_B(x)$(其中，“$\vee$”和“$\wedge$”是取“最大”与“最小”的意思)；$A$的余集是$U$的一个模糊集合，记为$A^C$，其隶属函数为$\mu_{A^C}(x)=1-\mu_A(x)$。

定义 7.6　设论域为U，A是U的模糊集合，$\lambda\in\mathbf{R}$，且$0<\lambda<1$，则称A_λ为A的一个λ-截集，$A_\lambda=\{x\mid x\in U, \mu_A(x)\geqslant\lambda\}$，其中$\lambda$称为阈值或置信水平。

由定义知，A的λ-截集A_λ就是U中所有对A的隶属度大于或等于λ的全体元素组成的普通集合。

【例 7.1】　设论域$U=\{x_1, x_2, x_3, x_4, x_5\}$，$A=\dfrac{0.7}{x_1}+\dfrac{0.9}{x_2}+\dfrac{0.2}{x_3}+\dfrac{1}{x_4}+\dfrac{0.5}{x_5}$，则

$A_{0.4}=\{x_1, x_2, x_4, x_5\}$，$A_{0.8}=\{x_2, x_4\}$。

4）模糊集的运算

模糊集的运算都转化到了其隶属函数上。

• 相等：$A=B \Leftrightarrow A(x)=B(x)$。

• 包含：$A\subseteq B \Leftrightarrow A(x)\leqslant B(x)$。

• 并：$A\cup B$ 的隶属函数为 $(A\cup B)(x)=A(x)\vee B(x)$(隶属度取大)。

• 交：$A\cap B$ 的隶属函数为 $(A\cap B)(x)=A(x)\wedge B(x)$(隶属度取小)。

• 余：A^C的隶属函数为$A^C(x)=1-A(x)$。

模糊集的并、交、余运算性质如下。

• 幂等律：$A\cup A=A$，$A\cap A=A$。

• 交换律：$A\cup B=B\cup A$，$A\cap B=B\cap A$。

• 结合律：$(A\cup B)\cup C=A\cup(B\cup C)$，$(A\cap B)\cap C=A\cap(B\cap C)$。

• 吸收律：$A\cup(A\cap B)=A$，$A\cap(A\cup B)=A$。

• 分配律：$(A\cup B)\cap C=(A\cap C)\cup(B\cap C)$；$(A\cap B)\cup C=(A\cup C)\cap(B\cup C)$。

• 0-1 律：$A\cup U=U$，$A\cap U=A$；$A\cup\varnothing=A$，$A\cap\varnothing=\varnothing$。

• 还原律：$(A^C)^C=A$。

• 对偶律：$(A\cup B)^C=A^C\cap B^C$，$(A\cap B)^C=A^C\cup B^C$。

注　模糊集不满足排中律，即不满足 $A\cup A^c=U$，$A\cap A^c=\varnothing$。模糊集不再具有“非此即彼”的特点，这正是模糊性带来的本质特征。

5）模糊集的基本定理

λ-截集：$(A)_\lambda=A_\lambda=\{x \mid A(x)\geqslant\lambda\}$。模糊集的 λ-截集 A_λ 是一个经典集合，由隶属度不小于 λ 的成员构成(λ 为置信水平)。

【例 7.2】　论域 $U=\{\mu_1, \mu_2, \mu_3, \mu_4, \mu_5, \mu_6\}$(学生集)，他们的成绩依次为 50 分、60 分、70 分、80 分、90 分、95 分，A=“学习成绩好的学生” 的隶属度分别为 0.5、0.6、0.7、0.8、0.9、0.95，则

$$A_{0.9}(90\text{ 分以上者})=\{\mu_5, \mu_6\},\ A_{0.6}(60\text{ 分以上者})=\{\mu_2, \mu_3, \mu_4, \mu_5, \mu_6\}$$

这里，A 为模糊集合，但 $A_{0.9}$与 $A_{0.6}$为经典集合。

定理 7.1　设 $A, B\in\mathfrak{F}(U)$ (A、B 是论域 U 的两个模糊子集)，$\lambda, \mu\in[0, 1]$，于是有 λ-截集的性质：

(1) $A\subseteq B\Rightarrow A_\lambda\subseteq B_\lambda$。

(2) $\lambda\leqslant\mu\Rightarrow A_\lambda\supseteq A_\mu$。

(3) $(A\cup B)_\lambda=A_\lambda\cup B_\lambda$，$(A\cap B)_\lambda=A_\lambda\cap B_\lambda$。

定理 7.2(分解定理)　设 $A\in\mathfrak{F}(U)$，$\forall x\in A$，则 $A(x)=\vee\{\lambda\in[0, 1], x\in A_\lambda\}$。

定理 7.3(扩张原理)　设映射 $f:X\to Y$，定义 $f(A)(y)=\vee\{A(x), f(x)=y\}$。

6）隶属函数的确定

模糊数学的基本思想就是隶属函数的思想，应用模糊数学方法建立模型的关键是构造隶属函数，常用的方法有模糊统计方法、指派方法、择优比较法、二元对比排序法等。现对模糊统计方法进行介绍。

模糊统计方法：与概率统计类似，但有区别。若把概率统计比喻为“变动的点”是否落在“不动的圈”内，则把模糊统计比喻为“变动的圈”是否盖住“不动的点”。

此法构造隶属函数的步骤如下：

(1) 作模糊统计试验(如发放调查表)。

(2) 对获得的统计数据区间进行分组处理，并求组号、组中距、覆盖频率等。

(3) 列统计表，并求各分组区间的覆盖频率或隶属频率。

(4) 画隶属函数曲线图(即所求的隶属函数的曲线)。

7.1.2 模糊聚类分析

1. 模糊矩阵

定义 7.7 设 $\boldsymbol{R}=(r_{ij})_{m\times n}$，若 $0\leqslant r_{ij}\leqslant 1$，则称 $\boldsymbol{R}$ 为模糊矩阵；当 r_{ij} 只取 0 或 1 时，称 $\boldsymbol{R}$ 为布尔(Boole)矩阵。

定义 7.8 设 $\boldsymbol{R}=(r_{ij})_{m\times n}$ 和 $\boldsymbol{S}=(s_{ij})_{m\times n}$ 为两模糊矩阵，如果对一切 i、j 有 $r_{ij}=s_{ij}$，则称 $\boldsymbol{R}$ 和 $\boldsymbol{S}$ 相等，记为 $\boldsymbol{R}=\boldsymbol{S}$；如果对一切 i、j 有 $r_{ij}\leqslant s_{ij}$，则称 $\boldsymbol{S}$ 包含 $\boldsymbol{R}$，记为 $\boldsymbol{R}\subseteq\boldsymbol{S}$。

定义 7.9 设 $\boldsymbol{R}=(r_{ij})_{m\times n}$ 和 $\boldsymbol{S}=(s_{ij})_{m\times n}$ 为两模糊矩阵，则 $\boldsymbol{R}$ 和 $\boldsymbol{S}$ 的并定义为 $\boldsymbol{R}\cup\boldsymbol{S}=(r_{ij}\vee s_{ij})_{m\times n}$，$\boldsymbol{R}$ 与 $\boldsymbol{S}$ 的交 $\boldsymbol{R}\cap\boldsymbol{S}=(r_{ij}\wedge s_{ij})_{m\times n}$。

定义 7.10 当模糊方阵 $\boldsymbol{R}=(r_{ij})_{n\times n}$ 的对角线上的元素 r_{ij} 都为 1 时，称 $\boldsymbol{R}$ 为模糊自反矩阵。

设 $\boldsymbol{A}=(a_{ij})_{m\times n}$，$\boldsymbol{B}=(b_{ij})_{m\times n}$，$\boldsymbol{C}=(c_{ij})_{m\times n}$ 都是模糊矩阵，$\boldsymbol{0}$ 为零矩阵，$\boldsymbol{E}$ 为单位矩阵，则模糊矩阵有如下的并、交、余运算性质。

- 幂等律：$\boldsymbol{A}\cup\boldsymbol{A}=\boldsymbol{A}$，$\boldsymbol{A}\cap\boldsymbol{A}=\boldsymbol{A}$。
- 交换律：$\boldsymbol{A}\cup\boldsymbol{B}=\boldsymbol{B}\cup\boldsymbol{A}$，$\boldsymbol{A}\cap\boldsymbol{B}=\boldsymbol{B}\cap\boldsymbol{A}$。
- 结合律：$(\boldsymbol{A}\cup\boldsymbol{B})\cup\boldsymbol{C}=\boldsymbol{A}\cup(\boldsymbol{B}\cup\boldsymbol{C})$，$(\boldsymbol{A}\cap\boldsymbol{B})\cap\boldsymbol{C}=\boldsymbol{A}\cap(\boldsymbol{B}\cap\boldsymbol{C})$。
- 吸收律：$\boldsymbol{A}\cup(\boldsymbol{A}\cap\boldsymbol{B})=\boldsymbol{A}$，$\boldsymbol{A}\cap(\boldsymbol{A}\cup\boldsymbol{B})=\boldsymbol{A}$。
- 分配律：$(\boldsymbol{A}\cup\boldsymbol{B})\cap\boldsymbol{C}=(\boldsymbol{A}\cap\boldsymbol{C})\cup(\boldsymbol{B}\cap\boldsymbol{C})$；$(\boldsymbol{A}\cap\boldsymbol{B})\cup\boldsymbol{C}=(\boldsymbol{A}\cup\boldsymbol{C})\cap(\boldsymbol{B}\cup\boldsymbol{C})$。
- 0－1 律：$\boldsymbol{A}\cup\boldsymbol{0}=\boldsymbol{A}$，$\boldsymbol{A}\cap\boldsymbol{0}=\boldsymbol{0}$；$\boldsymbol{A}\cup\mathbf{E}=\mathbf{E}$，$\boldsymbol{A}\cap\mathbf{E}=\boldsymbol{A}$。
- 还原律：$(\boldsymbol{A}^C)^C=\boldsymbol{A}$。
- 对偶律：$(\boldsymbol{A}\cup\boldsymbol{B})^C=\boldsymbol{A}^C\cap\boldsymbol{B}^C$，$(\boldsymbol{A}\cap\boldsymbol{B})^C=\boldsymbol{A}^C\cup\boldsymbol{B}^C$。

2. 模糊矩阵运算

1) 模糊矩阵的合成运算

设 $\boldsymbol{A}=(a_{ik})_{m\times s}$，$\boldsymbol{B}=(b_{kj})_{s\times n}$，定义模糊矩阵 $\boldsymbol{A}$ 与 $\boldsymbol{B}$ 的合成为 $\boldsymbol{A}\circ\boldsymbol{B}=(c_{ij})_{m\times n}$，其中 $c_{ij}=\vee\{a_{ik}\wedge b_{kj}\mid 1\leqslant k\leqslant s\}$。

2) 模糊方阵的幂

若 $\boldsymbol{A}$ 为 n 阶方阵，定义 $\boldsymbol{A}^2=\boldsymbol{A}\circ\boldsymbol{A}$，$\boldsymbol{A}^k=\boldsymbol{A}^{k-1}\circ\boldsymbol{A}$，$k=2, 3, \cdots$。

例如：

$$\begin{bmatrix}0.1 & 0.3\\0.4 & 0.7\end{bmatrix}^3=\begin{bmatrix}0.3 & 0.3\\0.4 & 0.7\end{bmatrix}\circ\begin{bmatrix}0.1 & 0.3\\0.4 & 0.7\end{bmatrix}=\begin{bmatrix}0.3 & 0.3\\0.4 & 0.7\end{bmatrix}$$

3）模糊矩阵的 λ-截矩阵

定义 7.11　设 $\boldsymbol{R}=(r_{ij})_{m\times n}$ 为模糊矩阵，$0\leqslant\lambda\leqslant1$，令 $r_{ij}^{\lambda}=\begin{cases}1 & (r_{ij}\geqslant\lambda)\\0 & (r_{ij}<\lambda)\end{cases}$，则称布尔矩阵 $(r_{ij}^{\lambda})_{n\times m}$ 为 $\boldsymbol{R}$ 的 λ -截矩阵，记为 $\boldsymbol{R}_{\lambda}$。

3. 模糊关系

与模糊子集是经典集合的推广一样，模糊关系是普通关系的推广。

定义 7.12　设有论域 X、Y，$X\times Y$ 的一个模糊子集 R 称为从 X 到 Y 的模糊关系。模糊子集 R 的隶属函数为映射 $R: X\times Y\rightarrow[0, 1]$，并称隶属度 $R(x, y)$ 为 (x, y) 关于模糊关系 R 的相关程度。特别地，当 $X=Y$ 时，称 $R(x, y)$ 为 X 上各元素之间的恒等模糊关系。

1）模糊关系的运算

由于模糊关系 R 就是 $X\times Y$ 的一个模糊子集，因此模糊关系同样具有模糊子集的运算及性质。设 R、R_1、R_2 均为从 X 到 Y 的模糊关系，则有

- 相等：$R_1=R_2\Leftrightarrow R_1(x, y)=R_2(x, y)$。
- 包含：$R_1\subseteq R_2\Leftrightarrow R_1(x, y)\leqslant R_2(x, y)$。
- 并：$(R_1\cup R_2)(x, y)=R_1(x, y)\vee R_2(x, y)$。
- 交：$(R_1\cap R_2)(x, y)=R_1(x, y)\wedge R_2(x, y)$。
- 余：R^C 的隶属函数为 $R^C(x, y)=1-R(x, y)$。

$(R_1\cup R_2)(x, y)$ 表示 (x, y) 对模糊关系"R_1 或者 R_2"的相关程度，$(R_1\cap R_2)(x, y)$ 表示 (x, y) 对模糊关系"R_1 且 R_2"的相关程度，$R^C(x, y)$ 表示 (x, y) 对模糊关系"非 R"的相关程度。

2）模糊关系的矩阵表示

对于有限论域 $X=\{x_1, x_2, \cdots, x_m\}$ 和 $Y=\{y_1, y_2, \cdots, y_n\}$，$X$ 到 Y 的模糊关系 R 可用 $m\times n$ 阶模糊矩阵表示，即 $\boldsymbol{R}=(r_{ij})_{m\times n}$，其中 $r_{ij}=R(x_i, y_j)\in[0, 1]$ 表示 (x_i, y_j) 关于模糊关系 R 的相关程度。若 $\boldsymbol{R}$ 为布尔矩阵，则关系 R 为普通关系，即 x_i 与 y_j 之间要么有关系 $r_{ij}=1$，要么没有关系 $r_{ij}=0$。

3）模糊关系的合成

设 R_1 是 X 到 Y 的关系，R_2 是 Y 到 Z 的关系，则 R_1 与 R_2 的合成 $R_1\circ R_2$ 是 X 到 Z 上的一个关系。$(R_1\circ R_2)(x, z)=\vee\{[R_1(x, y)\wedge R_2(y, z)]\mid y\in Y\}$，当论域为有限时，模糊关系的合成化为模糊矩阵的合成。设 $X=\{x_1, x_2, \cdots, x_m\}$，$Y=\{y_1, y_2, \cdots, y_s\}$，$Z=\{z_1, z_2, \cdots, z_n\}$，且 X 到 Y 的模糊关系 $\boldsymbol{R}_1=(a_{ik})_{m\times s}$，$Y$ 到 Z 的模糊关系 $\boldsymbol{R}_2=(b_{kj})_{s\times n}$，则 X 到 Z 的模糊关系可表示为模糊矩阵的合成 $\boldsymbol{R}_1\circ\boldsymbol{R}_2=(c_{ij})_{m\times n}$，其中 $c_{ij}=\vee\{(a_{ik}\wedge b_{kj})\mid 1\leqslant k\leqslant s\}$。

4. 模糊等价矩阵

1）模糊等价关系

若模糊关系 R 是 X 上各元素之间的模糊关系，且满足

（1）自反性：$R(x, x)=1$；

（2）对称性：$R(x, y)=R(y, x)$；

（3）传递性：$R^2\subseteq R$；

则称模糊关系 R 是 X 上的一个模糊等价关系。

当论域 $X=\{x_1, x_2, \cdots, x_n\}$为有限时，$X$ 上的一个模糊等价关系 $\boldsymbol{R}$ 就是模糊等价矩阵，即 $\boldsymbol{R}$ 满足 $\boldsymbol{R}^2\leqslant\boldsymbol{R}(\Leftrightarrow \vee\{(r_{ik}\wedge r_{kj}) \mid 1\leqslant k\leqslant n\}\leqslant r_{ij})$。

2）模糊等价矩阵的基本定理

定理 7.4 若 $\boldsymbol{R}$ 具有自反性($\boldsymbol{I}\leqslant\boldsymbol{R}$)和传递性($\boldsymbol{R}^2\leqslant\boldsymbol{R}$)，则 $\boldsymbol{R}^2=\boldsymbol{R}$。

定理 7.5 若 $\boldsymbol{R}$ 是模糊等价矩阵，则对任意 $\lambda\in[0, 1]$，$\boldsymbol{R}_\lambda$ 是等价的布尔(Boole)矩阵。

定理 7.6 若 $\boldsymbol{R}$ 是模糊等价矩阵，则对任意的 $0\leqslant\lambda<\mu\leqslant1$，$\boldsymbol{R}_\mu$ 所决定的分类中的每一个类是 $\boldsymbol{R}_\lambda$ 决定的分类中的某个类的子类。

3）模糊相似关系

若模糊关系 R 是 X 上各元素之间的模糊关系，且满足

(1) 自反性：$R(x, x)=1$；

(2) 对称性：$R(x, y)=R(y, x)$；

则称模糊关系 R 是 X 上的一个模糊相似关系。当论域 $X=\{x_1, x_2, \cdots, x_n\}$为有限时，$X$ 上的一个模糊相似关系 $\boldsymbol{R}$ 就是模糊相似矩阵，即 $\boldsymbol{R}$ 满足

(1) 自反性：$\boldsymbol{I}\leqslant\boldsymbol{R}\ (\Leftrightarrow r_{ij}=1)$；

(2) 对称性：$\boldsymbol{R}^{\mathrm{T}}=\boldsymbol{R}(\Leftrightarrow r_{ij}=r_{ji})$。

4）模糊相似矩阵的性质

定理 7.7 若 $\boldsymbol{R}$ 是模糊相似矩阵，则对任意的自然数 k，$\boldsymbol{R}_k$ 也是模糊相似矩阵。

定理 7.8 若 $\boldsymbol{R}$ 是 n 阶模糊相似矩阵，则存在一个最小自然数 $k(k\leqslant n)$，对于一切大于 k 的自然数 l，恒有 $\boldsymbol{R}_l=\boldsymbol{R}_k$，即 $\boldsymbol{R}_k$ 是模糊等价矩阵($\boldsymbol{R}_{2k}=\boldsymbol{R}_k$)。此时称 $\boldsymbol{R}_k$ 为 $\boldsymbol{R}$ 的传递闭包，记作 $t(\boldsymbol{R})=\boldsymbol{R}_k$。

上述定理表明，任一个模糊相似矩阵可诱导出一个模糊等价矩阵。

平方法求传递闭包 $t(R)$：$\boldsymbol{R}\to\boldsymbol{R}_2\to\boldsymbol{R}_4\to\boldsymbol{R}_8\to\boldsymbol{R}_{16}\to\cdots$，设论域 $X=\{x_1, x_2, \cdots, x_n\}$为被分类对象，每个对象又由 m 个指标表示其形状 $x_i=\{x_{i1}, x_{i2}, \cdots, x_{im}\}$，$i=1, 2, \cdots, n$。

于是，得到原始数据矩阵为

$$\begin{bmatrix} x_{11} & x_{12} & \cdots & x_{1m} \\ x_{21} & x_{22} & \cdots & x_{2m} \\ \vdots & \vdots & & \vdots \\ x_{n1} & x_{n2} & \cdots & x_{nm} \end{bmatrix}$$

平移-标准差变换为

$$x'_{ij}=\frac{x_{ij}-\bar{x}_j}{s_j} \qquad (i=1, 2, \cdots, n;\ j=1, 2, \cdots, m)$$

其中，$\bar{x}_j=\frac{1}{n}\sum_{i=1}^{n}x_{ij}$，$s_j=\sqrt{\frac{1}{n}\sum_{i=1}^{n}(x_{ij}-\bar{x}_j)^2}$。

平移-极差变换为

$$x'_{ij}=\frac{x_{ij}-\min\{x_{ij} \mid 1\leqslant i\leqslant n\}}{\max\{x_{ij} \mid 1\leqslant i\leqslant n\}-\min\{x_{ij} \mid 1\leqslant i\leqslant n\}}$$

5）模糊相似矩阵建立方法

（1）相似系数法——夹角余弦法：

$$r_{ij} = \frac{\sum_{k=1}^{m} x_{ik} x_{jk}}{\sqrt{\sum_{k=1}^{m} x_{ik}^2} \sqrt{\sum_{k=1}^{m} x_{jk}^2}}$$

（2）相似系数法——相关系数法：

$$r_{ij} = \frac{\sum_{k=1}^{n} |(x_{ik} - \bar{x}_i)| |(x_{jk} - \bar{x}_j)|}{\left[\sum_{k=1}^{n} (x_{ik} - \bar{x}_i)^2 \cdot \sum_{i=1}^{n} (x_{ji} - \bar{x}_j)^2\right]^{\frac{1}{2}}}$$

其中，$\bar{x}_i = \frac{1}{n} \sum_{k=1}^{n} x_{ik}$。

（3）距离法：

$$r_{ij} = 1 \cdot cd(x_i, x_j)$$

其中，c 为适当选取的参数。

海明距离为

$$d(x_i, x_j) = \sum_{k=1}^{m} | x_{ik} - x_{jk} |$$

欧氏距离为

$$d(x_i, x_j) = \sqrt{\sum_{k=1}^{m} (x_{ik} - x_{jk})^2}$$

7.1.3　模糊模型识别

1. 模型识别

已知某类事物的若干标准模型，现有这类事物中的一个具体对象，问应该把它归为哪一个模型？这就是模型识别。

模型识别在实际问题中是普遍存在的，例如，学生到野外采集到一个植物标本，要识别它属于哪一纲哪一目；投递员（或分拣机）在分拣信件时要识别邮政编码等。

2. 模糊模型识别

所谓模糊模型识别，是指在模型识别中模型是模糊的，也就是说标准模型库中提供的模型是模糊的。

1）模型识别的原理

为了能识别待判断的对象 $\boldsymbol{x} = (x_1, x_2, \cdots, x_n)^{\mathrm{T}}$ 是属于已知类 $A_1, A_2, \cdots, A_m$ 中的哪一类，事先必须有一个规则。一旦知道了 x 的值，便能根据这个规则立即作出判断。这样的一个规则称为判别规则。

判别规则往往通过某个函数来表达，我们把它称为判别函数，记作 $W(i; x)$。

知道了判别函数并确定了判别规则，将已知类别的对象代入检验，这一过程称为回代检验，这是为了检验该判别函数和判别规则是否正确。

2）模型识别的准则

常用的模型识别准则是最大隶属原则(直接法)和择近原则(间接法)。

定义 7.13 称向量 $\boldsymbol{a}=(a_1, a_2, \cdots, a_n)$是模糊向量，其中 $0\leqslant a_i\leqslant 1$。若 a_i 只取 0 或 1，则称 $\boldsymbol{a}=(a_1, a_2, \cdots, a_n)$是 Boole 向量。

设 $\boldsymbol{a}=(a_1, a_2, \cdots, a_n)$，$\boldsymbol{b}=(b_1, b_2, \cdots, b_n)$都是模糊向量，则定义：内积($\boldsymbol{a}\circ\boldsymbol{b}=\vee\{(a_k\wedge b_k)\mid 1\leqslant k\leqslant n\}$)；外积($\boldsymbol{a}\odot\boldsymbol{b}=\wedge\{(a_k\vee b_k)\mid 1\leqslant k\leqslant n\}$)。

3. 最大隶属原则

1）模糊向量的内积与外积的性质

内积与外积有如下性质：

$$(\boldsymbol{a}\circ\boldsymbol{b})^C=\boldsymbol{a}^C\odot\boldsymbol{b}^C,\ (\boldsymbol{a}\odot\boldsymbol{b})^C=\boldsymbol{a}^C\circ\boldsymbol{b}^C$$

2）最大隶属原则

(1) 最大隶属原则Ⅰ。设论域 $X=\{x_1, x_2, \cdots, x_n\}$上有 m 个模糊子集 $A_1, A_2, \cdots, A_m$(即 m 个模型)，构成了一个标准模型库，若对任一 $x_0\in X$，有 $k\in\{1, 2, \cdots, m\}$，使得 $A_k(x_0)=\vee\{A_1(x_0), A_2(x_0), \cdots, A_m(x_0)\}$，则认为 x_0 相对隶属于 A_k。

(2) 最大隶属原则Ⅱ。设论域 X 上有一个标准模型 A，待识别的对象有 n 个：$x_1, x_2, \cdots, x_n\in X$，如果有某个 x_k 满足 $A(x_k)=\vee\{A(x_1), A(x_2), \cdots, A(x_n)\}$，则应优先录取 x_k。

【例 7.3】 在论域 $X=[0, 100]$分数上建立三个表示学习成绩的模糊集 $A=$“优”，$B=$“良”，$C=$“差”。当一位同学的成绩为 88 分时，这个成绩属于哪一类?

解 先建立模糊集 A、B、C 的隶属函数。

$$A(x)=\begin{cases}0 & (0\leqslant x\leqslant 80)\\ \dfrac{x-80}{10} & (80<x\leqslant 90)\\ 1 & (90<x\leqslant 100)\end{cases}\qquad B(x)=\begin{cases}0 & (0\leqslant x\leqslant 70)\\ \dfrac{x-70}{10} & (70<x\leqslant 80)\\ 1 & (80<x\leqslant 85)\\ \dfrac{95-x}{10} & (85<x\leqslant 95)\\ 0 & (95<x\leqslant 100)\end{cases}$$

$$C(x)=\begin{cases}1 & (0\leqslant x\leqslant 70)\\ \dfrac{80-x}{10} & (70<x\leqslant 80)\\ 0 & (80<x\leqslant 100)\end{cases}$$

$A(88)=0.8$，$B(88)=0.7$，$C(88)=0$。

根据最大隶属原则Ⅰ，88 分这个成绩应隶属于 A，即“优”。

4. 择近原则

设在论域 $X=\{x_1, x_2, \cdots, x_n\}$上有 m 个模糊子集 $A_1, A_2, \cdots, A_m$(即 m 个模型)，构成了一个标准模型库。被识别的对象 B 也是 X 上的一个模糊集，它与标准模型库中哪一个模型最贴近？这是第二类模糊识别问题。

下面先扩充模糊向量的内积与外积的概念。

设$A(x)$、$B(x)$是论域X上两个模糊子集的隶属函数，定义

内积：$A\circ B=\vee\{A(x)\wedge B(x)\mid x\in X\}$；

外积：$A\odot B=\wedge\{A(x)\vee B(x)\mid x\in X\}$。

内积与外积的性质：

(1) $(A\circ B)^C=A^C\odot B^C$；

(2) $(A\odot B)^C=A^C\circ B^C$；

(3) $A\circ A^C\leqslant\dfrac{1}{2}$；

(4) $A\odot A^C\geqslant\dfrac{1}{2}$。

1) 贴近度

下面我们用$\sigma(A,B)$表示两个模糊集A、B之间的贴近程度(简称贴近度)，贴近度$\sigma(A,B)$有一些不同的定义。

格贴近度：$\sigma_0(A,B)=[A\circ B+(1-A\odot B)]/2$，$\sigma_1(A,B)=(A\circ B)\wedge(1-A\odot B)$。

海明贴近度：$\sigma(A,B)=1-\dfrac{1}{n}\sum\limits_{k=1}^{n}|A(x_k)-B(x_k)|$。

2) 择近原则

(1) 择近原则Ⅰ。设在论域$X=\{x_1,x_2,\cdots,x_n\}$上有m个模糊子集$A_1,A_2,\cdots,A_m$，构成了一个标准模型库，B是待识别的模型。若有$k\in\{1,2,\cdots,m\}$，使得$\sigma(A_k,B)=\vee\{\sigma(A_i,B)\mid 1\leqslant i\leqslant m\}$，则称$B$与$A_k$最贴近，或者说把$B$归于$A_k$类，这就是择近原则。

(2) 择近原则Ⅱ。设在论域$X=\{x_1,x_2,\cdots,x_n\}$上有n个模糊子集$A_1,A_2,\cdots,A_n$，构成了一个标准模型库，每个模型又由多个特性来刻画：$A_i=(A_{i1},A_{i2},\cdots,A_{im})$，$i=1,2,\cdots,n$，待识别的模型$B=(B_1,B_2,\cdots,B_m)$。

先求两个模糊向量集合族的贴近度：$s_i=\wedge\{\sigma(A_{ij},B_j)\mid 1\leqslant j\leqslant m\}$，$i=1,2,\cdots,n$，若有$k\in\{1,2,\cdots,n\}$，使得$\sigma(A_k,B)=\vee\{s_i\mid 1\leqslant i\leqslant n\}$，则称$B$与$A_k$最贴近，或者说把$B$归于$A_k$类，这就是多个特性的择近原则。

3) 贴近度的改进

格贴近度的不足之处是$\sigma_0(A,A)\neq 1$。

定义7.14(公理化定义) 若$\sigma(A,B)$满足：

(1) $\sigma(A,A)=1$，

(2) $\sigma(A,B)=\sigma(B,A)$，

(3) 若$A\leqslant B\leqslant C$，则$\sigma(A,C)\leqslant\sigma(A,B)\wedge\sigma(B,C)$，

则称$\sigma(A,B)$为A与B的贴近度。

显然，公理化定义自然、合理、直观，避免了格贴近度的不足之处，具有理论价值。但是公理化定义并未提供一个计算贴近度的方法，不便于操作。

于是，人们一方面尽管觉得格贴近度有缺陷，但还是乐意采用易于计算的格贴近度来解决一些实际问题；另一方面，在实际工作中又给出了许多具体定义。

5. 模糊综合评判决策

在实际工作中，对一个事物的评价或评估，常常涉及多个因素或多个指标，这时就要

求根据这多个因素对事物作出综合评价，而不能只从某一因素的情况去评价事物，这就是综合评判。

模糊综合评判的基本思想是利用模糊线性变换原理和最大隶属原则，考虑与被评价事物相关的各个因素，对其作出合理的综合评价。模糊综合评判决策是对受多种因素影响的事物作出全面评价的一种十分有效的多因素决策方法。

7.1.4 模糊综合评判

1. 模糊综合评判决策的数学模型

设$U=\{u_1, u_2, \cdots, u_n\}$为 n 种因素(或指标)，$V=\{v_1, v_2, \cdots, v_m\}$为 m 种评判(或等级)。

由于各种因素所处地位不同，作用也不一样，可用权重$\boldsymbol{A}=(a_1, a_2, \cdots, a_n)$来描述，它是因素集$U$的一个模糊子集。对于每一个因素 u_i，单独作出的一个评判 $f(u_i)$ 可看作U到V的一个模糊映射 f，由 f 可诱导出U到V的一个模糊关系 R_f，由 R_f 可诱导出U到V的一个模糊线性变换 $TR(\boldsymbol{A})=\boldsymbol{A}\circ\boldsymbol{B}=\boldsymbol{B}$，它是评判集$V$的一个模糊子集，即综合评判。

(U, V, R)构成模糊综合评判决策模型，U、V、R 是此模型的三个要素。

模糊综合评判决策的方法与步骤如下：

(1) 建立因素集$U=\{u_1, u_2, \cdots, u_n\}$与评判集$V=\{v_1, v_2, \cdots, v_m\}$。

(2) 建立模糊综合评判矩阵，对于每一个因素 u_i，先建立单因素评判$(r_{i1}, r_{i2}, \cdots, r_{im})$即 $r_{ij}(0\leqslant r_{ij}\leqslant 1)$表示 v_j 对因素 u_i 所作的评判，这样就得到单因素评判矩阵 $\boldsymbol{R}=(r_{ij})_{n\times m}$。

(3) 几种常见模糊综合评判模型。根据各因素权重$\boldsymbol{A}=(a_1, a_2, \cdots, a_n)$综合评判，$\boldsymbol{B}=\boldsymbol{A}\oplus\boldsymbol{R}=(b_1, b_2, \cdots, b_m)$是$V$上的一个模糊子集，根据运算$\oplus$的不同定义，可得到不同的模型。

模型 1：$M(\wedge, \vee)$——主因素决定型，$b_j=\vee\{(a_i\wedge r_{ij}), 1\leqslant i\leqslant n\}$，$j=1, 2, \cdots, m$，由于综合评判的结果 b_j 的值仅由 a_i 与 $r_{ij}(i=1, 2, \cdots, n)$中的某一个确定(先取小、后取大运算)，着眼点是对主要因素的考虑，其他因素对结果影响不大，这种运算有时出现决策结果不易分辨的情况。

模型 2：$M(\cdot, \vee)$——主因素突出型，$b_j=\vee\{(a_i\cdot r_{ij}), 1\leqslant i\leqslant n\}$，$j=1, 2, \cdots, m$，$M(\cdot, \vee)$与模型$M(\wedge, \vee)$较接近，区别在于用 $a_i\cdot r_{ij}$ 代替了$M(\wedge, \vee)$中的 $a_i\wedge r_{ij}$。在模型$M(\cdot, \vee)$中，对 r_{ij} 乘以小于 1 的权重 a_i，表明 a_i 是在考虑多因素时 r_{ij} 的修正值，与主要因素有关，忽略了次要因素。

模型 3：$M(\wedge, +)$——主因素突出型，$b_j=\sum(a_i\wedge r_{ij})$，$j=1, 2, \cdots, m$。

在实际应用中，如果主要因素在综合评判中起主导作用，建议采纳模型 1，当模型 1 失效时可采用模型 2、3。

模型 4：$M(\cdot, +)$——加权平均模型，$b_j=\sum(a_i\cdot r_{ij})$，$j=1, 2, \cdots, m$，此模型对所有因素依权重大小均衡兼顾，适用于考虑各因素起作用的情况。

【例 7.4】 服装评判的数据模型。

因素集$U=\{u_1$(花色)，u_2(式样)，u_3(耐穿程度)，u_4(价格)$\}$；

评判集$V=\{v_1$(很欢迎)，v_2(较欢迎)，v_3(不太欢迎)，v_4(不欢迎)$\}$。

对各因素所作的评判如下：

$$\boldsymbol{R}=\begin{bmatrix}0.2 & 0.5 & 0.2 & 0.1\\0.7 & 0.2 & 0.1 & 0\\0 & 0.4 & 0.5 & 0.1\\0.2 & 0.3 & 0.5 & 0\end{bmatrix}$$

对于给定各因素权重 $\boldsymbol{A}=(0.1, 0.2, 0.3, 0.4)$，分别用各种模型所作的评判如下：

$M(\wedge, \vee)$：$\boldsymbol{B}=(0.2, 0.3, 0.4, 0.1)$

$M(\cdot, \vee)$：$\boldsymbol{B}=(0.14, 0.12, 0.2, 0.03)$

$M(\wedge, +)$：$\boldsymbol{B}=(0.5, 0.9, 0.9, 0.2)$

$M(\cdot, +)$：$\boldsymbol{B}=(0.24, 0.38, 0.39, 0.04)$

【例 7.5】 “晋升”的数学模型。

以高校老师晋升教授为例(见表 7.1)：因素集 $U=${政治表现及工作态度，教学水平，科研水平，外语水平}，评判集 $V=${好，较好，一般，较差，差}。

表 7.1 “晋升”的数学模型

因　素	好	较好	一般	较差	差
政治表现及工作态度	4	2	1	0	0
教学水平	6	1	0	0	0
科研水平	0	0	5	1	1
外语水平	2	2	1	1	1

给定以教学为主的权重 $\boldsymbol{A}=(0.2, 0.5, 0.1, 0.2)$，分别用 $M(\wedge, \vee)$、$M(\cdot, +)$模型所作的评判如下：

$$M(\wedge, \vee):\boldsymbol{B}=(0.5, 0.2, 0.14, 0.14, 0.14)$$

归一化后，$\boldsymbol{B}=(0.46, 0.18, 0.12, 0.12, 0.12)$，则

$$M(\cdot, +):\boldsymbol{B}=(0.6, 0.19, 0.13, 0.04, 0.04)$$

2. 权重的确定方法

在模糊综合评判决策中，权重是至关重要的，它反映了各个因素在综合决策过程中所占有的地位或所起的作用，它直接影响到综合决策的结果。

凭经验给出的权重，在一定程度上能反映实际情况，评判的结果也比较符合实际，但它往往带有主观性，不能客观地反映实际情况，评判结果可能“失真”。

1) 频数统计方法

(1) 对每一个因素 u_j，在 k 个专家所给的权重 a_{ij} 中找出最大值 M_j 和最小值 m_j，即

$$M_j=\max\{a_{ij} \mid 1\leqslant i\leqslant k \qquad (j=1, 2, \cdots, n)$$

$$m_j=\min\{a_{ij} \mid 1\leqslant i\leqslant k\} \qquad (j=1, 2, \cdots, n)$$

(2) 选取适当的正整数 p，将因素 u_j 所对应的权重 a_{ij} 从小到大分成 p 组，组距为 $(M_j-m_j)/p$。

(3) 计算落在每组内权重的频数与频率。

(4) 取最大频率所在分组的组中值(或邻近的值)作为因素 u_j 的权重。

(5) 将所得的结果归一化。

2) 模糊关系方程法

在模糊综合评判决策问题中，若已知综合决策 $\boldsymbol{B}=(b_1, b_2, \cdots, b_m)$，单因素评判矩阵 $\boldsymbol{R}=(r_{ij})_{m\times n}$，试问各因素的权重分配 $\boldsymbol{A}$ 是什么？这就要求解模糊关系方程 $\boldsymbol{X}\circ\boldsymbol{R}=\boldsymbol{B}$。

定理 7.9 模糊关系方程 $\boldsymbol{X}\circ\boldsymbol{R}=\boldsymbol{B}$ 有解的充要条件是 $\overline{\boldsymbol{X}}\circ\boldsymbol{R}=\boldsymbol{B}$，其中：

$$\overline{\boldsymbol{X}}=(\overline{x}_1, \overline{x}_2, \cdots, \overline{x}_n),\ \overline{x}_k=\bigwedge_{j=1}^{m}\{b_j \mid r_{kj}>b_j\}$$

约定 $\wedge\varnothing=1$，且 $\overline{\boldsymbol{X}}$为 $\boldsymbol{X}\circ\boldsymbol{R}=\boldsymbol{B}$ 的最大解。

7.1.5 模糊协调决策

这里介绍一个近似处理方法。设有一组可供选择的权重分配方案 $J=\{\boldsymbol{A}_1, \boldsymbol{A}_2, \cdots, \boldsymbol{A}_s\}$。我们从 J 中选择一种最佳的权重分配 $\boldsymbol{A}_k$，使得由 $\boldsymbol{A}_k$ 所决定的综合评判决策 $\boldsymbol{B}_k=\boldsymbol{A}_k\circ\boldsymbol{R}$ 与$\boldsymbol{B}$ 最贴近。

【例 7.6】 某地对区级医院 2001—2002 年医疗质量进行总体评价，按分层抽样方法抽取两年内某病患者 1250 例，其中 2001 年 600 例，2002 年 650 例。患者年龄构成与病情两年间差别没有统计学意义，观察三项指标分别为疗效、住院日、费用，并规定很好、好、一般、差的标准，见表 7.2，病人医疗质量各等级频数分布见表 7.3。

模糊数学举例

表 7.2　2001—2002 年病人三项指标观察

指标	很好	好	一般	差
疗效	治愈	显效	好转	无效
住院日	≤15	16～20	21～25	>25
费用/元	≤1400	1400～1800	1800～2200	>2200

表 7.3　2001—2002 年病人按医疗质量等级的频数分配

指标	年份	很好	质量好	一般	差
疗效	2001 年	160	380	20	40
	2002 年	170	410	10	60
住院日	2001 年	180	250	130	40
	2002 年	200	310	120	20
费用	2001 年	130	270	130	70
	2002 年	110	320	120	100

现综合考虑疗效、住院日、费用三项指标，对该医院 2001 年与 2002 年的工作进行模糊综合评价：

(1) 据评价目的确定评价因素集合，评价因素集合为{疗效，住院日，费用}；

(2) 给出评价等级集合，如评价等级集合为{很好，好，一般，差}；

(3) 确定各评价因素的权重，设疗效、住院日、费用各因素权重依次为 0.5、0.2、0.3，

即 $\boldsymbol{W}=(0.5, 0.2, 0.3)$；

(4) 2001 年与 2002 年两个评价矩阵分别为

$$\boldsymbol{R}_1=\begin{bmatrix}\frac{160}{600} & \frac{380}{600} & \frac{20}{600} & \frac{40}{600}\\ \frac{180}{600} & \frac{250}{600} & \frac{130}{600} & \frac{40}{600}\\ \frac{130}{600} & \frac{270}{600} & \frac{130}{600} & \frac{70}{600}\end{bmatrix}=\begin{bmatrix}0.267 & 0.633 & 0.033 & 0.067\\ 0.300 & 0.417 & 0.217 & 0.067\\ 0.217 & 0.450 & 0.217 & 0.117\end{bmatrix}$$

$$\boldsymbol{R}_2=\begin{bmatrix}\frac{170}{650} & \frac{410}{650} & \frac{10}{650} & \frac{60}{650}\\ \frac{200}{650} & \frac{310}{650} & \frac{120}{650} & \frac{20}{650}\\ \frac{110}{650} & \frac{320}{650} & \frac{120}{650} & \frac{100}{650}\end{bmatrix}=\begin{bmatrix}0.262 & 0.631 & 0.015 & 0.092\\ 0.308 & 0.477 & 0.185 & 0.031\\ 0.169 & 0.492 & 0.185 & 0.154\end{bmatrix}$$

(5) 综合评价。作权函数矩阵 $\boldsymbol{W}$ 与评价矩阵 $\boldsymbol{R}$ 的模糊乘积运算。如果突出疗效，只需对该地区级医院 2001—2002 年医疗质量总体工作情况给出一个总体评价结论。可使用 $M(\wedge, \vee)$算子，确定模糊评判集 S，按最大隶属度原则进行评判：

$$\boldsymbol{S}_1=\boldsymbol{W}\circ\boldsymbol{R}_1=(s_k)_{l\times n}=(0.5\quad 0.2\quad 0.3)\circ\begin{bmatrix}0.267 & 0.633 & 0.033 & 0.067\\ 0.300 & 0.417 & 0.217 & 0.067\\ 0.217 & 0.450 & 0.217 & 0.117\end{bmatrix}$$
$$=(0.267\quad 0.500\quad 0.217\quad 0.117)$$

$$\boldsymbol{S}_2=\boldsymbol{W}\circ\boldsymbol{R}_2=(s_k)_{l\times n}=(0.5\quad 0.2\quad 0.3)\circ\begin{bmatrix}0.262 & 0.631 & 0.015 & 0.092\\ 0.308 & 0.477 & 0.185 & 0.031\\ 0.169 & 0.492 & 0.185 & 0.154\end{bmatrix}$$
$$=(0.262\quad 0.500\quad 0.185\quad 0.154)$$

按最大隶属度原则，两年最大隶属度均为 0.500，可以认为该地区区级医院 2001 与 2002 年医疗质量评价结果均为“好”。

如果突出疗效且对该地区区级医院 2001—2002 年医疗质量进行排序，也可以采用 $M(\wedge, \vee)$算子确定的模糊评判集 S，按加权平均原则进行评判：将评价等级很好、好、一般、差分别赋值 4、3、2、1。

2001 年的评价结果为

$$u_{k=1}^{*}=\frac{\sum_{i=1}^{4}u(v_i)\cdot s_i}{\sum_{i=1}^{4}s_i}=\frac{4\times 0.267+3\times 0.500+2\times 0.217+1\times 0.117}{0.267+0.500+0.217+0.117}=2.833$$

2002 年的评价结果为

$$u_{k=1}^{*}=\frac{\sum_{i=1}^{4}u(v_i)\cdot s_i}{\sum_{i=1}^{4}s_i}=\frac{4\times 0.262+3\times 0.500+2\times 0.185+1\times 0.154}{0.262+0.500+0.185+0.154}=2.790$$

2001年的工作质量略好于2002年。

7.2 灰色系统理论

本节将介绍灰色系统的基本概念，灰色系统与模糊数学、黑箱方法的区别，灰色系统预测GM(1，1)模型，灰色系统模型的检验等内容。

7.2.1 灰色系统基本概念和建模思想

1. 灰色系统理论概述

灰色系统理论是研究解决灰色系统分析、建模、预测、决策和控制的理论。我国学者邓聚龙教授于20世纪80年代初提出并发展了灰色系统理论，把一般系统论、信息论、控制论的观点和方法延伸到社会、经济、生态等抽象系统中，结合数学方法，发展了一套解决信息不完备系统即灰色系统的理论和方法。在短短的十余年时间里，灰色系统理论有了飞速发展，已经渗透到自然科学和社会科学的许多领域。

过去，因素分析的基本方法采用的是回归分析方法，主要从经验曲线入手，通过拟合的办法来实现。但是，回归分析方法有很多缺陷，比如要求大样本(即大量数据)，要求数据的分布满足典型的规律，计算量很大甚至可能出现反常情况等。为了克服以上弊病，灰色系统理论提出采用关联度分析的方法来进行系统分析。

我们将信息完全明确的系统称为白色系统，信息未知的系统称为黑色系统，部分信息明确、部分信息不明确的系统称为灰色系统。

系统信息不完全的情况有元素信息不完全、结构信息不完全、边界信息不完全、运行行为信息不完全四种。

灰色系统与模糊数学、黑箱方法的区别主要在于对系统内涵与外延处理态度的不同，研究对象内涵与外延的性质不同。

模糊数学着重外延不明确、内涵明确的对象，灰色系统着重外延明确、内涵不明确的对象。

黑箱方法着重系统外部行为数据的处理方法，是因果关系的量化方法，是扬外延而弃内涵的处理方法，而灰色系统方法是外延、内涵均注重的方法。

2. 灰色系统理论的建模思想

下面举例说明灰色系统理论的建模思想。

考虑4个数据，记为$x^{(0)}(1)$、$x^{(0)}(2)$、$x^{(0)}(3)$、$x^{(0)}(4)$，具体见表7.4。

表7.4 原始数据

序号	1	2	3	4
符号	$x^{(0)}(1)$	$x^{(0)}(2)$	$x^{(0)}(3)$	$x^{(0)}(4)$
数据	1	2	1.5	4

将表7.4的数据作图，见图7.1。

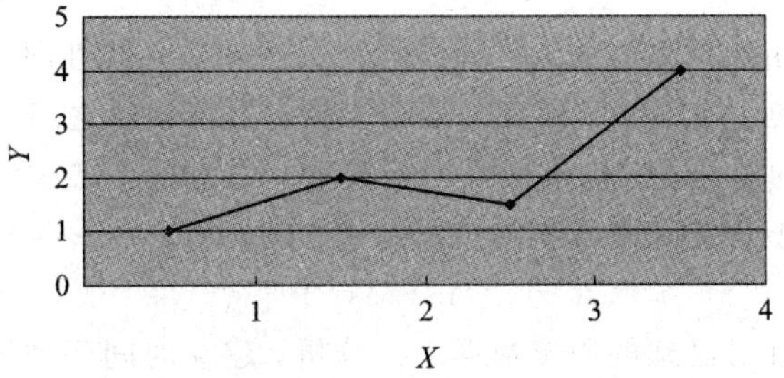

图 7.1 原始数据点图

图 7.1 表明原始数据序列 $X^{(0)}$ 没有明显的规律性，其发展态势是摆动的。如果将原始数据作累加生成 1-AGO，记第 k 个累加生成为 $x^{(1)}(k)$，并且

$$x^{(1)}(1)=x^{(0)}(1)=1$$

$$x^{(1)}(2)=x^{(0)}(1)+x^{(0)}(2)=1+2=3$$

$$x^{(1)}(3)=x^{(0)}(1)+x^{(0)}(2)+x^{(0)}(3)=1+2+1.5=4.5$$

$$x^{(1)}(4)=x^{(0)}(1)+x^{(0)}(2)+x^{(0)}(3)+x^{(0)}(4)=1+2+1.5+3=7.5$$

则得到表 7.5 所示的数据。

表 7.5 原始数据累加

序号	1	2	3	4
符号	$x^{(1)}(1)$	$x^{(1)}(2)$	$x^{(1)}(3)$	$x^{(1)}(4)$
数据	1	3	4.5	7.5

图 7.2 表明生成数列 X 是单调递增数列。

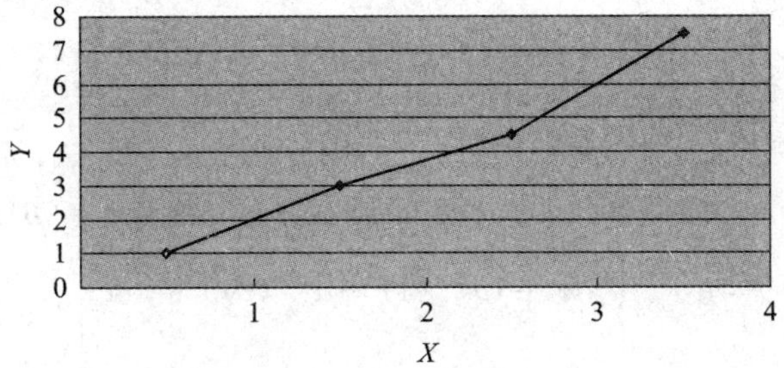

图 7.2 原始数据累加点图

7.2.2 灰色系统预测模型

灰色系统的预测方法可分为定性预测和定量预测两种。定性预测是依据预测者对预测对象有关情况的了解和分析，由预测者根据实践经验和主观判断作出的预测，可分为市场调研法、专家预测法、主观概率法、交叉影响法等，主要用于对预测对象的未来性质、发展趋势和转折点进行预测。定量预测以大量的历史观察值为主要依据，建立适当的数学模型进行预测，推断和估计预测目标的未来值。定量预测的预测精度和把握度较高，克服了定性预测的不足，具体包括相关因素预测和时间序列预测。

1. 相关因素预测

相关因素预测常用的预测方法为一元线性回归法和多元线性回归法。两者均需要建立线性回归模型进行预测。线性回归模型一般用于测定经济现象之间在数量上变化的一般关系。在搜集数据齐全的基础上，构建线性回归模型，再由最小二乘法计算回归系数，最后由建立的线性回归模型预测未来几年的指标结果。

2. 时间序列预测

时间序列预测是针对已知的历史数据进行分析，建立时间序列模型进行预测，常用的方法有指数平滑法、灰色预测法。指数平滑法是移动平均法的一种，其特点在于给过去的观测值不一样的权重，即近期观测值的权重比远期观测值的权重大。

根据平滑次数的不同，指数平滑可分为一次指数平滑、二次指数平滑等。当实际数据具有较为明显的变动趋势时，采用一次指数平滑直接预测。当时间序列的变动出现直线变动趋势时，采用一次指数平滑预测具有明显的滞后偏差，因此需要在一次指数平滑基础上进行二次指数平滑，利用滞后偏差规律找出数据的变化趋势，然后建立直线趋势预测模型，这便是二次指数平滑法。

灰色系统预测是通过原始数据的处理和灰色模型的建立，发现、掌握系统的发展规律，对系统的未来状态做出科学的定量预测。灰色系统预测模型能够根据现有的少量信息进行计算和推测。

设原始时间序列为 $X^{(0)}=\{x^{(0)}(1), x^{(0)}(2), \cdots, x^{(0)}(n)\}$，预测第 $n+1$，$n+2$，…期的值为 $x^{(0)}(n+1)$，$x^{(0)}(n+2)$，…。

设相应的预测模型模拟序列为 $\hat{X}^{(0)}=\{\hat{x}^{(0)}(1), \hat{x}^{(0)}(2), \cdots, \hat{x}^{(0)}(n)\}$，$X^{(1)}$ 为 $X^{(0)}$ 的 1-AGO(即一次累加，Accumulated Generating Operator)序列 $x^{(1)}(i)=\sum_{m=1}^{i}x^{(0)}(m)$，$i=1, 2, 3,\cdots, n)$，即

$$\begin{cases} x^{(1)}(1)=x^{(0)}(1) \\ x^{(1)}(i)=x^{(0)}(i)+x^{(1)}(i-1) \qquad (i=2, \cdots, n) \end{cases}$$

利用 $X^{(1)}$ 计算 GM(1, 1)模型参数 a、u。令 $\hat{\boldsymbol{a}}=[a, u]^{\mathrm{T}}$，则有 $\hat{\boldsymbol{a}}=(\boldsymbol{B}^{\mathrm{T}}\boldsymbol{B})^{-1}\boldsymbol{B}^{\mathrm{T}}\boldsymbol{Y}_n$。式中：

$$\boldsymbol{B}=\begin{bmatrix} -\frac{1}{2}(x^{(1)}(1)+x^{(1)}(2)) & 1 \\ -\frac{1}{2}(x^{(1)}(2)+x^{(1)}(3)) & 1 \\ \vdots & \vdots \\ -\frac{1}{2}(x^{(1)}(n-1)+x^{(1)}(n)) & 1 \end{bmatrix}$$

$$\boldsymbol{Y}_n=[x^{0}(2), x^{(0)}(3), \cdots, x^{(0)}(n)]^{\mathrm{T}}$$

由此获得 GM(1, 1)模型：

$$\hat{x}^{(1)}(i+1)=\left(x^{(0)}(1)-\frac{u}{a}\right)\mathrm{e}^{-ai}+\frac{u}{a}$$

如果模型满足精度要求，可用于预测，获得预测值：

$$\hat{x}^{(0)}(1)=\hat{x}^{(1)}(1)$$

$$\hat{x}^{(0)}(2)=\hat{x}^{(1)}(2)-\hat{x}^{(1)}(1)$$

$$\vdots$$

$$\hat{x}^{(0)}(n+1)=\hat{x}^{(1)}(n+1)-\hat{x}^{(1)}(n)$$

$$\hat{x}^{(0)}(n+2)=\hat{x}^{(1)}(n+2)-\hat{x}^{(1)}(n+1)$$

$$\vdots$$

对所建立的模型要进行检验，模型检验合格后方能用于预测。

3. 灰色系统预测模型的建立

灰色系统理论的微分方程称为 GM 模型，GM(1，1)表示 1 阶的、1 个变量的微分方程模型。

GM(1，1)建模过程和机理如下：

$X^{(0)}=\{x^{(0)}(1), x^{(0)}(2), x^{(0)}(3), \cdots, x^{(0)}(n)\}$，记原始数据序列 $X^{(0)}$ 为非负序列，其中 $x^{(0)}(k)\geqslant 0$，$k=1, 2, \cdots, n$。

其相应的生成数据序列为 $X^{(1)}$——累加生成数：

$$X^{(1)}=\{x^{(1)}(1), x^{(1)}(2), x^{(1)}(3), \cdots, x^{(1)}(n)\}$$

其中，$x^{(1)}(k)=\sum_{i=1}^{k}x^{(0)}(i)$，$k=1, 2, \cdots, n$。

$Z^{(1)}$ 为 $X^{(1)}$ 的紧邻均值生成序列：

$$Z^{(1)}=\{z^{(1)}(1), z^{(1)}(2), \cdots, z^{(1)}(n)\}$$

其中，$z^{(1)}(k)=\frac{1}{2}[x^{(1)}(k)+x^{(1)}(k-1)]$，$k=1, 2, \cdots, n$。称 $x^{(0)}(k)+az^{(1)}(k)=b$ 为 GM(1，1)模型，其中 a、b 是需要通过建模求解的参数，若 $\boldsymbol{a}=(a, b)^{\mathrm{T}}$ 为参数列，且

$$\boldsymbol{Y}=\begin{bmatrix}x^{(0)}(2)\\x^{(0)}(3)\\\vdots\\x^{(0)}(n)\end{bmatrix}, \boldsymbol{B}=\begin{bmatrix}-z^{(1)}(2) & 1\\-z^{(1)}(3) & 1\\\vdots & \vdots\\-z^{(1)}(n) & 1\end{bmatrix}$$

则灰色方程 $x^{(0)}(k)+az^{(1)}(k)=b$ 中的系数 a、b 可用最小二乘估计 $\hat{\boldsymbol{a}}=(\boldsymbol{B}^{\mathrm{T}}\boldsymbol{B})^{-1}\boldsymbol{B}^{\mathrm{T}}\boldsymbol{Y}$ 来计算。称 $\frac{\mathrm{d}x^{(1)}}{\mathrm{d}t}+ax^{(1)}=b$ 为灰色方程 $x^{(0)}(k)+az^{(1)}(k)=b$ 的白化方程，也叫影子方程。

如上所述，则有

(1) 白化方程 $\frac{\mathrm{d}x^{(1)}}{\mathrm{d}t}+ax^{(1)}=b$ 的解或称时间响应函数为

$$\hat{x}^{(1)}(t)=\left(x^{(1)}(0)-\frac{b}{a}\right)\mathrm{e}^{-at}+\frac{b}{a}$$

(2) GM(1，1)灰色方程 $x^{(0)}(k)+az^{(1)}(k)=b$ 的时间响应序列为

$$\hat{x}^{(1)}(k+1)=\left(x^{(1)}(0)-\frac{b}{a}\right)\mathrm{e}^{-ak}+\frac{b}{a}\qquad(k=1, 2, \cdots, n)$$

(3) 取 $x^{(1)}(0)=x^{(0)}(1)$，则

$$\hat{x}^{(1)}(k+1)=\left(x^{(0)}(1)-\frac{b}{a}\right)\mathrm{e}^{-ak}+\frac{b}{a}\qquad(k=1, 2, \cdots, n)$$

(4) 还原值 $\hat{x}^{(0)}(k+1)=\hat{x}^{(1)}(k+1)-\hat{x}^{(1)}(k)$，$k=1, 2, \cdots, n$。

7.2.3 灰色系统模型的检验

灰色系统模型常用的检验方法有残差检验、后验差检验和关联度检验。

定义 7.15 设原始序列 $X^{(0)}=\{x^{0}(1), x^{(0)}(2), \cdots, x^{(0)}(n)\}$，相应的模型模拟序列为

$$\hat{X}^{(0)}=\{\hat{x}^{(0)}(1), \hat{x}^{(0)}(2), \cdots, \hat{x}^{(0)}(n)\}$$

残差序列为

$$\begin{aligned}\varepsilon^{(0)} &=\{\varepsilon(1), \varepsilon(2), \cdots, \varepsilon(n)\}\\ &=\{x^{(0)}(1)-\hat{x}^{(0)}(1), x^{(0)}(2)-\hat{x}^{(0)}(2), \cdots, x^{(0)}(n)-\hat{x}^{(0)}(n)\}\end{aligned}$$

相对残差序列为

$$\Delta=\left\{\left|\frac{\varepsilon(1)}{x^{(0)}(1)}\right|, \left|\frac{\varepsilon(2)}{x^{(0)}(2)}\right|, \cdots, \left|\frac{\varepsilon(n)}{x^{(0)}(n)}\right|\right\}=\{\Delta_k\}_1^n$$

(1) 对于 $k<n$，称 $\Delta_k=\left|\dfrac{\varepsilon(k)}{x^{(0)}(k)}\right|$ 为 k 点模拟相对残差，称 $\Delta_n=\left|\dfrac{\varepsilon(n)}{x^{(0)}(n)}\right|$ 为滤波相对残差，称 $\bar{\Delta}=\dfrac{1}{n}\sum\limits_{k=1}^{n}\Delta_k$ 为平均模拟相对残差。

(2) 称 $1-\bar{\Delta}$ 为平均相对精度，$1-\Delta_n$ 为滤波精度。

(3) 给定 α，当 $\bar{\Delta}<\alpha$ 且 $\Delta_n<\alpha$ 成立时，称模型为残差合格模型。

定义 7.16 设 $X^{(0)}$ 为原始序列，$\hat{X}^{(0)}$ 为相应的模拟序列，ε 为 $X^{(0)}$ 与 $\hat{X}^{(0)}$ 的绝对关联度，若对于给定的 $\varepsilon_0>0$，$\varepsilon>\varepsilon_0$，则称模型为关联合格模型。

定义 7.17 设 $X^{(0)}$ 为原始序列，$\hat{X}^{(0)}$ 为相应的模拟序列，$\varepsilon^{(0)}$ 为残差序列。$\bar{x}=\dfrac{1}{n}\sum\limits_{k=1}^{n}x^{(0)}(k)$ 为 $X^{(0)}$ 的均值，$S_1^2=\dfrac{1}{n}\sum\limits_{k=1}^{n}(x^{(0)}(k)-\bar{x})^2$ 为 $x^{(0)}$ 的方差，$\bar{\varepsilon}=\dfrac{1}{n}\sum\limits_{k=1}^{n}\varepsilon(k)$ 为残差均值，$S_2^2=\dfrac{1}{n}\sum\limits_{k=1}^{n}(\varepsilon(k)-\bar{\varepsilon})^2$ 为残差方差：

(1) 称 $c=\dfrac{S_2}{S_1}$ 为均方差比值；对于给定的 $c_0>0$，当 $c<c_0$ 时，称模型为均方差比合格模型。

(2) 称 $p=P(|\varepsilon(k)-\bar{\varepsilon}|<0.6745S_1)$ 为小误差概率，对于给定的 $p_0>0$，当 $p>p_0$ 时，称模型为小误差概率合格模型。

1. 残差检验

以相对残差的大小来判断模型的好坏，相对残差大，说明模型精度低；反之，说明精度高。精度检验等级参见表 7.6。

表 7.6 精度检验等级参照

精度等级	指标临界性			
	平均相对残差	关联度	均方差比值	小误差概率
一级	0.01	0.90	0.35	0.95
二级	0.05	0.80	0.50	0.80
三级	0.10	0.70	0.65	0.70
四级	0.20	0.60	0.80	0.60

2. 后验差检验

后验差检验是按照 c(均方差比)和 p(小误差概率)两个指标来进行检验的。

模型的精度如表 7.7 所示。

表 7.7　灰色预测模型精度

精度等级	p 值	c 值
好	$0.95 \leqslant p$	$c \leqslant 0.35$
合格	$0.80 \leqslant p < 0.95$	$0.35 < c \leqslant 0.50$
勉强合格	$0.70 \leqslant p < 0.80$	$0.50 < c \leqslant 0.65$
不合格	$p < 0.70$	$0.65 < c$

3. 关联度检验

利用关联度的大小进行检验，关联度越大，精度越高，检验等级见表 7.6。

灰色系统预测方法的特点表现在：首先是把离散数据视为连续变量在其变化过程中所取的离散值，从而可利用微分方程式处理数据；不直接使用原始数据，而是由它产生累加生成数，对生成数列使用微分方程模型。这样，可以抵消大部分随机误差，显示出规律性。

7.2.4　应用举例

【例 7.7】 设原始序列

$X^{(0)}=\{x^{(0)}(1), x^{(0)}(2), x^{(0)}(3), x^{(0)}(4), x^{(0)}(5)\}=\{2.874, 3.278, 3.337, 3.390, 3.679\}$，试建立 GM(1, 1)模型，并进行检验。

灰色系统举例

解　(1) 对 $X^{(0)}$ 作 1 - AGO，得

$$
\begin{aligned}
X^{(1)} &= \{x^{(1)}(1), x^{(1)}(2), x^{(1)}(3), x^{(1)}(4), x^{(1)}(5)\} \\
&= \{2.874, 6.152, 9.489, 12.879, 16.558\}
\end{aligned}
$$

(2) 对 $X^{(1)}$ 作紧邻均值生成，令 $z^{(1)}(k)=0.5x^{(1)}(k)+0.5x^{(1)}(k-1)$，则

$$
\begin{aligned}
Z^{(1)} &= \{z^{(1)}(1), z^{(1)}(2), z^{(1)}(3), z^{(1)}(4), z^{(1)}(5)\} \\
&= \{2.874, 4.513, 7.820, 11.184, 14.718\}
\end{aligned}
$$

于是

$$
\boldsymbol{B}=\begin{bmatrix} -z^{(1)}(2) & 1 \\ -z^{(1)}(3) & 1 \\ -z^{(1)}(4) & 1 \\ -z^{(1)}(5) & 1 \end{bmatrix}=\begin{bmatrix} -4.513 & 1 \\ -7.820 & 1 \\ -11.184 & 1 \\ -14.718 & 1 \end{bmatrix}
$$

$$
\boldsymbol{Y}\begin{bmatrix} x^{(0)}(2) \\ x^{(0)}(3) \\ x^{(0)}(4) \\ x^{(0)}(5) \end{bmatrix}=\begin{bmatrix} 3.278 \\ 3.337 \\ 3.390 \\ 3.679 \end{bmatrix}
$$

$$B^TB=\begin{bmatrix}-4.513 & -7.820 & -11.184 & -14.718\\ 1 & 1 & 1 & 1\end{bmatrix}\begin{bmatrix}-4.513 & 1\\ -7.820 & 1\\ -11.184 & 1\\ -14.718 & 1\end{bmatrix}$$

$$=\begin{bmatrix}423.221 & -38.235\\ -38.235 & 4\end{bmatrix}$$

$$(B^TB)^{-1}=\begin{bmatrix}0.017318 & 0.165542\\ 0.165542 & 1.832371\end{bmatrix}$$

$$\hat{a}=(B^TB)^{-1}B^TY$$

$$=\begin{bmatrix}0.17318 & 0.165542\\ 0.1665542 & 1.832371\end{bmatrix}\times\begin{bmatrix}-4.513 & -7.820 & -11.184 & -14.718\\ 1 & 1 & 1 & 1\end{bmatrix}\times\begin{bmatrix}3.278\\ 3.337\\ 3.390\\ 3.679\end{bmatrix}$$

$$=\begin{bmatrix}-0.037156\\ 3.065318\end{bmatrix}$$

(3) 确定模型 $\dfrac{dx^{(1)}}{dt}-0.037156x^{(1)}=3.065318$ 及时间响应式：

$$\hat{x}^{(1)}(k+1)=\left(x^{(0)}(1)-\frac{b}{a}\right)e^{-ak}+\frac{b}{a}=85.3728e^{0.037156k}-82.4986$$

(4) 求 $X^{(1)}$ 的模拟值：

$$\begin{aligned}\hat{X}^{(1)}&=\{\hat{x}^{(1)}(1),\hat{x}^{(1)}(2),\hat{x}^{(1)}(3),\hat{x}^{(1)}(4),\hat{x}^{(1)}(5)\}\\&=\{2.8740,6.1058,9.4599,12.9410,16.5538\}\end{aligned}$$

(5) 还原出 $X^{(0)}$ 的模拟值，由 $\hat{x}^{(1)}(k+1)=\hat{x}^{(1)}(k+1)-\hat{x}^{(1)}(k)$ 得

$$\begin{aligned}\hat{X}^{(0)}&=\{\hat{x}^{(0)}(1),\hat{x}^{(0)}(2),\hat{x}^{(0)}(3),\hat{x}^{(0)}(4),\hat{x}^{(0)}(5)\}\\&=\{2.8740,3.2318,3.3541,3.4811,3.6128\}\end{aligned}$$

(6) 残差检验：

实际数据与模拟数据对比如表 7.8 所示。

表 7.8　实际数据与模拟数据对比

实际数据	模拟数据	残　差	相对残差
$x^{(0)}(k)$	$\hat{x}^{(0)}(k)$	$\varepsilon(k)=x^{(0)}(k)-\hat{x}^{(0)}(k)$	$\Delta_k=\left\|\dfrac{\varepsilon(k)}{x^{(0)}(k)}\right\|$
3.278	3.2318	0.0462	1.41%
3.337	3.3541	−0.0171	0.51%
3.390	3.4811	−0.0911	2.69%
3.679	3.6128	0.0662	1.80%

平均相对残差：

$$\bar{\Delta} = \frac{1}{5}\sum_{k=1}^{5}\Delta_k = \frac{1}{5}(0 + 1.41\% + 0.51\% + 2.69\% + 1.80\%) = 1.282\%$$

残差检验精度为二级。

(7) 关联度检验：

计算 X 与 $\hat{X}$ 的灰色关联度：

$$|S| = \left|\sum_{k=2}^{4}(x(k) - x(1)) + \frac{1}{2}(x(5) - x(1))\right| = 1.7855$$

$$|\hat{S}| = \left|\sum_{k=2}^{4}(\hat{x}(k) - \hat{x}(1)) + \frac{1}{2}(\hat{x}(5) - \hat{x}(1))\right| = 1.8144$$

$$|\hat{S} - S| = \left|\sum_{k=2}^{4}[\hat{x}(k) - \hat{x}(1) - (x(k) - x(1))] + \frac{1}{2}[\hat{x}(5) - \hat{x}(1) - (x(5) - x(1))]\right|$$
$$= 0.04535$$

$$\varepsilon = \frac{1+|S|+|\hat{S}|}{1+|S|+|\hat{S}|+|\hat{S}-S|} = \frac{1+1.7855+1.8144}{1+1.7855+1.8144+0.04535}$$
$$= \frac{4.5999}{4.64525} = 0.9902 > 0.90$$

精度为一级，可以用

$$\hat{x}^{(1)}(k+1) = 85.3728\mathrm{e}^{0.037156k} - 82.4986,\ \hat{x}^{(0)}(k+1) = \hat{x}^{(1)}(k+1) - \hat{x}^{(1)}(k)$$

预测。

【例 7.8】 某大型企业 1997—2000 年四年产值资料如表 7.9 所示。

表 7.9　产 值 资 料

年份	1997	1998	1999	2000
产值/万元	27260	29547	32411	35388

试建立 GM(1，1)模型的白化方程及时间响应式，并对 GM(1，1)模型进行检验，预测该企业 2001—2005 年的产值。

解　设时间序列为 $X^{(0)} = \{x^{(0)}(1), x^{(0)}(2), x^{(0)}(3), x^{(0)}(4)\}$

$$= \{27260, 29547, 32411, 35388\}$$

$X^{(1)} = \{x^{(1)}(1), x^{(1)}(2), x^{(1)}(3), x^{(1)}(4)\} = \{27260, 56807, 89218, 124606\}$

对 $X^{(1)}$ 作紧邻均值生成，令

$$z^{(1)}(k) = 0.5x^{(1)}(k) + 0.5x^{(1)}(k-1)$$

$$Z^{(1)} = \{z^{(1)}(1), z^{(1)}(2), z^{(1)}(3), z^{(1)}(4)\} = \{27260, 42033.5, 73012.5, 106912\}$$

于是，

$$\boldsymbol{B} = \begin{bmatrix} -z^{(1)}(2) & 1 \\ -z^{(1)}(3) & 1 \\ -z^{(1)}(4) & 1 \end{bmatrix} = \begin{bmatrix} -42033.5 & 1 \\ -73012.5 & 1 \\ 106912 & 1 \end{bmatrix},\ \boldsymbol{Y} = \begin{bmatrix} x^{(0)}(2) \\ x^{(0)}(3) \\ x^{(0)}(4) \end{bmatrix} = \begin{bmatrix} 29547 \\ 32411 \\ 35388 \end{bmatrix}$$

对参数列 $\hat{\boldsymbol{a}} = [a, b]^{\mathrm{T}}$ 作最小二乘估计，得

$$\hat{\boldsymbol{a}} = (\boldsymbol{B}^{\mathrm{T}}\boldsymbol{B})^{-1}\boldsymbol{B}^{\mathrm{T}}\boldsymbol{Y} = \begin{bmatrix} -0.089995 \\ 25790.28 \end{bmatrix}$$

设$\frac{\mathrm{d}x^{(1)}}{\mathrm{d}t}+ax^{(1)}=b$，由于 $a=-0.089995$，$b=25790.28$，可得 GM(1，1)模型的白化方程：

$$\frac{\mathrm{d}x^{(1)}}{\mathrm{d}t}-0.089995x^{(1)}=25790.28$$

其时间响应式为

$$\begin{cases} \hat{x}^{(1)}(k+1) = \left(x^{(0)}(1) - \dfrac{b}{a}\right)\mathrm{e}^{-ak} + \dfrac{b}{a} = 313834\mathrm{e}^{0.089995k} - 286574 \\ \hat{x}^{(0)}(k+1) = \hat{x}^{(1)}(k+1) - \hat{x}^{(1)}(k) \end{cases}$$

由此得模拟序列：

$$\hat{X}^{(0)} = \{\hat{x}^{(0)}(1), \hat{x}^{(0)}(2), \hat{x}^{(0)}(3), \hat{x}^{(0)}(4)\} = \{27260, 29553, 32336, 35381\}$$

检验：

残差序列为

$$\varepsilon^{(0)}=(\varepsilon^{(0)}(1), \varepsilon^{(0)}(2), \varepsilon^{(0)}(3), \varepsilon^{(0)}(4))=(0, -6, 75, 7)$$

$$\Delta = \left\{\left|\frac{\varepsilon^{(0)}(1)}{x^{(0)}(1)}\right|, \left|\frac{\varepsilon^{(0)}(2)}{x^{(0)}(2)}\right|, \left|\frac{\varepsilon^{(0)}(3)}{x^{(0)}(3)}\right|, \left|\frac{\varepsilon^{(0)}(4)}{x^{(0)}(4)}\right|\right\}$$

$$=\{0, 0.0002, 0.00231, 0.0002\} \stackrel{\Delta}{=} \{\Delta_1, \Delta_2, \Delta_3, \Delta_4\}$$

平均相对残差为

$$\overline{\Delta} = \frac{1}{4}\sum_{k=1}^{4}\Delta_k = 0.00068 < 0.01$$

模拟残差 $\Delta_4=0.0002<0.01$，精度为一级。

计算 $X^{(0)}$ 与 $\hat{X}^{(0)}$ 的灰色关联度 ε：

$$|S| = \left|\sum_{k=2}^{3}(x^{(0)}(k)-x^{(0)}(1)) + \frac{1}{2}(x^{(0)}(4)-x^{(0)}(1))\right| = 11502$$

$$|\hat{S}| = \left|\sum_{k=2}^{3}(\hat{x}^{(0)}(k)-\hat{x}^{(0)}(1)) + \frac{1}{2}(\hat{x}^{(0)}(4)-\hat{x}^{(0)}(1))\right| = 11429.5$$

$$|\hat{S}-S| = \left|\sum_{k=2}^{3}[\hat{x}^{(0)}(k)-\hat{x}^{(0)}(1)-(x^{(0)}(k)-x^{(0)}(1))] + \frac{1}{2}[\hat{x}^{(0)}(4)-\hat{x}^{(0)}(1)-(x^{(0)}(4)-x^{(0)}(1))]\right| = 72.5$$

$$\varepsilon=\frac{1+|S|+|\hat{S}|}{1+|S|+|\hat{S}|+|\hat{S}-S|}=\frac{1+11502+11429.5}{1+11502+11429.5+72.5}=0.997>0.90$$，精度为一级。

计算均方差比 c：

$$\bar{x} = \frac{1}{4}\sum_{k=1}^{4}x^{(0)}(k) = 31151.5$$

$$S_1^2 = \frac{1}{4}\sum_{k=1}^{4}(x^{(0)}(k)-\bar{x})^2 = 9313116.25,\ S_1 = 3051.74$$

$$\bar{\varepsilon}=\frac{1}{4}\sum_{k=1}^{4}\varepsilon(k)=19$$

$$S_2^2=\frac{1}{4}\sum_{k=1}^{4}(\varepsilon(k)-\bar{\varepsilon})^2=1066.5,\ S_2=32.66$$

所以

$$c=\frac{S_2}{S_1}=\frac{32.66}{3051.74}=0.011<0.35$$

均方差比值为一级。

计算小误差概率 p：

$0.6745S_1=2058.40$，$|\varepsilon(1)-\bar{\varepsilon}|=19$，$|\varepsilon(2)-\bar{\varepsilon}|=25$，$|\varepsilon(3)-\bar{\varepsilon}|=56$，$|\varepsilon(4)-\bar{\varepsilon}|=12$，所以 $p=P(|\varepsilon(k)-\bar{\varepsilon}|<0.6745S_1)=1>0.95$。

小误差概率为一级，故可用 $\begin{cases}\hat{x}^{(1)}(k+1)=313843e^{0.089995k}-286574\\ \hat{x}^{(0)}(k+1)=\hat{x}^{(1)}(k+1)-\hat{x}^{(1)}(k)\end{cases}$ 进行预测：2001—2005年预测值为 $\hat{X}^{(0)}=\{\hat{x}^{(0)}(5),\hat{x}^{(0)}(6),\hat{x}^{(0)}(7),\hat{x}^{(0)}(8),\hat{x}^{(0)}(9)\}=\{38713,42359,46318,50712,55488\}$。

7.3 层次分析法

层次分析法(AHP)是萨蒂(Saaty)等人于20世纪70年代初提出的一种决策方法，它是将半定性、半定量问题转化为定量问题的有效方法。它将各种因素层次化，并逐层比较多种关联因素，为分析和预测事物提供可比较的定量依据，特别适用于那些难以完全用定量的方法进行分析的复杂问题，在资源分配、选优排序、政策分析、冲突求解以及决策预报等领域得到了广泛的应用。

7.3.1 层次分析法的基本步骤

运用层次分析法解决实际问题，大体可按下面四个基本步骤进行：

(1) 分析系统各因素之间的关系，建立系统的递阶层次结构模型。

(2) 对同一层次的各元素分别关于上一层次中某一准则的重要性进行两两比较，构造出两两比较的判断矩阵。

(3) 由判断矩阵计算被比较元素对于该准则的相对权重，并进行判断矩阵的一致性检验。

(4) 计算各方案层元素对于目标层的总排序权重，从而确定首选方案。

在运用AHP进行系统分析时，首先要根据问题的预定目标把所需要考虑的因素按其属性层次化、条理化，构造出一个递阶层次结构模型。所谓层次化，就是把所考虑的因素按其属性分成若干组，每组作为一个层次。所谓条理化，即同一层次因素按照某一准则对下一层次的诸因素所起的支配作用，形成自上而下的支配关系或递进关系。对于一般的决策层次分析模型可分为三层，即目标层、准则层、方案层，如图7.3所示。

(1) 目标层：是分析问题的预定目标或理想结果。

(2) 准则层：包括为实现目标所涉及的中间环节，也可以由若干个层次组成。

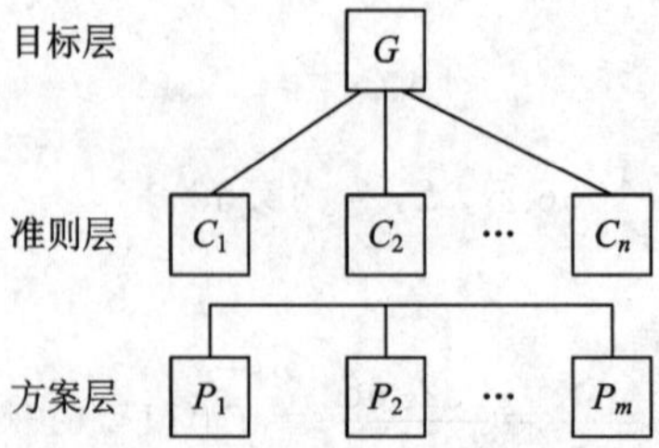

图 7.3　一般的决策层次分析模型

(3) 方案层：是为实现目标可供选择的各种措施、决策方案。方案层包含的因素不要超过 9 个，过多的话，可考虑再分出新的层次。

7.3.2　层次分析法的应用

下面结合具体问题说明层次分析法四个步骤的实现过程。

【例 7.9】 某工厂有一笔企业留成利润，要由厂领导和职代会决定如何利用，可供选择的方案有发奖金，扩建福利设施，引进新设备。为进一步促进企业发展，应怎样合理地使用这笔利润？

层次分析法举例

对于这个问题，我们首先采用层次分析法进行分析。所有措施的目的都是更好地调动职工的生产积极性，提高企业技术水平和改善职工生活，当然最终目的是促进企业的发展。

1. 建立递阶层次结构

合理利用企业利润的层次结构图如图 7.4 所示。

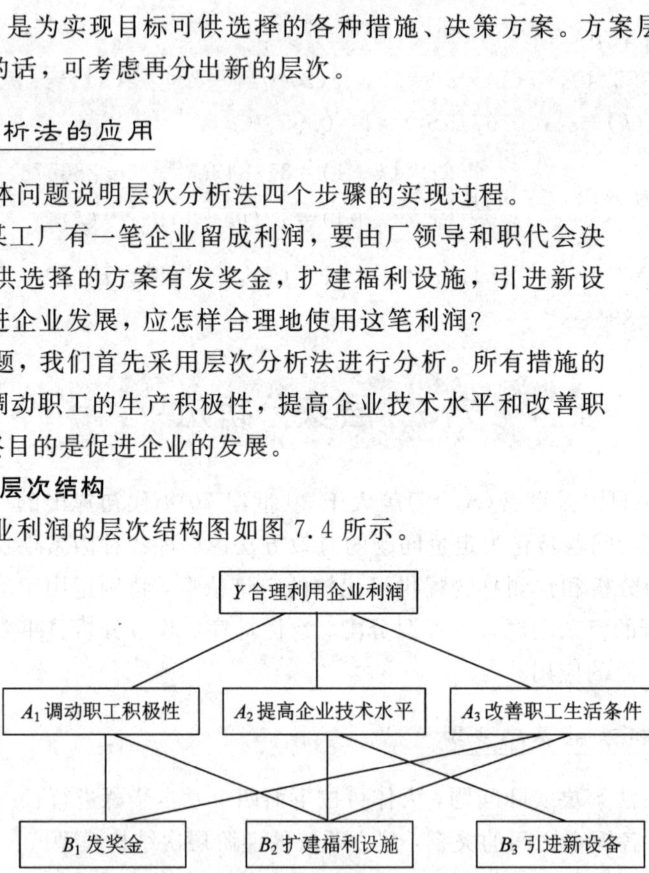

图 7.4　合理利用企业利润的层次结构图

2. 构造判断矩阵

判断矩阵元素的值反映了人们对因素关于目标的相对重要性的认识，在相邻的两个层次中，高层次为目标，低层次为因素。

问题的判断矩阵 $Y-\boldsymbol{A}$ 构造为

$$\begin{array}{c} \\ A_1 \\ A_2 \\ A_3 \end{array}\begin{array}{c} \begin{array}{ccc} A_1 & A_2 & A_3 \end{array} \\ \begin{bmatrix} 1 & \frac{1}{5} & \frac{1}{3} \\ 5 & 1 & 3 \\ 3 & \frac{1}{3} & 1 \end{bmatrix} \end{array}$$

判断矩阵 A_1-$\boldsymbol{B}$、A_2-$\boldsymbol{B}$、A_3-$\boldsymbol{B}$ 分别构造为

$$\begin{array}{c} \quad B_1 \quad B_2 \\ \begin{array}{c} B_1 \\ B_2 \end{array}\begin{bmatrix} 1 & 3 \\ \frac{1}{3} & 1 \end{bmatrix} \end{array} \qquad \begin{array}{c} \quad B_2 \quad B_3 \\ \begin{array}{c} B_2 \\ B_3 \end{array}\begin{bmatrix} 1 & \frac{1}{5} \\ 5 & 1 \end{bmatrix} \end{array} \qquad \begin{array}{c} \quad B_1 \quad B_2 \\ \begin{array}{c} B_1 \\ B_2 \end{array}\begin{bmatrix} 1 & 2 \\ \frac{1}{2} & 1 \end{bmatrix} \end{array}$$

3. 层次单排序及其一致性检验

1) 层次单排序

先解出判断矩阵 $\boldsymbol{A}$ 的特征根 $\lambda_{\max}$，再利用 $\boldsymbol{AW}=\lambda_{\max}\boldsymbol{W}$，解出 $\lambda_{\max}$ 所对应的特征向量 $\boldsymbol{W}$，$\boldsymbol{W}$ 经过标准化后，即得到同一层各因素对于上一层某一因素的重要性排序权值。

定理 7.10　正互反矩阵的最大特征根 $\lambda_{\max}$ 为正实数且为单根，对应正的特征向量，其余特征根的模均小于它。

2) 一致性检验

如果一个正互反矩阵 $\boldsymbol{A}$ 满足 $a_{ij}\cdot a_{jk}=a_{ik}(i, j, k=1, 2, \cdots, n)$，则 $\boldsymbol{A}$ 称为一致性矩阵。

如果 $\boldsymbol{A}$ 是一致性矩阵，则它具有以下性质：

(1) $a_{ji}=\dfrac{1}{a_{ij}}$，$a_{ii}=1$，$i, j=1, 2, \cdots, n$；

(2) $\boldsymbol{A}$ 的转置矩阵 $\boldsymbol{A}^{\mathrm{T}}$ 是一致性矩阵；

(3) $\boldsymbol{A}$ 的每一行均为任一行的整数倍，从而 $r(\boldsymbol{A})=1$；

(4) $\boldsymbol{A}$ 的最大特征根 $\lambda_{\max}=n$，其余特征根均为零；

(5) 若 $\boldsymbol{A}$ 的最大特征根 $\lambda_{\max}$ 对应的特征向量 $\boldsymbol{W}=(W_1, W_2, \cdots, W_n)^{\mathrm{T}}$，则

$$a_{ij}=\frac{W_i}{W_j}\quad (i, j=1, 2, \cdots, n)$$

定理 7.11　n 阶正互反矩阵 $\boldsymbol{A}$ 是一致性矩阵，$\lambda_{\max}=n$。

为检验判断矩阵 $\boldsymbol{A}$ 的一致性，首先计算它的一致性指标 CI。CI 定义为

$$\mathrm{CI}=\frac{\lambda_{\max}-n}{n-1}$$

其中，n 为判断矩阵的阶数。显然，$\boldsymbol{A}$ 为一致性矩阵时，CI=0；CI 越大，矩阵一致性愈差。为判断矩阵 $\boldsymbol{A}$ 是否有满意的一致性，还需将 CI 与平均随机一致性指标 RI 进行对比，对于 1～9 阶判断矩阵，Saaty 给出了 RI 值，见表 7.10。

表 7.10　平均随机一致性指标 RI 值

n	1	2	3	4	5	6	7	8	9
RI	0	0	0.58	0.90	1.12	1.24	1.32	1.41	1.45

令 $\mathrm{CR}=\dfrac{\mathrm{CI}}{\mathrm{RI}}$，称 CR 为随机一致性比率，当 CR<0.1 时，则认为层次单排序的结果有满意的一致性，否则需要调整判断矩阵的元素取值。

前面我们已经求出问题的各判断矩阵，下面求它们的最大特征值、特征向量、一致性指标和随机一致性比率。

判断矩阵 $Y-\boldsymbol{A}$：

Y	A_1	A_2	A_3	$\boldsymbol{W}$
A_1	1	$\frac{1}{5}$	$\frac{1}{3}$	0.105
A_2	5	1	3	0.637
A_3	3	$\frac{1}{3}$	1	0.258

$\lambda_{max}=3.038$，$CI=0.019$，$CR=0.033$

判断矩阵 $A_1-\boldsymbol{B}$：

A_1	B_1	B_2	$\boldsymbol{W}$
B_1	1	3	0.75
B_2	$\frac{1}{3}$	1	0.25

$\lambda_{max}=2$，$CI=0$，$CR=0$

判断矩阵 $A_2-\boldsymbol{B}$：

A_2	B_2	B_3	$\boldsymbol{W}$
B_2	1	$\frac{1}{5}$	0.167
B_3	5	1	0.833

$\lambda_{max}=2$，$CI=0$，$CR=0$

判断矩阵 $A_3-\boldsymbol{B}$：

A_3	B_1	B_2	$\boldsymbol{W}$
B_1	1	2	0.667
B_2	$\frac{1}{2}$	1	0.333

$\lambda_{max}=2$，$CI=0$，$CR=0$

3）层次总排序

计算同一层次所有因素对于最高层（总目标）相对重要性的排序权值，称为层次总排序，这一过程是从最高层次向最低层次进行的。若上一层次 A 包含 m 个因素 A_1，A_2，…，A_m，其层次总排序的权值分别为 a_1，a_2，…，a_m，下一层次 B 包含 n 个因素 B_1，B_2，…，B_n，它们对于因素 A_j 的层次单排序的权值分别为 b_{1j}，b_{2j}，…，b_{nj}（当 B_k 与 A_j 无联系时，取 $b_{kj}=0$），此时 B 层次总排序的权值由表 7.11 给出。

表 7.11　层次总排序数值

B 层次	A 层次				B 层次总排序数值
	A_1	A_2	…	A_m	
	a_1	a_2	…	a_m	
B_1	b_{11}	b_{12}	…	b_{1m}	$\sum_{j=1}^{m} a_j b_{1j}$
B_2	b_{21}	b_{22}		b_{2m}	$\sum_{j=1}^{m} a_j b_{2j}$
⋮	⋮	⋮		⋮	⋮
B_n	b_{n1}	b_{n2}	…	b_{nm}	$\sum_{j=1}^{m} a_j b_{nj}$

这一过程是从高层次向低层次逐层进行的，如果 B 层次某些因素对于 A_j 单排序的一致性指标为 CI_j，相应地，平均随机一致性指标为 RI_j，则 B 层次总排序随机一致性比率为

$$CR=\frac{\sum_{j=1}^{m} a_j CI_j}{\sum_{j=1}^{m} a_j RI_j}$$

类似地，当 $CR<0.1$ 时，我们认为层次总排序结果具有满意的一致性，否则就需要重新调整判断矩阵的元素取值。

最后，我们讨论问题的层次总排序一致性检验，层次总排序如表 7.12 所示。

表 7.12　层次 Y 的总排序

层次	A_1	A_2	A_3	层次总排序
B_1	0.75	0	0.667	0.251
B_2	0.25	0.167	0.333	0.218
B_3	0	0.833	0	0.531

总排序的一致性检验：$CI=0.105\times0+0.637\times0+0.258\times0=0$，$CR=0$。

对于工厂合理使用企业利润，促进企业发展，所考虑的三种方案的相对优先排序为 $B_3>B_1>B_2$，利润分配比例为：引进新设备应占 53.1%，用于发奖金应占 25.1%，用于扩建福利设施应占 21.8%。

4) 最大特征值和特征向量的近似计算

由于判断矩阵中的元素 a_{ij} 的给出是比较粗糙的，当 n 很大时，计算 $\lambda_{\max}$ 和 $\boldsymbol{W}$ 很麻烦，因此在计算判断矩阵的最大特征值和特征向量时可以采取近似计算。

(1) 方根法。计算的主要步骤如下：

① 计算判断矩阵 $\boldsymbol{A}$ 的每一行元素乘积 $M_i=\prod_{j=1}^{n}a_{ij}$，$i=1, 2, \cdots, n$；

② 计算 M_i 的 n 次方根 $\overline{W}_i=\sqrt[n]{M_i}$；

③ 若 $\overline{W}_i$ 标准化为 $W_i=\dfrac{\overline{W}_i}{\sum_{j=1}^{n}\overline{W}_j}$，则$(W_1, W_2, \cdots, W_n)$为所求特征向量；

④ 计算最大特征值 $\lambda_{\max}\approx\sum_{i=1}^{n}\dfrac{(AW)_i}{nW_i}$。

例如，对问题中的判断矩阵 $Y-\boldsymbol{A}$，计算 $\boldsymbol{W}$ 的近似值过程为

$$\begin{bmatrix}1 & \frac{1}{5} & \frac{1}{3}\\ 5 & 1 & 3\\ 3 & \frac{1}{3} & 1\end{bmatrix}\xrightarrow{\text{每行之乘积}}\begin{bmatrix}1\times\frac{1}{5}\times\frac{1}{3}\\ 5\times1\times3\\ 3\times\frac{1}{3}\times1\end{bmatrix}\xrightarrow{\text{求 } M_i \text{ 的三次方根}}\begin{bmatrix}0.405\\ 2.466\\ 1\end{bmatrix}\xrightarrow{\text{标准化}}\begin{bmatrix}0.105\\ 0.637\\ 0.258\end{bmatrix}$$

即

$$\boldsymbol{W}\approx\begin{bmatrix}0.105\\ 0.637\\ 0.258\end{bmatrix}$$

再求最大特征值的近似值 $\lambda_{\max}=3.037$。

(2) 和法。计算的主要步骤如下：

① 将 $\boldsymbol{A}$ 的每一列标准化 $\bar{a}_{ij}=\dfrac{a_{ij}}{\sum_{i=1}^{n}a_{ij}}$，$i, j=1, 2, \cdots, n$；

② 将 $\bar{a}_{ij}$ 按行求和，得 $\overline{W}_i = \sum_{j=1}^{n} a_{ij}$，$i = 1, 2, \cdots, n$；

③ 将 $\overline{W}_i$ 标准化为 $W_i = \dfrac{\overline{W}_i}{\sum_{j=1}^{n} \overline{W}_j}$，则 $(W_1, W_2, \cdots, W_n)$ 为近似特征向量；

④ 计算 $\lambda_{\max} \approx \dfrac{1}{n}\sum_{i=1}^{n}\dfrac{(AW)_i}{nW_i}$。

7.4 数据拟合与插值

在解决实际问题的生产(或工程)实践和科学实验的过程中，常需要通过研究某些变量之间的函数关系来帮助我们认识事物的内在规律和本质属性，而这些变量之间的未知函数关系又常常隐含在从试验、观测得到的数据中。因此，能否根据一组试验观测数据找到变量之间相对准确的函数关系就成为解决实际问题的关键。

例如，在工程实践和科学实验中，常常需要从一组试验观测数据 (x_i, y_i)，$i=0, 1, \cdots, n$ 中找到自变量 x 与因变量 y 之间的函数关系，一般可用一个近似函数 $y=f(x)$ 表示。函数 $y=f(x)$ 的产生办法因观测数据要求的不同而异，通常可采用数据拟合与函数插值两种办法来实现。

数据拟合主要是考虑到观测数据受随机观测误差的影响，进而寻求整体误差最小、能较好反映观测数据的近似函数 $y=f(x)$，此时并不要求得到的近似函数 $y=f(x)$ 满足 $y_i=f(x_i)$，$i=0, 1, \cdots, n$。函数插值则要求近似函数 $y=f(x)$ 在每个观测点 x_i 处一定要满足 $y_i=f(x_i)$，$i=0, 1, \cdots, n$。在这种情况下，通常要求观测数据相对比较准确，即不考虑观测误差的影响。

在科学计算中经常要建立实验数据的数学模型。给定函数的实验数据，需要用比较简单和合适的函数来逼近(或拟合)实验数据。这种逼近的特点是：

(1) 适度的精度；

(2) 实验数据有小的误差；

(3) 对于某些问题，可能有某些特殊的信息能够用来选择实验数据的数学模型。

7.4.1 数据拟合的最小二乘法

1. 曲线拟合的一般提法

已知一组二维数据，即平面上 n 个点 (x_i, y_i)，$i=1, 2, \cdots, n$，找一个函数(曲线 $y=f(x)$)，使 $f(x)$ 在某种准则下与所有数据点最为接近，即曲线拟合得最好。

δ_i 为点 (x_i, y_i) 与曲线 $y=f(x)$ 在纵坐标方向的距离。近似函数求得的近似值 y_i^* 与观测值 y_i 之差 $\delta_i=y_i-y_i^*$ 称为残差。显然，残差的大小可反映近似函数的好坏。其常用的准则有以下三种：

(1) 使残差的绝对值之和最小，即 $\sum_i |\delta_i|$ 最小；

(2) 使残差的最大绝对值最小，即 $\max_i |\delta_i|$ 最小；

(3) 使残差的平方和最小，即 $\sum_i \delta_i^2$ 最小。

准则(1)有绝对值求和，使用不方便；按准则(2)求近似函数的方法称为函数的最佳一致逼近；按准则(3)确定参数求近似函数的方法称为函数的最佳平方逼近，也称曲线拟合的最小二乘法(见图 7.5)。

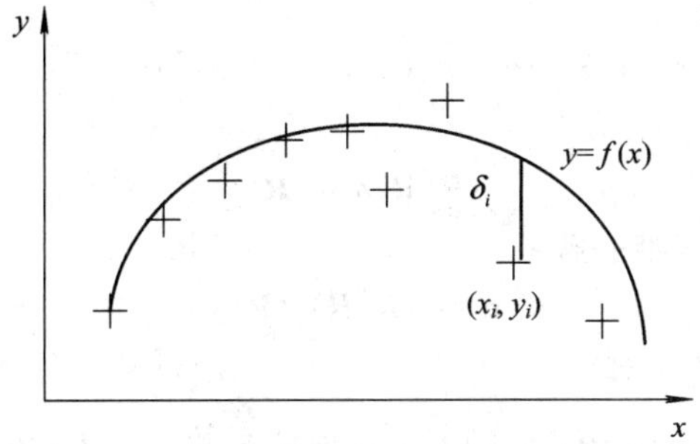

图 7.5　曲线拟合的最小二乘法

2. 曲线拟合的常用解法

先选定一组函数 $r_1(x)$，$r_2(x)$，…，$r_m(x)$，$m<n$，$f(x)=a_1r_1(x)+a_2r_2(x)+\cdots+a_mr_m(x)$，其中 a_1，a_2，…，a_m 为待定系数。

确定 a_1，a_2，…，a_m 的准则(最小二乘准则)：使 n 个点 (x_i, y_i) 与曲线 $y=f(x)$ 在纵坐标方向的距离 δ_i 的平方和最小。

记

$$J(a_1, a_2, \cdots, a_m) = \sum_{i=1}^{n}\delta_i^2 = \sum_{i=1}^{n}[f(x_i)-y_i]^2 = \sum_{i=1}^{n}\Big[\sum_{k=1}^{m}a_kr_k(x_i)-y_i\Big]^2 \tag{7.1}$$

问题归结为求 a_1，a_2，…，a_m，使 $J(a_1, a_2, \cdots, a_m)$ 最小。

$$\frac{\partial J}{\partial a_k} = 0(k=1, 2, \cdots, m) \Rightarrow \begin{cases} \sum_{i=1}^{n} r_1(x_i)\Big[\sum_{k=1}^{m}a_kr_k(x_i)-y_i\Big]=0 \\ \qquad\vdots \\ \sum_{i=1}^{n} r_m(x_i)\Big[\sum_{k=1}^{m}a_kr_k(x_i)-y_i\Big]=0 \end{cases}$$

$$\Rightarrow \begin{cases} \sum_{k=1}^{m}a_k\sum_{i=1}^{n}r_1(x_i)r_k(x_i) = \sum_{i=1}^{n}y_ir_1(x_i) \\ \qquad\vdots \\ \sum_{k=1}^{m}a_k\sum_{i=1}^{n}r_m(x_i)r_k(x_i) = \sum_{i=1}^{n}y_ir_m(x_i) \end{cases} \tag{7.2}$$

若记 $(r_k, r_j) = \sum_{i=1}^{n}r_k(x_i)r_j(x_i)$，$(y, r_j) = \sum_{i=1}^{n}y_ir_j(x_i)$，则方程组(7.2)的矩阵形式为

$$\begin{bmatrix} (r_1, r_1) & (r_1, r_2) & \cdots & (r_1, r_m) \\ (r_2, r_1) & (r_2, r_2) & \cdots & (r_2, r_m) \\ \vdots & \vdots & & \vdots \\ (r_m, r_1) & (r_m, r_2) & \cdots & (r_m, r_m) \end{bmatrix}\begin{bmatrix} a_1 \\ a_2 \\ \vdots \\ a_m \end{bmatrix} = \begin{bmatrix} (y, r_1) \\ (y, r_2) \\ \vdots \\ (y, r_m) \end{bmatrix}$$

其中，$(r_k, r_j)=(r_j, r_k)$。

若记

$$\boldsymbol{R}=\begin{bmatrix} r_1(x_1) & \cdots & r_m(x_1) \\ r_1(x_2) & \cdots & r_m(x_2) \\ \vdots & & \\ r_1(x_n) & \cdots & r_m(x_n) \end{bmatrix},\ \boldsymbol{a}=\begin{bmatrix} a_1 \\ a_2 \\ \vdots \\ a_m \end{bmatrix},\ \boldsymbol{y}=\begin{bmatrix} y_1 \\ y_2 \\ \vdots \\ y_n \end{bmatrix}$$

由式(7.2)可得

$$(\boldsymbol{R}^{\mathrm{T}}\boldsymbol{R})\boldsymbol{a}=\boldsymbol{R}^{\mathrm{T}}\boldsymbol{y} \tag{7.3}$$

当 $\boldsymbol{R}^{\mathrm{T}}\boldsymbol{R}$ 可逆时，式(7.3)有唯一解：

$$\boldsymbol{a}=(\boldsymbol{R}^{\mathrm{T}}\boldsymbol{R})^{-1}\boldsymbol{R}^{\mathrm{T}}\boldsymbol{y} \tag{7.4}$$

1）线性最小二乘法的求解

怎样选择$\{r_1(x), r_2(x), \cdots, r_m(x)\}$，以保证系数 $a_1, a_2, \cdots, a_m$有唯一解呢？

$a_1, a_2, \cdots, a_m$有唯一解$\leftarrow\boldsymbol{R}^{\mathrm{T}}\boldsymbol{R}$ 可逆$\leftarrow\mathrm{Rank}(\boldsymbol{R}^{\mathrm{T}}\boldsymbol{R})=m\leftarrow\mathrm{Rank}(\boldsymbol{R})=m\leftarrow\boldsymbol{R}$ 列满秩$\leftarrow$ $\{r_1(x), r_2(x), \cdots, r_m(x)\}$线性无关。

故取$\{r_1(x), r_2(x), \cdots, r_m(x)\}=\{1, x, x^2, \cdots, x^{m-1}\}$，此时正则方程组(7.3)为

$$\begin{bmatrix} 1 & 1 & \cdots & 1 \\ x_1 & x_2 & \cdots & x_n \\ \vdots & \vdots & & \vdots \\ x_1^{m-1} & x_2^{m-1} & \cdots & x_n^{m-1} \end{bmatrix}\begin{bmatrix} 1 & x_1 & \cdots & x_1^{m-1} \\ 1 & x_2 & \cdots & x_2^{m-1} \\ \vdots & \vdots & & \vdots \\ 1 & x_n & \cdots & x_n^{m-1} \end{bmatrix}\begin{bmatrix} a_1 \\ a_2 \\ \vdots \\ a_m \end{bmatrix}=\begin{bmatrix} 1 & 1 & \cdots & 1 \\ x_1 & x_2 & \cdots & x_n \\ \vdots & \vdots & & \vdots \\ x_1^{m-1} & x_2^{m-1} & \cdots & x_n^{m-1} \end{bmatrix}\begin{bmatrix} y_1 \\ y_2 \\ \vdots \\ y_n \end{bmatrix}$$

即

$$\begin{bmatrix} n & \sum\limits_{i=1}^{n} x_i & \cdots & \sum\limits_{i=1}^{n} x_i^{m-1} \\ \sum\limits_{i=1}^{n} x_i & \sum\limits_{i=1}^{n} x_i^{2} & \cdots & \sum\limits_{i=1}^{n} x_i^{m} \\ \vdots & \vdots & & \vdots \\ \sum\limits_{i=1}^{n} x_i^{m-1} & \sum\limits_{i=1}^{n} x_i^{m} & \cdots & \sum\limits_{i=1}^{n} x_i^{2m-2} \end{bmatrix}\begin{bmatrix} a_1 \\ a_2 \\ \vdots \\ a_m \end{bmatrix}=\begin{bmatrix} \sum\limits_{i=1}^{n} y_i \\ \sum\limits_{i=1}^{n} y_i x_i \\ \vdots \\ \sum\limits_{i=1}^{n} y_i x_i^{m-1} \end{bmatrix}$$

2）$\{r_1(x), r_2(x), \cdots, r_m(x)\}$的选取

对数据(x_i, y_i)，$i=1, 2, \cdots, n$ 作图，通过直观判断确定 $f(x)$。

3. 多项式拟合

多项式拟合是对给定的数据组(x_i, y_i)，$i=1, 2, \cdots, n$ 寻求一个 m 次$(m<n)$多项式：

$$p_m(x)=a_0+a_1x+\cdots+a_mx^m$$

使得

$$\sum_{i=1}^{m}\delta_i^2=\sum_{i=1}^{m}[y_i-p_m(x_i)]^2=F(a_0, a_1, \cdots, a_m)=\min_{\psi\in H}\sum_{i=1}^{n}[y_i-\psi(x_i)]^2$$

其中，H 为至多 m 次的多项式集合。多项式拟合对应的法方程为

$$\sum_{k=0}^{m}a_k\left(\sum_{i=1}^{n}x_i^{k+j}\right)=\sum_{i=1}^{n}y_ix_i^j \quad (j=0, 1, \cdots, m)$$

整理后可得 $\boldsymbol{A}^{\mathrm{T}}\boldsymbol{A}\boldsymbol{X}=\boldsymbol{A}^{\mathrm{T}}\boldsymbol{Y}$，其中：

$$\boldsymbol{A}=\begin{bmatrix}1 & x_1 & \cdots & x_1^m \\ 1 & x_2 & \cdots & x_2^m \\ \vdots & \vdots & & \vdots \\ 1 & x_n & \cdots & x_n^m\end{bmatrix},\ \boldsymbol{X}=\begin{bmatrix}a_0 \\ a_1 \\ \vdots \\ a_m\end{bmatrix}$$

【例 7.10】 根据表 7.13 所示的离散数据作出线性拟合并计算均方误差。

表 7.13　离 散 数 据

x_i	−1.00	−0.50	0	0.75	1.00
y_i	0.2200	0.8000	2.0000	2.5000	3.7500

解　设拟合直线 $p(x)=a_0+a_1x$，写出方程 $\boldsymbol{A}\boldsymbol{X}=\boldsymbol{Y}$：

$$\begin{bmatrix}1 & -1.00 \\ 1 & -0.50 \\ 1 & 0 \\ 1 & 0.75 \\ 1 & 1.00\end{bmatrix}\begin{bmatrix}a_0 \\ a_1\end{bmatrix}=\begin{bmatrix}0.2200 \\ 0.8000 \\ 2.0000 \\ 2.5000 \\ 3.7500\end{bmatrix}$$

数据拟合举例

法方程 $\boldsymbol{A}^{\mathrm{T}}\boldsymbol{A}\boldsymbol{X}=\boldsymbol{A}^{\mathrm{T}}\boldsymbol{Y}$：

$$\begin{bmatrix}1 & 1 & 1 & 1 & 1 \\ -1.00 & -0.50 & 0 & 0.75 & 1.00\end{bmatrix}\begin{bmatrix}1 & -1.00 \\ 1 & -0.5 \\ 1 & 0 \\ 1 & 0.75 \\ 1 & 1.00\end{bmatrix}\begin{bmatrix}a_0 \\ a_1\end{bmatrix}$$

$$=\begin{bmatrix}1 & 1 & 1 & 1 & 1 \\ -1.00 & -0.50 & 0 & 0.75 & 1.00\end{bmatrix}\begin{bmatrix}0.2200 \\ 0.8000 \\ 2.0000 \\ 2.5000 \\ 3.7500\end{bmatrix}$$

化简为

$$\begin{bmatrix}5 & 0.25 \\ 0.25 & 2.8125\end{bmatrix}\begin{bmatrix}a_0 \\ a_1\end{bmatrix}=\begin{bmatrix}9.45 \\ 5.005\end{bmatrix}$$

经计算得 $a_0=1.80906$，$a_1=1.61875$，所以有

$$p(x)=1.80906+1.61875x$$

$$R=\sum_{i=1}^{5}(p(x_i)-y_i)^2\approx 0.42$$

【例 7.11】 对 $f(x)=\sqrt{x}\sin(x+2)+x^2/5$ 在区间[3，9]按下列数据构造二次拟合函数，并计算拟合函数的均方误差。

解　作二次拟合，设 $p_2(x)=a_0+a_1x+a_2x^2$，则有

$$\begin{bmatrix}1 & 1 & \cdots & 1\\ x_1 & x_2 & \cdots & x_5\\ x_1^2 & x_2^2 & \cdots & x_5^2\end{bmatrix}\begin{bmatrix}1 & x_1 & x_1^2\\ 1 & x_2 & x_2^2\\ \vdots & \vdots & \vdots\\ 1 & x_5 & x_5^2\end{bmatrix}\begin{bmatrix}a_0\\ a_1\\ a_2\end{bmatrix}=\begin{bmatrix}1 & 1 & \cdots & 1\\ x_1 & x_2 & \cdots & x_5\\ x_1^2 & x_2^2 & \cdots & x_5^2\end{bmatrix}\begin{bmatrix}y_1\\ y_2\\ y_3\\ y_4\\ y_5\end{bmatrix}$$

$$\begin{bmatrix}5 & \sum_{i=1}^{5}x_i & \sum_{i=1}^{5}x_i^2\\ \sum_{i=1}^{5}x_i & \sum_{i=1}^{5}x_i^2 & \sum_{i=1}^{5}x_i^3\\ \sum_{i=1}^{5}x_i^2 & \sum_{i=1}^{5}x_i^3 & \sum_{i=1}^{5}x_i^4\end{bmatrix}\begin{bmatrix}a_0\\ a_1\\ a_2\end{bmatrix}=\begin{bmatrix}\sum_{i=1}^{5}y_i\\ \sum_{i=1}^{5}x_iy_i\\ \sum_{i=1}^{5}x_i^2y_i\end{bmatrix}$$

$$R=\sum_{i=1}^{5}\delta_i^2=\sum_{i=1}^{5}(p_2(x_i)-f(x_i))^2$$

4. 线性最小二乘法的一般形式

拟合模型必须能反映离散点分布的基本特征。通常选取 φ 是线性拟合模型，即 φ 所属函数类为 $M=\mathrm{Span}\{\varphi_0,\varphi_1,\cdots,\varphi_m\}$，其中 φ_0，φ_1，…，φ_m 是线性无关的基函数，于是 $\varphi(x)=\sum_{j=0}^{m}a_j\varphi_j(x)$。若选取每个 φ_j 是次数$\leqslant j$ 的简单多项式，则 M 是次数小于等于 m 的 m 次多项式空间。取 $\varphi_j(x)=x^j$，$j=0,1,\cdots,m$，$M=\mathrm{Span}\{1,x,x^2,\cdots,x^m\}$，从而

$$\varphi(x)=C_0+C_1x^1+\cdots+C_mx^m=p_m(x)$$

实际问题中，由于各点的测试数据的影响不同，因此在利用最小二乘法确定参数值时，常引入加权残差平方和 $S=\sum_{i=1}^{m}\omega_i\delta_i^2$，所求得的参数值使 S 最小。

设离散数据模型 $\varphi(x)=\sum_{j=0}^{m}a_j\varphi_j(x)$，则求解此函数可归结为求 $m+1$ 元函数 S 的极值问题：

$$S(a_0,a_1,\cdots,a_m)=\sum_{i=1}^{n}\omega_i\Big[y_i-\sum_{j=0}^{m}a_j\varphi_j(x_i)\Big]^2$$

显然 S 达到最小值的必要条件是

$$\frac{\partial S}{\partial a_k}=2\sum_{i=1}^{n}\omega_i\Big[y_i-\sum_{j=0}^{m}a_j\varphi_j(x_i)\Big]\varphi_k(x_i)=0\quad(k=0,1,\cdots,m)$$

这是关于 a_0，a_1，…，a_m 的方程组，改写成 $\sum_{k=0}^{m}(\varphi_k,\varphi_j)a_k=(y,\varphi_j)$，$j=0,1,\cdots,n$，称为正规方程组。其中 $(\varphi_k,\varphi_j)=\sum_{i=1}^{n}\omega_i\varphi_k(x_i)\varphi_j(x_i)$，$(y,\varphi_j)=\sum_{i=1}^{n}\omega_iy_i\varphi_j(x_i)$。方程组的矩阵形式为

$$\begin{bmatrix} (\varphi_0, \varphi_0) & (\varphi_0, \varphi_1) & \cdots & (\varphi_0, \varphi_m) \\ (\varphi_1, \varphi_0) & (\varphi_1, \varphi_1) & \cdots & (\varphi_1, \varphi_m) \\ \vdots & \vdots & & \vdots \\ (\varphi_m, \varphi_0) & (\varphi_m, \varphi_1) & \cdots & (\varphi_m, \varphi_m) \end{bmatrix} \begin{bmatrix} a_0 \\ a_1 \\ \vdots \\ a_m \end{bmatrix} = \begin{bmatrix} (y, \varphi_0) \\ (y, \varphi_1) \\ \vdots \\ (y, \varphi_m) \end{bmatrix} \tag{7.5}$$

一般 $n<m$，函数 φ_0，φ_1，…，φ_m线性无关能保证正规方程组的系数矩阵

$$\boldsymbol{G} = \begin{bmatrix} (\varphi_0, \varphi_0) & (\varphi_0, \varphi_1) & \cdots & (\varphi_0, \varphi_m) \\ (\varphi_1, \varphi_0) & (\varphi_1, \varphi_1) & \cdots & (\varphi_1, \varphi_m) \\ \vdots & \vdots & & \vdots \\ (\varphi_m, \varphi_0) & (\varphi_m, \varphi_1) & \cdots & (\varphi_m, \varphi_m) \end{bmatrix}$$

的行列式不为零。因此正规方程组有唯一解。设其解为 $a_j=a_j^*$，$j=0$，1，…，m，则所要求的离散点的拟合函数(最佳平方逼近)为 $\varphi^*(x)=\sum\limits_{j=0}^{m} a_j^* \varphi_j(x)$。

定理 7.12　设 a_0，a_1，…，a_m为方程组(7.5)的解，则函数 $\varphi(x)=\sum\limits_{k=0}^{m} a_k \varphi_k(x)$ 是数据组(x_i, y_i)，$i=1$，2，…，n 的最小二乘函数。

最小二乘法曲线拟合是实验数据处理的常用方法。最佳平方逼近可以在一个区间上比较均匀地逼近函数且具有方法简单易行、实效性大、应用广泛等特点。但当正规方程阶数较高时，往往出现病态，因此必须谨慎对待并加以巧妙处理，其有效方法之一是引入正交多项式。

多项式拟合命令：

data={{x1，f1}，{x2，f2}，…}

或

data={f1，f2，…}　(f1，f2，…表示 1，2，…处的值)

Fit[data，{1，x，x^2}，x]　(求二次多项式拟合函数)

【例 7.12】　已知热敏电阻数据如表 7.14 所示，求 200 ℃时的电阻 R。

表 7.14　热敏电阻数据

温度 t/℃	20.5	32.7	51.0	73.0	95.7
电阻 R/Ω	765	826	873	942	1032

其拟合曲线如图 7.6 所示。

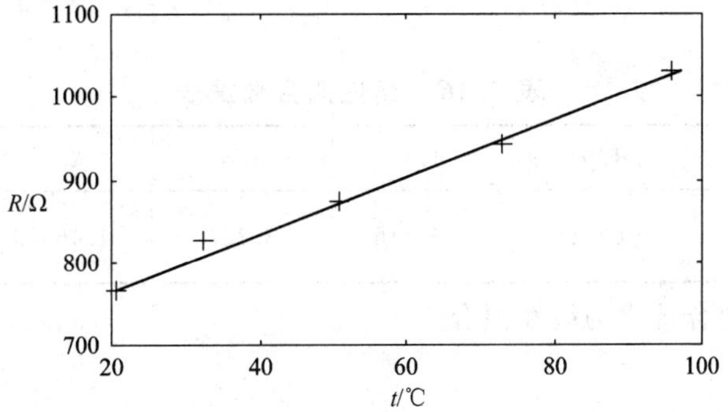

图 7.6　拟合曲线

解 采用线性拟合模型，设 $R=a+bt$，a、b 为待定系数，则基函数为 $\{r_1(t),\ r_2(t)\}=\{1,\ t\}$，从而有

$$(r_1,\ r_1)=\sum_{i=1}^{5}r_1(t_i)r_1(t_i)=5,\ (r_2,\ r_2)=\sum_{i=1}^{5}r_2(t_i)r_2(t_i)=\sum_{i=1}^{5}{t_i}^2=18578$$

$$(r_1,\ r_2)=\sum_{i=1}^{5}r_1(t_i)r_2(t_i)=\sum_{i=1}^{5}t_i=272.9=(r_2,\ r_1)$$

$$(y,\ r_1)=\sum_{i=1}^{5}y_ir_1(t_i)=\sum_{i=1}^{5}y_i=4438,\ (y,\ r_2)=\sum_{i=1}^{5}y_ir_2(t_i)=\sum_{i=1}^{5}y_it_i=254744$$

正则方程组为

$$\begin{bmatrix}5 & 272.9\\ 272.9 & 18578\end{bmatrix}\begin{bmatrix}a\\ b\end{bmatrix}=\begin{bmatrix}4438\\ 254744\end{bmatrix}\Rightarrow\begin{cases}a=702.097\\ b=3.39874\end{cases}$$

所以

$$R=702.097+3.39874t$$

MATH 程序：

```
Clear[X, Y, f, k1, k2]
L={{20.5, 765}, {32.7, 826}, {51, 873}, {73, 942}, {95.7, 1032}};
f=Fit[L, {1, x}, x]
k1=ListPlot[L, Prolog->AbsolutePointSize[15]]
k2=Plot[f, {x, 20, 98}]
Show[k1, k2]
```

结论：

702.097 + 3.39874x

当温度 $t=200$℃时，电阻 $R=702.097+3.39874\times200=1381.845$。

【例 7.13】 给定数据如表 7.15 所示。

表 7.15 拟合函数数据表

x	1.0	1.4	1.8	2.2	2.6
y	0.931	0.473	0.297	0.224	0.168

求形如 $y=\dfrac{1}{a+bx}$ 的拟合函数。

解 $y=\dfrac{1}{a+bx}$ 不是线性形式解，令 $\bar{y}=\dfrac{1}{y}=a+bx$，即利用表 7.5 数据作线性拟合，见表 7.16。

表 7.16 线性拟合数据表

x	1.0	1.4	1.8	2.2	2.6
$\bar{y}=\dfrac{1}{y}$	1.07411	2.11416	3.367	4.46429	5.95238

思路：非线性拟合转化为线性拟合。

MATH 程序：

```
Clear[X, Y, f, LL, k1, k2]
```

```
L={{1, 0.931}, {1.4, 0.473}, {1.8, 0.297}, {2.2, 0.224}, {2.6, 0.168}};
X={1, 1.4, 1.8, 2.2, 2.6};
Y={0.931, 0.473, 0.297, 0.224, 0.168};
YY=1/Y;
LL=Table[{X[[n]], YY[[n]]}, {n, 1, 5}]
f=Fit[LL, {1, x}, x]
k1=ListPlot[L, Prolog->AbsolutePointSize[15]]
k2=Plot[1/f, {x, 0, 3}]
Show[k1, k2]
```

结论：

$$\bar{y}=-2.054+3.027x$$

$$y=\frac{1}{-2.054+3.027x}$$

7.4.2 多项式插值

1. 拉格朗日插值

1) 拉格朗日插值法的一般理论

已知 $n+1$ 个节点 (x_j, y_j)，$j=0, 1, \cdots, n$，其中 x_j 互不相同，不妨设

$$a=x_0<x_1<\cdots<x_n=b$$

求形如 $p_n(x)=a_nx^n+a_{n-1}x^{n-1}+\cdots+a_1x+a_0$ 的插值多项式。

先讨论 $n=1$ 的简单情形：

假定给定区间 $[x_k, x_{k+1}]$ 及端点函数值，要求线性插值多项式 $L_1(x)$，使它满足 $L_1(x_k)=y_k$，$L_1(x_{k+1})=y_{k+1}$。

$$L_1(x)=y_k+\frac{y_{k+1}-y_k}{x_{k+1}-x_k}(x-x_k)\quad（点斜式）$$

$$L_1(x)=\frac{x-x_{k+1}}{x_k-x_{k+1}}y_k+\frac{x-x_k}{x_{k+1}-x_k}y_{k+1}\quad（两点式）$$

若令 $l_k(x)=\dfrac{x-x_{k+1}}{x_k-x_{k+1}}$，$l_{k+1}(x)=\dfrac{x-x_k}{x_{k+1}-x_k}$，在节点 x_k 及 x_{k+1} 上满足条件：

$$L_1(x)=y_kl_k(x)+y_{k+1}l_{k+1}(x)\quad（线性插值多项式）$$

可以类似讨论 $n=2$ 的情况：

假定插值节点为 x_{k-1}、x_k、x_{k+1}，要求二次插值多项式 $L_2(x)$，使它满足：

$$L_2(x_j)=y_j\quad(j=k-1, k, k+1)$$

事实上，$y=L_2(x)$ 就是通过三点 $(x_{k-1}、y_{k-1})$、(x_k, y_k)、(x_{k+1}, y_{k+1}) 的抛物线。确定 $L_2(x)$ 表达式，只要利用待定系数法确定基函数 $l_{k-1}(x)$、$l_k(x)$ 及 $l_{k+1}(x)$，使它们在节点上满足条件：

$$l_{k-1}(x_{k-1})=1,\ l_{k-1}(x_j)=0\qquad(j=k, k+1)$$

$$l_k(x_k)=1,\ l_k(x_j)=0\qquad(j=k-1, k+1)$$

$$l_{k+1}(x_{k+1})=1,\ l_{k+1}(x_j)=0\qquad(j=k-1, k)$$

例如求 $l_{k-1}(x)$，因为它有两个零点 x_k 及 x_{k+1}，故可表示为 $l_{k-1}(x)=A(x-x_k)(x-x_{k+1})$，

其中，A 为待定系数，可由条件 $l_{k-1}(x_{k-1})=1$，定出

$$A=\frac{1}{(x_{k-1}-x_k)(x_{k-1}-x_{k+1})}$$

于是

$$l_{k-1}(x)=\frac{(x-x_k)(x-x_{k+1})}{(x_{k-1}-x_k)(x_{k-1}-x_{k+1})}$$

同理可得

$$l_k(x)=\frac{(x-x_{k-1})(x-x_{k+1})}{(x_k-x_{k-1})(x_k-x_{k+1})}$$

$$l_{k+1}(x)=\frac{(x-x_{k-1})(x-x_k)}{(x_{k+1}-x_{k-1})(x_{k+1}-x_k)}$$

利用二次插值基函数 $l_{k-1}(x)$、$l_k(x)$、$l_{k+1}(x)$，即得到二次插值多项式：

$$L_2(x)=y_{k-1}l_{k-1}(x)+y_kl_k(x)+y_{k+1}l_{k+1}(x)$$

显然，它满足条件 $L_2(x_j)=y_j$，$j=k-1, k, k+1$。

2）拉格朗日插值基函数

定义 7.18 若 n 次多项式 $l_j(x)$，$j=0, 1, \cdots, n$ 在 $n+1$ 个节点 $x_0<x_1<\cdots<x_n$ 上满足条件：

$$l_j(x_k)=\begin{cases}1, & k=j\\0, & k\neq j\end{cases}\qquad (j, k=0, 1, \cdots, n)$$

就称这个 n 次多项式 $l_0(x)$，$l_1(x)$，…，$l_n(x)$ 为节点 x_0，x_1，…，x_n 的 n 次插值基函数。

用基函数法构造

$$l_i(x)=\frac{(x-x_0)\cdots(x-x_{i-1})(x-x_{i+1})\cdots(x-x_n)}{(x_i-x_0)\cdots(x_i-x_{i-1})(x_i-x_{i+1})\cdots(x_i-x_n)}\quad (i=0, 1, \cdots, n)$$

使满足

$$l_i(x_j)=\begin{cases}1 & i=j\\0 & i\neq j\end{cases}$$

所以

$$L_n(x_j)=y_j$$

则 $L_n(x)=\sum_{i=0}^{n}y_il_i(x)$ 即拉格朗日(Lagrange)插值多项式。

引入记号：

$$\omega_{n+1}(x)=(x-x_0)(x-x_1)\cdots(x-x_n)$$

$$\omega_{n+1}'(x_k)=(x_k-x_0)\cdots(x_k-x_{k-1})(x_k-x_{k+1})\cdots(x_k-x_n)$$

则有形式：

$$L_n(x)=\sum_{k=0}^{n}y_k\frac{\omega_{n+1}(x)}{(x-x_k)\omega_{n+1}'(x_k)}$$

3）拉格朗日插值余项和误差估计

若在 $[a, b]$ 上用 $L_n(x)$ 近似 $f(x)$，则其截断误差 $R_n(x)=f(x)-L_n(x)$ 称为插值多项式余项，关于插值余项估计有以下定理。

定理 7.13　设 $f^{(n)}(x)$在$[a, b]$上连续，$f^{(n+1)}(x)$在(a, b)内存在，$L_n(x)$是满足条件$L_n(x_j)=y_j$的插值多项式，则对任何 $x\in[a, b]$，插值余项为

$$R_n(x) = f(x) - L_n(x) = \frac{f^{(n+1)}(\xi)}{(n+1)!}\omega_{n+1}(x) \qquad (\xi \in (a, b))$$

特别地，当 $n=1$ 时，线性插值余项为

$$R_1(x) = \frac{1}{2}f''(\xi)\omega_2(x) = \frac{1}{2}f''(\xi)(x-x_0)(x-x_1)$$

当 $n=2$ 时，抛物插值的余项为

$$R_2(x) = \frac{1}{6}f'''(\xi)(x-x_0)(x-x_1)(x-x_2) \qquad (\xi \in [x_0, x_2])$$

误差估计：

$$R_n(x) = f(x) - L_n(x) = \frac{f^{(n+1)}(\xi)}{(n+1)!}\prod_{j=0}^{n}(x-x_j) \qquad (\xi \in (a, b))$$

$$|f^{(n+1)}(\xi)| \leqslant M_{n+1} \Rightarrow |R_n(x)| \leqslant \frac{M_{n+1}}{(n+1)!}\prod_{j=0}^{n}|x-x_j|$$

【例 7.14】　已给 sin0.32=0.314567，sin0.34=0.333487，sin0.36=0.352274，用线性插值及抛物插值法计算 sin0.3367 的值，并估计截断误差。

解　由题意取 $x_0=0.32$，$y_0=0.314567$，$x_1=0.34$，$y_1=0.333487$，$x_2=0.36$，$y_2=0.352274$，用线性插值法计算，取 $x_0=0.32$ 及 $x_1=0.34$，得

$$\sin 0.3367 \approx L_1(0.3367) = y_0 + \frac{y_1 - y_0}{x_1 - x_0}(0.3367 - x_0) = 0.330365$$

其截断误差为$|R_1(x)|\leqslant\frac{M_2}{2}|(x-x_0)(x-x_1)|$，因 $f''(x)=-\sin x$ 可取

$$M_2 = \max_{x_0\leqslant x\leqslant x_1}|\sin x| = \sin x_1 \leqslant 0.3335$$

于是

$$\begin{aligned}|R_1(0.3367)| &= |\sin 0.3367 - L_1(0.3367)| \\ &\leqslant \frac{1}{2}\times 0.3335\times 0.0167\times 0.0033 \\ &= 9.2\times 10^{-6}\end{aligned}$$

用抛物插值法计算 sin0.3367 时，得

$$\begin{aligned}\sin 0.3367 &\approx y_0\frac{(x-x_1)(x-x_2)}{(x_0-x_1)(x_0-x_2)} + y_1\frac{(x-x_0)(x-x_2)}{(x_1-x_0)(x_1-x_2)} + y_2\frac{(x-x_0)(x-x_1)}{(x_2-x_0)(x_2-x_1)} \\ &= L_2(0.3367) \\ &= 0.330374\end{aligned}$$

这个结果与六位有效数字的正弦函数表完全一样，说明查表时用二次插值精度已相当高了。其截断误差为

$$|R_2(x)| \leqslant \frac{M_3}{6}|(x-x_0)(x-x_1)(x-x_2)|$$

其中，$M_3=\max\limits_{x_0\leqslant x\leqslant x_2}|f'''(x)|=\cos x_0<0.950$。于是

$$|R_2(0.3367)| = |\sin 0.3367 - L_2(0.3367)|$$

$$\leqslant\frac{1}{6}\times 0.950\times 0.0167\times 0.0033\times 0.0233$$
$$=2.03\times 10^{-7}$$

2. 牛顿插值

构造多项式 $N_n(x)=a_0+a_1(x-x_0)+a_2(x-x_0)(x-x_1)+\cdots+a_n(x-x_0)\cdots(x-x_{n-1})$，其中$\{a_0, a_1, a_2, \cdots, a_n\}$是待定系数，使其满足 $N_n(x_k)=f_k$, $k=0, 1, 2, \cdots, n$，插值条件为 $N_n(x_j)=f_j$, $j=0, 1, \cdots, n$。

当 $x=x_0$时，$N_n(x_0)=a_0=f_0$；当 $x=x_1$时，$N_n(x_1)=a_0+a_1(x-x_0)=f$，可得

$$a_0=f_0,\ a_1=\frac{f_1-f_0}{x_1-x_0}$$

当 $x=x_2$时，$N_n(x_2)=a_0+a_1(x_2-x_0)+a_2(x_2-x_0)(x_2-x_1)=f_2$，可得

$$a_2=\frac{\dfrac{f_2-f_0}{x_2-x_0}-\dfrac{f_1-f_0}{x_1-x_0}}{x_2-x_1}$$

引入记号：

$$f_k=f[x_k],\ f[x_0, x_1]=\frac{f[x_1]-f[x_0]}{x_1-x_0}$$

$$f[x_0, x_1, x_2]=\frac{f[x_0, x_2]-f[x_0, x_1]}{x_2-x_1}=\frac{\dfrac{f_2-f_0}{x_2-x_0}-\dfrac{f_1-f_0}{x_1-x_0}}{x_2-x_1}$$

$$f[x_0, x_1, \cdots, x_k]=\frac{f[x_0, x_1, \cdots, x_{k-2}, x_k]-f[x_0, x_1, \cdots, x_{k-1}]}{x_k-x_{k-1}}$$

不难看出：

$$a_0=f[x_0],\ a_1=f[x_0, x_1]=\frac{f[x_1]-f[x_0]}{x_1-x_0}$$

$$a_2=f[x_0, x_1, x_2]=\frac{f[x_0, x_2]-f[x_0, x_1]}{x_2-x_1}$$

依次推得 a_k的一般表达式为

$$a_k=f[x_0, x_1, \cdots, x_k]$$
$$=\frac{f[x_0, x_1, \cdots, x_{k-2}, x_k]-f[x_0, x_1, \cdots, x_{k-1}]}{x_k-x_{k-1}}$$

定义 7.19 称 $f[x_0, x_k]=\dfrac{f(x_k)-f(x_0)}{x_k-x_0}$为函数 $f(x)$关于点 x_0、x_k的一阶均差，称 $f[x_0, x_1, \cdots, x_k]=\dfrac{f[x_0, x_1, \cdots, x_{k-2}, x_k]-f[x_0, x_1, \cdots, x_{k-1}]}{x_k-x_{k-1}}$为 $f(x)$的 k 阶均差（差商）。

差商的基本性质：

(1) 线性：若 $f(x)=k_1g_1(x)+k_2g_2(x)$，则

$$f[x_0, x_1, \cdots, x_k]=k_1g_1[x_0, x_1, \cdots, x_k]+k_2g_2[x_0, x_1, \cdots, x_k]$$

(2) 差商与节点的排列顺序无关。

(3) 对称性：

$$f[x_0, x_1, \cdots, x_k] = \frac{f[x_1, x_2, \cdots, x_k] - f[x_0, x_1, \cdots, x_{k-1}]}{x_k - x_0}$$

(4) 若 $f(x)$ 在 $[a, b]$ 上存在 n 阶导数，且节点 $x_0, x_1, \cdots, x_n \in [a, b]$，则 n 阶均差与导数关系如下：

$$f[x_0, x_1, \cdots, x_n] = \frac{f^{(n)}(\xi)}{n!}, \xi \in [a, b]$$

根据差商定义，可以得出满足插值条件 $N_n(x_i) = y_i$，$i=0, 1, \cdots, n$ 的插值多项式 $N_n(x)$。

$$f(x) = f(x_0) + f[x, x_0](x - x_0)$$
$$f[x, x_0] = f[x_0, x_1] + f[x, x_0, x_1](x - x_1)$$
$$f[x, x_0, x_1] = f[x_0, x_1, x_2] + f[x, x_0, x_1, x_2](x - x_2)$$
$$\vdots$$
$$f[x, x_0, x_1, \cdots, x_{n-1}] = f[x_0, x_1, \cdots, x_n] + f[x, x_0, \cdots, x_n](x - x_n)$$

将上组等式中的第二式代入第一式，有

$$\begin{aligned} f(x) &= f(x_0) + f[x_0, x_1](x - x_0) + f[x, x_0, x_1](x - x_0)(x - x_1) \\ &= N_1(x) + \overline{R}_1(x) \end{aligned}$$

可验证 $N_1(x)$ 是满足差值条件的一次多项式，而 $R_1(x)$ 为一次插值的余项。再将第三式代入，有

$$f(x) = N_1(x) + \overline{R}_1(x)$$

$$\begin{aligned} f(x) &= f(x_0) + f[x_0, x_1](x - x_0) + f[x_0, x_1, x_2](x - x_0)(x - x_1) + \\ &\quad f[x, x_0, x_1, x_2](x - x_0)(x - x_1)(x - x_2) \\ &= N_2(x) + \overline{R}_2(x) \end{aligned}$$

其中，$f[x, x_0, x_1, x_2](x-x_0)(x-x_1)(x-x_2) = \overline{R}_2(x)$ 为二次插值的余项。类似地，将各式逐次代入前一公式，可得

$$\begin{aligned} f(x) &= f(x_0) + f[x_0, x_1](x - x_0) + f[x_0, x_1, x_2](x - x_0)(x - x_1) + \cdots + \\ &\quad f[x_0, x_1, \cdots, x_n](x - x_0)(x - x_1)\cdots(x - x_{n-1}) + \\ &\quad f[x, x_0, \cdots, x_n](x - x_0)(x - x_1)\cdots(x - x_n) \\ &= N_n(x) + \overline{R}_n(x) \end{aligned}$$

由 $\overline{R}_n(x_i) = 0$，$i=0, 1, \cdots, n$ 可知 $N_n(x)$ 是满足插值条件的 n 次多项式，称为牛顿插值多项式，$\overline{R}_n(x)$ 为牛顿插值余项。根据满足给定插值条件的插值多项式的存在唯一性，可知 $N_n(x) \equiv L_n(x)$，故当 $f(x)$ 在 (a, b) 上有 $n+1$ 阶导数时，$\overline{R}_n(x) \equiv R_n(x)$，即

$$\begin{aligned} R_n(x) &= f[x, x_0, x_1, \cdots, x_n]\omega_{n+1}(x) \\ &= \frac{f^{(n+1)}(\xi)}{(n+1)!}\omega_{n+1}(x) \end{aligned}$$

由此可得差商的另一性质：设 $f(x)$ 在 $[a, b]$ 上有 n 阶导数且 $x_0, x_1, \cdots, x_n \in [a, b]$，则存在 $\xi \in [a, b]$ 使

$$f[x_0, x_1, \cdots, x_n] = \frac{f^{(n)}(\xi)}{n!}$$

$N_{k+1}(x) = N_k(x) + f[x_0, x_1, \cdots, x_{k+1}](x-x_0)(x-x_1)\cdots(x-x_k)$ 说明每增加一个节

点，牛顿(Newton)插值多项式只增加一项，克服了 Lagrange 插值的缺点。实际计算时可利用差商表(表 7.17)。

表 7.17 差 商 表

x_k	$f(x_k)$	一阶差商	二阶差商	三阶差商	四阶差商
x_0	$f(x_0)$				
x_1	$f(x_1)$	$f[x_0, x_1]$			
x_2	$f(x_2)$	$f[x_1, x_2]$	$f[x_0, x_1, x_2]$		
x_3	$f(x_3)$	$f[x_2, x_3]$	$f[x_1, x_2, x_3]$	$f[x_0, x_1, x_2, x_3]$	
x_4	$f(x_4)$	$f[x_3, x_4]$	$f[x_2, x_3, x_4]$	$f[x_1, x_2, x_3, x_4]$	$f[x_0, x_1, x_2, x_3, x_4]$
x_5	$f(x_5)$	$f[x_4, x_5]$	$f[x_3, x_4, x_5]$	$f[x_2, x_3, x_4, x_5]$	$f[x_1, x_2, x_3, x_4, x_5]$

7.5 变 分 法

7.5.1 变分法简介

变分法是研究泛函极值的一种经典数学方法，有着广泛的应用。这里根据以下列举的控制问题的建模需要，先介绍变分法的基本概念和基本结果，然后介绍动态系统最优控制问题求解的必要条件和最大值原理。

1. 变分法的基本概念

1) 容许函数集

容许函数集的满足条件：

(1) $x(t)$在$[t_0, t_f]$上逐段连续可导；

(2) 满足边界条件 $x(t_0)=x_0$，$x(t_f)=x_f$的一切函数 $x(t)$构成容许函数集。

适合不等式$|x(t)-x_0(t)|<\varepsilon$，$t_0\leqslant t\leqslant t_f$的容许函数集，称为函数 $x_0(t)$的 ε - 邻域。

2) 泛函的概念

通俗地说，泛函就是“函数的函数”。设 S 为一个容许函数集，若对每一个函数 $x(t)\in S$ 都有一个实数 J 与之对应，则称 J 是定义在 S 上的泛函，记为 $J[x(t)]$。

例如：函数的定积分 $J[x(t)]=\int_0^1 x(t)\mathrm{d}t$ 是一个泛函。

同样可以定义 n 元泛函的概念，常记为 $J[x_1(t), x_2(t), \cdots, x_n(t)]$。

3) 泛函的连续性

如果对任意给定的正数 ε，存在正数 δ，当$|x(t)-x_0(t)|<\delta$，$|x^{(1)}(t)-x_0^{(1)}(t)|<\delta$，…，$|x^{(k)}(t)-x_0^{(k)}(t)|<\delta$时，能使$|J[x(t)]-J[x_0(t)]|<\varepsilon$，则称泛函 $J[x(t)]$在 $x_0(t)$处是 k 阶接近的连续泛函。

4) 泛函的变分

泛函的变分与函数的微分概念类似。

设 $x(t)$ 在 $x_0(t)$ 处的增量记为 $\delta x(t)=x(t)-x_0(t)$，如果泛函 $J[x(t)]$ 在 $x_0(t)$ 处的增量 $\Delta J=J[x_0(t)+\delta x(t)]-J[x_0(t)]$ 可表示为 $\Delta J=L[x_0(t),\delta x(t)]+R[x_0(t),\delta x(t)]$（其中，$L$ 是 $\delta x(t)$ 的线性函数，R 是 $\delta x(t)$ 的高阶项（当 $\delta x(t)\to 0$ 时，$R\to 0$）），则 $L[x_0(t),\delta x(t)]$ 称为泛函 $J[x(t)]$ 在 x_0 处的变分，记为 $\delta J[x_0(t)]=L[x_0(t),\delta x(t)]$，这时也称泛函 $J[x(t)]$ 在 $x_0(t)$ 处可微。

定理 7.14　若泛函 $J[x(t)]$ 可微，则其变分为 $\delta J[x_0(t)]=\dfrac{\partial}{\partial\varepsilon}J[x(t)+\varepsilon\delta x(t)]_{\varepsilon=0}$。

证明　由 L 对 δx 的线性性质，有 $L[x(t),\varepsilon\delta x(t)]=\varepsilon L[x(t),\delta x(t)]$，于是

$$\begin{aligned}\frac{\partial}{\partial\varepsilon}J[x(t)+\varepsilon\delta x(t)]_{\varepsilon=0}&=\lim_{\varepsilon=0}\frac{J[x+\delta x\varepsilon]-J[x]}{\varepsilon}=\lim_{\varepsilon=0}\frac{L[x,\delta x\varepsilon]+R[x,\delta x\varepsilon]}{\varepsilon}\\&=L[x,\delta x]=\delta J\end{aligned}$$

同样，对 n 元泛函的变分为 $\delta J=\dfrac{\partial}{\partial\varepsilon}J[x_1+\varepsilon\delta x_1,x_2+\varepsilon\delta x_2,\cdots,x_n+\varepsilon\delta x_n]_{\varepsilon=0}$。

5）泛函的极值

泛函的极值是相对局部邻域而言的。可微泛函 $J[x(t)]$ 在 $x_0(t)$ 处有极值的必要条件是 $\delta J[x_0(t)]=0$；n 元泛函在 $(x_{10},x_{20},\cdots,x_{n0})$ 处有极值的必要条件是 $\delta J[x_{10},x_{20},\cdots,x_{n0}]=0$。

6）变分法的基本引理

设 $M(t)$ 在 $[t_0,t_f]$ 内连续，若对满足 $\eta(t_0)=\eta(t_f)=0$ 的 $\eta(t)$ 在 $[t_0,t_f]$ 内具有连续二阶导数，且使 $\int_{t_0}^{t_f}M(t)\eta(t)\mathrm{d}t\equiv 0$，则在 $[t_0,t_f]$ 内，$M(t)\equiv 0$。

2. 无约束条件的泛函极值

求泛函

$$J=\int_{t_0}^{t_f}F[x(t),\dot{x}(t);t]\mathrm{d}t \tag{7.6}$$

的极值，一般是用泛函极值的必要条件去寻找一条曲线 $x(t)$，使给定的二阶连续可导函数 F 沿该曲线的积分达到极值。常称这种曲线为极值曲线，记为 $x^*(t)$。

1）端点固定的情况

设容许曲线 $x(t)$ 满足边界条件 $x(t_0)=x_0$，$x(t_f)=x_f$ 且二次可微。

首先计算式(7.6)的变分：

$$\begin{aligned}\delta J&=\frac{\partial}{\partial\varepsilon}J[x(t)+\varepsilon\delta x(t)]_{\varepsilon=0}=\int_{t_0}^{t_f}\frac{\partial}{\partial\varepsilon}F[x+\varepsilon\delta x,\dot{x}+\varepsilon\delta\dot{x},t]_{\varepsilon=0}\mathrm{d}t\\&=\int_{t_0}^{t_f}[F_x(x,\dot{x},t)\delta x+F_{\dot{x}}(x,\dot{x},t)\delta\dot{x}]\mathrm{d}t\end{aligned} \tag{7.7}$$

对上式右端第二项做分部积分，并利用 $\delta x(t_0)=\delta x(t_f)=0$，有

$$\int_{t_0}^{t_f}[F_{\dot{x}}(x,\dot{x},t)\delta\dot{x}]\mathrm{d}t=-\int_{t_0}^{t_f}\left[\frac{\mathrm{d}}{\mathrm{d}t}F_{\dot{x}}(x,\dot{x},t)\delta x\right]\mathrm{d}t$$

再代回到式(7.7)，并利用泛函取极值的必要条件，有

$$\delta J=\int_{t_0}^{t_f}\left[F_x-\frac{\mathrm{d}}{\mathrm{d}t}F_{\dot{x}}\right]\delta x\,\mathrm{d}t=0$$

因为 δx 的任意性及 $\delta x(t_0)=\delta x(t_f)=0$，所以由基本引理得到著名的欧拉方程：

$$F_x - \frac{\mathrm{d}}{\mathrm{d}t}F_{\dot{x}} = 0 \tag{7.8}$$

它是这类最简泛函取极值的必要条件。

最简泛函取极值的必要条件推广到多元泛函的情况，如二元泛函 $J[x(t), u(t)] = \int_{t_0}^{t_f} F(x, \dot{x}; u, \dot{u}; t)\mathrm{d}t$ 取极值的必要条件，欧拉方程为

$$\begin{cases} F_x - \dfrac{\mathrm{d}}{\mathrm{d}t}F_{\dot{x}} = 0 \\ F_u - \dfrac{\mathrm{d}}{\mathrm{d}t}F_{\dot{u}} = 0 \end{cases} \tag{7.9}$$

2）端点变动的情况

设容许曲线 $x(t)$在 t_0端固定，在另一端点 $t=t_f$时不固定，沿着给定的曲线 $x=\varphi(t)$变动，如图 7.7 所示，于是端点条件表示为

$$\begin{cases} x(t_0) = x_0 \\ x(t) = \varphi(t) \end{cases}$$

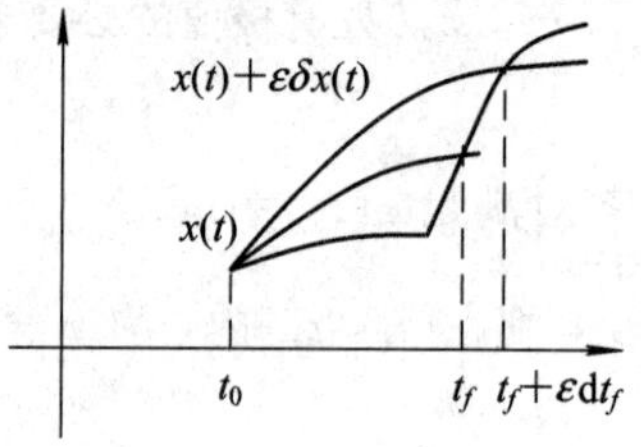

图 7.7　容许曲线

这里，t 是变动的，不妨用参数形式表示为 $t=t_f+\varepsilon\mathrm{d}t_f$，寻找端点变动情况的必要条件，可仿照前面端点固定情况进行推导，即有

$$\begin{aligned} 0 = \delta J &= \frac{\partial}{\partial\varepsilon}\int_{t_0}^{t_f+\varepsilon\mathrm{d}t_f} F[x+\varepsilon\delta x, \dot{x}+\varepsilon\delta\dot{x}, t]\mathrm{d}t\Big|_{\varepsilon=0} \\ &= \int_{t_0}^{t_f}\left(F_x - \frac{\mathrm{d}}{\mathrm{d}t}F_{\dot{x}}\right)\delta x\,\mathrm{d}t + F_{\dot{x}}\delta x\,\big|_{t=t_f} + F\big|_{t=t_f}\mathrm{d}t_f \end{aligned} \tag{7.10}$$

再对式(7.10)做如下分析：

(1) 对每一个固定的 t_f，$x(t)$都满足欧拉方程，即式(7.10)右端的第一项积分为零。

(2) 为考察式(7.10)的第二、第三项，建立 $\mathrm{d}t_f$与 $\delta x(t_f)$之间的关系，因为

$$x(t_f+\varepsilon\mathrm{d}t_f) + \varepsilon\,\delta x(t_f+\varepsilon\mathrm{d}t_f) = \varphi(t_f+\varepsilon\mathrm{d}t_f)$$

两端对 ε 求导，并令 $\varepsilon=0$，有

$$\dot{x}(t_f)\mathrm{d}t_f + \delta x(t_f) = \dot{\varphi}(t_f)\mathrm{d}t_f$$

即

$$\delta x(t_f) = [-\dot{x}(t_f) + \dot{\varphi}(t_f)]\mathrm{d}t_f \tag{7.11}$$

于是，式(7.10)变为

$$[F + (\dot{\varphi} - \dot{x})F_{\dot{x}}]_{t=t_f}\mathrm{d}t_f = 0$$

由 $\mathrm{d}t_f$的任意性，得横截条件为

$$[F+(\dot{\varphi}-\dot{x})F_{\dot{x}}]_{t=t_f}=0 \tag{7.12}$$

横截条件(式(7.12))有两种常见的特殊情况：

(1) 当 $x=\varphi(t)$ 是垂直横轴的直线时，t_f 固定，$x(t_f)$ 自由，称 $x(t_f)$ 为自由端点。此时，由式(7.10)中的 $\mathrm{d}t_f=0$ 及 $\delta x(t_f)$ 的任意性，便得自由端点的横截条件：

$$F_{\dot{x}}\big|_{t=t_f}=0 \tag{7.13}$$

(2) 当 $x=\varphi(t)$ 是平行横轴的直线时，t_f 自由，$x(t_f)$ 固定，称 $x(t_f)$ 为平动端点。此时，$\dot{\varphi}(t)=0$，式(7.12)的横截条件变为

$$[F-\dot{x}F_{\dot{x}}]_{t=t_f}=0 \tag{7.14}$$

注意，横截条件与欧拉方程联立才能构成泛函极值的必要条件。

3. 有约束条件的泛函极值

在最优控制系统中，常常要涉及有约束条件的泛函极值问题，其典型形式是对动态系统

$$\dot{x}(t)=f[x(t),\ u(t),\ t] \tag{7.15}$$

寻找最优性能指标(目标函数)：

$$J[u(t)]=\varphi[x(t_f),\ t_f]+\int_{t_0}^{t_f}F[x(t),\ u(t),\ t]\mathrm{d}t \tag{7.16}$$

其中，$u(t)$ 是控制策略，$x(t)$ 是轨线，t_0 固定，t_f 及 $x(t_f)$ 自由，$x(t)\in\boldsymbol{R}^n$，$u(t)\in\boldsymbol{R}^n$，f、φ、F 连续可微。

问题的提法是：求最优控制 $u^*(t)$，使泛函 $J[x(t)]$ 在条件(式(7.15))下达到极值，并求极值曲线 $x^*(t)$。

下面推导取得目标函数极值的最优控制策略 $u^*(t)$ 和最优轨线 $x^*(t)$ 的必要条件。

采用拉格朗日乘子法，化条件极值为无条件极值，即考虑

$$J_1[x,\ u,\ \lambda]=\varphi[x(t_f),\ t_f]+\int_{t_0}^{t_f}\{F(x,\ u,\ t)+\lambda^{\mathrm{T}}(t)[f(x,\ u,\ t)-\dot{x}]\}\mathrm{d}t \tag{7.17}$$

的无条件极值。首先定义式(7.15)和式(7.16)的哈密顿函数为

$$H(x,\ u,\ \lambda,\ t)=F(x,\ u,\ t)+\lambda^{\mathrm{T}}f(x,\ u,\ t) \tag{7.18}$$

将其代入式(7.17)，得到泛函：

$$J_1[x,\ u,\ \lambda]=\varphi[x(t_f),\ t_f]+\int_{t_0}^{t_f}[H(x,\ u,\ \lambda,\ t)-\lambda^{\mathrm{T}}\dot{x}]\mathrm{d}t \tag{7.19}$$

下面先对其求变分：

$$\begin{aligned}
\delta J_1=&\frac{\partial}{\partial\varepsilon}\{\varphi[x(t_f)+\varepsilon\delta x(t_f),\ t_f+\varepsilon\mathrm{d}t_f]+\int_{t_0}^{t_f+\varepsilon\mathrm{d}t_f}[H(x+\varepsilon\delta x,\ u+\varepsilon\delta u,\ \lambda+\varepsilon\delta\lambda,\ t)\\
&-(\lambda+\varepsilon\delta\lambda)^{\mathrm{T}}(\dot{x}+\varepsilon\delta\dot{x})]\mathrm{d}t\}\big|_{\varepsilon=0}\\
=&\left[\int x(t_f)\right]^{\mathrm{T}}\varphi_x(t_f)+(\mathrm{d}t_f)^{\mathrm{T}}\varphi_{t_f}+(\mathrm{d}t_f)^{\mathrm{T}}H(x,\ u,\ \lambda,\ t)\big|_{t=t_f}-(\mathrm{d}t_f)^{\mathrm{T}}(\lambda^{\mathrm{T}}\dot{x})\big|_{t=t_f}\\
&+\int_{t_0}^{t_f}[(\delta x)^{\mathrm{T}}H_x+(\delta u)^{\mathrm{T}}H_u+(\delta\lambda)^{\mathrm{T}}H_\lambda-(\delta\lambda)^{\mathrm{T}}\dot{x}-\lambda^{\mathrm{T}}\delta\dot{x}]\mathrm{d}t\\
=&(\mathrm{d}t_f)^{\mathrm{T}}[\varphi_{t_f}+F(x,\ u,\ \lambda,\ t)\big|_{t=t_f}]+[\delta x(t_f)]^{\mathrm{T}}\varphi_{x(t_f)}+\int_{t_0}^{t_f}[(\delta x)^{\mathrm{T}}H_x+(\delta u)^{\mathrm{T}}H_u\\
&+(\delta\lambda)^{\mathrm{T}}H_\lambda-(\delta\lambda)^{\mathrm{T}}\dot{x}-\lambda^{\mathrm{T}}\delta\dot{x}]\mathrm{d}t-\lambda^{\mathrm{T}}(t_f)\delta x(t_f)+\int_{t_0}^{t_f}(\delta x)^{\mathrm{T}}\lambda\mathrm{d}t
\end{aligned}$$

$$=(\mathrm{d}t_f)^{\mathrm{T}}[\varphi_{t_f}+F(x,u,\lambda,t)|_{t=t_f}]+[\delta x(t_f)]^{\mathrm{T}}[\varphi_x-\lambda]_{t=t_f}$$

$$+\int_{t_0}^{t_f}\{(\delta x)^{\mathrm{T}}[H_x+\dot{\lambda}]+(\delta u)^{\mathrm{T}}H_u+(\delta\lambda)^{\mathrm{T}}(H_\lambda-\dot{x})\}\,\mathrm{d}t$$

再令 $\delta J_1=0$，由 $\mathrm{d}t_f$、$\varphi_{x(t_f)}$、δx、δu、$\delta\lambda$ 的任意性，便得

(1) x^*、λ^* 必须满足正则方程：① 状态方程 $\dot{x}=H_\lambda=f(x,u,t)$；② 协态方程 $\dot{\lambda}=-H_x$。

(2) 哈密顿函数 $H(x^*,u,\lambda^*,t)$ 作为 u 的函数，也必满足 $H_u=0$，并由此方程求得 u^*。

(3) 求 x^*、λ^*、u^* 时，必利用边界条件：① $x(t_0)=x_0$（用于确定 x^*）；② $\lambda(t_f)=\varphi_x(t_f)$（用于确定 λ^*）；③ $\varphi_{t_f}=-F(x,u,\lambda,t)|_{t=t_f}$（用于确定 u^*）。

4. 最大(小)值原理

如果受控系统为 $\dot{x}=f(x,u,t)$，$x(t_0)=x_0$，其控制策略 $u(t)$ 的全体构成有界集 U，求 $u(t)\in U$，使性能指标 $J[u(t)]=\varphi[x(t_f),t_f]+\int_{t_0}^{t_f}F(x,u,t)\mathrm{d}t$ 达到最大(小)值。

最大(小)值原理　如果 $f(x,u,t)$、$\varphi[x(t_f),t_f]$ 和 $F(x,u,t)$ 都是连续可微的，那么最优控制策略 $u^*(t)$ 和相应的最优轨线 $x^*(t)$ 由下列的必要条件决定。

(1) 最优轨线 $x^*(t)$、协态向量 $\lambda^*(t)$ 满足正则方程：

$$\begin{cases}\dfrac{\mathrm{d}x}{\mathrm{d}t}=f(x,u,t)\\ u(t)\in U\\ \dfrac{\mathrm{d}\lambda}{\mathrm{d}t}=-\dfrac{\partial H}{\partial x}\end{cases}$$

哈密顿方程 $H(x^*,u,\lambda^*,t)=F(x^*,u,t)+\lambda^{*\mathrm{T}}f(x^*,u,t)$ 作为 $u(t)$ 的函数，最优策略 $u^*(t)$ 必须使 $H(x^*,u,\lambda^*,t)=\max\limits_{u\in U}H(x^*,u,\lambda^*,t)$ 或 $H(x^*,u,\lambda^*,t)=\min\limits_{u\in U}H(x^*,u,\lambda^*,t)$。

(2) 满足相应的边界条件：

① 若两端固定，则正则方程的边界条件 $x(0)=x_0$，$x(t_f)=x_f$。

② 若始端固定，终端 t_f 也固定，而 $x(t_f)$ 自由，则正则方程的边界条件为 $x(0)=x_0$，$\lambda(t_f)=\varphi_{x(t_f)}[x(t_f),t_f]$。

③ 若始端固定，终端 t_f、$x(t_f)$ 都自由，则正则方程的边界条件为 $x(0)=x_0$，$\lambda(t_f)=\varphi_{x(t_f)}[x(t_f),t_f]$，$H[x(t_f),u(t_f),t_f]+\varphi_{t_f}[x(t_f),t_f]=0$。

7.5.2 国民收入的增长

国民经济收入主要用于两个方面：扩大再生产的积累资金和满足人民生活需要的消费资金。如何安排积累和消费资金的比例，使国民收入得到最快增长，是一个重大的理论和实践问题，本节仅从最优控制的角度介绍一个十分简单的模型。

1. 一般模型

将时刻 t 的国民经济收入记作 $x(t)$，其中用于积累资金的部分记作 $y(t)$，积累资金在

国民经济收入中占的比例 $u(t)=\dfrac{y(t)}{x(t)}$ 称为积累率。建模的目的是寻求最优积累率 $u(t)$，使国民经济 $x(t)$ 增长最快。下面给出模型的一般模式。

国民收入的增长率 $\dot{x}(t)$ 取决于当时的收入总值 $x(t)$ 和积累率 $u(t)$，可以表示为

$$\dot{x}(t)=f(x,u,t) \tag{7.20}$$

考虑一段时间 T(一个五年或十年计划)，使 $x(t)$ 从初值 x_0 达到尽可能大的 $x(T)$，即

$$x(0)=x_0 \tag{7.21}$$

$$\max x(T) \tag{7.22}$$

问题归结为在条件(7.20)、(7.21)下求 $u(t)$ 满足式(7.22)，而这又等价于它的对偶问题：在固定端点条件 $x(T)=x_1$ 下使 T 最小。于是若记

$$x(0)=x_0,\ x(T)=x_1 \tag{7.23}$$

$$J[u(t)]=\int_0^T \mathrm{d}t \tag{7.24}$$

则模型的一般提法是在条件(7.20)、(7.23)下求 $u(t)$，使式(7.24)的 J 达到最小，这是我们熟悉的泛函极值问题的形式。

按照泛函的条件极值问题的解法构造哈密顿函数：

$$H=1+\lambda f(x,u,t) \tag{7.25}$$

得到方程组：

$$\begin{cases}\dot{\lambda}(t)=-\lambda f_x(x,u,t)\\ \lambda f_u(x,u,t)=0\\ \dot{x}(t)=f(x,u,t)\\ x(0)=x_0,\ x(T)=x_1\end{cases} \tag{7.26}$$

由此求解最优控制函数 $u^*(t)$ 和最优轨线 $x^*(t)$。

2. 简化模型

为了确定函数 f 具体的、简化的形式，我们粗略地考虑这样的经济规律：当积累 u 较小时，国民收入的相对增长率 $\dot{x}/x$ 随着 u 的增加而增加，这是因为积累资金的扩大再生产起着促进作用；随着 u 的变大，$\dot{x}/x$ 增加得越来越慢，当 u 增加到一定程度后，$\dot{x}/x$ 反而减小，这是由于消费资金比例太小，各种制约因素导致国民收入下降。描述这种规律的最简单模型是

$$\frac{\dot{x}}{x}=u(a-bu) \tag{7.27}$$

其中，a、b 为常数，可以根据统计数据或经验估计。

比较式(7.20)、式(7.27)，得到 $f=u(a-bu)x$，代入方程(7.26)得

$$\begin{cases}\dot{\lambda}=-\lambda u(a-bu)\\ \lambda(a-2bu)x=0\\ \dot{x}=u(a-bu)x\\ x(0)=x_0,\ x(T)=x_1\end{cases} \tag{7.28}$$

方程(7.28)的解为

$$u(t)=\frac{a}{2b} \tag{7.29}$$

$$x(t) = x_0 e^{\frac{a^2}{4b}t} \tag{7.30}$$

即最优积累率是常数$\frac{a}{2b}$，这时国民收入以指数形式(7.30)增长，用最短时间

$$T = \frac{4b}{a^2}\ln\frac{x_1}{x_0} \tag{7.31}$$

从 x_0上升到 x_1。

评注 一般情况下，国民收入依赖于积累率的最优增长，是典型的快速控制问题(式(7.20)、式(7.25))，最优解要从非线性方程组(式(7.26))得到，而在我们对国民收入的简化假设(式(7.27))下，得到的是平凡解——常数$\frac{a}{2b}$。实际上，对于这种简单情况不必求解泛函极值问题。由式(7.27)可以直接看出，当 $u=\frac{a}{2b}$ 时 $\dot{x}$ 最大，所以 $u(t)=\frac{a}{2b}$ 必定是模型的最优控制函数。

7.5.3 产品价格的最佳调整

物价管理部门根据市场预测和经济协调发展的需要，决定将 A 产品的单位价格 $p(t)$ 由现在的 $p_0=70$ 元调整到 $p_f=100$ 元，并要求各公司自行在一年内完成这一调价任务。某公司经营 A 产品多年，深知每周 A 产品的销量 S 与其价格 p 和价格变化率 $\dot{p}$ 有着密切的关系，因此想利用这种关系制定一个 A 产品调价方案，使全年经营 A 产品的总利润最大。请问如何制订这种最佳调价方案?

1. 建模假设

(1) 物价部门对 A 产品的调价决策是积极的、正确的，在一年之内(调价期)不会发生对 A 产品的其他调价决策，即 A 产品在市场上的供求矛盾不会出现大的变化；

(2) 某公司经理多年经营 A 产品，关于"每周销量与其价格 p 和价格变化率 $\dot{p}$ 的关系"的信息是可靠的，不妨假设 $S=S(p, \dot{p})$；

(3) 某公司生产 A 产品的能力足以满足市场需求，每周生产 S 件 A 产品的生产费用是 $C(S)$；

(4) 函数 $S(p, \dot{p})$和 $C(S)$由统计方法拟合成连续可微函数，现查阅统计资料得到

$$S(p, \dot{p}) = -p + 100\dot{p} + 100,\ C(S) = \frac{1}{2}S^2 + 2S + 40$$

经核实，这两个具体函数符合公司的实际情况；

(5) 约定一年以 52 周计，在调价期资金流动的时间价值忽略不计；

(6) 所制定的调价方案应满足 $p_0=70$ 元，$p_f=100$ 元。

2. 模型构造与求解

1) 模型一(无条件极值问题)

根据建模假设，不难构造该问题的数学模型：

在固定边界条件 $p(0)=p_0=70$，$p(52)=p_f=100$ 之下，求 A 产品价格 $p(t)$，使其总利润

$$J(p)=\int_0^{52}[pS(p)-C(S)]\mathrm{d}t$$

$$=\int_0^{52}\left[-\frac{3}{2}p^2+202p-5000\dot{p}^2-10200\dot{p}+200p\dot{p}-5240\right]\mathrm{d}t$$

最大。这是固定边界条件下的泛函极值问题。因为满足极值必要条件的欧拉方程为

$$-3p+202+200\dot{p}-\frac{\mathrm{d}}{\mathrm{d}t}(-10000\dot{p}-10200+200p)=0$$

化简得

$$10000\ddot{p}-3p+202=0 \tag{7.32}$$

它的通解为

$$p(t)=c_1\mathrm{e}^{0.173t}+c_2\mathrm{e}^{-0.173t}+67.333$$

由边界条件，得到

$$c_1=15.391,\ c_2=-12.724$$

所以，最佳调整价格函数(方案)是

$$p^*(t)=15.391\mathrm{e}^{0.173t}-12.724\mathrm{e}^{-0.173t}+67.333 \tag{7.33}$$

2) 模型二(条件极值问题)

如果把 A 产品的价格变化视为一个动态系统：

$$\frac{\mathrm{d}p}{\mathrm{d}t}=u(t)$$

其中，t 时刻价格调整量 $u(t)$ 称为控制策略，那么 A 产品价格最佳调整的数学模型为

在动态系统

$$\frac{\mathrm{d}p}{\mathrm{d}t}=u(t),\ p(0)=p_0=70,\ p(52)=p_f=100$$

之下，寻找最优策略 $u(t)$，使得性能指标(总利润)

$$J(p)=\int_0^{52}\left[-\frac{3}{2}p^2+202p-5000u^2-10200u+200pu-5240\right]\mathrm{d}t$$

达到最大值。

这是一个条件泛函极值问题，首先写出哈密顿函数：

$$H=-\frac{3}{2}p^2+202p-5000u^2-10200u+200pu-5240+\lambda u$$

令 $\frac{\partial H}{\partial u}=0$，得到 $-10000u-10200+200p+\lambda=0$，即 $\lambda=10000u+10200-200p$。

对 t 求导数，得

$$\frac{\mathrm{d}\lambda}{\mathrm{d}t}=10000\frac{\mathrm{d}u}{\mathrm{d}t}-200\frac{\mathrm{d}p}{\mathrm{d}t} \tag{7.34}$$

再求正则方程，得

$$\begin{cases}\dfrac{\mathrm{d}p}{\mathrm{d}t}=u\\[2mm]\dfrac{\mathrm{d}\lambda}{\mathrm{d}t}=-H_p=3p-202-200u\end{cases} \tag{7.35}$$

令式(7.34)右端与式(7.35)的第二式右端相等，便得到

$$10000\,\frac{\mathrm{d}^2 p}{\mathrm{d}t^2}-200\,\frac{\mathrm{d}p}{\mathrm{d}t}=3p-202-200\,\frac{\mathrm{d}p}{\mathrm{d}t}$$

化简，有

$$10000\,\frac{\mathrm{d}^2 p}{\mathrm{d}t^2}-3p+202=0 \tag{7.36}$$

利用边界条件：

$$p(0)=p_0=70,\ p(52)=p_f=100 \tag{7.37}$$

对式(7.36)和式(7.37)求解，便得到与模型一相同的结果：

$$p^*(t)=15.391\mathrm{e}^{0.173t}-12.724\mathrm{e}^{-0.173t}+67.333$$

进一步计算，可得最优控制策略 $u^*(t)=0.266\mathrm{e}^{0.0173t}+0.220\mathrm{e}^{-0.0173t}$ 及 A 产品全年最大利润值 $J^*=170\ 000$ 元。

评注 采用两种不同的观点和方法建立了不同的数学模型，但得到同样的数字结果。学习用系统建立数学模型的方法是重要的，因为这种方法有着广泛的应用。

虽然上面建立的模型给出了最优调价策略和每个时刻的调价位，但是实际操作中随时都会进行调价，也不可能每周都进行调价，模型的价值在于它的参考、指导意义。例如公司拟在一年内进行5次调价来实现物价部门下达的调价指标，为此，应首先利用得到的模型，计算5个时刻的 p^* 和 u^*，如表7.18所示。然后，根据市场行情，分段进行适度超前调价，或按时调价，或滞后调价。如第26周市场行情看好，可将产品第30周的价位85.6229提前到第26周进行调整。如果市场行情不允许超前调价，宁可按时或滞后调价，也不要超前调价，否则会物极必反，给公司造成更大损失。

表7.18 5个时刻最佳调整价格函数与最优控制策略

周次	p^*	u^*
10	74.9281	0.5012
20	80.4302	0.5315
30	85.6229	0.5927
40	91.7096	0.6414
52	100	0.7433

7.6 合作对策和风险决策

7.6.1 合作型对策

在社会经济活动中，几个实体(个人、公司、党派和国家)相互合作或结盟所能获得的收益往往比他们单独活动所获得的收益多得多。这里有一个十分关键的问题：如何分享所获总收益。如果不能达成一个各方面都能接受的“公平”的分配原则，合作就不能实现。

一种简单的分配方法是：设 n 个实体各自经营时所得的效益分别为 x_1，x_2，…，x_n（非负），联合经营时所得的总效益为 x，且 $x > \sum_{i=1}^{n} x_i$，记

$$x_k^* = \frac{x_k}{\sum_{i=1}^{n} x_i} \quad (k = 1, 2, \cdots, n) \tag{7.38}$$

一般地，可以用 x_1^*，x_2^*，…，x_n^* 作为这 n 个实体的效益分配值。

考虑到联合经营的组合方式很多，对于 n 个实体而言，可以任意 2 个进行联合，也可以任意 3 个进行联合……直到全体联合。如果各种组合方式都有实际效益，而又以全体联合的总效益最高，则式(7.38)并不能体现其他联合形式的效益。由此我们的分配原则应该是使每个实体在全体联合中的实际收入比它参加的除全体联合的形式之外的任何形式的任何收入都高，至少应相等。

设 $I=\{1, 2, \cdots, n\}$ 表示 n 人集合，S_i 是 I 的子集合，如果对于 I 的任意子集 S 都对应着一个实值函数 $V(S)$ 且满足：

$$\begin{cases} V(\varnothing) = 0 \\ V(S_1 \cup S_2) \geqslant V(S_1) + V(S_2),\ S_1 \cap S_2 = \varnothing \end{cases} \tag{7.39}$$

则称 $V(S)$ 为 I 的特征函数（或收益函数）。所谓 n 人合作对策的分配是指定义了特征函数的 I 中 n 人合作收益分配，用向量函数表示为 $\varphi(V)=\{\varphi_1(V), \varphi_2(V), \cdots, \varphi_n(V)\}$，其中 $\varphi_i(V)$ 表示局中人 $\{i\}$ 所获得的分配。

由式(7.39)可见，合作规模扩大，收益不会减少。使式(7.39)中等式成立的对策称为非本质的，因为这种合作没有带来任何效益。使式(7.39)中不等式成立的对策称为本质的，因为它对局中人有利。

为了确定 $\varphi(V)$，Shapley 提出了一组 $\varphi(V)$ 应该满足的公理：

公理 7.1　合作获利对每个人的分配与此人的标号无关。

公理 7.2　每人分配数的总和等于总获利数，即

$$\sum_{i=1}^{n} \varphi_i(V) = V(I)$$

公理 7.3　若对所有包含 i 的子集的 S 有 $V[S-\{i\}]=V(S)$，则 $\varphi_i(V)=0$。

公理 7.4　若 $\tilde{V}$ 也是定义在 I 上的特征函数，而且 $W=V+(\tilde{V})$，则

$$\varphi(W) = \varphi(V) + \varphi(\tilde{V})$$

即：若 n 人同时进行两项互不影响的合作，则每人的分配额等于两项合作单独进行时应得分配数之和。

进而 Shapley 证明了满足公理 7.1～7.4 的 $\varphi(V)$ 存在的唯一（证明略），并指出这样的 $\varphi(V)$ 可按下列公式给出：

$$\varphi_i(V) = \sum_{S \in S_i} W(|S|)[V(S) - V(S - \{i\})] \tag{7.40}$$

其中，S_i 是 I 中含有 $\{i\}$ 的所有子集，$|S|$ 是子集 S 的局中人的个数，$W(|S|)$ 是加权因子，由

$$W(|S|) = \frac{(|S|-1)!(n-|S|)!}{n!} \tag{7.41}$$

确定。$[V(S)-V(S-\{i\})]$是$\{i\}$对合作 S 的贡献。$\varphi_i(V)$称为由 V 定义的 Shapley 值。

7.6.2 风险决策问题

合作收益分配算法

1. 三人经商模型

设有编号为 1、2、3 的三个商人，若商人 1 单独经商，获益 2 元，记作 $V(\{1\})=2$，类似地有 $V(\{2\})=1$，$V(\{3\})=1$。若 1、2 合作，可获益 7 元，记作$V(\{1, 2\})=7$，类似地有 $V(\{1, 3\})=5$，$V(\{2, 3\})=4$ 以及 $V(\{1, 2, 3\})=10$。问三人合作时如何分配 10 元的总收益。

合理分配收益应该考虑各人在合作中作出的贡献大小，即

$$\{i\}\text{的贡献}=\text{有}\{i\}\text{的合作收益}-\text{无}\{i\}\text{的合作收益}$$

例如，$\{1\}$对$\{1, 2\}$的合作贡献记为 $g_1(\{1, 2\})=V(\{1, 2\})-V(\{2\})=7-1=6$。类似地有 $g_1(\{1, 1\})=V(\{1\})-V(\{\varnothing\})=2$，$g_1(\{1, 3\})=V(\{1, 3\})-V(\{3\})=4$，$g_1(\{1, 2, 3\})=V(\{1, 2, 3\})-V(\{2, 3\})=6$。同样可分别算出$\{2\}$、$\{3\}$的 4 个有关贡献 g_2、g_3。

$\{i\}$在$\{1, 2, 3\}$中的收益应该是与$\{i\}$有关的 4 个贡献的加权平均值，加权因子和收益(或分配)由上述一般模型中的式子来计算(如表 7.19 所示)。

表 7.19 合作收益分配参数值

S	$\{1\}$	$\{1, 2\}$	$\{1, 3\}$	$\{1, 2, 3\}$
$V(S)$	2	7	5	10
$V_1(S-\{1\})$	0	1	1	4
$g_1=V-V_1$	2	6	4	6
$\|S\|$	1	2	2	3
$W(\|S\|)$	$\frac{1}{3}$	$\frac{1}{6}$	$\frac{1}{6}$	$\frac{1}{3}$
W_{g_1}	$\frac{2}{3}$	1	$\frac{2}{3}$	2
$\sum W_{g_1}$	$4\frac{1}{3}$			

由表中最末一行得

$$\varphi_1(V)=4\frac{1}{3}\text{元}$$

类似地计算，可得

$$\varphi_2(V)=3\frac{1}{3}\text{元}，\varphi_3(V)=2\frac{1}{3}\text{元}$$

即合理分配方案为

$$\varphi(V)=\left(4\frac{1}{3},3\frac{1}{3},2\frac{1}{3}\right)$$

2. 建厂费用模型

设沿河依次有 A、B、C 三个城镇(见图 7.8)。A 城在河流的上游，距 B 城 20 公里；B

城距河流下游的 C 城 38 公里。规定各城的污水必须经过处理才能排入河中，三城可以单独建立污水处理厂，也可以用管道将污水输送到下游适当城镇再联合建厂。用 Q 表示污水量(吨/秒)，L 表示管道长(公里)，按照经验公式，建厂费 $p_1=73Q^{0.712}$(千元)，铺设管道费用 $p_2=0.66Q^{0.51}L$(千元)。且已知三城污水量分别为 $Q_A=5$，$Q_B=3$，$Q_C=5$。试从节约三城总投资的原则出发提出合理的建厂方案，并计算三城合理分摊所需的资金。

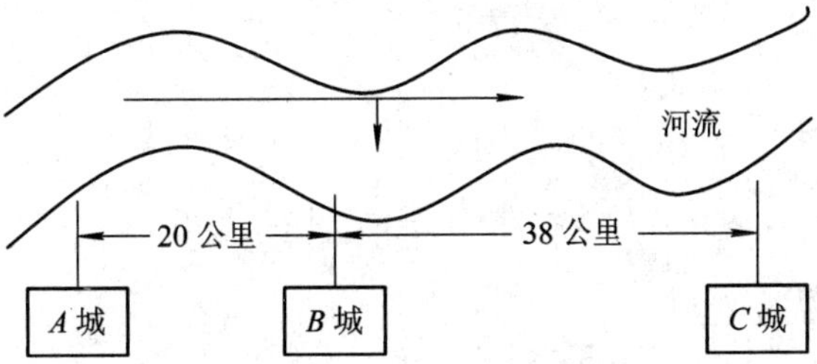

图 7.8　三城地理位置图

分析　首先注意到可以建厂的方案有以下 4 种，计算出投资费用以作出比较。用 1、2、3 表示 A、B、C 三城，$C(i)$ 表示对象 i 的投资费用。

(1) A、B、C 三城分别建厂：

投资分别为

$$C(1)=73\times5^{0.172}=230 \text{ 千元}$$

$$C(2)=73\times3^{0.172}=160 \text{ 千元}$$

$$C(3)=73\times5^{0.172}=230 \text{ 千元}$$

总投资为

$$D_1=C(1)+C(2)+C(3)=620 \text{ 千元}$$

(2) A、B 合作，在 B 城建厂：

投资为

$$C(1, 2)=73\times(5+3)^{0.712}+0.66\times5^{0.51}\times20=350 \text{ 千元}$$

总投资为

$$D_2=C(1, 2)+C(3)=580 \text{ 千元}$$

(3) B、C 合作，在 C 城建厂：

投资为

$$C(2, 3)=73\times(3+5)^{0.712}+0.66\times3^{0.51}\times38=365 \text{ 千元}$$

总投资为

$$D_3=C(1)+C(2, 3)=595 \text{ 千元}$$

(4) A、B、C 三城合作，在 C 城建厂：

总投资为

$$\begin{aligned}D_4=C(1, 2, 3)&=73\times(5+3+5)^{0.712}+0.66\times5^{0.51}\times20+0.66\times(5+3)^{0.51}\times38\\&=556 \text{ 千元}\end{aligned}$$

比较结果，以 $D_4=556$ 千元为最小，所以应选择联合建厂方案，下面的问题是如何分担费用 D_4。

总费用 D_4 中有 3 部分：联合建厂费 $d_1=73\times(5+3+5)^{0.712}=453$ 千元，A 城至 B 城的

管道费 $d_2=0.66\times5^{0.51}\times20=30$ 千元，B 城至 C 城的管道费 $d_3=0.66\times(5+3)^{0.51}\times38=73$ 千元。C 城提出，d_1 由三城按污水量比例 5∶3∶5分担，d_2、d_3 是为 A、B 两城铺设的管道费，应由他们负担；B 城同意，并提出 d_3 由 A、B 两城按污水量比例 5∶3分担，d_2 由 A 城自己负担；A 城提不出反对意见，但他们计算了按上述办法各城应分担的费用：

C 城分担的费用为

$$d_1\times\frac{5}{13}=174\ \text{千元}$$

B 城分担的费用为

$$d_1\times\frac{3}{13}+d_3\times\frac{3}{8}=132\ \text{千元}$$

A 城分担的费用为

$$d_1\times\frac{5}{13}+d_3\times\frac{5}{8}+d_2=250\ \text{千元}$$

结果表明 B、C 两城分担的费用均比他们单独建厂费用 $C(2)$、$C(3)$ 小，而 A 城分担的费用却比 $C(1)$ 大。显然 A 城不能同意这种分担费用的办法。

为了促成三城联合建厂以节约总投资，应该寻求合理的分担总费用的方案。三城的合作节约了投资，产生了效益，于是可以将分担费用问题转化为分配效益问题。将三城记为 $I=\{1, 2, 3\}$，将联合建厂比单独建厂节约的投资定义为特征函数，于是

$$V(\{1\})=V(\{2\})=V(\{3\})=V(\{\varnothing\})=V(\{1, 3\})=0$$

$$V(\{1, 2\})=C(1)+C(2)-C(1, 2)=230+160-350=40$$

$$V(\{2, 3\})=C(2)+C(3)-C(2, 3)=160+230-365=25$$

$$V(\{1, 2, 3\})=C(1)+C(2)+C(3)-C(1, 2, 3)=230+160+230-556=64$$

代入式(7.40)得

$$\varphi_1(V)=19.7\ \text{千元}$$

$$\varphi_2(V)=32.1\ \text{千元}$$

$$\varphi_3(V)=12.2\ \text{千元}$$

可以看出，B 城从总效益 64 中分配的份额最大。最后，在联合建厂方案总投资 556(千元)中各城的分担费用为

A 城：$C(1)-\varphi_1(V)=230-19.7=210.3$ 千元

B 城：$C(2)-\varphi_2(V)=160-32.1=127.9$ 千元

C 城：$C(3)-\varphi_3(V)=230-12.2=217.8$ 千元

人们在处理问题时，往往会面临同时有几种方案可供选择的情况，这就需要人们作出决策。在很多情况下，人们还不能完全肯定未来的自然状态，只能通过一些手段预测自然状态出现的概率，这样在选择最佳方案时就要冒一定风险。此类依据概率的决策为风险决策。下面举例说明。

【例 7.15】 根据水情资料，某地汛期出现平水水情的概率为 0.7，出现高水水情的概率为 0.2，出现洪水水情的概率为 0.1。位于江边的某工地对其大型施工设备拟订三个设置方案：

(1) 运走，需支付运输费 18 万元；

(2) 修堤坝保护，需支付修坝费 5 万元；

(3) 不作任何防范，不需任何支出。

若采用方案(1)，那么无论出现何种水情都不会遭受损失；若采用方案(2)，则仅当发生洪水时，因堤坝冲垮而损失600万元的设备；若采用方案(3)，那么当出现平水位时不遭受损失，发生高水位时损失部分设备100万元，发生洪水时损失设备600万元。根据上述条件，选择最佳决策方案。又设发生洪水的概率能够准确预报，试对出现平水位和高水位的概率进行灵敏度分析。

1. 假设

(1) 通过比较各方案的效益期望值的大小来评定方案的优劣，损失最小者为最佳方案。

(2) 把每个行动方案都看作离散随机变量，其取值就是该方案对应于各自然状态的效益值。

2. 模型的建立

把各种情况用决策树表示，如图7.9所示。

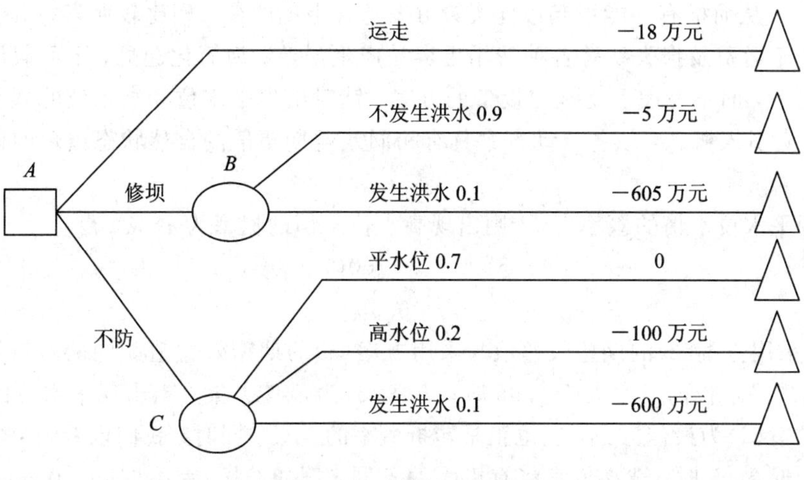

图7.9　决策树示意图

其中：

□——表示决策点，从它引出的分支称为方案分支，分支的数目就是方案的个数。

○——表示机会节点，从它引出的分支称为概率分支，一条概率分支代表一种状态，标有相应发生的概率。

△——表示末梢节点，右边数字代表各个方案在不同状态下的效益值。

决策树上的计算是从右往左的，遇到机会节点，就计算该点的期望值，将结果标在节点上方，遇到决策点，比较各方案分支的效益期望值，决定优劣。淘汰的打上“+”号，余下的为最佳方案，其效益期望值标在决策点旁。

3. 求解

我们用 E 表示数学期望，则有

(1) $E(B)=0.9\times(-5)+0.1\times(-605)=-65$ 万元；

(2) $E(C)=0.7\times0+0.2\times(-100)+0.1\times(-600)=-80$ 万元；

(3) 另一期望值为-18万元。

在第一级决策点 A 处进行比较后可知，运走是最佳决策方案，其效益期望值为-18万元。

4. 稳定性分析

稳定性是各类实际问题经常考虑的，它主要考察通过建模得到的问题的解对原问题一些初始化数据变化的依赖程度。我们知道，由于测量仪器不精确及人类不能控制的一些因素，在实验中测量的数据总会有些偏差。如果较小的测量误差不会引起解的较大误差，这种解释是可以信赖的。反之，如果较小的测量误差会带来解的"大幅度振荡"，那么，即使数学模型建立得再合理，其解也可能与真实的结果相差甚远，从而使建模过程变得毫无意义。因此，分析模型最终的解对一些原始值微小变化的灵敏程度是每个模型必须考虑的问题。有时，稳定性分析也称为灵敏度分析。根据客观问题的不同，稳定性的意义及稳定性分析的方法也有所不同。

在本例中，一旦初始数据(如概率、运费等)发生变化，将会引起效益期望值 $E(B)$、$E(C)$的变化，从而极有可能引起最佳决策方案选择上的改变。相比较而言，出现各种水情的概率较之于运费及损失费等各种费用更容易产生误差。为简化起见，下面假设在不发生洪水的情况下，而不考虑运走施工设备的方案，针对出现平水位和高水位的概率进行稳定性分析。首先引入概念：使各行动方案具有相同效益期望值的自然状态出现的概率称为转折概率。

设出现平水位水情的概率为 α，则出现高水位水情的概率为 $1-\alpha$，令

$$-5=0\cdot\alpha-100(1-\alpha)$$

$$\alpha=0.95$$

$\alpha=0.95$ 即采用方案(2)的期望效益值与采用方案(3)的期望效益值相同的转折概率。可以验证，当出现平水位的概率大于 0.95 时，方案(3)为最佳方案；当出现平水位的概率小于 0.95 时，方案(2)为最佳方案，这也正是转折概率的含义。同时，我们也看到，当预测的平水位概率接近 0.95 时，选择方案将有极大的不同。例如，若 $\alpha=0.9499<0.95$，将选择方案(2)；若 $\alpha=0.9501>0.95$，虽然概率变化极小，选择方案却发生了变化，此时我们将选择方案(3)。

习　题　7

1. 已知关于某服装的调查数据如表 7.20 所示，其中 50%表示在耐穿方面的评价有 50%的人不太满意。试用模糊决策法进行模糊综合评判。

表 7.20　某服装调查表

项目	很受欢迎	比较欢迎	不太欢迎	不受欢迎
花式	20%	70%	10%	0%
耐穿	0%	40%	50%	10%
价格	20%	30%	40%	10%

2. 预测实例。已知某企业 2001—2005 年的工业总产值如表 7.21 所示。

表 7.21 某企业 2001—2005 年的工业总产值

年份	2001	2002	2003	2004	2005
总产值/亿元	1.67	1.51	1.03	2.14	1.99

试建立 GM(1，1)模型的白化方程，预测 2006—2015 年的工业总产值。

3. 某地油菜发病率的部分数据为(35，21，14，18，15.5，17，15)，试建立 GM(1，1)模型。

4. 某居民区有一供居民用水的圆柱形水塔，一般可以通过测量其水位来估计水的流量。但面临的困难是，当水塔水位下降到设定的最低水位时，水泵自动启动向水塔供水，到设定的最高水位时停止供水，而这段时间无法测量水塔的水位和水泵的供水量。通常水泵每天供水一两次，每次约 2 h。水塔是一个高为 122 cm、直径为 174 cm 的正圆柱。按照设计，水塔水位降至约 82 cm 时，水泵自动启动，水位升到约 108 cm 时水泵停止工作。表 7.22 是某一天的水位测量记录(符号“//”表示水泵启动)，试估计任何时刻(包括水泵正供水时)从水塔流出的水流量及一天的总用水量。

表 7.22 水位测量记录

时刻/h	0	0.92	1.84	2.95	3.87	4.98	5.90	7.01	7.93	8.97
水位/cm	968	948	931	913	898	881	869	852	839	822
时刻/h	9.98	10.92	10.95	12.03	12.95	13.88	14.98	15.90	16.83	17.93
水位/cm	//	//	1082	1050	1021	994	965	941	918	892
时刻/h	19.04	19.96	20.84	22.01	22.96	23.88	24.99	25.91		
水位/cm	866	843	822	//	//	1059	1035	1018		

5. 某钟表公司计划通过它的销售网销售一种低价钟表，计划每块售价 10 元，生产这种钟表有三个设计方案。方案 A 需要一次投资 10 万元，以后生产一个的费用为 5 元；方案 B 需要投资 16 万元，以后生产一个的费用为 4 元；方案 C 需要一次投资 25 万元，以后生产一个的费用为 3 元。对于这种钟表的需求未知，但估计有三种可能，分别为 3 万个、12 万个和 20 万个。那么，依据最小机会损失的决策原则，应该采取哪一种方案？

其他模型习题

第 8 章　Mathematica 软件简介

8.1　Mathematica 入门

Mathematica 是 Wolfram 研究公司在 1988 年推出的产品，是一种用来对数值、符号和图形进行数学处理的数学软件系统。Mathematica 具有丰富的内部函数和系统的程序包，其计算功能强大且使用起来十分便利。自 1988 年推出 1.0 版本，到现在已经发展到版本 13.0，目前被广泛使用的版本为 11.0，本书主要以 11.0 版本为对象进行介绍。

Mathematica 的安装和启动与其他常用软件并无大的区别，故本书略去有关 Mathematica 的安装及启动介绍。

Mathematica 界面简介

8.1.1　Mathematica 界面

Mathematica 的工作界面如图 8.1 所示，由主菜单和工作区组成。

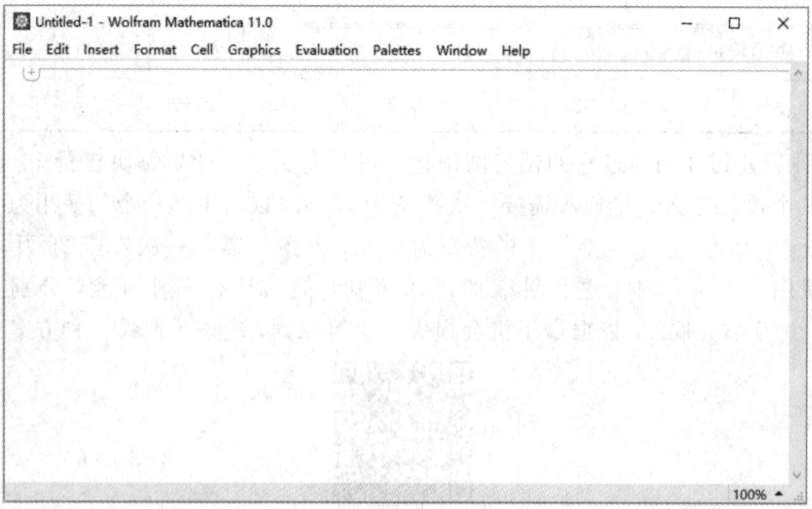

图 8.1　Mathematica 的工作界面

1. 主菜单

主菜单上共有 10 个菜单项。单击菜单项会弹出下拉式菜单，其中的选项很多，下面重点介绍其中一些比较实用的菜单项。

(1) File 菜单中的 New、Open、Close、Save、Save As 命令分别用于新建、打开、关闭、保存、另存为等操作，其功能与其他常用软件类似。

(2) Edit 为编辑命令菜单，其中的 Cut、Copy、Paste、Select All、Undo 命令分别用于剪切、复制、粘贴、全选、取消等操作。

(3) Palettes 是工具箱菜单，当鼠标指向 Other 时，会弹出下一级子菜单，用来打开基本输入模板。基本输入模板由一系列按钮组成。用鼠标点击某一个按钮，便可将该按钮表示的符号输入工作区中。合理利用基本输入模板可以加快输入速度，减轻记忆函数命令的负担。

(4) Help 是帮助菜单，使用时可打开 Wolfram Documentation 项，获得系统帮助文件。帮助文件实际上就是一个使用说明书，在帮助文件里可以了解 Mathematica 软件的所有函数、命令的使用格式和功能。使用时，只要在帮助窗口内点击或输入命令、函数名称，系统就会显示该命令、函数的使用格式及其他相关信息。

2. 工作区

图 8.1 中，下方的空白区域为工作区，是用户输入、系统输出一切信息的窗口，用户的所有操作都在这里完成。可以同时打开多个工作区窗口，该窗口被称为 Notebook。

8.1.2 输入与执行

输入与执行的举例说明

启动 Mathematica 进入工作界面后，就可在未命名的空白记事簿中输入表达式。输入表达式后按小键盘区内的回车键(或 Shift＋大键盘区内的回车键，又或在主菜单 Evaluation 栏下点击 Evaluate Cells)就会出现对应的“输入输出单元”。

注意：若输入表达式后直接按大键盘区内的回车键，则只会产生换行。

8.1.3 Mathematica 的语法要求

Mathematica 是一个敏感的软件，若输入过程中不慎输入了不规范的函数或数据，都会使得运算无法进行，因此使用过程中需注意以下几点：

(1) 系统的所有函数(命令)都必须以大写英文字母开头，并注意区分大小写，自变量要放在方括号[　]内。变量名最好用小写字母，否则容易与软件内部函数(命令)名冲突，比如大写字母 C 和 D 都不能用来作为变量名。

(2) 注释可放在(*　*)中间，在运行时系统对此部分内容不作处理。

(3) Mathematica 中常用的运算符号有 5 个：+(加)、-(减)、*或空格(乘)、/(除)、^(乘方)。空格的用法比较特殊，要特别注意。

(4) Mathematica 中的标点符号必须要切换到英文状态下输入。分号“;”放在一行命令后，表示执行运算但不显示结果；圆括号(　)仅用来改变运算次序；花括号{　}则用于表示命令中的选项或集合。注意：各种括号必须成对出现。

8.1.4 查询与帮助

查询与帮助的举例说明

在对某个函数的具体用法感到不确定时，可在工作区输入查询命令“? 函数名”。如果想查询得更精确一些，可使用命令“?? 函数名”。另外，Help 菜单中提供了大量帮助信息，读者也可以通过 Help

菜单来了解和学习 Mathematica 的更多功能和用法。

8.1.5 文件的存取

1. 文件的保存

在工作区进行一系列操作后，如果需要保存当前的工作，可在 File 菜单中选取 Save As 选项，填写需要保存的文件名，选择保存位置，即可完成保存。Mathematica 中保存的文件以.nb 为后缀。

2. 文件的打开

如果需要继续操作先前保存的工作任务，可在 File 菜单中选取 Open 选项，选择正确的位置与文件名，即可打开先前保存过的文件。

8.1.6 Mathematica 的扩展

早期版本 Mathematica 的一个比较重要的特点就是其具有可扩展性，某些专门领域的计算会用到外挂的软件包。所谓软件包，就是已经编写好的一些程序文件，但这些文件并不在软件的内核中，要使用的时候必须先调入。在新版本的 Mathematica 中，基本功能都是开放的，所以本书略去 Mathematica 扩展的详细介绍。

8.1.7 数的表示与计算

Mathematica 里将数大致分为两类：一类是基本常数，包括整数、有理数、实数和复数；另一类是系统的内部常数，包括数学、物理中的一些常用常数。这些常数之间可以直接进行加、减、乘、除以及乘方等算术运算，运算顺序是先乘方，再乘除，最后加减，可以用圆括号(　)来改变运算次序。

【例 8.1】 实际运行时的输入、输出。

In[1]:=2/3+$\frac{3}{4}$

Out[1]= $\frac{17}{12}$

In[2]:=3^2−2^3

Out[2] =1

In[3]:=3*2+2^(1/2)+$\sqrt{2}$

Out[3]=6+2$\sqrt{2}$

从例 8.1 中可以看到，输入的式子在运行后，系统自动在式子前面加上了“In[1]:=”，在输出的结果前面加上了“Out[1]=”，这有助于分清输入与输出并自动加上编号。在编号为 1 的表达式中以两种形式输入了两个分数，表明分数可用键盘上的“/”或基本输入模板输入。在编号为 2 的表达式中以两种方式输入了两个幂式，表明指数可用键盘上的“^”或基本输入模板输入。在编号为 3 的表达式中则分别以两种方式输入了根式。利用基本输入模板输入式子时，先在基本输入模板上选定需要的模板，然后用鼠标点击工作区中出现的方框进行输入即可。

注意：“In[1]:=”“Out[1]=”为系统自动生成的编号代码，不是输入的。

例 8.1 的输出结果均为精确值，如要得到近似值，可用近似运算命令“N[表达式]”或

“N[表达式，有效数字位数]”。例如，在例 8.1 的基础上继续输入、输出以下结果：

```
In[4]:=N[%]
Out[4]=8.82843
In[5]:=N[%%, 20]
Out[5]=8.8284271247461909
In[6]:=N[%1, 30]
Out[6]=1.41666666666666666666666666667
```

编号为 4 的输出结果是对 $6+2\sqrt{2}$ 取了近似值，系统默认是 6 位有效数字，末位后四舍五入，其中%表示上一次的输出结果。编号为 5 的输出结果是对 $6+2\sqrt{2}$ 取了 20 位有效数字的近似值，其中%%表示上上一次的输出结果。编号为 6 的输出结果是对 $\frac{17}{12}$ 取了 30 位有效数字的近似值，其中%1 表示编号为 1 的输出结果。

再如：

```
In[7]:=N[Pi, 12]
Out[7]=3.14159265359
```

这里是对运算对象 Pi 取 12 位有效数字的近似值。其中 Pi 表示圆周率 π，为系统内部常数。Mathematica 中其他常用的内部数学常数有：E 表示自然对数的底 e，Degree 表示角度单位，I 表示虚数单位 i，Infinity 表示无穷大∞。

8.1.8　变量的表示与运算

Mathematica 中的变量名必须是以小写字母开头、由字母或数字组成的长度不限的字符串，不能含有空格或标点符号，如 date1、a2、list3 等。

变量的赋值用“=”表示，赋的值可以是一个数值、一个数组、一个表达式，甚至一个图形。例如，date1=16。

需要注意的是，变量一旦被赋值，这个值会一直保留，直到它被清除或被重新赋值为止。保留期间，只要出现该变量，都会被赋值所代替。例如：

```
In[1]:=a=2
Out[1]= 2
In[2]:=a^2-6
Out[2]=-2
In[3]:=3*a+b
Out[3]=6+b
```

显然，在 a 被赋值成 2 之后，后面凡是出现 a 时，都会被自动替换成 2。如果想再使用变量 a，而又不想被赋值，可用命令 Clear[变量]或 Clear[变量 1，变量 2，…]清除原来的赋值。

8.1.9　函数的表示与运算

Mathematica 中的各种操作主要靠函数来实现，这里的函数并不仅仅局限于数学上的定义，还包括各种操作函数，本书将软件本身的内部函数与自带的软件包中的函数统称为系统函数。另外，用户还可以自定义函数并将其加入 Mathematica 中，其后即可像系统函

数一样使用。函数的一般表达格式为

函数名[参数 1，参数 2，…]

1. 系统函数

下面是基本初等函数(常数函数除外)的表达式(其中 x 为自变量)：

几种基本初等函数的特殊输入方法

Power[x, a]	指数为 a 的幂函数
Sqrt[x]	二次根式函数
Exp[x]	底数为 e 的指数函数
Log[x]	自然对数函数
Log[b, x]	底数为 b 的对数函数
Sin[x]	正弦函数
Cos[x]	余弦函数
Tan[x]	正切函数
Cot[x]	余切函数
Sec[x]	正割函数
Csc[x]	余割函数
ArcSin[x]	反正弦函数
ArcCos[x]	反余弦函数
ArcTan[x]	反正切函数
ArcCot[x]	反余切函数，注意值域为 $\left(-\frac{\pi}{2},0\right)\cup\left(0,\frac{\pi}{2}\right)$

Mathematica 还给出了数学中常用的一些特别函数，其表达式如下：

Round[x]	最接近 x 的整数(四舍五入)
Floor[x]	不大于 x 的最大整数，即取整函数
Ceiling[x]	不小于 x 的最小整数
Sign[x]	符号函数
Abs[x]	绝对值函数
Max[x1, x2, …]	取 x1, x2, …中的最大值
Min[x1, x2, …]	取 x1, x2, …中的最小值
Mod[m, n]	整数 m 被 n 除的余数
Quotient[m, n]	整数 m 被 n 除的整数部分
GCD[n1, n2, …]	一组整数的最大公约数
LCM[n1, n2, …]	一组整数的最小公倍数
Factor[表达式]	表达式的因式分解
Expand[表达式]	表达式展开
Together[表达式]	表达式通分
Sinh[x]	双曲正弦函数
Cosh[x]	双曲余弦函数
Tanh[x]	双曲正切函数
Coth[x]	双曲余切函数

2. 自定义函数

Mathematica 允许用户使用自己定义的函数，可以方便以后的处理与分析。

自定义函数的命令格式为

自定义函数名[变量_]:=表达式

自定义函数名可以根据需要按变量命名规则命名，注意不要与 Mathematica 的系统函数名相同。变量后面所带下画线是为了区别自定义函数表达式中所含的变量哪个是自变量，哪个是参数，所以不要漏掉或摆错位置。冒号的作用是只运行，不显示输出结果，但系统已经定义好函数。

【例 8.2】 定义函数 $f(x)=x\sin x+x^2+2x$，分别求 $f(x)$ 在 $x=1$、$\frac{\pi}{2}$ 时的值，再求 $f(x^2)$。

```
In[1]:=f[x_ ]:=x * Sin[x]+x^2+2 * x
In[2]:=f[1]
Out[2]=3+Sin[1]
In[3]:=f[Pi/2]
```

$\text{Out[3]}=\frac{3\pi}{2}+\frac{\pi^2}{4}$

```
In[4]:=f[x^2]
```

$\text{Out[4]}=2x^2+x^4+x^2\,\text{Sin}[x^2]$

多元函数的自定义命令为

自定义函数名[变量 1_，变量 2_，…]:=表达式

怎样输入分段函数的自定义函数表达式呢？其实很简单，只需要分段定义自定义函数就行了，即在每次定义自定义函数时在后面添加范围限制，其格式为

/；范围限制

【例 8.3】 设函数 $f(x)=\begin{cases}x-1 & (x>0)\\ x^2 & (-1\leqslant x\leqslant 0)\\ \sin x & (x<-1)\end{cases}$，求 $f\left(-\frac{\pi}{2}\right)$、$f\left(-\frac{1}{2}\right)$、$f(2)$。

```
In[1]:= f[x_]:= x-1/; x>0
f[x_]:=x^2/; (x<=0)&&(x>=-1)
f[x_]:=Sin[x]/; x<-1
In[2]:=f[-Pi/2]
Out[2]=-1
In[3]:=f[-1/2]
```

$\text{Out[3]}=\frac{1}{4}$

```
In[4]:=f[2]
Out[4]=1
```

函数第二段条件范围用到的符号 && 表示逻辑与。还可以利用 Which 命令来定义例 8.3 中的函数：

```
In[5]:= f[x_]:= Which[x>0, x-1, (x<=0)&&(x>=-1), x^2, x<-1, Sin[x]]
```

如果定义的分段函数只有两段，还可以用 If 命令。例如，函数 $f(x)=\begin{cases}x^3 & (x\leqslant 1)\\ 3-x & (x>1)\end{cases}$ 可用如下命令定义：

```
In[6]:= f[x_]:=If[x<=1, x^3, 3-x]
```

8.1.10 表的表示

表是存储多个数、变量或者表达式等对象的一种数据结构，一个表用一组花括号表示，它里面的元素在括号内用逗号隔开。同一个表的元素可以有不同的数据类型，表中元素还可以是一个表。表常用来表示数学中的向量、矩阵或者集合。例如：

```
In[1]:={2, 4, 8}
Out[1]= {2, 4, 8}
In[2]:={1, 2*x, 3+Cos[x], {1, 2, 3}}
Out[2] ={1, 2x, 3+Cos[x], {1, 2, 3}}
```

元素比较少的简单表可以采用直接输入的方式来建立。对于一些有规律的复杂表，可以用建表函数来建立。常见的建表函数如下：

Range[正数 m]	生成表{1, 2, 3, …, n}, n≤m
Range[m, n]	生成表{m, m+1, m+2, …, r}, m≤ r≤n
Range[m, n, d]	从 m 开始按步长 d 递增建表，直到不大于 n
Table[通项, {k, m, n, d}]	按照以 k 为变量的通项建表，k 的取值为从 m 到 n，d 为步长

例如：

```
In[1]:=Range[2.3, 6.7, 2]
Out[1]={2.3, 4.3, 6.3}
In[2]:=Table[k^2+1, {k, 1, 10, 2}]
Out[2] ={2, 10, 26, 50, 82}
```

8.2 利用 Mathematica 绘制图形

Mathematica 可以通过作图函数迅速绘制各种图形，这里主要介绍常见的平面图形以及空间图形的绘制方法。

8.2.1 基本一元函数作图

基本一元函数作图的命令格式为

```
Plot[函数, 作图范围, 可选项]
```

或者

```
Plot[{函数 1, 函数 2, …}, 作图范围, 可选项]
```

其中，函数为待作图的一元函数；作图范围用变元组{自变量，自变量下限，自变量上限}给出；可选项包含了作图的各种细节要求，如果不写可选项，则系统按照默认参数输出图形。第二种命令格式可以将多个函数图像画在同一坐标系中。

【例 8.4】 作函数 $f(x)=x^2$ 的图形。

```
In[1]:=f[x_]:=x^2
In[2]:=Plot[f[x], {x, -1, 1}]
```

Out[2]=
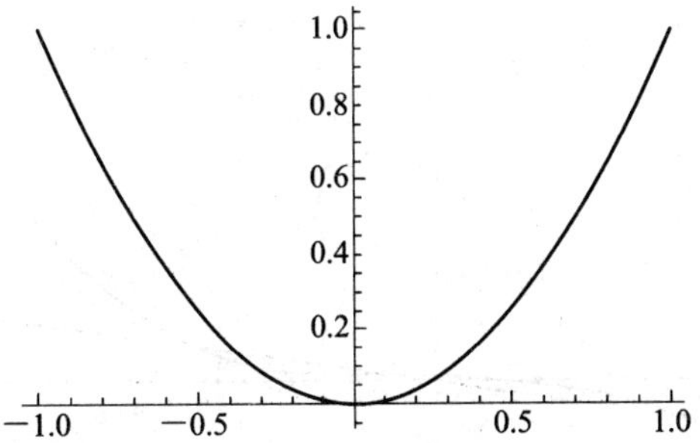

In[3]:=Plot[f[x], {x, −1, 1}, AspectRatio−>1/2, AxesLabel−>{ "x", "y"}]

Out[3]=
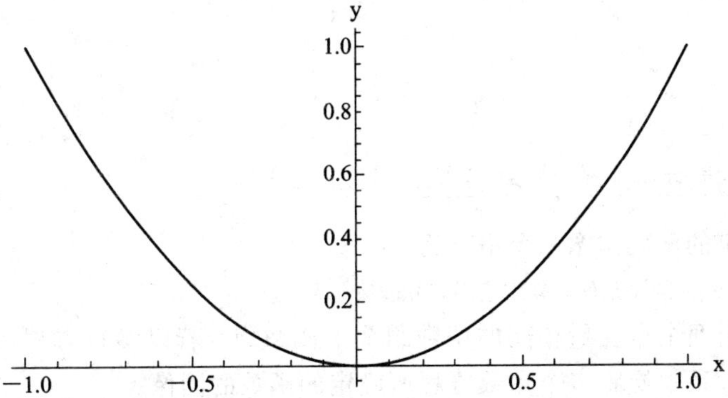

第一个图没有设置选项，所有项值都是系统默认值；第二个图设置图像高宽比例是 1∶2，并设置横坐标轴为 x，纵坐标轴为 y，设置坐标轴名要加双引号，第一个为横坐标轴名，第二个为纵坐标轴名。可选项的具体设置在后面详细介绍。

【例 8.5】 将 $f(x)=x^3$ 与 $g(x)=x$ 画在一个坐标系内。

In[1]:=Plot[{x^3, , x}, {x, −2, 2}]

Out[1]=
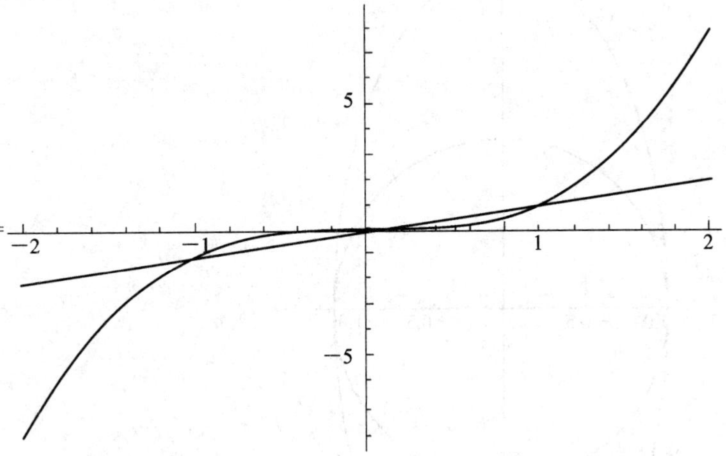

将多个函数的图像画在同一坐标系中还可以使用 Show 命令，其格式为

Show[图形变量组，可选项]

图形变量组是由图形变量构成的。例如，赋值 a =Plot[Log[x], {x, 1, 10}]后，a 就为图形变量。例 8.5 还可这么操作：

In[2]:=a1=Plot[x^3, {x, −2, 2}];

a2= Plot[x, {x, −2, 2}];

Show[a1, a2]

Out[4]=

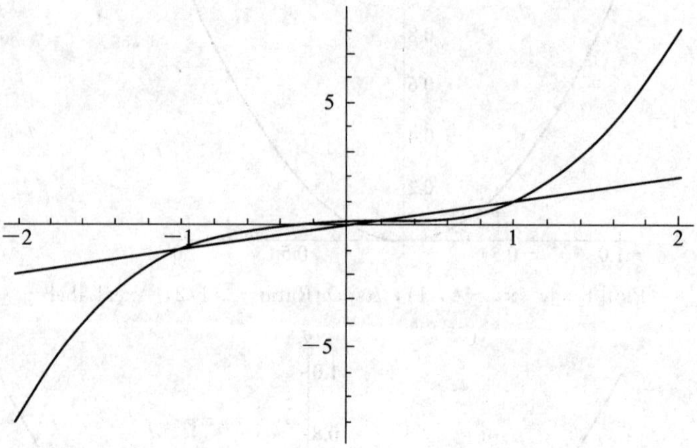

8.2.2 参数方程所确定的函数作图

参数方程确定的函数作图命令格式为

ParametricPlot[参数方程，参数范围，可选项]

参数方程是由两个自变量相同的函数组成的函数组。若以参数方程组取代参数方程，还可以在同一坐标系中绘制多个参数方程所确定的函数的图像。

【例 8.6】 在同一坐标系中绘制 $\begin{cases} x = \sin t \\ y = \cos t \end{cases}$ 与 $\begin{cases} x = \sin t \\ y = 2\cos t \end{cases}$ 的图形。

In[1]:=ParametricPlot[{{Sin[t], Cos[t]}, {Sin[t], 2 * Cos[t]}}, {t, 0, 2 * Pi}]

Out[1]=

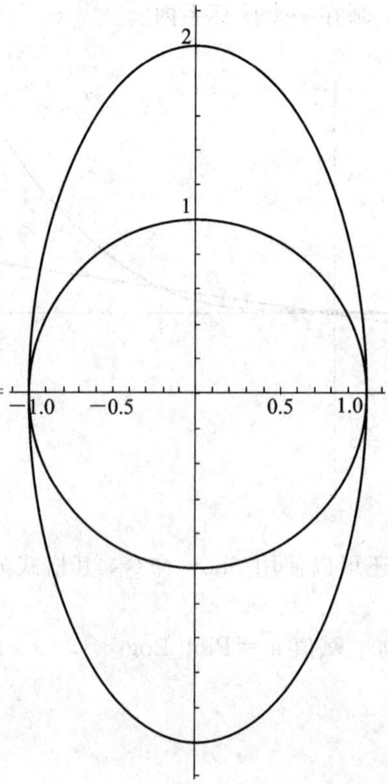

8.2.3　极坐标式函数作图

极坐标式函数可化为参数方程后利用参数方程作图的命令作图，或者直接用极坐标函数作图命令作图。前者比较容易实现，读者可自行尝试，下面我们主要介绍第二种方法。

极坐标式函数作图的命令格式为

PolarPlot[极坐标函数，变量范围，可选项]

【例 8.7】 绘制函数 $\rho = 1 - \cos\theta$ 在区间[0，2π]上的图形。

In[1]:=PolarPlot[1-Cos[t]，{t，0，2*Pi}]

Out[1]=

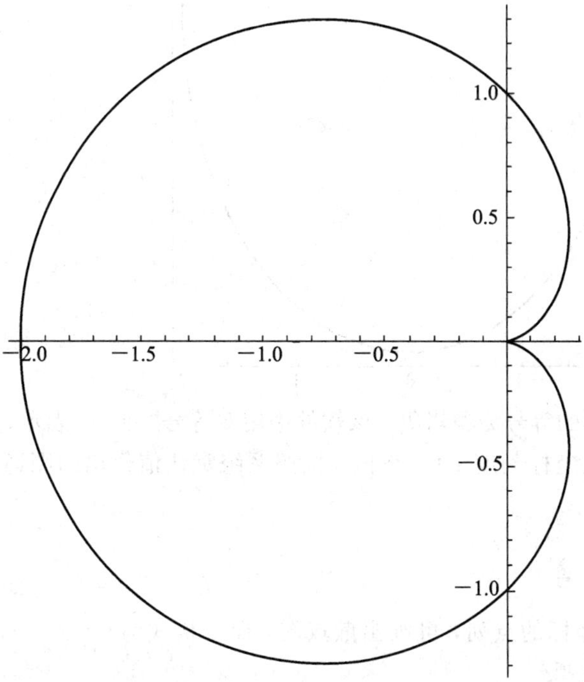

8.2.4　隐函数作图

隐函数作图在 6.0 版本以前是利用单独的命令画图，命令格式为

ImplicitPlot[隐函数方程，变量范围，可选项]

在 6.0 及以后的版本中，隐函数作图命令与等高线画图命令进行了合并，命令格式为

ContourPlot[隐函数方程，自变量范围，因变量范围]

【例 8.8】 绘制隐函数 $\frac{x^2}{4} + \frac{y^2}{9} = 1$ 的图像。

In[1]:= ContourPlot [x^2/4+y^2/9= =1，{x，-2，2}，{y，-3，3}，AspectRatio->Automatic]

Out[1]=

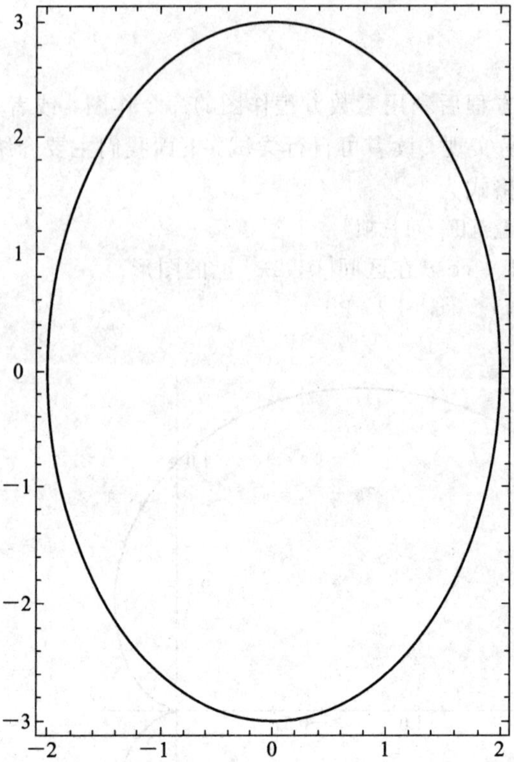

注意：隐函数方程中的等号为逻辑等，该软件中用双等号"= ="表示。AspectRatio－>Automatic 表示利用横纵坐标刻度 1∶1 作图。按照系统默认值作出的图通常看起来与实际不太相符。

8.2.5 绘制平面散点图

对于由一个表给出坐标的点列，可画出散点图，命令格式为

ListPlot[点列，可选项]

【例 8.9】 绘制由坐标(－1，2)、(0，2.5)、(1，3)、(2，4)、(3，4.5)、(4，5.5)构成的散点图。

In[1]:=ListPlot[{{－1, 2}, {0, 2.5}, {1, 3}, {2, 4}, {3, 4.5}, {4, 5.5}}]

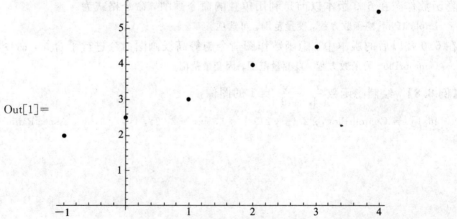

Out[1]=

In[2]:=ListPlot[{{-1, 2}, {0, 2.5}, {1, 3}, {2, 4}, {3, 4.5}, {4, 5.5}}, PlotJoined->True]

Out[2]=

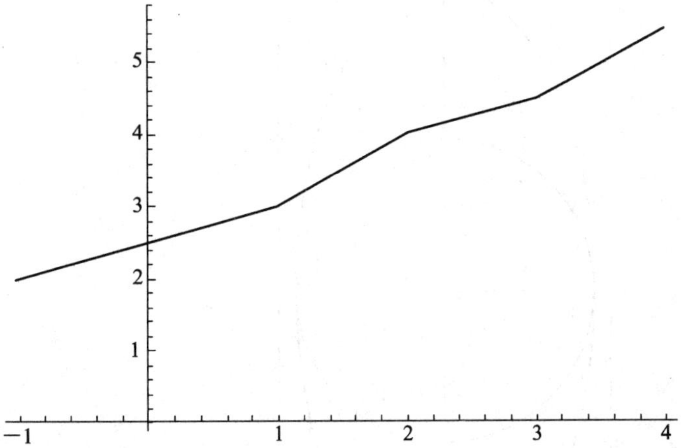

可选项 PlotJoined->True 用于将各点用线段按顺次连接起来，默认不连接。

8.2.6　平面图形的可选项

平面图形可选项设置的几点说明

Mathematica 中绘制图形的可选项有很多，由于篇幅限制，本书无法全面介绍，这里只介绍部分常用的可选项。

几个常用选项及其取值情况见表 8.1。

表 8.1　平面图形可选项

选　项	说　明	项值类型	默认项值
AspectRatio	图形的纵横比	数	0.618 : 1
AxesLabel	坐标轴名	文字组	无
AxesOrigin	指定坐标轴交点	数组	自动
Frame	图形边框	文字	无
PlotLabel	给图形加上标题	文字	无
PlotRange	函数值范围	数组	自动
PlotPoints	采样点数	数	25
PlotStyle	样式(颜色，粗细等)	函数组	自动
RGBColor	线条颜色配色	三元数组	自动
Thickness	线条宽度	数	自动
Dashing	线条虚实	数或数组	自动

下面举例说明它们的具体用法。

对例 8.6 中的图进行加边框、图形命名操作，如下：

In[1]:=ParametricPlot[{{Sin[t], Cos[t]}, {Sin[t], 2 * Cos[t]}}, {t, 0, 2 * Pi}, Frame->True, PlotLabel->"canshu"]

Out[1]= 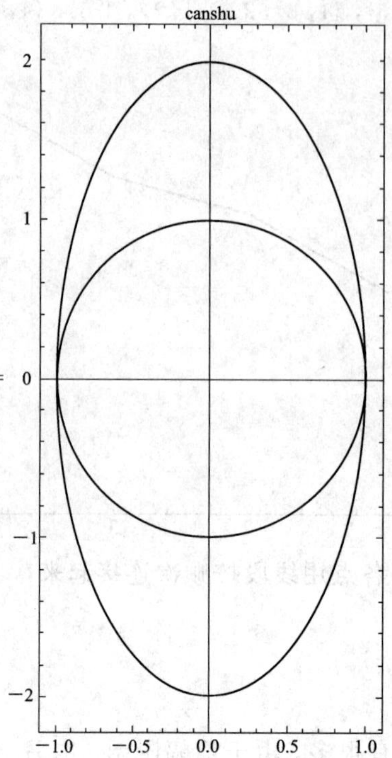

选项 Frame－＞True 给图形加边框，PlotLable－＞"canshu"给图形加标题，标题名要用引号引起来。注意符号"－＞"是由减号"－"和大于号"＞"构成的。

对例 8.6 的图进行如下操作：

In[1]:=ParametricPlot[{{Sin[t], Cos[t]}, {Sin[t], 2 * Cos[t]}}, {t, 0, 2Pi}, AspectRatio－＞Automatic, PlotPoints－＞150, PlotStyle－＞{{Thickness[0.02], RGBColor[1, 0, 0]}, {RGBColor[0, 0, 1], Dashing[0.02]}}]

Out[1]= 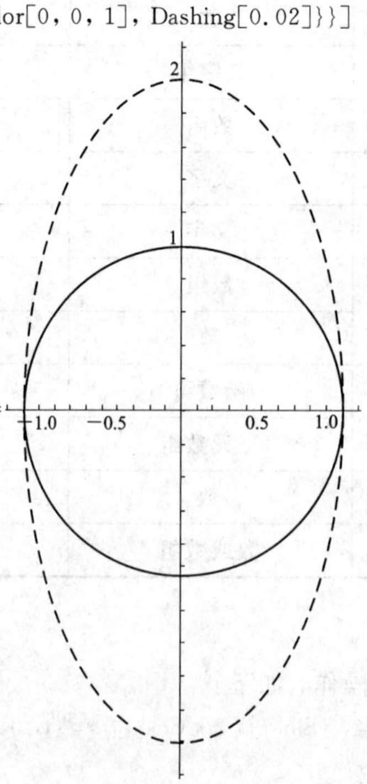

命令 PlotPoints－>150 是将采样点设置成了 150 个，这样可以让图看起来更细腻一些。命令 PlotStyle－>{{Thickness[0.02]，RGBColor[1，0，0]}，{RGBColor[0，0，1]，Dashing[0.02]}}用于对画图方式进行设置。其中函数组{Thickness[0.02]，RGBColor[1，0，0]}是设置第一个参数方程的图形线条的宽度和颜色，Thickness[0.02]用于设置线条宽度与整个图宽度之比为 0.02，默认是 0.004，取值时一般就在 0.004 左右；RGBColor[1，0，0]用于设置线条颜色为红色，3 个数分别表示红(Red)、绿(Green)、蓝(Blue)的强度，不同的取值搭配能形成不同的颜色。函数组{RGBColor[0，0，1]，Dashing[0.02]}用于设置第二个参数方程的图形线条颜色及线条的虚实，RGBColor[0，0，1]用于设置线条颜色为蓝色，Dashing[0.02]是用长度为 0.02 的虚实线条间隔画图，也可用数组取不同长度的虚实间隔。注意命令函数 Thickness，RGBColor，Dashing 是隶属于 PlotStyle 的，并注意使用格式。

最后，散点图中点的大小是可以调整的，对例 8.9 中的图进行如下操作：

```
In[1]:=ListPlot[{{-1, 2}, {0, 2.5}, {1, 3}, {2, 4}, {3, 4.5}, {4, 5.5}},
    PlotStyle->PointSize[0.02]]
```

Out[1]=

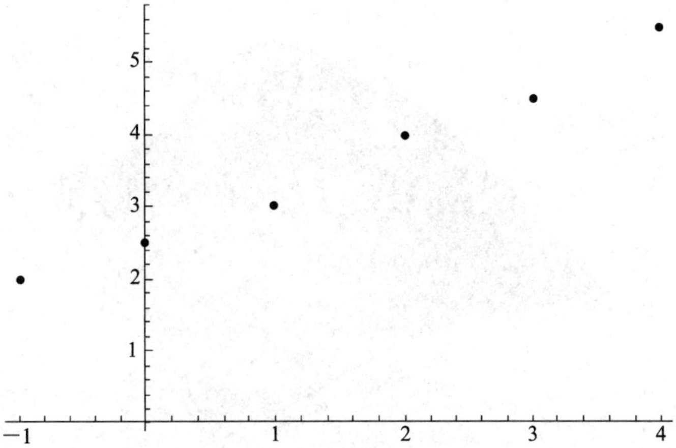

PlotStyle－>PointSize[0.02]是控制散点的大小。

8.2.7　空间图形的绘制

Mathematica 在绘制空间图形方面的功能很强，能够满足一般的需要。下面给出两个常用的绘制空间图形的命令。

绘制参数形式空间曲线或曲面的命令为

ParametricPlot3D[参数方程，参数范围，可选项]

绘制二元函数图形的命令为

Plot3D[函数，第一变量的范围，第二变量的范围，可选项]

函数名的使用方式和可选项的设置与平面图形基本类似。

常用的绘制空间图形的可选项及取值情况见表 8.2。

表 8.2　空间图形可选项

选　项	说　明	项值类型	默认项值
Boxed	图形立体框	文字	True
BoxRatios	横、纵、竖长度比	数字	[1，1，0.4]
ViewPoint	观察点	数组	{1.3，－2.4，2}
PlotRange	函数值范围	数组	自动
Lighting	光照参数	文字	True
Axes	坐标轴显示	文字	True
Mesh	曲面网格	文字	True

【例 8.10】 绘制函数 $z=(x^2+y^2)e^{1-x^2-y^2}$ 在 $-2\leqslant x\leqslant 2$，$-2\leqslant y\leqslant 2$ 上的图形。

In[1]:=Plot3D[(x^2+2*y^2)*E^(1-x^2-y^2), {x, -2, 2}, {y, -2, 2}]

Out[1]=

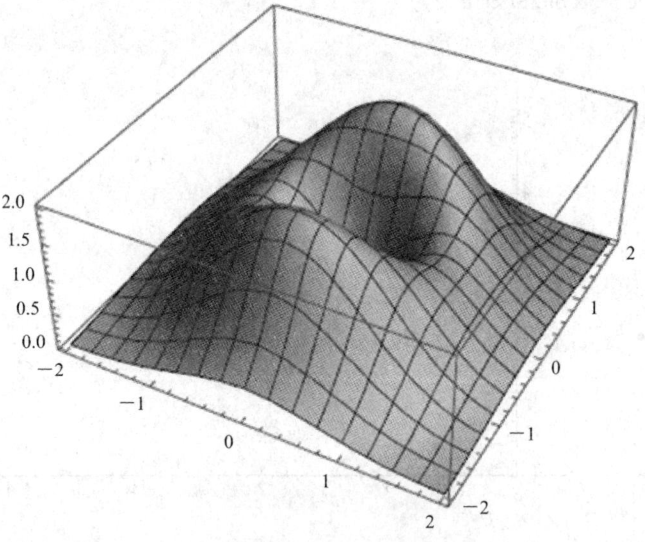

In[2]:=Plot3D[(x^2+2*y^2)*E^(1-x^2-y^2), {x, -2, 2}, {y, -2, 2}, Axes->False, Boxed->False, Mesh->False]

Out[2]=

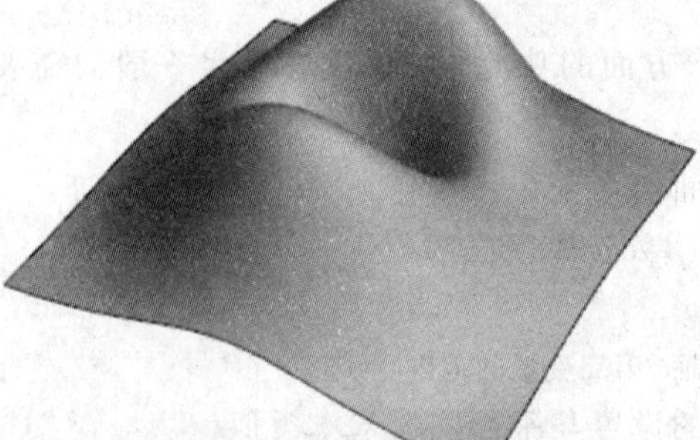

第二个图中将边框、坐标轴、曲面网格均去掉了。

【例 8.11】 绘制螺旋线$\begin{cases} x = 3\sin t \\ y = 3\cos t \\ z = t \end{cases}$在 $0 \leqslant t \leqslant 4\pi$ 上的图形。

In[1] := ParametricPlot3D[{3 * Sin[t], 3 * Cos[t], t}, {t, 0, 4 * Pi}]

Out[1]=

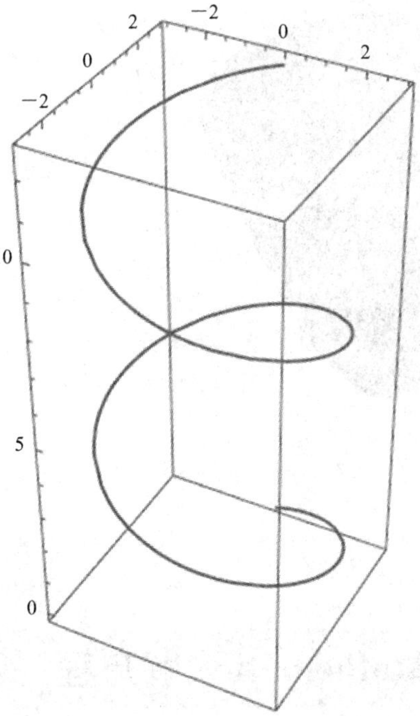

【例 8.12】 利用参数方程绘制 $z = x^2 + y^2$ 在 $0 \leqslant z \leqslant 8$ 上的图形。

In[1] := ParametricPlot3D[{r * Sin[t], r * Cos[t], r^2}, {t, 0, 2 * Pi}, {r, 0, 2 * 2^(1/2)}]

Out[1]=

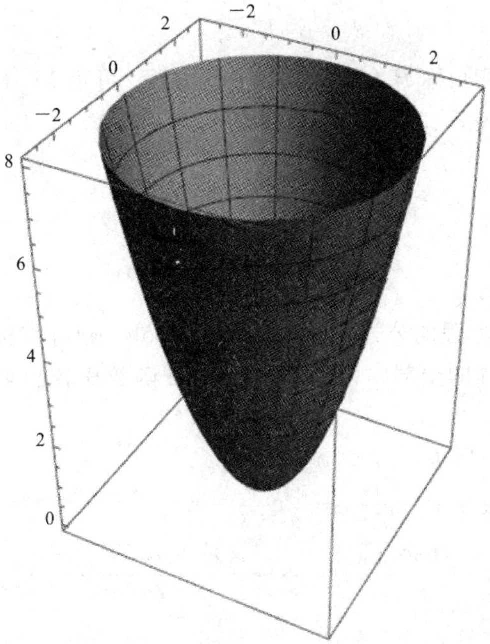

例 8.12 也可以用二元隐函数画图命令作图，如下：

```
In[1]:=ContourPlot3D[x^2+y^2==z, {x, -2*2^(1/2), 2*2^(1/2)}, {y, -2*2^(1/2), 2*2^(1/2)}, {z, 0, 8}]
```

Out[1]=

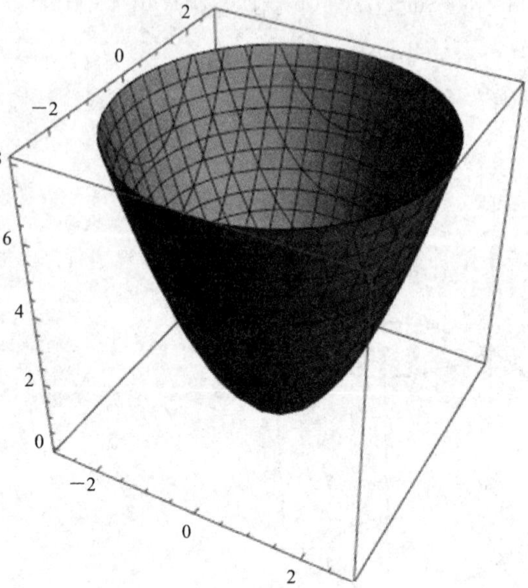

8.3 利用 Mathematica 解方程

方程是数学理论中的重要组成部分，Mathematica 的一个重要功能就是求解方程，本节介绍方程的一些求解方式及相关注意事项。

8.3.1 *n* 次方程的求解

设 $P_n(x)$ 为 n 次多项式，则称 $P_n(x)=0$ 为 n 次方程。可用 Mathematica 的求解函数 Solve、NSolve、Reduce 和 Roots 求解 n 次方程，具体格式有

Solve[方程，未知数]

NSolve[方程，未知数]

Reduce[方程，未知数]

Roots[方程，未知数]

这里，Solve 用于求 n 次方程的公式形式解集，而 NSolve 则可直接求出 n 次方程的数值解集，Reduce 可以给出方程的全部解，Roots 与 Solve 函数比较起来只是输出结果形式不同。

【例 8.13】 求解方程 $ax^2+bx+c=0$。

In[1]:=Solve[a*x^2+b*x+c==0, x]

Out[1]= $\left\{\left\{x\to\frac{-b-\sqrt{b^2-4ac}}{2a}\right\}, \left\{x\to\frac{-b+\sqrt{b^2-4ac}}{2a}\right\}\right\}$

In[2]:=Reduce[a*x^2+b*x+c==0, x]

$$\text{Out[2]}=\left(a\neq 0\&\&\left(x==\frac{-b-\sqrt{b^2-4ac}}{2a}\ \Big\|\ x==\frac{-b+\sqrt{b^2-4ac}}{2a}\right)\right)\Big\|$$

$$\left(a==0\&\&b\neq 0\&\&x==-\frac{c}{b}\right)\Big\|(c==0\&\&b==0\&\&a==0)$$

这里要注意，方程在 Mathematica 中为逻辑语句，由逻辑等号==(有别于赋值语句中的等号=)连接 2 个数学表达式而成。比较两种结果可以看出，Reduce 函数详细讨论了各种可能的情况，而 Solve 只考虑了 a≠0 的情况。注意符号 ‖ 为逻辑或。

【例 8.14】 求解方程 $x^3+5x+6=0$。

In[1]:=Solve[x^3+5*x+6==0, x]

$$\text{Out[1]}=\{\{x\to -1\},\{x\to \frac{1}{2}(1-i\sqrt{23})\},\{x\to \frac{1}{2}(1+i\sqrt{23})\}\}$$

In[2]:=NSolve[x^3+5*x+6==0, x]

Out[2]={{x→-1.}, {x→0.5-2.39792i}, {x→0.5+2.39792i}}

解集中含二个复数解，其中 i 为虚数单位，从中可以看出公式解与数值解的区别。

【例 8.15】 求解方程 $x^2-3x+2=0$。

In[1]:=Roots[x^2-3*x+2==0, x]

Out[1]= x==1 ‖ x==2

In[2]:=Solve[x^2-3*x+2==0, x]

Out[2]= {{x→1}, {x→2}}

从结果来看，二者只是输出的形式不一样，解还是一样的。

8.3.2 求解方程近似根

很多方程并不能用上述函数求解，Mathematica 提供了求解方程近似根的命令函数 FindRoot，其格式为

FindRoot[方程, {未知数, 起始点}]

FindRoot[方程, {未知数, 起始点, 终点}]

FindRoot 的计算原理是在起始点附近或者在起始点与终点之间寻找方程的近似根，但要注意起始点与根要很近，起始点与终点之间只能有一个根。为了比较准确地找到起始点和终点，可以先把方程两边的表达式的图像画出来，在交点附近找起始点和终点。

【例 8.16】 求解方程 $3\cos x=\ln x$。

In[1]:=Plot[{3Cos[x], Log[x]}, {x, 0, 25}, AspectRatio->Automatic]

Out[1]=

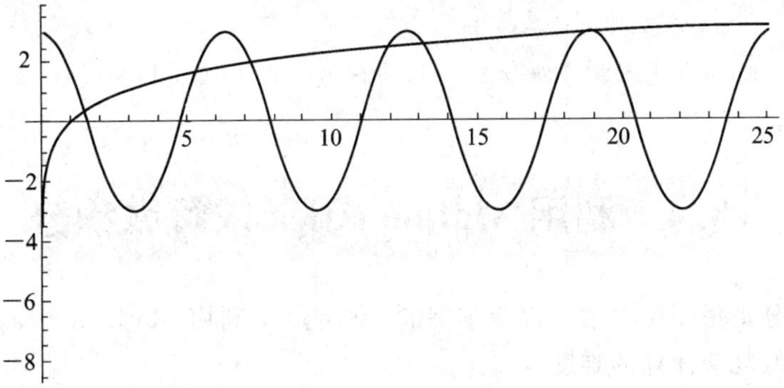

In[2]:=FindRoot[3*Cos[x]==Log[x], {x, 1}]

```
Out[2]= {x→1.44726}
In[3]:=FindRoot[3*Cos[x]==Log[x], {x, 5}]
Out[3]={x→5.30199}
In[4]:=FindRoot[3*Cos[x]==Log[x], {x, 7}]
Out[4]={x→7.13951}
In[5]:=FindRoot[3*Cos[x]==Log[x], {x, 11}]
Out[5]= {x→11.9702}
In[6]:=FindRoot[3*Cos[x]==Log[x], {x, 13}]
Out[6]={x→13.1064}
In[7]:=FindRoot[3*Cos[x]==Log[x], {x, 20}]
Out[7]={x→19.0387}
In[8]:=FindRoot[3*Cos[x]==Log[x], {x, 18, 19}]
Out[8]= {x→18.6247}
```

在同一坐标系下画出 $3\cos x$ 和 $\ln x$ 的图，本题中容易看出 x 的取值超出 25 时，方程肯定无根，所以确定画图上限为 25，观察交点位置后确定起始点，利用 FindRoot 命令便可求得方程的近似根，在最后一个交点附近选定起始点 20 求得近似根 19.0387 后，可以再在 18 与 19 之间试试看是否还有根，试完后发现刚好还有一个近似根。

8.3.3 方程组的求解

在命令 Solve 中，将方程替换为方程组，未知数替换为未知数组，则能用来求解方程组。具体格式为

Solve[{方程 1，方程 2，…}，{未知数 1，未知数 2，…}]

【例 8.17】 解方程组 $\begin{cases} x+y=0 \\ 3x+y=1 \end{cases}$。

```
In[1]:=Solve[{x+y==0, 3*x+y==1}, {x, y}]
```

Out[1]= $\left\{\left\{x\to\frac{1}{2},\ y\to-\frac{1}{2}\right\}\right\}$

当量与量之间的关系由方程组确定时，消元是一种常用的方法。使用消元法可以使变量关系得到简化。下面介绍消元函数 Eliminate，其格式为

Eliminate[方程组，消去变量组]。

【例 8.18】 从方程组 $\begin{cases} x^2+y^2+z^2=1 \\ x^2+(y-1)^2+(z-1)^2=1 \\ x+y=1 \end{cases}$ 中消去未知数 y、z。

```
In[1]:=Eliminate[{x^2+y^2+z^2==1, x^2+(y-1)^2+(z-1)^2==1, x+y==1}, {y, z}]
```

Out[1]= $-2x+3x^2==0$

8.4 利用 Mathematica 求解微积分

求解微积分是每一位大学生都应掌握的一种能力，利用 Mathematica 求解微积分的功能可以大大降低复杂计算的难度。

8.4.1　求极限

Mathematica 系统中，运用极限函数可进行很多复杂的极限计算，极限函数 Limit 的格式为

Limit[函数，自变量－>极限点，Direction－>方向]

其中，极限点可以为常数，也可以为广义数 Infinity（无穷大∞）、＋Infinity、－Infinity，方向取－1 时为右极限，取 1 时为左极限。

左极限与右极限格式符号的理解

【例 8.19】 求极限 $\lim\limits_{n\to\infty}\sqrt{1+\frac{1}{n}}$，并画出数列散点图，观察变化趋势是否与极限符合。

```
In[1]:=Limit[Sqrt[1+1/n], n->Infinity]
Out[1]=1
In[2]:=ListPlot[Table[(1+1/n)^(1/2), {n, 1, 500, 10}]]
```

Out[2]=

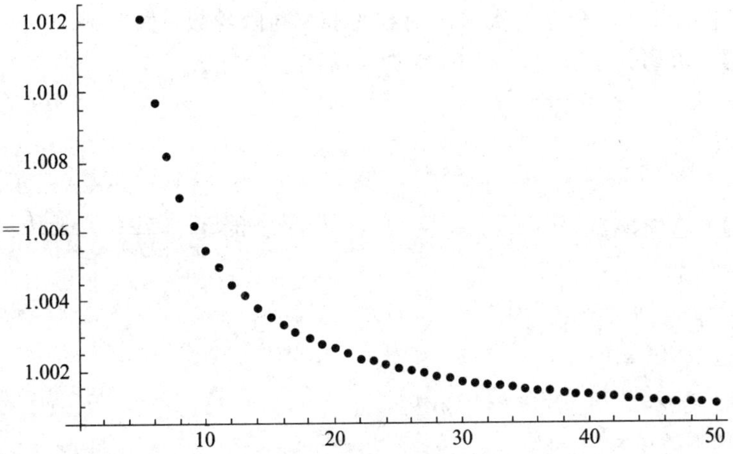

为尽量观察全局，这里选取步长为 10，可根据实际情况调整。从散点图可观察出数列的变化趋势与极限相符合。

【例 8.20】 求极限 $\lim\limits_{x\to 2}(2x-1)$。

```
In[1]:=Limit[2*x-1, x->2]
Out[1]=3
```

【例 8.21】 求极限 $\lim\limits_{x\to 0^+}x^x$。

```
In[1]:=Limit[x^x, x->0, Direction->-1]
Out[1]=1
```

【例 8.22】 求极限 $\lim\limits_{n\to\infty}\frac{\left(1+\frac{1}{n}\right)^{n^2}}{e^n}$。

```
In[1]:= Limit[((1+1/n)^(n^2))/E^n, n-> Infinity]
```

Out[1]= $\frac{1}{\sqrt{e}}$

8.4.2　求导数和微分

Mathematica 中求函数导数和微分的命令如下：

D[函数表达式，自变量]	求函数对自变量的一阶导数
D[函数表达式，{自变量，n}]	求函数对自变量的n阶导数
Dt[函数表达式]	求函数的微分

需要指出的是，这里的函数表达式不仅仅局限于一元函数，也可以是多元函数。

【例 8.23】 求 $y = e^x \sin x$ 的导数和二阶导数。

```
In[1]:=D[Exp[x]*Sin[x], x]
Out[1]=e^x Cos[x]+e^x Sin[x]
In[2]:=D[Exp[x]*Sin[x], {x, 2}]
Out[2]=2e^x Cos[x]
```

【例 8.24】 求函数 $f(x) = \dfrac{\cos x}{x+1}$ 的微分。

```
In[1]:=Dt[Cos[x]/(x+1)]
```

$$\text{Out[1]}=-\frac{\text{Cos[x]Dt[x]}}{(1+\text{x})^2}-\frac{\text{Dt[x]Sin[x]}}{1+\text{x}}$$

我们可以借助 Table 命令一次求出函数的多个高阶导数，如下例。

【例 8.25】 求函数 $f(x) = x^5 + e^{2x}$ 的 1 阶到 5 阶导数。

```
In[1]:=f[x_]:=x^5+Exp[2*x]
Table[D[f[x], {x, n}], {n, 1, 5}]
```

$\text{Out[2]}=\{2e^{2x}+5x^4, 4e^{2x}+20x^3, 8e^{2x}+60x^2, 16e^{2x}+120x, 120+32e^{2x}\}$

【例 8.26】 已知函数 $f(x, y) = x^3 + y^4 + e^{xy}$，求 $\dfrac{\partial f}{\partial x}$，$\dfrac{\partial^2 f}{\partial x\partial y}$，$\dfrac{\partial^3 f}{\partial x^2\partial y}$ 以及函数的全微分。

```
In[1]:=D[x^3+y^4+E^(x*y), x]
Out[1]=3x^2+e^(xy) y
In[2]:= D[x^3+y^4+E^(x*y), x, y]
Out[2]=e^(xy)+e^(xy) xy
In[3]:= D[x^3+y^4+E^(x*y), {x, 2}, y]
Out[3]=2e^(xy) y+e^(xy) xy^2
In[4]:=Dt[x^3+y^4+E^(x*y)]
Out[4]=3x^2 Dt[x]+4y^3 Dt[y]+e^(xy) (yDt[x]+xDt[y])
```

在方程 $F(x, y) = 0$ 所确定的隐函数中，求 y 关于 x 的导数时，按照微积分知识，在方程两边同时关于 x 求导数，然后解出 y 关于 x 的导数，此过程中 y 始终看作是关于 x 的函数。在求解过程中将用到求解方程的命令 Solve。

【例 8.27】 求由方程 $2x^2 + xy + e^y = 0$ 所确定的隐函数 y 关于 x 的导数。

```
In[1]:=f=D[2*x^2+x*y[x]+E^y[x]==0, x]
Out[1]=4x+y[x]+e^(y[x]) y'[x]+xy'[x]==0
In[2]:=Solve[f, y'[x]]
```

$$\text{Out[2]}=\left\{\left\{\text{y}'[\text{x}]\to\frac{-4\text{x}-\text{y[x]}}{e^{\text{y[x]}}+\text{x}}\right\}\right\}$$

借助微积分中的公式，可设计过程求参数方程 $\begin{cases} x = x(t) \\ y = y(t) \end{cases}$ 所确定的函数 $y = y(x)$ 的导数 $\dfrac{dy}{dx}$。

【例 8.28】 设 $\begin{cases} x = e^t \\ y = \sin t \end{cases}$，求 y 关于 x 的导数。

```
In[1]:=x=Exp[t]
Out[1]=e^t
In[2]:=y=Sin[t]
Out[2]= Sin[t]
In[3]:=D[y, t]/D[x, t]
Out[3]=e^-t Cos[t]
```

如果要求二阶导数的话，可继续

```
In[4]:=D[%, t]/D[x, t]
Out[4]=e^-t (-e^-t Cos[t]-e^-t Sin[t])
```

依此类推，可求高阶导数。

读者还可以自己尝试利用隐函数求导公式设计步骤求解隐函数的导数。

8.4.3　求不定积分与定积分

Mathematica 中用来计算不定积分的命令为

Integrate[函数表达式，自变量]

计算定积分的命令为

Integrate[函数表达式，{自变量，积分下限，积分上限}]

利用基本输入模板
求积分的演示

或

NIntegrate [函数表达式，{自变量，积分下限，积分上限}]

当然也可使用基本输入模板直接输入积分式来求函数的不定积分或者定积分。利用 Integrate 命令输出的结果中不含有任意常数 C，所以严格来讲，利用 Mathematica 输出的结果只能算是被积函数的一个原函数。需要注意的是并非所有的不定积分都能求出来，对于无法积的积分，Mathematica 会将其表示成特殊函数或原样输出。用 Integrate 命令计算定积分得到的是准确解，用 NIntegrate 命令计算定积分得到的是近似数值解(特别地，当被积函数不可积时，使用此命令可得到一个近似解)。

【例 8.29】 求积分 $\int \frac{1}{a^2 + x^2} dx$。

In[1]:=Integrate[1/(a^2+x^2), x]

$\text{Out[1]} = \frac{\text{ArcTan}\left[\frac{x}{a}\right]}{a}$

或者使用基本输入模板直接输入并执行：

$\text{In[2]} := \int \frac{1}{a^2 + x^2} dx$

$\text{Out[2]} = \frac{\text{ArcTan}\left[\frac{x}{a}\right]}{a}$

这只是函数的一个原函数，不定积分应为 $\frac{1}{a}\arctan\frac{x}{a} + C$。

【例 8.30】 计算定积分 $\int_0^4 \frac{x+2}{\sqrt{2x+1}} dx$。

In[1]:=Integrate[(x+2)/((2*x+1)^(1/2)), {x, 0, 4}]

Out[1]= $\frac{22}{3}$

【例 8.31】 计算反常积分 $\int_{-\infty}^{+\infty} e^{-x^2} dx$。

In[1]:=Integrate[Exp[-x^2], {x, -Infinity, + Infinity}]

Out[1]= $\sqrt{\pi}$

【例 8.32】 计算定积分 $\int_2^3 \frac{1}{\ln x} dx$。

In[1]:=Integrate[1/Log[x], {x, 2, 3 }]

Out[1]=-LogIntegral[2]+ LogIntegral[3]

In[2]:=NIntegrate[1/Log[x], {x, 2, 3}]

Out[2]=1.11842

由例 8.32 可以看出，直接利用命令 Integrate 并不能给出正确结果，这是由于在初等函数范围内不能积分，但可以用命令 NIntegrate 求出定积分的近似数值解。

8.4.4 求重积分

求二重积分的命令为

Integrate[函数，{自变量 1，积分下限，积分上限}，{自变量 2，积分下限，积分上限}]

类似可推广到三重积分。

【例 8.33】 计算二重积分 $\int_1^2 dx \int_{\frac{1}{x}}^{x} \frac{x}{y^2} dy$。

In[1]:=Integrate[x/y^2, {x, 1, 2}, {y, 1/x, x}]

Out[1]= $\frac{4}{3}$

【例 8.34】 计算三重积分 $\int_0^1 dx \int_x^1 dy \int_0^{1-y} xyz dz$。

In[1]:=Integrate[x*y*z, {x, 0, 1}, {y, x, 1}, {z, 0, 1-y}]

Out[1]= $\frac{1}{240}$

曲线积分与曲面积分可以利用相应的公式转化为定积分、二重积分或者三重积分后再利用命令 Integrate 来求解。

8.4.5 求解微分方程

Mathematica 中求解微分方程的命令为

DSolve[微分方程或方程组，未知函数，自变量]　　求通解

DSolve[{微分方程或方程组，初始条件}未知函数，自变量]　　求特解

求微分方程命令格式的细节要求

读者通过下面的例题要特别注意输入命令的格式。

【例 8.35】 求解微分方程 $y'-xy=3x$。

In[1]:= DSolve [y'[x] -x*y[x]==3*x, y[x], x]

Out[1]={{y[x]→ $-3+e^{\frac{x^2}{2}}$ C[1]}}

【例 8.36】 求微分方程 $x^2y''-2xy'+2y=3x$ 满足条件 $y(1)=0$，$y'(1)=1$ 的特解。

In[1]:= DSolve [{x^2 * y''[x]-2 * x * y'[x]+2 * y[x]==3 * x, y[1]==0, y'[1] ==1}, y[x], x]

Out[1]={{y[x]→-4x+4x^2-3xLog[x]}}

【例 8.37】 求微分方程组 $\begin{cases}x'-y=0\\y'+x=0\end{cases}$ 的通解。

In[1]:= DSolve [{x'[t]-y[t]==0, y'[t]+x[t]==0}, {x[t], y[t]}, t]

Out[1]={{x[t]→C[1]Cos[t]+C[2]Sin[t], y[t]→C[2]Cos[t]-C[1]Sin[t]}}

采用相同的格式还可以利用命令 DSolve 求解偏微分方程，请读者自己尝试。

8.4.6 无穷级数的相关运算

求有限项或无限项和的命令为

Sum[通项，{k，起始值，终止值}]

其中，起始值与终止值可以分别为负无穷和正无穷，但要保证起始值要小于终止值。

【例 8.38】 计算 $\sum_{k=1}^{1000}k$ 和 $\sum_{k=1}^{n}k$。

In[1]:=Sum [k, {k, 1, 1000}]

Out[1]=500500

In[2]:= Sum [k, {k, 1, n}]

Out[2]=$\frac{1}{2}$n(1+n)

【例 8.39】 计算 $\sum_{k=0}^{\infty}\frac{1}{2^k}$。

In[1]:=Sum [1/2^k, {k, 0, Infinity }]

Out[1]=2

【例 8.40】 计算 $\sum_{n=0}^{\infty}\frac{x^n}{n!}$。

In[1]:=Sum [x^n/n!, {n, 0, Infinity }]

Out[1]=e^x

将函数展开成泰勒展开式的命令格式为

Series[函数，{自变量，展开点，最高次数}]

利用此命令可以将所给函数在展开点处展开成直到指定的最高次数项为止的泰勒展开式。

【例 8.41】 求函数 $f(x)=\sin x$ 的 7 次麦克劳林展开式。

In[1]:=Series[Sin[x], {x, 0, 7 }]

Out[1]=x$-\frac{x^3}{6}+\frac{x^5}{120}-\frac{x^7}{5040}$+O[x]^8

8.4.7 求函数的极大值与极小值

求函数的极值近似值的命令为

FindMinimum[函数，{自变量，初始值}]　　极小值

FindMaximum[函数，{自变量，初始值}]　　极大值

综合利用作图与求极小值近似值的命令，可以近似计算函数的极值。

【例 8.42】 求函数 $f(x)=x^3-4x+3$ 在区间$[-2,2]$的极值。

```
In[1]:=f[x_]:= x^3-4*x+3
    Plot[f[x], {x, -2, 2}]
```

Out[2]=

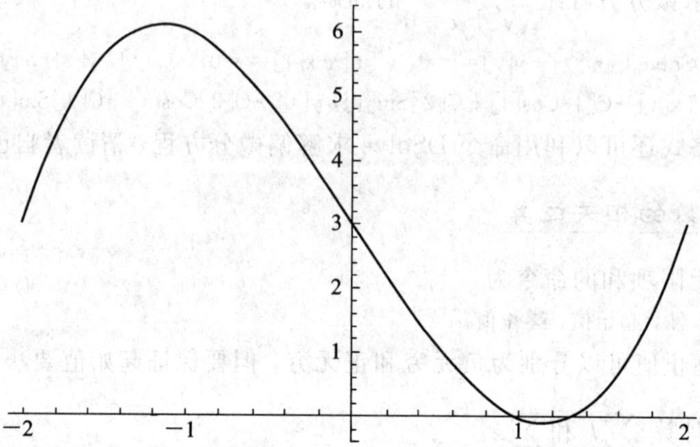

通过观察发现在 $x=1$ 附近有极小值，在 $x=-1$ 附近有极大值。

```
In[3]:= FindMinimum[f[x], {x, 1}]
Out[3]={-0.0792014, {x→1.1547}}
```

得到函数 $f(x)$的极小值-0.0792014 和极小值点 1.1547。

```
In[4]:= FindMaximum[f[x], {x, -1}]
Out[4]= {6.0792, {x→-1.1547}}
```

得到函数 $f(x)$的极大值为 6.0792 和极大值点-1.1547。

8.4.8 数据拟合

由一组已知数据求函数的近似解析式，就是数据拟合问题。Mathematica 中提供了 Fit 命令进行数据拟合，具体格式为

Fit[数据表，基本函数组，自变量或自变量组]。

数据拟合

【例 8.43】 已知一组数据$(-1,2)$，$(0,2.5)$，$(1,3)$，$(2,4)$，$(3,4.5)$，$(4,5.5)$，求已知数据的拟合函数。

```
In[1]:=date1= {{-1, 2}, {0, 2.5}, {1, 3}, {2, 4}, {3, 4.5}, {4, 5.5}}
Out[1]={{-1, 2}, {0, 2.5}, {1, 3}, {2, 4}, {3, 4.5}, {4, 5.5}}
In[2]:=f1=Fit[date1, {1, x}, x]
Out[2]=2.53333+0.7x
In[3]:=f2=Fit[date1, {1, x, x^2}, x]
Out[3]=2.50357+0.566071x+0.0446429x²
```

为了检验拟合的符合程度，可以画出数据的散点图以及拟合的函数图像进行比较。

```
In[4]:=t1=ListPlot[date1, AxesOrigin->{0, 0}, PlotRange->{{-2, 5}, {-1, 6}},
PlotStyle->PointSize[0.02]]
```

Out[4]=

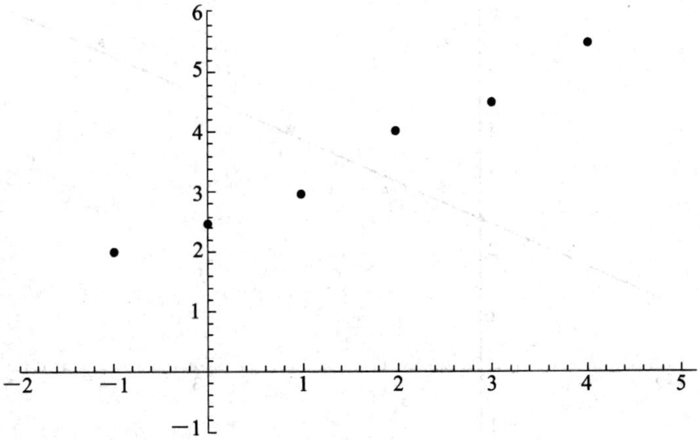

In[5] :=t2=Plot[f1, {x, −2, 5}]

Out[5]=

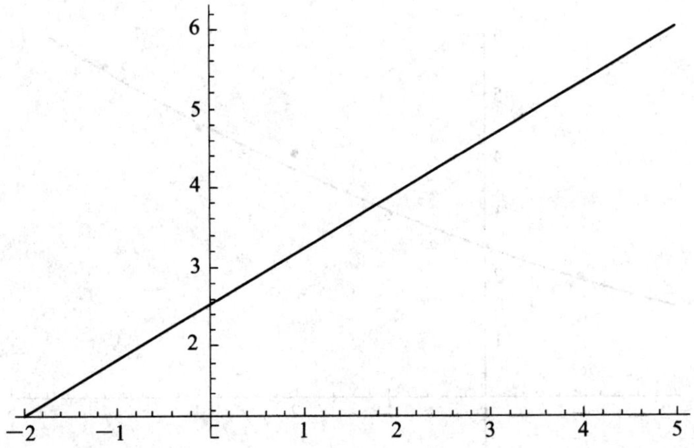

In[6] :=t3=Plot[f2, {x, −2, 5}]

Out[6]=

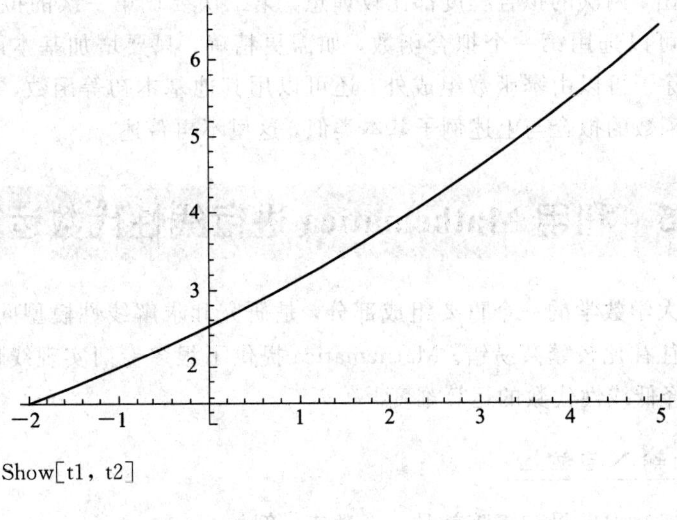

In[7] :=Show[t1, t2]

Out[7]=

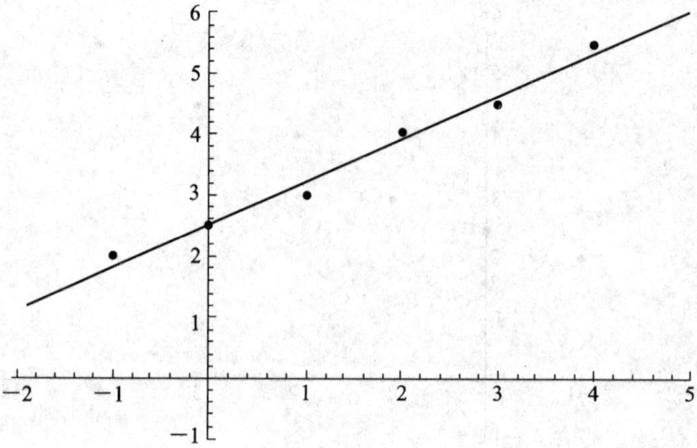

In[8]:=Show[t1, t3]

Out[8]=

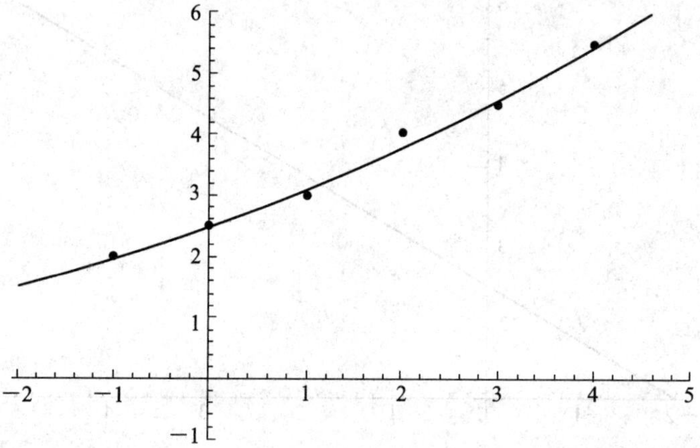

由图可以看出，两次的拟合程度都比较理想，第二次要比第一次的拟合程度高，但从简单实用的角度可以选用第一个拟合函数，如需更精确，只要增加基本函数组的幂次即可。基本函数组除了可以由幂函数组成外，还可以用其他基本初等函数，如正弦函数、对数函数等。二元函数的拟合与上述例子基本类似，这里不再赘述。

8.5 利用 Mathematica 进行线性代数运算

线性代数是大学数学的一个重要组成部分，是研究和求解线性模型问题的重要工具，但同时其运算也往往比较繁杂易错。Mathematica 提供了很多专门实现线性代数运算的命令函数，能大大降低线性代数的运算难度。

8.5.1 矩阵的输入与输出

在 Mathematica 中向量和矩阵就是一个数表，例如：

In[1]:={a1, a2, a3, a4, a5, a6}

Out[1]={a1, a2, a3, a4, a5, a6}

表示一个六维向量。

```
In[2]:=a={{a11, a12, a13, a14 }, {a21, a22, a23, a24 }, {a31, a32, a33, a34 }}
Out[2]= {{a11, a12, a13, a14 }, {a21, a22, a23, a24 }, {a31, a32, a33, a34 }}
```

表示一个 3 行 4 列的矩阵 ***a***，其中每一个子表表示矩阵的一行，这种按照表的形式输出的矩阵与我们常见的不同，看起来不是很方便，我们可以用命令 MatrixForm 将其按照常见的矩阵形式输出。

```
In[3]:=MatrixForm[a]
Out[3]//MatrixForm=
```

$$\begin{pmatrix} a11 & a12 & a13 & a14 \\ a21 & a22 & a23 & a24 \\ a31 & a32 & a33 & a34 \end{pmatrix}$$

Mathematica 还提供了一些自动生成矩阵的命令，其中常用的有

IdentityMatrix[阶数]

用来生成一个单位矩阵。

DiagonalMatrix[数表]

以数表中的元素生成一个对角阵。

例如：

```
In[1]:=MatrixForm[IdentityMatrix[4]]
Out[1]//MatrixForm=
```

$$\begin{pmatrix} 1 & 0 & 0 & 0 \\ 0 & 1 & 0 & 0 \\ 0 & 0 & 1 & 0 \\ 0 & 0 & 0 & 1 \end{pmatrix}$$

```
In[2]:=MatrixForm[DiagonalMatrix [{1, 2, 3, 4}]]
Out[2]//MatrixForm=
```

$$\begin{pmatrix} 1 & 0 & 0 & 0 \\ 0 & 2 & 0 & 0 \\ 0 & 0 & 3 & 0 \\ 0 & 0 & 0 & 4 \end{pmatrix}$$

8.5.2　矩阵的运算

矩阵的加、减和数乘与数的加、减、乘并无大的区别，加、减时必须为同型矩阵，例如：

矩阵的运算
举例说明

```
In[1]:=a={{1, 2, 3}, {4, 5, 6}}
Out[1]={{1, 2, 3}, {4, 5, 6}}
In[2]:=b={{3, 2, 1}, {6, 5, 4}}
Out[2]={{3, 2, 1}, {6, 5, 4}}
In[3]:=MatrixForm[a+b]
Out[3] //MatrixForm=
```

$$\begin{bmatrix} 4 & 4 & 4 \\ 10 & 10 & 10 \end{bmatrix}$$

```
In[4]:=MatrixForm[2 * b]
```

Out[4] //MatrixForm=

$$\begin{bmatrix} 6 & 4 & 2 \\ 12 & 10 & 8 \end{bmatrix}$$

在 Mathematica 中，点积既是两向量的数量积也是矩阵的乘积，例如：

```
In[1]:=a={{1, 2, 3}, {4, 5, 6}};
In[2]:=c={{1, 2}, {3, 4}, {5, 6}};
In[3]:=MatrixForm[a.c]
Out[3] //MatrixForm=
```

$$\begin{bmatrix} 22 & 28 \\ 49 & 64 \end{bmatrix}$$

```
In[4]:=d={1, 2, 3};
In[5]:=e={4, 5, 6};
In[6]:=d.e
Out[6]=32
```

注意分号(;)的作用是本行命令只运行不输出。向量的向量积用命令 Cross 完成，例如：

```
In[7]:=Cross[d, e]
Out[7]={-3, 6, -3}
```

除了上述简单的代数运算外，还有以下常见的矩阵运算：

MatrixPower[矩阵，幂次]	求方阵的有限次幂
RowReduce[矩阵]	化矩阵为行最简形矩阵
Transpose[矩阵]	求转置矩阵
Det[矩阵]	求方阵的行列式
Inverse[矩阵]	求方阵的逆矩阵
Eigenvalues[矩阵]	求方阵的全部特征值
Eigenvectors[矩阵]	求方阵的一组线性无关的特征向量
Eigensystem[矩阵]	求方阵的全部特征值及对应的特征向量
Tr[矩阵]	求方阵的迹

下面以矩阵 $\begin{bmatrix} 1 & 2 & 3 \\ 2 & 1 & 2 \\ 1 & 3 & 3 \end{bmatrix}$ 为例，示范上述命令的具体操作。

```
In[1]:=a={{1, 2, 3}, {2, 1, 2}, {1, 3, 3}};
In[2]:=MatrixForm [MatrixPower[a, 3]]
Out[2] //MatrixForm=
```

$$\begin{pmatrix} 50 & 77 & 98 \\ 42 & 65 & 82 \\ 56 & 88 & 112 \end{pmatrix}$$

```
In[3]:=MatrixForm [RowReduce[a]]
Out[3] //MatrixForm=
```

$$\begin{pmatrix} 1 & 0 & 0 \\ 0 & 1 & 0 \\ 0 & 0 & 1 \end{pmatrix}$$

```
In[4]:=MatrixForm [Transpose[a]]
```

Out[4] //MatrixForm=

$$\begin{pmatrix} 1 & 2 & 1 \\ 2 & 1 & 3 \\ 3 & 2 & 3 \end{pmatrix}$$

In[5] := Det[a]

Out[5] = 4

In[6] := MatrixForm [Inverse[a]]

Out[6] //MatrixForm=

$$\begin{pmatrix} -\frac{3}{4} & \frac{3}{4} & \frac{1}{4} \\ -1 & 0 & 1 \\ \frac{5}{4} & -\frac{1}{4} & -\frac{3}{4} \end{pmatrix}$$

In[7] := Tr[a]

Out[7] = 5

【例 8.44】 求矩阵 $\begin{bmatrix} 1 & 0 & 0 \\ 2 & 1 & 0 \\ 1 & 0 & 3 \end{bmatrix}$ 的特征值与特征向量。

```
In[1] := b={{1, 0, 0}, {2, 1, 0}, {1, 0, 3}};
In[2] := Eigensystem[b]
Out[2] = {{3, 1, 1}, {{0, 0, 1}, {0, 1, 0}, {0, 0, 0}}}
```

8.5.3 求解线性方程组

Mathematica 中专门用于解线性方程组的命令有：

NullSpace[系数矩阵]　　　　求齐次线性方程组的一个基础解系

LinearSolve[系数矩阵，常数列]　　　　求非齐次线性方程组的一个特解

【例 8.45】 求齐次线性方程组 $\begin{cases} x_1 + 2x_2 + 3x_3 + 2x_4 = 0 \\ 4x_1 + 5x_2 + 6x_3 + \ \ x_4 = 0 \\ 7x_1 + 8x_2 + 9x_3 \qquad\ \ = 0 \end{cases}$ 的解。

```
In[1] := a={{1, 2, 3, 2}, {4, 5, 6, 1}, {7, 8, 9, 0}};
In[2] := NullSpace[a]
Out[2] = {{8, -7, 0, 3}, {1, -2, 1, 0}}
```

由基础解系即可写出原方程组的通解。

【例 8.46】 求非齐次线性方程组 $\begin{cases} x_1 + 2x_2 + 3x_3 = 8 \\ 2x_1 - x_2 + 4x_3 = 7 \end{cases}$ 的解。

```
In[1] := a={{1, 2, 3}, {2, -1, 4}};
In[2] := b={8, 7};
In[3] := NullSpace[a]
Out[3] = {{-11, -2, 5}}
In[4] := LinearSolve[a, b]
```

Out[4] = $\left\{\frac{22}{5}, \frac{9}{5}, 0\right\}$

由对应的齐次线性方程组的基础解系和非齐次线性方程组的一个通解即可写出原方程组的通解。

8.5.4 向量组的单位正交化

向量组单位正交化的命令为

Orthogonalize［向量组］

例如：

In[1]:=a={{1, 1, 0, 0}, {1, 0, 1, 0}, {-1, 0, 0, 1}, {1, -1, -1, 1}};

In[2]:=Orthogonalize[a]

Out[2]= $\left\{\left\{\frac{1}{\sqrt{2}}, \frac{1}{\sqrt{2}}, 0, 0\right\}, \left\{\frac{1}{\sqrt{6}}, -\frac{1}{\sqrt{6}}, \sqrt{\frac{2}{3}}, 0\right\}, \left\{-\frac{1}{2\sqrt{3}}, \frac{1}{2\sqrt{3}}, \frac{1}{2\sqrt{3}}, \frac{\sqrt{3}}{2}\right\}, \left\{\frac{1}{2}, -\frac{1}{2}, -\frac{1}{2}, \frac{1}{2}\right\}\right\}$

8.6 利用 Mathematica 进行概率与数理统计运算

概率论与数理统计是建立随机模型的重要工具，Mathematica 中有很多实现常见概率论与数理统计的函数命令。

8.6.1 常用随机变量分布的计算

在 Mathematica 中含有以下几种常见的随机变量分布：

BernoulliDistribution[p]	伯努利分布
BinomialDistribution[n, p]	二项分布
GeometricDistribution[p]	几何分布
HypergeometricDistribution[n, M, N]	超几何分布
PoissonDistribution[μ]	泊松分布
DiscreteUniformDistribution[{n1, n2}]	离散均匀分布
NegativeBinomialDistribution[n, p]	负二项分布
NormalDistribution[μ, σ]	正态分布
UniformDistribution[{n1, n2}]	均匀分布
ExponentialDistribution[λ]	指数分布
StudentTDistribution[υ]	t 分布
ChiSquareDistribution[υ]	χ^2 分布
FRatioDistribution[n, m]	F 分布
GammaDistribution[r, λ]	Γ 分布
CauchyDistribution[a, b]	柯西分布

这些分布中的参数，既可以是符号，也可以是数值，使用这些函数只是建立一个表达式，并不输出任何结果，可以用以下函数对分布进行计算。

PDF[分布, x]	求分布在点 x 处的概率值
CDF[分布, x]	求点 x 处的分布函数值
Quantile[分布, q]	求使得分布函数值为 q 的 x 值

Mean[分布]	求分布的期望
Variance[分布]	求分布的方差
StandardDeviation[分布]	求分布的标准差
ExpectedValue[函数，分布，变量]	求分布函数的数学期望
CharacteristicFunction[分布，t]	求分布的特征函数

下面举例说明以上函数命令的用法。

【例 8.47】 二项分布的各种计算。

In[1]:=a=BinomialDistribution[n, p]

Out[1]=BinomialDistribution[n, p]

In[2]:=PDF[BinomialDistribution[2, 0.2], 2]

Out[2]=0.04

In[3]:=CDF[BinomialDistribution[2, 0.2], 1]

Out[3]=0.96

In[4]:=Quantile[BinomialDistribution[2, 0.2], 0.53]

Out[4]=0

In[5]:=Mean[a]

Out[5]=np

In[6]:=Variance [a]

Out[6]=n(1-p)p

In[7]:=StandardDeviation[a]

Out[7]= $\sqrt{n(1-p)p}$

【例 8.48】 正态分布的相关计算。

In[1]:=b=NormalDistribution[μ, σ]

Out[1]=NormalDistribution[μ, σ]

In[2]:=Mean[b]

Out[2]=μ

In[3]:=Variance[b]

Out[3]=σ^2

In[4]:=ExpectedValue[x^2, b, x]

Out[4]=$\mu^2+\sigma^2$

In[5]:=CharacteristicFunction[b, t]

Out[5]=$e^{it\mu-\frac{t^2\sigma^2}{2}}$

8.6.2 数据的统计与分析

常见的统计与分析的命令如下：

Median[数表]	求数据的样本中值
Mean[数表]	求数据的样本平均值
Variance[数表]	求数据的样本方差
StandardDeviation[数表]	求数据的样本标准差
CentralMoment[数表, k]	求数据的样本 k 阶中心矩
Covariance[数表 1, 数表 2]	求两组数据的样本协方差
Correlation[数表 1, 数表 2]	求两组数据的相关系数

具体用法举例如下：

```
In[1]:=a={1.2, 1.5, 2.6, 1.4, 3.5, 2.6, 1.7, 3.1, 2.4};
In[2]:=b={1.1, 2.5, 1.6, 2.4, 3.2, 3.6, 2.7, 2.1, 3.4};
In[3]:=Median[a]
Out[3]=2.4
In[4]:=Mean[a]
Out[4]=2.22222
In[5]:=Variance[a]
Out[5]=0.654444
In[6]:=StandardDeviation[a]
Out[6]=0.808977
In[7]:=CentralMoment[a, 2]
Out[7]=0.581728
In[8]:=Covariance[a, b]
Out[8]=0.273472
In[9]:=Correlation[a, b]
Out[9]=0.408112
```

8.6.3 区间估计

对于服从正态分布的单个总体，若方差已知，可以用如下命令来求总体数学期望的置信区间：

```
MeanCI[数组，KnownVariance->方差]
```

若方差未知，可以用如下命令来求总体数学期望的置信区间：

```
MeanCI[数组]
```

置信系数默认为 0.95，可通过参数 ConfidenceLevel 进行调整。

注意：使用 MeanCI 命令前，需先输入并执行命令 Needs["HypothesisTesting`"]。

【例 8.49】 从某工厂生产的产品中随机抽得 7 件，测量得到它们的长度(单位：mm)分别为 5.51，5.34，5.27，5.55，5.37，5.42，5.35，假定产品长度服从正态分布 $N(\sigma, 0.16^2)$，求这种产品平均长度的置信区间(置信度为 0.95)。

```
In[1]:= Needs["HypothesisTesting`"]
In[2]:=MeanCI[{5.51, 5.34, 5.27, 5.55, 5.37, 5.42, 5.35}, KnownVariance->0.16^2]
Out[2]={5.2829, 5.51996}
```

如果例 8.49 中方差未知，如下：

```
In[3]:=MeanCI[{5.51, 5.34, 5.27, 5.55, 5.37, 5.42, 5.35}]
Out[3]={5.30981, 5.49305}
```

对于服从正态分布的单个总体，可以用如下命令求总体方差的置信区间：

```
VarianceCI[数组]
```

若没给出原始数据，只给出样本方差，可用如下命令求得总体方差的置信区间：

```
ChiSquareCI[方差，自由度]
```

其中，自由度=样本数−1。

对于例 8.49，可如下求得方差的置信区间：

```
In[4]:=VarianceCI[{5.51，5.34，5.27，5.55，5.37，5.42，5.35}]
Out[4]={0.00407531，0.0475904}
```

【例 8.50】 设炮弹射程服从正态分布，测得 10 发炮弹数据的样本方差为 11.01，求炮弹射程方差的置信区间(置信度为 0.90)。

```
In[1]:= Needs["HypothesisTesting`"]
In[2]:=ChiSquareCI[11.01，9，ConfidenceLevel->0.90]
Out[2]={5.85674，29.8005}
```

对于都服从正态分布的两个总体，若方差均已知，可以用如下命令求它们总体数学期望之差的置信区间：

```
MeanDifferenceCI[数组 1，数组 2，KnownVariance->{方差 1，方差 2]
```

若方差未知，可以用如下命令求总体数学期望之差的置信区间：

```
MeanDifferenceCI [数组 1，数组 2]
```

该命令中有可选参数 EqualVariances，设置为 True 时是指两总体方差相同，默认不同。

【例 8.51】 从某工厂甲、乙两条生产线生产的产品中分别独立抽取一些样品，测量它们的长度(单位：mm)，甲生产线分别为 5.51，5.34，5.27，5.55，5.37，5.42，5.35，乙生产线分别为 5.28，5.32，5.53，5.29，5.37，5.42，5.37，5.52，5.46，假定两条生产线的产品长度都服从正态分布且方差相同，求两条生产线生产的产品的平均长度之差的置信区间(置信度为 0.95)。

```
In[1]:= Needs["HypothesisTesting`"]
In[2]:=a={5.51，5.34，5.27，5.55，5.37，5.42，5.35}；
In[3]:=b={5.28，5.32，5.53，5.29，5.37，5.42，5.37，5.52，5.46}；
In[4]:=MeanDifferenceCI[a，b，EqualVariances->True]
Out[4]={-0.0977634，0.109509}
```

对于服从正态分布的两个总体，可以用如下命令来求两个总体方差比的置信区间

```
VarianceRatioCI[数组 1，数组 2]
```

若没给出原始数据，只给出两个样本方差，可用如下命令来求得两个总体方差比的置信区间

```
FRatioCI[方差之比，自由度 1，自由度 2]
```

其中，自由度 1 和自由度 2 分别是分子、分母所对应样本的自由度。

若例 8.51 中两条生产线的方差不同，可以如下求得两个总体方差之比的置信区间：

```
In[5]:=VarianceRatioCI[a，b]
Out[5]={0.241737，6.29671}
```

【例 8.52】 设炮弹射程服从正态分布，从两家军工厂生产的同一型号炮弹中分别取 10 发和 8 发，样本方差分别 11.01 和 12.3，求它们的射程方差比的置信区间(置信度为 0.95)。

```
In[1]:= Needs["HypothesisTesting`"]
In[2]:=FRatioCI[11.01/12.3，9，7]
Out[2]={0.185586，3.75687}
```

8.6.4　假设检验

假设检验举例说明

对于服从正态分布的单个总体，若方差已知，可以用如下命令对总体数学期望进行假设检验：

MeanTest[数组，总体数学期望，KnownVariance->方差]

将参数 KnownVariance 省略时，即方差未知，那是基于 t 分布的数学期望的假设检验。

可以用如下命令对总体方差进行假设检验：

VarianceTest[数组，方差]

对于服从正态分布的两个总体，可以用如下命令来对两个总体的数学期望之差进行假设检验：

MeanDifferenceTest[数组 1，数组 2，总体数学期望之差，KnownVariance->{方差 1，方差 2}]

将参数 KnownVariance 省略时，即方差未知，那是基于 t 分布的数学期望之差的假设检验。

可以用如下命令来对两个总体方差之比进行假设检验：

VarianceRatioTest[数组 1，数组 2，方差之比]

以上命令均有如下的可选参数：

SignificanceLevel	给出显著性水平，默认 None
TwoSided	值为 True 时，给出双侧的 P 值，默认为 False(单侧)
FullReport	值为 True 时，输出详细结果，默认值为 False

【例 8.53】 某种玻璃球的直径满足正态分布 $N(0.53, 0.015^2)$，现改进生产工艺，对改进后的产品取样，测得直径为：0.55，0.53，0.54，0.54，0.56，0.57，0.53，0.52，0.56，假定工艺改进前后直径的方差不变，显著性水平为 0.05，则改进工艺后玻璃球的直径有无显著变化？

```
In[1] := Needs["HypothesisTesting`"]
In[2] :=a={0.55, 0.53, 0.54, 0.54, 0.56, 0.57, 0.53, 0.52, 0.56};
In[3] :=MeanTest[a, 0.53, KnownVariance->0.015^2, SignificanceLevel->0.05, TwoSided
->True, FullReport->True]
Out[3]={FullReport→      Mean       TestStat      Distribution
                         0.544444   2.88889       NormalDistribution[0, 1] ,
        TwoSidedPValue→0.00386606, Reject null hypothesis at significance level→0.05}
```

计算出的 P 值为 $0.00386606<0.05$，所以拒绝原假设，即改进工艺后玻璃球直径有显著变化。

【例 8.54】 从某工厂甲、乙两条生产线生产的产品中分别独立抽取一些样品，测量它们的长度(单位：mm)，甲生产线分别为 5.51，5.34，5.27，5.55，5.37，5.42，5.35，乙生产线分别为 5.28，5.32，5.53，5.29，5.37，5.42，5.37，5.52，5.46，假定两条生产线的产品长度都服从正态分布，显著性水平为 0.05，检验两条生产线加工精度有无显著差异？

```
In[1] := Needs["HypothesisTesting`"]
In[2] :=a={5.51, 5.34, 5.27, 5.55, 5.37, 5.42, 5.35};
In[3] :=b={5.28, 5.32, 5.53, 5.29, 5.37, 5.42, 5.37, 5.52, 5.46};
In[4] :=VarianceRatioTest[a, b, 1, SignificanceLevel->0.05, TwoSided->True]
Out[4]={ TwoSidedPValue→0.852777,
        Fail to reject null hypothesis at significance level→0.05}
```

计算出的 P 值为 $0.852777>0.05$，所以不能拒绝原假设，即两条生产线加工精度无显著差异。

Mathematica 软件简介习题

第 9 章 LINDO 软件简介

LINDO 软件包是由美国芝加哥大学的 Linus Schrage 教授于 1980 年前后开发的一套专门求解数学规划(优化问题)的软件包，经多年的不断完善和扩充，并由专门建立的 LINDO 系统公司(LINDO System Inc.)进行商业化运作后，获得了巨大成功。该公司软件包的主要产品有 4 种，即 LINDO、LINGO、LINDO API 和 What's Best!。在公司主页可以下载上面四种软件的演示版(试用版)和大量应用例子，演示版与正式版的功能类似，但是能够求解问题的规模(即决策变量和约束的个数)受到严格限制，一般常用 LINDO 和 LINGO 进行简单的规划问题求解。

LINDO 即“交互式的线性和离散优化求解器”(Linear Interactive and Discrete Optimizer)，可用来求解线性规划(LP)、整数规划(IP)和二次规划(QP)等优化问题，并能同时给出灵敏度分析、影子价格以及最优解的松弛分析，非常方便实用；LINGO 即“交互式的线性和通用优化求解器”(Linear Interactive and General Optimizer)，它除具有 LINDO 的全部功能外，还可以用于求解非线性问题，也可用于线性与非线性方程组的求解等。

虽然 LINDO 公司已经将 LINDO 软件从其产品目录中删除，但是国内仍有不少 LINDO 软件的使用者，且 LINDO 软件比 LINGO 软件更容易入门和掌握，所以本章重点介绍 LINDO 软件。

9.1 LINDO 软件的求解过程

用户在使用 LINDO 软件时，并不需要知道软件内部的算法实现和调用方法，但如果对此有所了解的话，对更有效地利用 LINDO 软件解决实际问题将有很大的帮助。

LINDO 软件内有以下 4 个基本的求解程序，用于求解不同类型的优化模型(见图 9.1)：

(1) 直接求解程序(Direct Solver)；

(2) 线性优化求解程序(Linear Solver)；

(3) 非线性优化求解程序(Nonlinear Solver)；

(4) 分支定界管理程序(Branch and Bound Manager)。

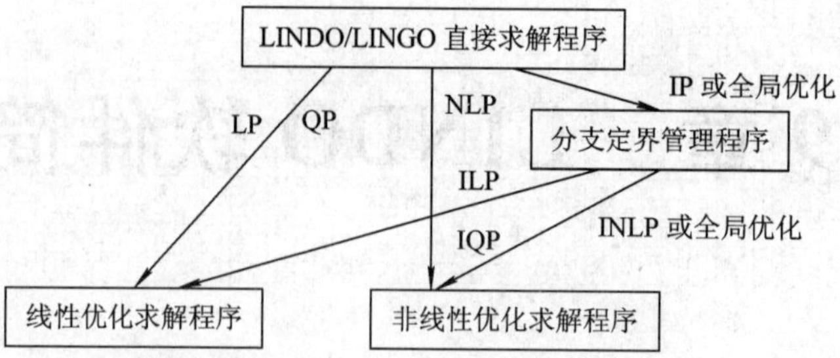

图 9.1　LINDO 软件的求解过程

9.2　一个简单的 LINDO 程序

LINDO 界面简介

下面通过一个简单的例子，说明如何编写、运行一个完整的 LINDO 程序。

启动 LINDO 程序后，屏幕上首先出现如图 9.2 所示的初始界面。

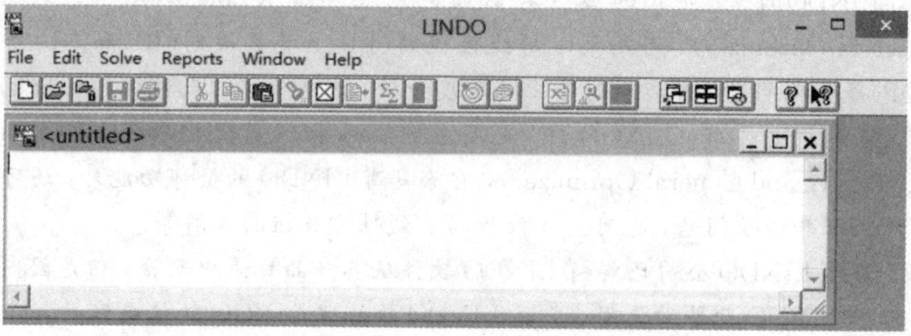

图 9.2　LINDO 初始界面

在 LINDO 的初始界面，光标所在的子窗口称为模型窗口(Model Window)，是用户输入 LINDO 程序的地方。一个 LINDO 程序就是一个 LINDO 优化模型，目前这个模型窗口标有“〈untitled〉”字样，表明用户尚未为此程序命名，因此系统采用默认的名字“〈untitled〉”，用户可在保存程序时对它重新命名。

【例 9.1】 求解例 5.1 中简单的线性规划(LP)问题：

$$\max z=3x_1+4x_2 \tag{9.1}$$

$$\text{s.t.}\begin{cases}x_1+x_2\leqslant 6 & (9.2)\\ x_1+2x_2\leqslant 8 & (9.3)\\ 2x_2\leqslant 6 & (9.4)\\ x_1\geqslant 0,\ x_2\geqslant 0 & (9.5)\end{cases}$$

在〈untitled〉这个新的、空白的模型窗口中输入这个 LP 模型(见图 9.3)。

注意

(1) 低版本的 LINDO 要求变量一律用大写字母表示，高版本中则大小写无区别。

(2) 求解一个问题时，输入的程序必须以 min 或 max 开头，以 end 结束(可省略)；然后按 Ctrl＋S 组合键(或按工具栏中的执行快捷键)进行求解。

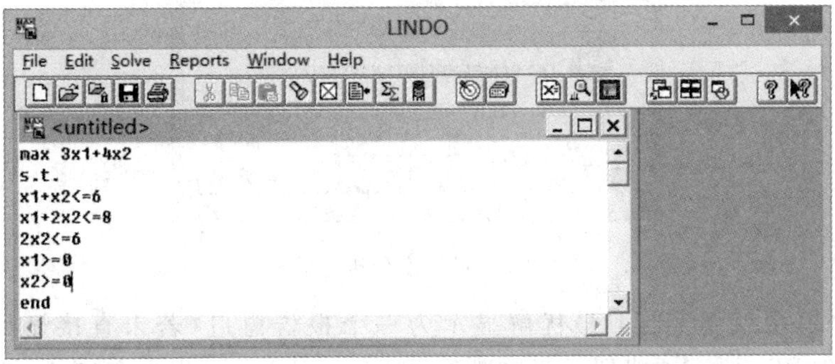

图 9.3　输入一个简单的优化模型

(3) 目标函数与约束条件之间要用 subject to(或 s. t.)分开。

(4) LINDO 已假定所有变量非负，若某变量，例如 x3 有可能取负值，可在 end 命令下面一行用 FREE x3 命令取消 x3 的非负限制；LINDO 要求将取整数值的变量放在前面(即下标取小值)，在 end 下面一行用命令 INTEGER k 表示前 k 个变量是(0, 1)变量；在 end 下面一行用命令 GIN h 表示前 h 个变量是整数变量。

(5) 在 LINDO 中，“<”等价于“≤”，“>”等价于“≥”。

(6) 在 LINDO 命令中，约束条件的右边只能是常数，不能有变量，变量名不能超过 8 个字符。

(7) LINDO 对目标函数的要求是每项都要有变量，例如：LINDO 不识别 min 2000－x＋y，要改为 min －x＋y；LINDO 不识别 400(x＋y)，要改为 400x＋400y。

现在利用 LINDO 软件来求解这个模型。用鼠标单击 LINDO 软件的按钮，或从菜单中选择 Solve/Solve(Ctrl＋S)命令，则 LINDO 开始编译这个模型，编译没有错误后马上开始求解，求解时会显示如图 9.4 所示的 LINDO 求解器运行状态窗口。LINDO 求解线性规划的过程默认采用单纯形法，一般先寻找一个可行解，在有可行解的情况下寻找最优解。用 LINDO 求解一个 LP 问题会得到可行解或不可行解；可行解又分为有最优解和解无界两种情况。因此图 9.4 中当前状态除 Optimal(最优解)外，还有可能显示另外三个：Feasible(可行解)、Infeasible(不可行解)、Unbounded(最优值无界)。

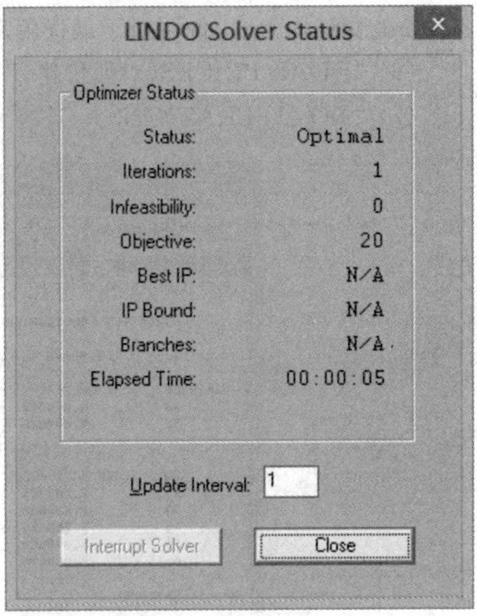

图 9.4　LINDO 求解器运行状态窗口

由于例 9.1 中的 LP 模型规模太小，与图 9.4 同时弹出来的还有一个如图 9.5 所示的对话框。这个对话框询问用户是否需要作灵敏度分析(DO RANGE(SENSITIVITY) ANALYSIS?)，先选择“否(N)”按钮，关闭这个窗口；然后把图 9.4 的窗口也关闭(点击图 9.4 右下角的“Close”按钮即可)。

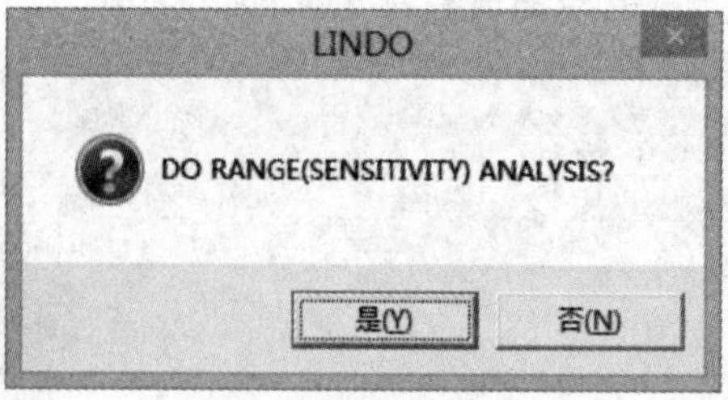

图 9.5　灵敏度分析对话框

目前这个模型就解完了，最优解显示为一个报告窗口(若未直接显示出来，可在LINDO主菜单“Window”中找到子菜单选项“Report Window(报告窗口)”，选择后可查看窗口的内容(见图 9.6)。这些输出结果的含义为：

(1) “LP OPTIMUM FOUND AT STEP 1”表示单纯形法在 1 次迭代后得到最优解。

(2) “OBJECTIVE FUNCTION VALUE 1) 20.00000”表示最优目标值为 20(在LINDO 中目标函数所在的行总被认为是第 1 行，此处“1)”即指目标函数)。

(3) “VALUE”给出了最优解各变量(VARIABLE)的值，即 x1＝4，x2＝2(这与我们在第 5 章中使用图解法得到的结果是一致的)。

(4) “REDUCED COST”给出了最优的单纯形表中目标函数行中变量对应的系数，其中基变量的 REDUCED COST 值一定为 0，而非基变量(其取值一定为 0)相应的 REDUCED COST 值表示该非基变量增加一个单位时对目标函数减少的量(对 max 型问题)。

(5) “SLACK OR SURPLUS(松弛或剩余)”给出了约束对应的松弛变量的值，即第 2、3 行松弛变量均为 0，说明对于最优解来讲，2 个约束(第 2、3 行)均取等号。

(6) “DUAL PRICES(对偶价格)”表示当对应约束有微小变动时，目标函数的变化率。

(7) “NO. ITERATIONS= 1”表示用单纯形法进行了两次迭代。

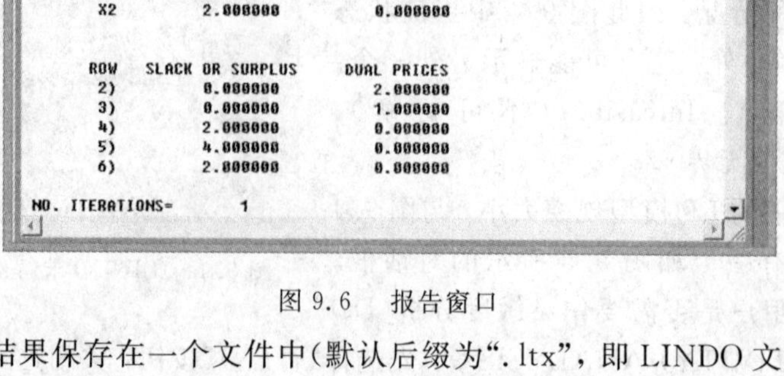

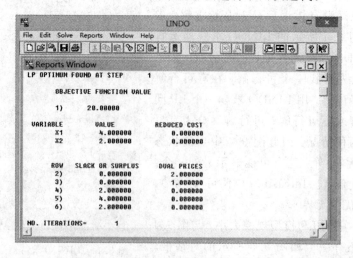

图 9.6　报告窗口

现在可以把结果保存在一个文件中(默认后缀为“.ltx”，即 LINDO 文本文件)，以便以后调出来查看。

【例 9.2】 求解下列线性规划问题：

$$\max z=360x_1+220x_2+240x_3+360x_4+220x_5+240x_6 \tag{9.6}$$

$$\text{s. t.}\begin{cases} x_1+x_2+x_3 \leqslant 300 & (9.7)\\ x_4+x_5+x_6 \leqslant 1200 & (9.8)\\ x_1+x_4 \leqslant 6000 & (9.9)\\ x_2+x_5 \leqslant 500 & (9.10)\\ x_3+x_6 \leqslant 1000 & (9.11)\\ x_1-4x_4 \geqslant 0 & (9.12)\\ 9x_2-x_5 \geqslant 0 & (9.13)\end{cases}$$

在 LINDO 中输入如图 9.7 所示的命令。

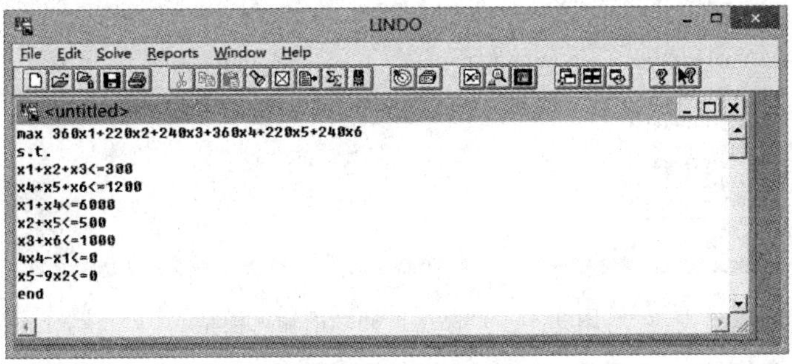

图 9.7　线性规划的输入模型

得到的结果如图 9.8 所示。

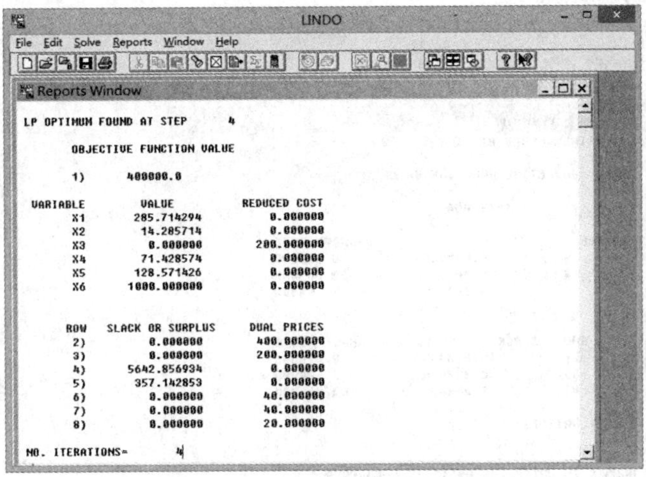

图 9.8　线性规划的输出结果

9.3 灵敏度分析

灵敏度分析举例

下面先对一个简单的例子进行分析。

【例 9.3】 某公司制造了三种新产品 A、B、C，所用原料分别为

a、b、c，产品的基本数据如表 9.1 所示。若要求 B 产品的数量不超过 50 件，如何安排三种产品的生产使利润最大？

表 9.1　公司新产品的基本数据

	A	B	C	原料总数
a	4	3	1	180
b	2	2	1.5	110
c	1	0.5	0.5	30
产品单价	35	20	15	

容易建立 LP 模型，首先在 LINDO 模型窗口中输入模型，如图 9.9 所示。

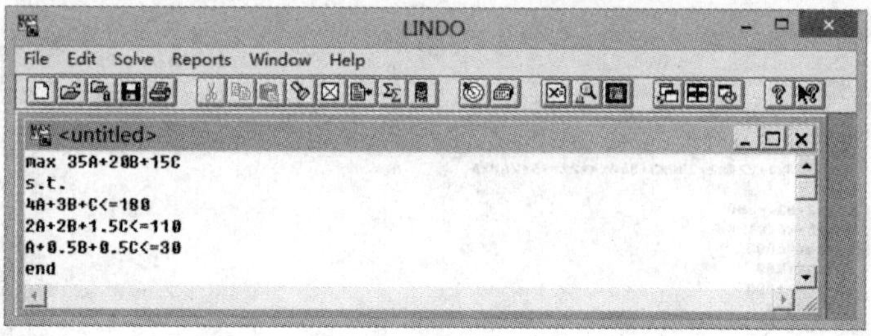

图 9.9　产品生产问题的输入模型

然后求解这个模型，并在图 9.5 的对话框(DO RANGE(SENSITIVITY) ANALYSIS?)中选择“是(Y)”按钮，这表示需要作灵敏度分析，这时从报告窗口(Reports Window)可以看到结果(见图 9.10)。

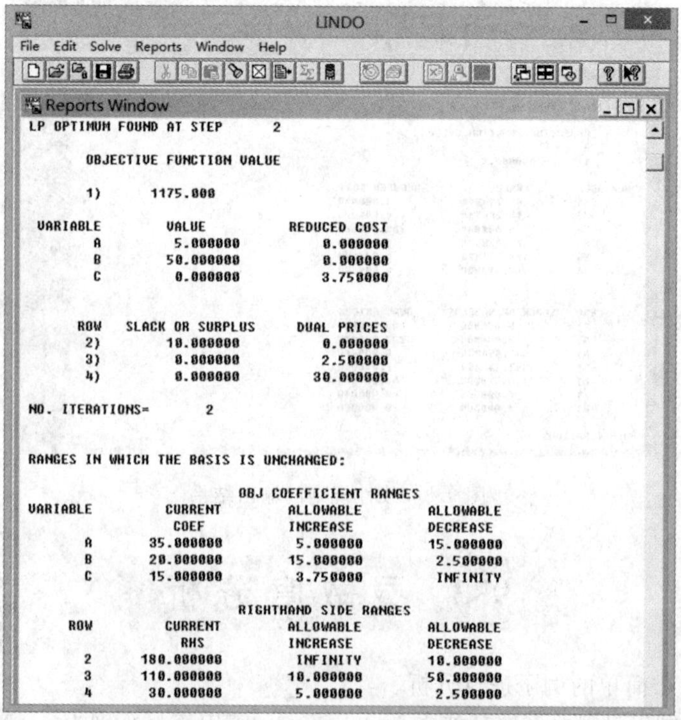

图 9.10　产品生产问题的输出结果

图 9.10 中前半部分的输出结果的解释与 9.2 节例 9.1 的结果(见图 9.6)类似：

(1) “LP OPTIMUM FOUND AT STEP 2” 表示单纯形法在两次迭代后得到最优解。

(2) “OBJECTIVE FUNCTION VALUE 1) 1175.000”表示最优目标值为 1175.000。

(3) “VALUE”给出了最优解各变量的值，生产 5 个 A、50 个 B、0 个 C，即 A、B 是基变量(取值非 0)，C 是非基变量(取值为 0)。

(4) “SLACK OR SURPLUS” 给出了松弛变量的值，第 2)行松弛变量＝10(第 2)行对应的是第一个约束)；第 3)、4)行松弛变量均为 0，说明对于最优解来讲，2 个约束(第 3)、4)行)均取等号。

(5) “REDUCED COST” 给出了最优的单纯形表中目标函数行中变量对应的系数，表示当变量有微小变动时，目标函数的变化率。本例中，变量 C 对应的 REDUCED COST 为 3.750000，表示当非基变量 C 的值从 0 变为 1 时(假设此时其他非基变量保持不变，但为了满足约束条件，基变量显然会发生变化)，最优目标函数值＝1175－3.75＝1171.25。

(6) “DUAL PRICES(对偶价格)” 表示当对应约束有微小变动时，目标函数的变化率。输出结果中对应于每一个约束有一个对偶价格，若其值为 p，表示对应约束中不等式右端项若增加 1 个，目标函数将增加 p 个(对 max 型问题)。显然对于在最优解处约束正好取等号(“紧约束”，即起作用约束)时，对偶价格值才可能不是 0。本例中第 3)行对偶价格值为 2.5，表示当紧约束 2A＋2B＋1.5C＜＝110 变为 2A＋2B＋1.5C＜＝111 时，目标函数值＝1175＋2.5＝1177.5。对第 4)行也可作类似解释。

对于非紧约束(本例中的第 2)行)，DUAL PRICES 的值为 0，表示对应约束中不等式右端项的微小变动不影响目标函数。有时，通过分析 DUAL PRICES，可以对产生不可行问题的原因有所了解。

图 9.10 后半部分的输出结果是敏感性分析结果(若在原来求解时没有要求 LINDO 作敏感性分析，可直接用菜单命令“Reports/Range”)。敏感性分析的作用是给出“RANGES IN WHICH THE BASIS IS UNCHANGED”，即研究当目标函数的系数和约束右端项在什么范围变化时(此时假定其他系数保持不变)，最优基(矩阵)保持不变(报告中的INFINITY表示正无穷)，这包括两方面的敏感性分析内容：

(1) 目标函数中系数变化的范围(OBJ COEFFICIENT RANGES)。

如本例中，目标函数中 A 变量当前的系数(CURRENT COEF)为 35、允许增加(ALLOWABLE INCREASE)为 5、允许减少(ALLOWABLE DECREASE)为 15，说明当这个系数在[35－15，35＋5]＝[20，40]范围变化时，最优基保持不变。对 B、C 变量，可以作类似解释。由于此时约束没有变化(只是目标函数中某个系数发生了变化)，所以最优基保持不变的意思也就是最优解不变(由于目标函数中的系数发生了变化，所以最优值也会发生变化)。

(2) 约束右端项变化的范围(RIGHTHAND SIDE RANGES)。

本例中第 2)行约束中当前右端项(CURRENT RHS)为 180、允许增加(ALLOWABLE INCREASE)为 INFINITY、允许减少(ALLOWABLE DECREASE)为 10，说明当它在[180－10，180＋∞]＝[170，∞]范围变化时，最优基保持不变。第 3)、4)行也可以作类似解释。由于此时约束发生变化，最优基即使保持不变，最优解、最优值也会发生变化。至于如何变化，我们将在本节后面结合第 5 章中例 5.1 的实际问题来继续进行说明。

若读者对于单纯形法比较熟悉，则可以直接查看最优解时的单纯形表(选择菜单命令 Reports/Tableau(Alt+7)执行即可)，输出结果见图 9.11。在图 9.11 中，基变量为 BV={SLK2，B，A}，ART 是人工变量(Artificial Variable)，即相应的目标值 z，则 z=3.75C+2.5SLK3=1175。

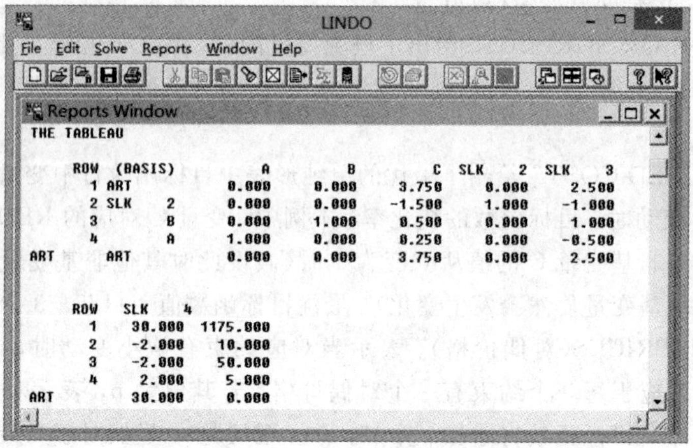

图 9.11　LINDO 输出的单纯形表

敏感性分析结果表示的是最优基保持不变的系数范围，由此也可以进一步确定当目标函数的系数和约束右端项发生小的变化时，最优解、最优值如何变化。

【例 9.4】 继续讨论例 9.1，其模型为

$$\max z = 3x_1 + 4x_2 \tag{9.14}$$

$$\text{s.t.}\begin{cases} x_1 + x_2 \leqslant 6 & (9.15)\\ x_1 + 2x_2 \leqslant 8 & (9.16)\\ 2x_2 \leqslant 6 & (9.17)\\ x_1 \geqslant 0,\ x_2 \geqslant 0 & (9.18)\end{cases}$$

关于模型，前面已经讨论过了，下面对其作灵敏度分析。查看报告窗口可看到关于灵敏度分析的一些信息，如图 9.12 所示。

3 个约束条件的右端分别为 A、B、C 三种设备的“工时限额”，输出中的 SLACK OR SURPLUS 给出三种设备工时在最优解下是否有剩余：A、B 设备所剩工时均为 0(约束为紧约束)，C 设备尚余 2 单位工时(不是紧约束)。

目标函数可看作“效益”，成为紧约束的“工时限额”一旦增加，“效益”必然跟着增长。输出中 DUAL PRICES 给出这三种设备在最优解下“工时限额”增加 1 单位时“效益”的增量：A 设备增加 1 单位工时利润增长 2，B 设备增加 1 单位工时利润增长 1，而增加非紧约束设备 C 的工时显然不会使利润增长。这里“效益”的增量可以看作“工时限额”的潜在价值，经济学上称为影子价格(Shadow Price)，即 1 单位工时 A 设备的价格为 2 单位利润，1 单位工时 B 设备的价格为 1 单位利润，C 设备的影子价格为 0。读者可以用直接求解的办法验证以上结论，即将输入文件中约束条件 1 的右端 6 改为 7，看得到的最优值(利润)是否恰好增长 2。根据此处影子价格的概念，可以考虑在投资时增加哪种设备的工时限额以获得最优效益。

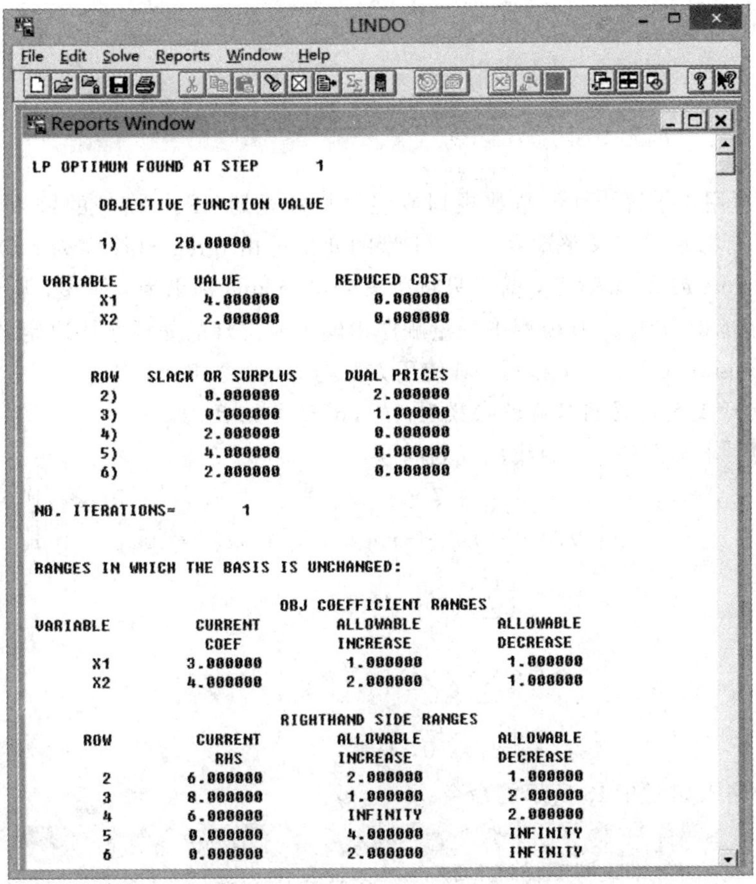


```
LP OPTIMUM FOUND AT STEP      1

      OBJECTIVE FUNCTION VALUE

      1)      20.00000

  VARIABLE        VALUE          REDUCED COST
        X1        4.000000          0.000000
        X2        2.000000          0.000000

       ROW   SLACK OR SURPLUS     DUAL PRICES
        2)        0.000000          2.000000
        3)        0.000000          1.000000
        4)        2.000000          0.000000
        5)        4.000000          0.000000
        6)        2.000000          0.000000

NO. ITERATIONS=       1

RANGES IN WHICH THE BASIS IS UNCHANGED:

                           OBJ COEFFICIENT RANGES
VARIABLE         CURRENT        ALLOWABLE        ALLOWABLE
                   COEF          INCREASE         DECREASE
      X1        3.000000         1.000000         1.000000
      X2        4.000000         2.000000         1.000000

                           RIGHTHAND SIDE RANGES
     ROW         CURRENT        ALLOWABLE        ALLOWABLE
                   RHS           INCREASE         DECREASE
       2        6.000000         2.000000         1.000000
       3        8.000000         1.000000         2.000000
       4        6.000000         INFINITY         2.000000
       5        0.000000         4.000000         INFINITY
       6        0.000000         2.000000         INFINITY
```

图 9.12　产品生产问题的灵敏度分析结果

目标函数的系数发生变化时(假定约束条件不变)，最优解和最优值会变吗？图 9.12 中的输出结果给出了最优基不变条件下目标函数系数的允许变化范围：x_1 的系数范围为[3－1，3＋1]＝[2，4]；x_2 的系数范围为[4－1，4＋2]＝[3，6]。注意，x_1 系数的允许范围需要 x_2 的系数 4 不变，反之亦然。由于目标函数的系数变化并不影响约束条件，因此此时最优基不变可以保证最优解也不变，但最优值会发生变化，即当甲、乙两种产品的单位获利增加时，在允许范围内，不应改变生产计划，但最优值会发生变化。

下面对“工时限额”的影子价格作进一步的分析影子价格的作用是有限制的，从上面输出的结果中可以看出：约束的右端项的“允许增加”和“允许减少”给出了影子价格有意义条件下约束右端的限制范围。具体对本例来说，A 设备最多可增加 2 单位工时，B 设备最多可增加 1 单位工时。

需要注意的是：灵敏度分析给出的只是最优基保持不变的充分条件，而不一定是必要条件。比如对于上面的问题“A 设备最多可增加 2 单位工时” 的含义是“A 设备增加 2 单位工时” 时最优基保持不变，所以影子价格有意义，即利润的增加大于对 A 设备工时的投资。反过来，A 设备增加的工时超过了 2 单位，最优基是否一定改变？影子价格是否一定没有意义？一般来说，这无法从灵敏度分析报告中直接得出。此时，应重新用新数据求解规划模型，才能作出判断。所以严格来说，上面所论述的“A 设备最多增加 2 单位工时” 并不是完全科学的。

9.4 整数线性规划的求解

LINDO可用于求解线性纯整数规划或混合整数规划(IP)，模型的输入与LP问题类似，但在end标志后需定义整型变量。0/1型的变量可由integer(简写为int)命令来标识，一般用int vname或int n表示，前者只将决策变量vname标识为0/1型，后者将当前模型的前n个变量标识为0/1型(模型中变量顺序由输入时出现的先后顺序决定)。一般的整数变量可用命令gin(general integer)，其使用方式与int命令相似。

注意 对于变量的说明只能放在模型的“end”语句之后。

【例9.5】 求解下列(0，1)线性规划问题：

$$\max f = x_{11} + x_{12} + 2x_{13} + 5x_{14} + 7x_{15} + x_{21} + 2x_{22} + 3x_{23} + 7x_{24} + 10x_{25} + x_{31} + 3x_{32} + 4x_{33} + 9x_{34} + 10x_{35} + x_{41} + 4x_{42} + 5x_{43} + 10x_{44} + 10x_{45} \tag{9.19}$$

$$\text{s.t.}\begin{cases} \sum_{j=1}^{5} x_{ij} = 1 \quad (1 \leqslant i \leqslant 4) & (9.20) \\ \sum_{i=1}^{4} x_{ij} = 1 \quad (1 \leqslant j \leqslant 5) & (9.21) \\ x_{ij} = 0,1 & (9.22) \end{cases}$$

在LINDO中输入如图9.13所示的命令。

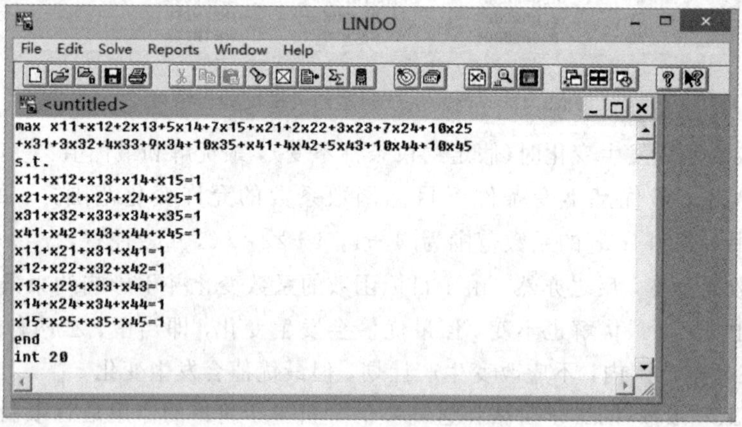

图9.13 (0，1)线性规划的输入模型

LINDO运算后输出下列结果(见图9.14)：NO FEASIBLE SOLUTION(求不出最优解)。

若将问题变为5×5的问题，就能求出解来。

$$\max f = x_{11} + x_{12} + 2x_{13} + 5x_{14} + 7x_{15} + x_{21} + 2x_{22} + 3x_{23} + 7x_{24} + 10x_{25} + x_{31} + 3x_{32} + 4x_{33} + 9x_{34} + 10x_{35} + x_{41} + 4x_{42} + 5x_{43} + 10x_{44} + 10x_{45} \tag{9.23}$$

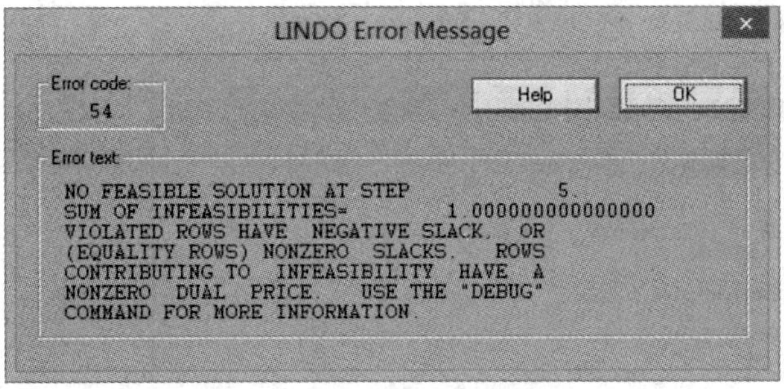

图 9.14　(0，1)线性规划的输出结果

$$\text{s.t.}\begin{cases}\sum_{j=1}^{5} x_{ij} = 1 \quad (1 \leqslant i \leqslant 5) & (9.24)\\ \sum_{i=1}^{5} x_{ij} = 1 \quad (1 \leqslant j \leqslant 5) & (9.25)\\ x_{ij} = 0,\ 1 & (9.26)\end{cases}$$

在 LINDO 中输入如图 9.15 所示的命令，LINDO 运算后输出的结果如图 9.16 所示。

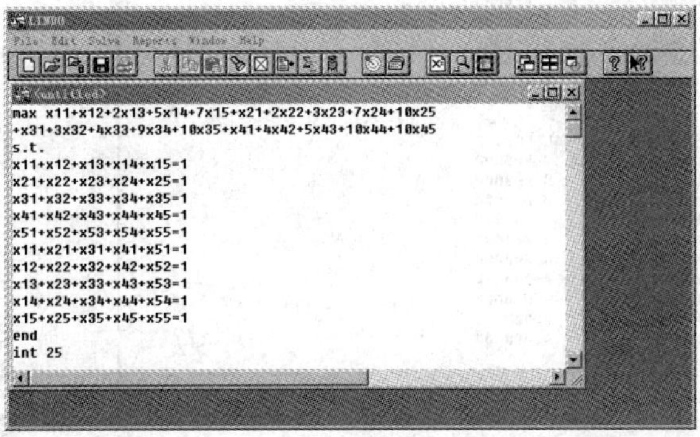

图 9.15　(0，1)线性规划(5×5)的输入模型

这个结果说明：LINDO 求解此(0，1)整数线性规划问题(LP)共用 16 步迭代得到最优解 $f_{\max} = 25$，$x_{12} = x_{25} = x_{33} = x_{44} = x_{51} = 1$，其他 $x_{ij} = 0$。松弛变量都取 0 值，即这个最优解使得约束条件都取等号。其对偶问题的最优解(影子价格)DUAL PRICES 都为 0。

【例 9.6】　求解下列整数线性规划问题：

$$\max f = 20x_1 + 10y_1 + 5z_1 \tag{9.27}$$

$$\text{s.t.}\begin{cases} x_1 + x_2 + z_1 = 20 & (9.28)\\ y_1 + y_2 + z_2 = 15 & (9.29)\\ 20x_1 + 10y_1 = 30x_2 + 20y_2 = 25z_1 + 15z_2 & (9.30)\\ 20x_1 + 10y_1 \leqslant 20\times 30 + 10\times 20 & (9.31)\\ 30x_2 + 20y_2 \leqslant 30\times 30 + 20\times 20 & (9.32)\\ 25z_1 + 15z_2 \leqslant 25\times 30 + 15\times 20 & (9.33)\\ x_i,\ y_j,\ z_j \geqslant 0 \text{ 且为整数} & (9.34)\end{cases}$$

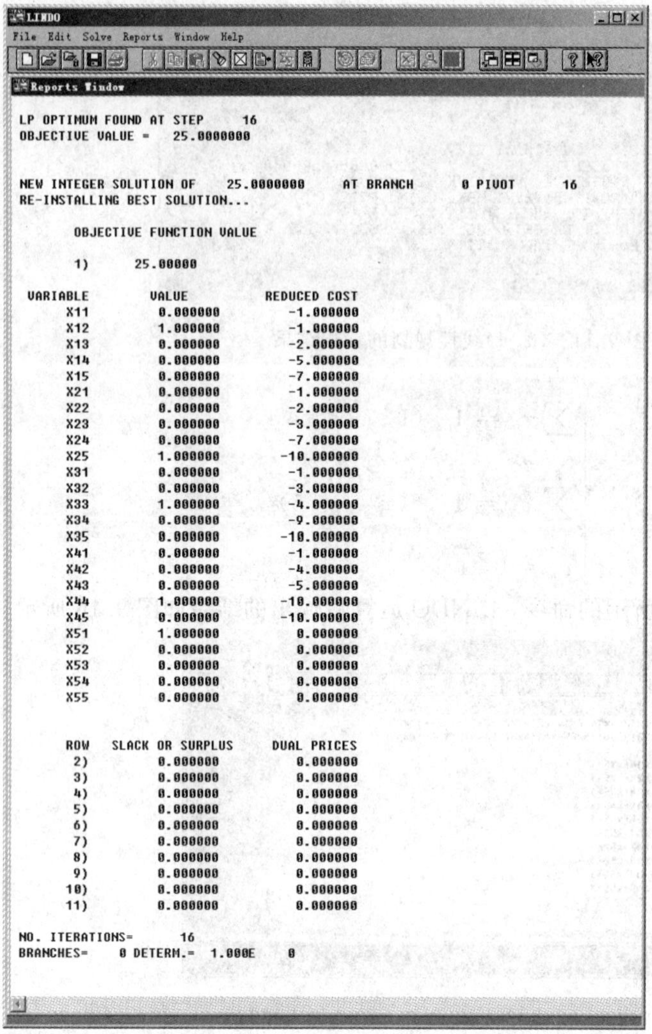


```
LP OPTIMUM FOUND AT STEP      16
OBJECTIVE VALUE =    25.0000000


NEW INTEGER SOLUTION OF    25.0000000     AT BRANCH      0 PIVOT      16
RE-INSTALLING BEST SOLUTION...

       OBJECTIVE FUNCTION VALUE

       1)      25.00000

  VARIABLE        VALUE          REDUCED COST
       X11        0.000000         -1.000000
       X12        1.000000         -1.000000
       X13        0.000000         -2.000000
       X14        0.000000         -5.000000
       X15        0.000000         -7.000000
       X21        0.000000         -1.000000
       X22        0.000000         -2.000000
       X23        0.000000         -3.000000
       X24        0.000000         -7.000000
       X25        1.000000        -10.000000
       X31        0.000000         -1.000000
       X32        0.000000         -3.000000
       X33        1.000000         -4.000000
       X34        0.000000         -9.000000
       X35        0.000000        -10.000000
       X41        0.000000         -1.000000
       X42        0.000000         -4.000000
       X43        0.000000         -5.000000
       X44        1.000000        -10.000000
       X45        0.000000        -10.000000
       X51        1.000000          0.000000
       X52        0.000000          0.000000
       X53        0.000000          0.000000
       X54        0.000000          0.000000
       X55        0.000000          0.000000


       ROW   SLACK OR SURPLUS     DUAL PRICES
        2)        0.000000          0.000000
        3)        0.000000          0.000000
        4)        0.000000          0.000000
        5)        0.000000          0.000000
        6)        0.000000          0.000000
        7)        0.000000          0.000000
        8)        0.000000          0.000000
        9)        0.000000          0.000000
       10)        0.000000          0.000000
       11)        0.000000          0.000000

NO. ITERATIONS=       16
BRANCHES=    0 DETERM.=  1.000E    0
```

图 9.16 (0，1)线性规划(5×5)的输出结果

整数规划求解举例

在 LINDO 环境下，输入如图 9.17 所示的命令。

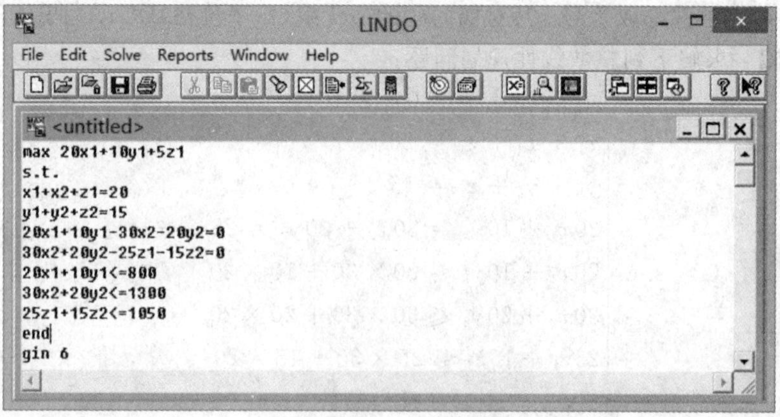


```
max 20x1+10y1+5z1
s.t.
x1+x2+z1=20
y1+y2+z2=15
20x1+10y1-30x2-20y2=0
30x2+20y2-25z1-15z2=0
20x1+10y1<=800
30x2+20y2<=1300
25z1+15z2<=1050
end
gin 6
```

图 9.17 整数线性规划(例 9.6)的输入模型

LINDO 运行后，输出如图 9.18 所示的结果。

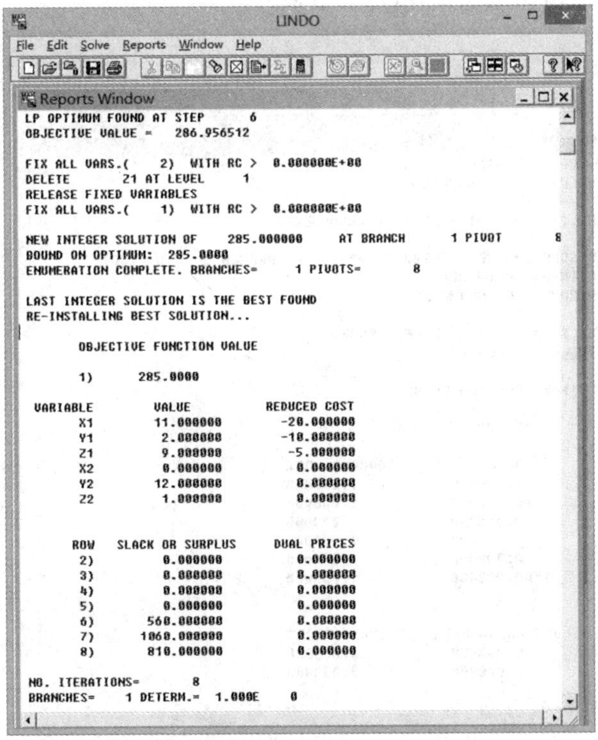

图 9.18　整数线性规划(例 9.6)的输出结果

这个结果说明：LINDO 求解此线性规划问题(LP)共用 8 步迭代得到最优解 $f_{\max}=285$，$x_1=11$，$x_2=0$，$z_1=9$，$y_1=2$，$y_2=12$，$z_2=1$。前 4 个松弛变量取 0 值，即这个最优解使得前 4 个约束条件取等号；其对偶问题的最优解(影子价格)DUAL PRICES 都为 0。

【例 9.7】　求解下列整数线性规划问题：

$$\min f=x_1+x_2+x_3+x_4+x_5+x_6 \tag{9.35}$$

$$\text{s.t.}\begin{cases}0\times x_1+x_2+2x_3+3x_4+4x_5+5x_6\geqslant 10\ 000 & (9.36)\\ 6x_1+5x_2+3x_3+2x_4+x_5+0\times x_6\geqslant 20\ 000 & (9.37)\\ x_j\geqslant 0\ \text{且为整数} & (9.38)\end{cases}$$

在 LINDO 中输入如图 9.19 所示的命令。

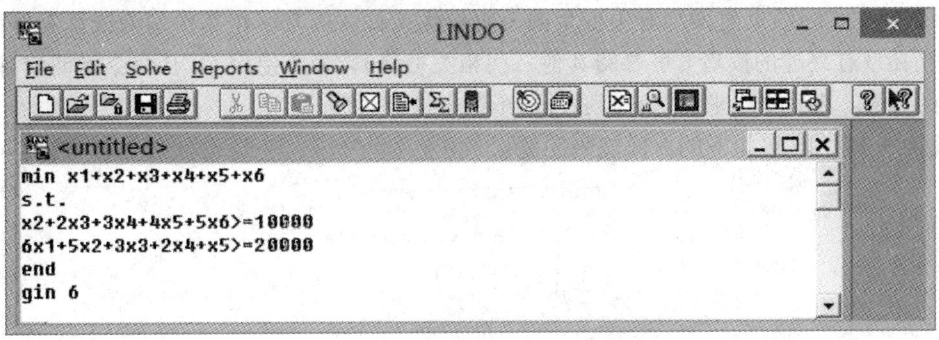

图 9.19　整数线性规划(例 9.7)的输入模型

LINDO 运行后输出如图 9.20 所示的结果。

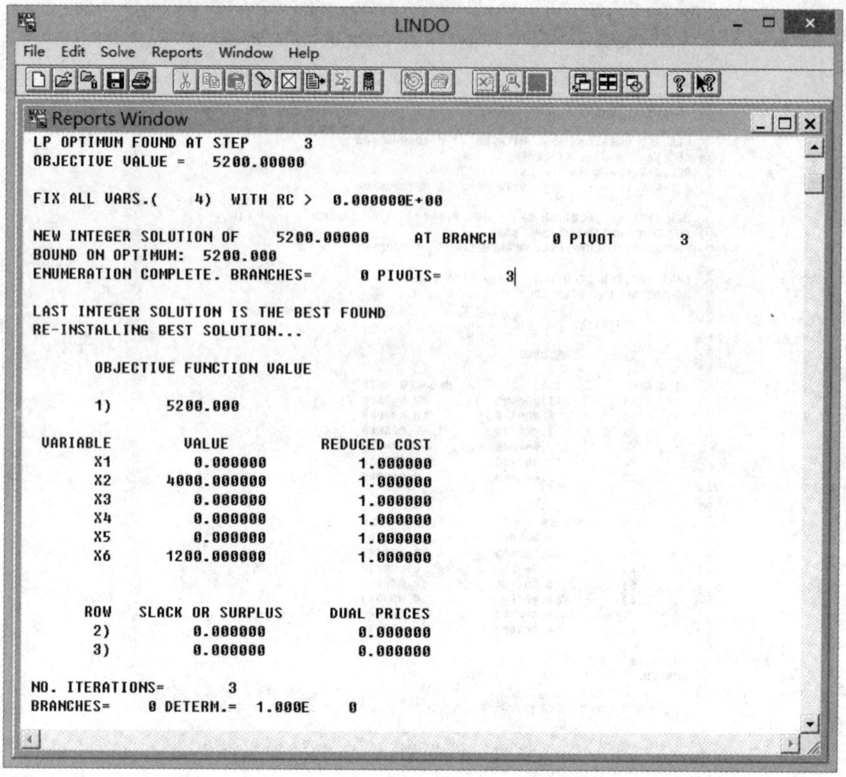

图 9.20　整数线性规划(例 9.7)的输出结果

这个结果说明：LINDO 求解此线性规划问题(LP)共用 3 步迭代得到最优解 $f_{\min}=5200$，$x_2=4000$，$x_6=1200$，其他 $x_j=0$。松弛变量都取 0 值，即这个最优解使得约束条件都取等号；其对偶问题的最优解(影子价格)DUAL PRICES 都为 0。

9.5　二次规划求解

LINDO 可用于求解二次规划(QP)问题，但输入方式比较复杂，因为在 LINDO 中不允许出现非线性表达式。我们需要为每一个实际约束增加一个对偶变量(或 Lagrange 乘子)，通过在实际约束前增加有关变量的一阶最优条件，从而转化二次型为线性互补型(对线性互补型有兴趣的读者，可参阅其他一些相关书籍)，并要使用 QCP 命令指明实际约束开始的行号，然后才能求解。下面通过两个例子进行说明。

【例 9.8】 求解如下的二次规划问题：

$$\min z=3x^2+y^2-xy \tag{9.39}$$

$$\text{s.t.}\begin{cases}1.2x+0.9y>1.1 & (9.40)\\ x+y=1 & (9.41)\\ y<0.7 & (9.42)\end{cases}$$

用 RT、ONE 和 UL 作为对偶变量，问题输入格式参见图 9.21。

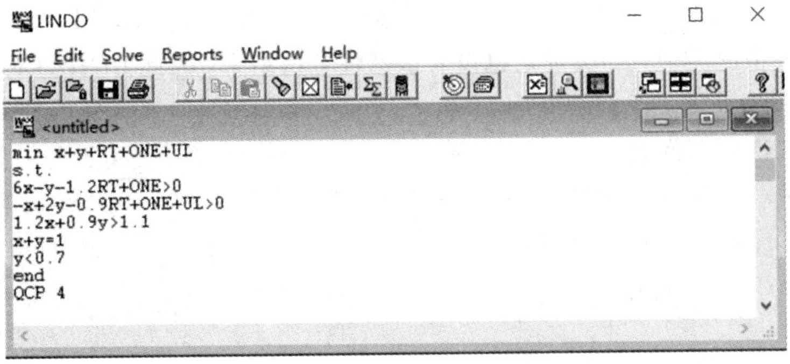

图 9.21　二次规划(例 9.8)的输入模型

二次规划求解举例

输入中的第 1 行(目标函数)只用于给出模型中相应变量的出现顺序：x、y、RT、ONE、UL，用加号连接。

输入中的第 2、3 行约束是在实际约束前增加的有关变量的一阶最优条件，即 Lagrange 函数：

$$3x^2 + y^2 - xy - \mathrm{RT}(1.2x + 0.9y - 1.1) + \mathrm{ONE}(x + y - 1) + \mathrm{UL}(y - 0.7) \tag{9.43}$$

分别对 x、y 求偏导数，令其大于 0 可得第 2、3 行约束(一阶最优条件)。

“end”后面的语句“QCP 4”表示原来的二次规划问题真正的约束是从输入的第 4 行开始的。求解结果如图 9.22 所示。

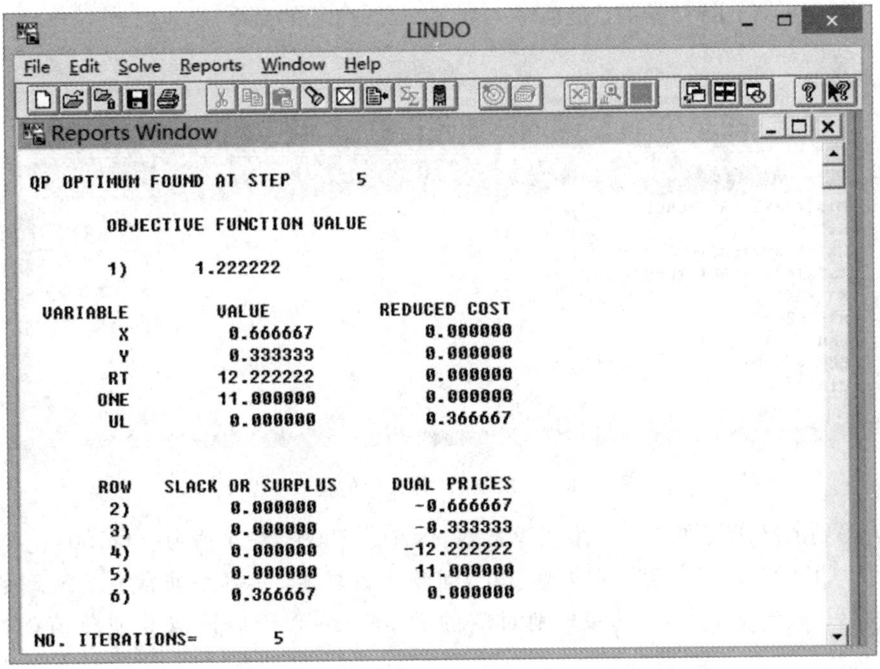

图 9.22　二次规划(例 9.8)的输出结果

这样经过 5 次迭代，就得到了最优解 $x=0.666\ 667$，$y=0.333\ 333$，最优值为 1.222222。同整数规划时的情况类似，二次规划也没有敏感性分析结果，因此 LINDO 对应的敏感性分析输出结果也没有意义，不能被利用。

【例 9.9】 求解如下二次规划问题：

$$\min z=-98x_1-277x_2+x_1^2+0.3x_1x_2+x_2^2 \tag{9.44}$$

$$\text{s.t.}\begin{cases}x_1+x_2\leqslant 100 & (9.45)\\ x_1\leqslant 2x_2 & (9.46)\\ x_1,\ x_2\geqslant 0 & (9.47)\end{cases}$$

我们需要用对偶变量(Lagrange 乘子)写出其 Lagrange 函数，设两个“≤”约束的 Lagrange 乘子分别为 LAG1、LAG2，则其 Lagrange 函数为

$$L=-98x_1-277x_2+x_1^2+0.3x_1x_2+x_2^2+\text{LAG1}(x_1+x_2-100)+\text{LAG2}(x_1-2x_2) \tag{9.48}$$

分别对原问题的决策变量 x_1、x_2 求偏导数，令其大于等于 0(即一阶最优条件)，可得两个新约束如下：

$$-98+2x_1+0.3x_2+\text{LAG1}+\text{LAG2}\geqslant 0 \tag{9.49}$$

$$-277+0.3x_1+2x_2+\text{LAG1}-2\text{LAG2}\geqslant 0 \tag{9.50}$$

QP 问题输入 LINDO 软件求解时，第 1 行(目标函数)只用于给出模型中相应变量的出现顺序：x_1、x_2、LAG1、LAG2，用加号连接；在实际约束前增加刚刚得到的有关变量的一阶最优条件。此外，必须在“end”语句后用“QCP n”语句说明这是一个二次规划，同时指出实际约束是从第 n 行开始的，最后输入如图 9.23 所示的命令。

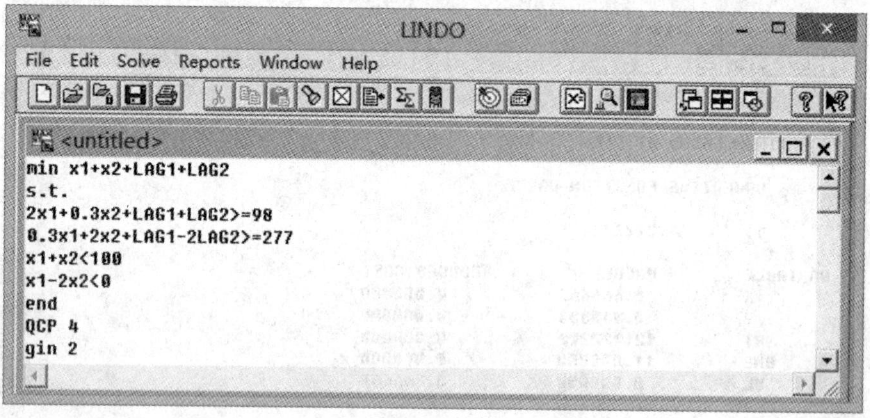

图 9.23 二次规划(例 9.9)的输入模型

最后得到的结果见图 9.24，最优整数解 $x=(0,\ 100)$，最小值为-17700。

可见，LINDO 用于求解二次规划(QP)问题比较复杂，不容易非常直观地理解。特别要注意的是，原约束是“≥”约束，则对应的 Lagrange 乘子应该取 0 或负值(对最小化问题)。

对于二次规划问题，建议直接用 LINGO 软件进行求解，因为 LINGO 软件中的输入模型更接近于二次规划的数学表达式，不易出错，而计算效果同样很好。

注意 要想学好和灵活应用 LINDO 软件，首先要多练习使用 LINDO 来解决问题，熟

能生巧。LINDO 中的显示报告完全是英文，大家要熟悉其含义，不要太拘泥于书本或他人的方法，要学会举一反三，综合使用，才能用得巧而精。

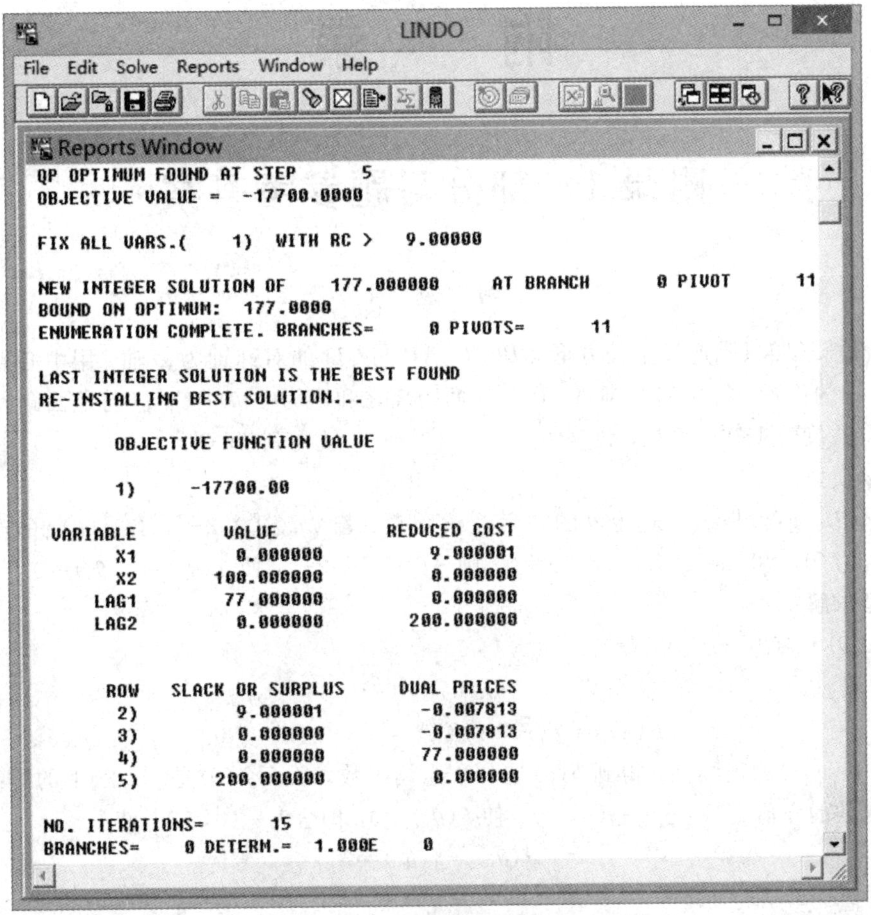

图 9.24　二次规划(例 9.9)的输出结果

LINDO 软件简介习题

附　录

附录 1　部分习题参考答案

习　题　1

1. 设椅子四只脚连线呈长方形 $ABCD$。AB 与 CD 的对称轴为 x 轴，用中心点的转角 θ 表示椅子的位置。将相邻两脚 A、B 与地面距离之和记为 $f(\theta)$；C、D 与地面距离之和记为 $g(\theta)$，并旋转 180°。于是，设 $f(0)>0$，$g(0)=0$，就得到 $g(\pi)>0$，$f(\pi)=0$。

数学模型：

设 $f(\theta)$、$g(\theta)$是$[0,2\pi]$上 θ 的非负连续函数。若 $\forall\theta\in[0,2\pi]$，有 $f(\theta)g(\theta)=0$，且 $g(0)=0$，$f(0)>0$，$g(\pi)>0$，$f(\pi)=0$，则 $\exists\theta_0\in[0, 2\pi]$，使 $f(\theta_0)=g(\theta_0)=0$。

模型求解：

令 $h(\theta)=f(\theta)-g(\theta)$，就有

$$h(0)>0$$
$$h(\pi)=f(\pi)-g(\pi)=0-g(\pi)<0$$

再由 $f(\theta)$、$g(\theta)$的连续性，得到 $h(\theta)$是一个连续函数，从而 $h(\theta)$是$[0, \pi]$上的连续函数。由连续函数的介值定理：$\exists\theta_0\in(0, \pi)$，使 $h(\theta_0)=0$，即 $\exists\theta_0\in(0, \pi)$，使

$$f(\theta_0)-g(\theta_0)=0$$

又因为 $\forall\theta\in[0, 2\pi]$，有

$$f(\theta)g(\theta)=0$$

故

$$f(\theta_0)=g(\theta_0)=0$$

4. 步行了 25 分钟。设想他的妻子驾车遇到他后，先带他前往车站，再回家，汽车多行驶了 10 分钟，于是带他去车站这段路程汽车多跑了 5 分钟，而到车站的时间是 6:00，所以他的妻子驾车遇到他的时刻应该是 5:55。

习　题　2

3. 设 P、v、s、ρ 的关系为 $f(P, v, s, \rho)=0$，其量纲表达式为

$$[P]=\mathrm{ML^2T^{-3}},\quad [v]=\mathrm{LT^{-1}},\quad [s]=\mathrm{L^2},\quad [\rho]=\mathrm{ML^{-3}}$$

这里 L、M、T 是基本量纲。量纲矩阵为

$$\boldsymbol{A}=\begin{bmatrix} 2 & 1 & 2 & -3 \\ 1 & 0 & 0 & 1 \\ -3 & -1 & 0 & 0 \end{bmatrix}\begin{matrix}(\mathrm{L})\\(\mathrm{M})\\(\mathrm{T})\end{matrix}$$
$$\quad (P)\quad (v)\quad (s)\quad (\rho)$$

齐次线性方程组为

$$\begin{cases}2y_1+y_2+2y_3-3y_4=0\\ y_1+y_4=0\\ -3y_1-y_2=0\end{cases}$$

它的基本解为 $\boldsymbol{y}=(-1,3,1,1)$，由量纲 P_i 定理得 $\pi=P^{-1}v^3s^1\rho^1$，所以 $P=\lambda v^3s^1\rho^1$，其中 λ 是无量纲常数。

习　题　3

2. 用 $x(t)$、$y(t)$ 表示甲、乙交战双方时刻 t 的士兵人数，则常规战争模型可近似表示为

$$\begin{cases}\dfrac{\mathrm{d}x}{\mathrm{d}t}=-cy\\ \dfrac{\mathrm{d}y}{\mathrm{d}t}=-dx\\ x(0)=x_0,\ y(0)=y_0\end{cases} \qquad ①$$

现求①的解：①的系数矩阵为

$$\boldsymbol{A}=\begin{bmatrix}0 & -c\\ -d & 0\end{bmatrix}$$

$$|\lambda\boldsymbol{E}-\boldsymbol{A}|=\begin{vmatrix}\lambda & c\\ d & \lambda\end{vmatrix}=\lambda^2-cd=0$$

所以$\lambda_{1,2}=\pm\sqrt{cd}$，$\lambda_1$、$\lambda_2$ 对应的特征向量分别为$\begin{pmatrix}-2\\ 1\end{pmatrix}$、$\begin{pmatrix}2\\ 1\end{pmatrix}$，故①的通解为

$$\begin{pmatrix}x(t)\\ y(t)\end{pmatrix}=C_1\begin{pmatrix}-2\\ 1\end{pmatrix}\mathrm{e}^{\sqrt{cd}t}+C_2\begin{pmatrix}2\\ 1\end{pmatrix}\mathrm{e}^{-\sqrt{cd}t}$$

再由初始条件，得

$$x(t)=\left(\frac{x_0}{2}-y_0\right)\mathrm{e}^{\sqrt{c\,d}t}+\left(\frac{x_0}{2}+y_0\right)\mathrm{e}^{-\sqrt{c\,d}t} \qquad ②$$

又由①可得

$$\frac{\mathrm{d}y}{\mathrm{d}x}=\frac{dx}{cy}$$

其解为

$$cy^2-dx^2=K$$

而

$$K=cy_0^2=dx_0^2 \qquad ③$$

(1) 当 $x(t_1)=0$ 时

$$y(t_1)=\sqrt{\frac{K}{c}}=\sqrt{\frac{cy_0^2-dx_0^2}{c}}=y_0\sqrt{1-\frac{d}{c}}=\frac{\sqrt{3}}{2}y_0$$

即乙方取胜时的剩余兵力数为$\dfrac{\sqrt{3}}{2}y_0$。又令 $x(t_1)=0$，由②得

$$\left(\frac{x_0}{2}-y_0\right)e^{\sqrt{cd}t_1}+\left(\frac{x_0}{2}+y_0\right)e^{-\sqrt{cd}t_1}=0$$

注意到 $x_0=y_0$，得

$$e^{2\sqrt{cd}t_1}=\frac{x_0+2y_0}{2y_0-x_0}$$

所以

$$e^{2\sqrt{cd}t_1}=3,\ t_1=\frac{\ln 3}{4d}$$

(2) 若甲方在战斗开始后有后备部队以不变的速率 r 增援，则

$$\begin{cases}\dfrac{dx}{dt}=-cy+r\\ \dfrac{dy}{dt}=-dx\\ x(0)=x_0,\ y(0)=y_0\end{cases} \tag{④}$$

由④得

$$\frac{dx}{dy}=\frac{-cy+r}{-dx}$$

即

$$dx\,dx=cy\,dy-r\,dy$$

相轨线为

$$cy^2-2ry-dx^2=k，或\ c\left(y-\frac{r}{c}\right)^2-dx^2-\frac{r^2}{c}=k$$

其中，$k=cy_0^2-2ry_0-dx_0^2$，此相轨线比图 3.7 中的轨线上移了 $\frac{r}{c}$。乙方取胜的条件为 $k>0$，亦即

$$\left(y_0-\frac{r}{c}\right)^2>\frac{d}{c}x_0^2+\frac{r^2}{c^2}$$

习　题　4

1. 常规计算方法略。下面给出用 MATLAB 命令解题的过程。

数据输入

```
x1=[459  362  624  542  509  584  433  748  815  505];
x2=[612  452  434  982  640  742  565  706  593  680];
…
x10=[764  558  378  765  666  763  217  715  310  851];
x=[x1  x2  x3  x4  x5  x6  x7  x8  x9  x10];
```

作频数直方图：hist(x,10)。

从直方图中可以看出，该刀具寿命接近服从正态分布。

分布的正态性检验：normplot(x)。

数据基本分布在一条直线上，故初步可以断定刀具寿命为正态分布。

在基本确定所给数据 x 的分布后，就可以估计该数据的参数。[muhat, sigmahat,

muci，sigmaci］= normfit（x），结果为 muhat = 594，sigmahat = 204.1301，muci = ［553.4962，634.5038］。sigmaci=［179.2276，237.1329］，分别为其均值、标准差、均值的 0.95 置信区间、标准差的 0.95 置信区间。

检验均值是否等于 594：［h，sig，ci］= ttest（x，594），结果为 h=0，sig=1，ci= ［553.4962，634.5038］。

检验结果：布尔变量 h=0，表示不拒绝零假设，说明提出的假设寿命均值 594 是合理的；95%的置信区间为［553.4962，634.5038］，它包括 594，且精度很高；sig=1，远超过 0.5，不能拒绝零假设。所以可以认为刀具平均寿命为 594。

2. 根据表 4.26 计算得到可能需要参与分析的量，整理后得下表。

成绩分析表

年份	时间(x)	成绩(y)	x^2	y^2	xy
1948	1	13.75	1	189.06	13.75
1952	2	15.28	4	233.48	30.56
1956	3	16.59	9	275.23	49.77
1960	4	17.32	16	299.98	69.28
1964	5	18.14	25	329.06	90.7
1968	6	19.61	36	384.55	117.66
1972	7	21.03	49	442.26	147.21
1976	8	21.16	64	447.75	169.28
1980	9	22.41	81	502.21	201.69
1984	10	23.57	100	555.54	235.7

先计算 y 与 x 的相关系数，以确定是否该建立线性回归模型。由上表数据，可以算出：

$$\begin{cases} \sum x_i = 55 \\ \sum y_i = 188.86 \\ \sum x_i^2 = 385 \qquad (n = 10) \\ \sum y_i^2 = 3659.12 \\ \sum x_i y_i = 1125.6 \end{cases}$$

计算相关系数得 $r=0.961$，则 y 与 x 高度线性相关，从而可以建立线性回归模型进行分析。现在根据线性函数得最小二乘法公式，计算得到回归系数分别为 $\begin{cases} a=13.095 \\ b=1.053 \end{cases}$，相应的回归方程为 $y=13.095+1.053x$。

如果要求显著性水平达到 0.01，即置信水平达到 99%，则查附表 2 中的检验相关系数的临界值(其中自由度 $f=10-2=8$)，可以得到相关系数的临界值为 $r^*=0.765$。由于 $r=0.961>r^*=0.765$，所以相关性检验通过，可以利用上述模型对以后的成绩进行预测。

根据所求得的线性回归方程，对 2008 年(相应 $x=16$)奥运会女子铅球项目夺冠必须投掷距离计算得 $y=13.095+1.053\times16=29.943$。

当然，由于所要预测的年份与已有数据的年份相差太远，而线性回归分析不仅仅是对原始数据很窄的范围内表面规律的叙述，所以预测的结果跟实际结果相距较远。2008 年奥运会女子铅球项目夺冠投掷距离为 20.56 米。要得到很好的结果，还是推荐首先进行内在机理分析，在此基础上再进行数据拟合或者回归分析。

习　题　5

1. (1)

$$\max z=-x_1'-2x_2+x_3$$

$$\text{s.t.}\begin{cases}-x_1'+x_3-x_4'+x_4''+x_5=1\\-2x_1'+x_2-x_3-x_6=2\\-3x_1'+x_2+x_3-x_4'+x_4''=1\\x_1',\ x_2,\ x_3,\ x_4',\ x_4'',\ x_5,\ x_6\geqslant0\end{cases}$$

(2)

$$\max z=-2x_1'+3(x_2'-x_2'')$$

$$\text{s.t.}\begin{cases}-x_1'+2(x_2'-x_2'')+x_3=8\\x_1'+x_2'-x_2''-x_4=1\\-x_1'\leqslant2\\x_1',\ x_2',\ x_2'',\ x_3,\ x_4\geqslant0\end{cases}$$

2. (1) $\boldsymbol{X}^*=(0,5)^{\mathrm{T}}$，$z^*=-15$；

(2) 此线性规划问题无可行解。

3. (1) 为唯一最优解时，必有 $d>0$，$c_1<0$，$c_2<0$；

(2) 存在无穷多最优解时，必有 $d>0$，$c_1<0$，$c_2=0$ 或 $d>0$，$c_1=0$，$c_2<0$；

(3) 具有无界解时，必有 $d>0$，$c_2>0$，$c_2>c_1$，$a_1<0$；

(4) 解非最优，为对解进行改进，换入变量为 x_1，换出变量为 x_6，必有 $d>0$，$c_1>0$，$c_1>c_2$，$d/4>3/a_3$，$a_3>0$。

4. (1) $\boldsymbol{X}^*=(0,\ 0,\ 12,\ 0,\ 18,\ 9)^{\mathrm{T}}$，$z^*=12$ 或 $\boldsymbol{X}^*=(6,\ 0,\ 6,\ 0,\ 0,\ 15)^{\mathrm{T}}$，$z^*=12$。

(2) $\boldsymbol{X}^*=\left(0,\ \dfrac{8}{3},\ 0,\ 4,\ \dfrac{14}{3},\ 0,\ 0\right)^{\mathrm{T}}$，$z^*=-\dfrac{68}{3}$。

5. (1) $\boldsymbol{X}^*=(7,\ 0)^{\mathrm{T}}$，$z^*=21$；

(2) 无可行解；

(3) 无界解；

(4) $\boldsymbol{X}^*=(5,\ 0,\ 0,\ 0)^{\mathrm{T}}$，$z^*=5$

6. $x_1=x_2=15$，$f=10p_2$

7. $x_1=50$，$d_2^+=180$，$d_3^-=100$，$f=360p_2$

8. (1) $\boldsymbol{X}^*=(4,2)^{\mathrm{T}}$，$z^*=14$；　(2) $\boldsymbol{X}^*=(2,2)^{\mathrm{T}}$，$z^*=10$。

9. $\boldsymbol{X}^*=(0,\ 0,\ 1,\ 1,\ 1)^{\mathrm{T}}$，$z^*=6$。

习　题　6

2. 设总人数为 N，N 人内部的朋友关系是互相的，因此 N 人内总的朋友关系必是偶数。

反证法：假设任意两人的朋友数不一样多，则 N 人一共有 N 个不同的数。最基本的朋友数集合是{从 0 到 $N-1$}。其和为 $(N-1)\times N/2$。因 N、$N-1$ 奇偶性必互异，$(N-1)\times N/2$ 可能是奇数，与偶数关系矛盾。在基本集合{从 0 到 $N-1$}的基础上，任何人增加任意多个朋友关系，都导致在 $(N-1)\times N/2$ 上加一个偶数，关系总和可能是奇数，永远与偶数关系矛盾。因此假设不成立，至少有 2 个人的朋友数一样多。

4. **方法 1**：这个 5 阶竞赛图是一个 5 阶有向 Hamilton 图。它的一个有向 Hamilton 圈为

$$3\rightarrow 1\rightarrow 4\rightarrow 5\rightarrow 2\rightarrow 3$$

所以此竞赛图是双向连通的。

$$4\rightarrow 5\rightarrow 1\rightarrow 2\rightarrow 3\quad 2\rightarrow 4\rightarrow 5\rightarrow 3\rightarrow 1\quad 5\rightarrow 3\rightarrow 1\rightarrow 2\rightarrow 4\quad 3\rightarrow 1\rightarrow 4\rightarrow 5\rightarrow 2$$

等都是完全路径。此竞赛图的邻接矩阵为

$$\boldsymbol{A}=\begin{bmatrix}0&1&0&1&0\\0&0&1&1&0\\1&0&0&0&0\\0&0&1&0&1\\1&1&1&0&0\end{bmatrix}$$

令 $\boldsymbol{e}=(1,1,1,1,1)^{\mathrm{T}}$，各级的分向量为

$$\boldsymbol{S}^{(1)}=\boldsymbol{Ae}=(2,2,1,2,3)^{\mathrm{T}}$$

$$\boldsymbol{S}^{(2)}=\boldsymbol{AS}^{(1)}=(4,3,2,4,5)^{\mathrm{T}}$$

$$\boldsymbol{S}^{(3)}=\boldsymbol{AS}^{(2)}=(7,6,4,7,9)^{\mathrm{T}}$$

$$\boldsymbol{S}^{(4)}=\boldsymbol{AS}^{(3)}=(13,11,7,13,17)^{\mathrm{T}}$$

由此得名次为 5、1(4)、2、3(选手 1 和 4 名次相同)。

方法 2：给 5 位网球选手排名次也可由计算 $\boldsymbol{A}$ 的最大特征根 λ 和对应特征向量 $\boldsymbol{S}$ 得到

$$\lambda=1.8393,\ \boldsymbol{S}=(0.2137,0.1794,0.1162,0.2137,0.2769)^{\mathrm{T}}$$

习　题　7

2.
$$\begin{aligned}X^{(0)}&=\{x^{(0)}(1),x^{(0)}(2),x^{(0)}(3),x^{(0)}(4),x^{(0)}(5)\}\\&=\{1.67,1.51,1.03,2.14,1.99\}\\X^{(1)}&=\{x^{(1)}(1),x^{(1)}(2),x^{(1)}(3),x^{(1)}(4),x^{(1)}(5)\}\\&=\{1.67,3.18,4.21,6.35,8.43\}\end{aligned}$$

对 $X^{(1)}$ 作紧邻均值生成，令 $z^{(1)}(k)=0.5x^{(1)}(k)+0.5x^{(1)}(k-1)$，且

$$\begin{aligned}Z^{(1)}&=\{z^{(1)}(1),z^{(1)}(2),z^{(1)}(3),z^{(1)}(4),z^{(1)}(5)\}\\&=\{1.67,2.425,3.695,5.28,7.345\}\end{aligned}$$

于是：

$$\boldsymbol{B}=\begin{bmatrix}-z^{(1)}(2)&1\\-z^{(1)}(3)&1\\-z^{(1)}(4)&1\\-z^{(1)}(5)&1\end{bmatrix}=\begin{bmatrix}-2.425&1\\-3.695&1\\-5.28&1\\-7.345&1\end{bmatrix}$$

$$\boldsymbol{Y}=\begin{bmatrix}x^{(0)}(2)\\x^{(0)}(3)\\x^{(0)}(4)\\x^{(0)}(5)\end{bmatrix}=\begin{bmatrix}1.51\\1.03\\2.14\\1.99\end{bmatrix}$$

$$\boldsymbol{B}^{\mathrm{T}}\boldsymbol{B}=\begin{bmatrix}-2.425 & -3.695 & -5.28 & -7.345\\1 & 1 & 1 & 1\end{bmatrix}\cdot\begin{bmatrix}-2.425 & 1\\-3.695 & 1\\-5.28 & 1\\-7.345 & 1\end{bmatrix}$$

$$=\begin{bmatrix}101.361 & -18.745\\-18.745 & 4\end{bmatrix}$$

$$(\boldsymbol{B}^{\mathrm{T}}\boldsymbol{B})^{-1}=\begin{bmatrix}0.07398 & 0.34669\\0.34669 & 1.8747\end{bmatrix}$$

$$\boldsymbol{B}^{\mathrm{T}}\boldsymbol{Y}=\begin{bmatrix}-2.425 & -3.695 & -5.28 & -7.345\\1 & 1 & 1 & 1\end{bmatrix}\cdot\begin{bmatrix}1.51\\1.03\\2.14\\1.99\end{bmatrix}=\begin{bmatrix}-33.38335\\6.67\end{bmatrix}$$

$$\hat{\boldsymbol{a}}=\begin{bmatrix}a\\b\end{bmatrix}=(\boldsymbol{B}^{\mathrm{T}}\boldsymbol{B})^{-1}\boldsymbol{B}^{\mathrm{T}}\boldsymbol{Y}=\begin{bmatrix}0.07398 & 0.34669\\0.34669 & 1.8747\end{bmatrix}\cdot\begin{bmatrix}-33.38335\\6.67\end{bmatrix}=\begin{bmatrix}-0.157\\0.931\end{bmatrix}$$

方程为

$$\frac{\mathrm{d}x^{(1)}}{\mathrm{d}t}+ax^{(1)}=b,\ \frac{\mathrm{d}x^{(1)}}{\mathrm{d}t}-0.157x^{(1)}=0.931$$

时间响应式为

$$\hat{x}^{(1)}(k+1)=\left(x^{(0)}(1)-\frac{b}{a}\right)\mathrm{e}^{-ak}+\frac{b}{a}=(1.67+5.93)\mathrm{e}^{0.157k}-5.93=7.6\mathrm{e}^{0.157k}-5.93$$

$X^{(1)}$ 的模拟值为

$$\hat{X}^{(1)}=\{\hat{x}^{(1)}(1),\ \hat{x}^{(1)}(2),\ \hat{x}^{(1)}(3),\ \hat{x}^{(1)}(4),\ \hat{x}^{(1)}(5)\}$$
$$=\{1.67,\ 2.962,\ 4.474,\ 6.202,\ 8.311\}$$

还原出 $X^{(0)}$ 的模拟值，由 $\hat{x}^{(0)}(k+1)=\hat{x}^{(1)}(k+1)-\hat{x}^{(1)}(k)$ 得

$$\hat{X}^{(0)}=\{\hat{x}^{(0)}(1),\ \hat{x}^{(0)}(2),\ \hat{x}^{(0)}(3),\ \hat{x}^{(0)}(4),\ \hat{x}^{(0)}(5)\}$$
$$=\{1.67,\ 1.292,\ 1.512,\ 1.728,\ 2.109\}$$

下面计算 X 与 $\hat{X}$ 的灰色关联度：

$$|S|=\left|\sum_{k=2}^{4}(x(k)-x(1))+\frac{1}{2}(x(5)-x(1))\right|$$
$$=\left|(-0.61-0.64+0.47+\frac{1}{2}\times 0.32)\right|=0.17$$

$$|\hat{S}|=\left|\sum_{k=2}^{4}(\hat{x}(k)-\hat{x}(1))+\frac{1}{2}(\hat{x}(5)-\hat{x}(1))\right|$$
$$=\left|-0.378-0.158+0.058+\frac{1}{2}\times 0.439\right|=0.2585$$

$$|S-\hat{S}|=\left|\sum_{k=2}^{4}[(x(k)-x(1))-(\hat{x}(k)-\hat{x}(1))]+\frac{1}{2}[(x(5)-x(1))-(\hat{x}(5)-\hat{x}(1))]\right|$$

$$=\left|(-0.378+0.16)+(-0.158+0.64)+(0.058-0.47)+\frac{1}{2}(0.439-0.32)\right|$$

$$=|-0.218+0.482-0.417+0.0595|$$

$$=0.0885$$

$$\varepsilon=\frac{1+|S|+|\hat{S}|}{1+|S|+|\hat{S}|+|\hat{S}-S|}=\frac{1+0.17+0.2585}{1+0.17+0.2585+0.0885}$$

$$=\frac{1.4285}{1.517}=0.094>0.90$$

精度为一级，可以用$\begin{cases}\hat{x}^{(1)}(k+1)=7.6e^{0.157k}-5.93\\ \hat{x}^{(0)}(k+1)=\hat{x}^{(1)}(k+1)-\hat{x}^{(1)}(k)\end{cases}$进行预测。

$\hat{X}^{(1)}=\{\hat{x}^{(1)}(6), \hat{x}^{(1)}(7), \hat{x}^{(1)}(8), \hat{x}^{(1)}(9), \hat{x}^{(1)}(10), \hat{x}^{(1)}(11), \hat{x}^{(1)}(12), \hat{x}^{(1)}(13), \hat{x}^{(1)}(14), \hat{x}^{(1)}(15)\}$

$=\{10.732, 13.565, 16.879, 20.756, 25.293, 30.601, 36.811, 44.076, 52.577, 62.523\}$

$\hat{X}^{(0)}=\{\hat{x}^{(0)}(6), \hat{x}^{(0)}(7), \hat{x}^{(0)}(8), \hat{x}^{(0)}(9), \hat{x}^{(0)}(10), \cdots, \hat{x}^{(0)}(15)\}$

$=\{2.421, 2.833, 3.314, 3.877, 4.537, 5.308, 6.21, 7.265, 8.501, 9.946\}$

附录 2　标准正态分布表

$$\Phi(u)-\int_{-\infty}^{u}\frac{1}{\sqrt{2\pi}}e^{-\frac{w^2}{2}}dw$$

u	0.00	0.01	0.02	0.03	0.04	0.05	0.06	0.07	0.08	0.09
0.0	0.5000	0.5040	0.5080	0.5120	0.5160	0.5199	0.5239	0.5279	0.5319	0.5359
0.1	0.5398	0.5438	0.5478	0.5517	0.5557	0.5596	0.5636	0.5675	0.5714	0.5753
0.2	0.5793	0.5832	0.5871	0.5910	0.5948	0.5987	0.6026	0.6064	0.6103	0.6141
0.3	0.6179	0.6217	0.6255	0.6293	0.6331	0.6368	0.6406	0.6443	0.6480	0.6517
0.4	0.6554	0.6591	0.6628	0.6664	0.6700	0.6736	0.6772	0.6808	0.6844	0.6879
0.5	0.6915	0.6950	0.6985	0.7019	0.7054	0.7088	0.7123	0.7157	0.7190	0.7224
0.6	0.7257	0.7291	0.7324	0.7357	0.7389	0.7422	0.7454	0.7486	0.7517	0.7549
0.7	0.7580	0.7611	0.7642	0.7673	0.7703	0.7734	0.7764	0.7794	0.7823	0.7852
0.8	0.7881	0.7910	0.7939	0.7967	0.7995	0.8023	0.8051	0.8078	0.8106	0.8133
0.9	0.8159	0.8186	0.8212	0.8238	0.8264	0.8289	0.8315	0.8340	0.8365	0.8389
1.0	0.8413	0.8438	0.8461	0.8485	0.8508	0.8531	0.8554	0.8577	0.8599	0.8621
1.1	0.8643	0.8665	0.8686	0.8708	0.8729	0.8749	0.8770	0.8790	0.8810	0.8830
1.2	0.8849	0.8869	0.8888	0.8907	0.8925	0.8944	0.8962	0.8980	0.8997	0.9015
1.3	0.9032	0.9049	0.9066	0.9082	0.9099	0.9115	0.9131	0.9147	0.9163	0.9177
1.4	0.9192	0.9207	0.9222	0.9236	0.9251	0.9265	0.9279	0.9292	0.9306	0.9319
1.5	0.9332	0.9345	0.9357	0.9370	0.9382	0.9394	0.9406	0.9418	0.9429	0.9441
1.6	0.9452	0.9463	0.9474	0.9484	0.9495	0.9505	0.9515	0.9525	0.9535	0.9545
1.7	0.9554	0.9564	0.9573	0.9582	0.9591	0.9599	0.9608	0.9616	0.9625	0.9633
1.8	0.9641	0.9649	0.9656	0.9664	0.9671	0.9678	0.9686	0.9693	0.9699	0.9706
1.9	0.9713	0.9719	0.9726	0.9732	0.9738	0.9744	0.9750	0.9756	0.9761	0.9767
2.0	0.9772	0.9778	0.9783	0.9788	0.9793	0.9798	0.9803	0.9808	0.9812	0.9817
2.1	0.9821	0.9826	0.9830	0.9834	0.9838	0.9842	0.9846	0.9850	0.9854	0.9857
2.2	0.9861	0.9864	0.9868	0.9871	0.9875	0.9878	0.9881	0.9884	0.9887	0.9890
2.3	0.9893	0.9896	0.9898	0.9901	0.9904	0.9906	0.9909	0.9911	0.9913	0.9916
2.4	0.9918	0.9920	0.9922	0.9925	0.9927	0.9929	0.9931	0.9932	0.9934	0.9936
2.5	0.9938	0.9940	0.9941	0.9943	0.9945	0.9946	0.9948	0.9949	0.9951	0.9952
2.6	0.9953	0.9955	0.9956	0.9957	0.9959	0.9960	0.9961	0.9962	0.9963	0.9964
2.7	0.9965	0.9966	0.9967	0.9968	0.9969	0.9970	0.9971	0.9972	0.9973	0.9974
2.8	0.9974	0.9975	0.9976	0.9977	0.9977	0.9978	0.9979	0.9979	0.9980	0.9981
2.9	0.9981	0.9982	0.9982	0.9983	0.9984	0.9984	0.9985	0.9985	0.9986	0.9986
3.0	0.9987	0.9990	0.9993	0.9995	0.9997	0.9998	0.9998	0.9999	0.9999	0.9999

附录 3　相关系数临界值表

f/P	0.50	0.20	0.10	0.05	0.02	0.01	0.005	0.002	0.001
1	0.707	0.951	0.988	0.997	1.000	1.000	1.000	1.000	1.000
2	0.500	0.800	0.900	0.950	0.980	0.990	0.995	0.998	0.999
3	0.404	0.687	0.805	0.878	0.934	0.959	0.974	0.986	0.991
4	0.347	0.603	0.729	0.811	0.882	0.917	0.942	0.963	0.974
5	0.309	0.551	0.669	0.755	0.833	0.875	0.906	0.935	0.951
6	0.281	0.507	0.621	0.707	0.789	0.834	0.870	0.905	0.925
7	0.260	0.472	0.582	0.666	0.750	0.798	0.836	0.875	0.898
8	0.242	0.443	0.549	0.632	0.715	0.765	0.805	0.847	0.872
9	0.228	0.419	0.521	0.602	0.685	0.735	0.776	0.820	0.847
10	0.216	0.398	0.497	0.576	0.658	0.708	0.750	0.795	0.823
11	0.206	0.380	0.476	0.553	0.634	0.684	0.726	0.772	0.801
12	0.197	0.365	0.457	0.532	0.612	0.661	0.703	0.750	0.780
13	0.189	0.351	0.441	0.514	0.592	0.641	0.683	0.730	0.760
14	0.182	0.338	0.426	0.479	0.574	0.623	0.664	0.711	0.742
15	0.176	0.327	0.412	0.482	0.558	0.606	0.647	0.694	0.725
16	0.170	0.317	0.400	0.468	0.542	0.590	0.631	0.678	0.708
17	0.165	0.308	0.389	0.456	0.529	0.575	0.616	0.622	0.693
18	0.160	0.299	0.378	0.444	0.515	0.561	0.602	0.648	0.679
19	0.156	0.291	0.369	0.433	0.503	0.549	0.589	0.635	0.665
20	0.152	0.284	0.360	0.423	0.492	0.537	0.576	0.622	0.652
21	0.148	0.277	0.352	0.413	0.482	0.526	0.565	0.610	0.640
22	0.145	0.271	0.344	0.404	0.472	0.515	0.554	0.599	0.629
23	0.141	0.265	0.337	0.396	0.462	0.505	0.543	0.588	0.618
24	0.138	0.260	0.330	0.388	0.453	0.496	0.534	0.578	0.607
25	0.136	0.255	0.323	0.381	0.445	0.487	0.524	0.568	0.597
26	0.133	0.250	0.317	0.374	0.437	0.479	0.515	0.559	0.588
27	0.131	0.245	0.311	0.367	0.430	0.471	0.507	0.550	0.579
28	0.128	0.241	0.306	0.361	0.423	0.463	0.499	0.541	0.570
29	0.126	0.237	0.301	0.355	0.416	0.456	0.491	0.533	0.562
30	0.124	0.233	0.296	0.349	0.409	0.449	0.484	0.526	0.554
31	0.122	0.229	0.291	0.344	0.403	0.442	0.477	0.518	0.546

续表

f/P	0.50	0.20	0.10	0.05	0.02	0.01	0.005	0.002	0.001
32	0.120	0.226	0.287	0.339	0.397	0.436	0.470	0.511	0.539
33	0.118	0.222	0.283	0.334	0.392	0.430	0.464	0.504	0.532
34	0.116	0.219	0.279	0.329	0.386	0.424	0.458	0.498	0.525
35	0.115	0.216	0.275	0.325	0.381	0.418	0.452	0.492	0.519
36	0.113	0.213	0.271	0.320	0.376	0.413	0.446	0.486	0.513
37	0.111	0.210	0.267	0.316	0.371	0.408	0.441	0.480	0.507
38	0.110	0.207	0.264	0.312	0.367	0.403	0.435	0.474	0.501
39	0.108	0.204	0.261	0.308	0.362	0.398	0.430	0.469	0.495
40	0.107	0.202	0.257	0.304	0.358	0.393	0.425	0.463	0.490
41	0.106	0.199	0.254	0.301	0.354	0.389	0.420	0.458	0.484
42	0.104	0.197	0.251	0.297	0.350	0.384	0.416	0.453	0.479
43	0.103	0.195	0.248	0.294	0.346	0.380	0.411	0.449	0.474
44	0.102	0.192	0.246	0.291	0.342	0.376	0.407	0.444	0.469
45	0.101	0.190	0.243	0.288	0.338	0.372	0.403	0.439	0.465
46	0.100	0.188	0.240	0.285	0.335	0.368	0.399	0.435	0.460
47	0.099	0.186	0.238	0.282	0.331	0.365	0.395	0.431	0.456
48	0.098	0.184	0.235	0.270	0.328	0.361	0.391	0.427	0.451
49	0.097	0.182	0.233	0.276	0.325	0.358	0.387	0.423	0.447
50	0.096	0.181	0.231	0.273	0.322	0.354	0.384	0.419	0.443

附录4　历年全国大学生数学建模竞赛题目

（1993—2021 年本科赛题）

时　间	竞赛题目	模型方法与算法
1993 年	A 题：非线性交调的频率设计	拟合、规划
	B 题：足球队排名	矩阵论、图论、层次分析、整数规划
1994 年	A 题：逢山开路	图论、插值、动态规划
	B 题：锁具装箱	图论、组合数学
1995 年	A 题：一个飞行管理问题	非线性规划、线性规划
	B 题：天车与冶炼炉的作业调度	动态规划、排队论、图论、层次分析、PETRI 方法、非线性规划
1996 年	A 题：洗衣机节水问题	微分方程、优化、非线性规划
	B 题：最优捕鱼问题	非线性规划
1997 年	A 题：零件的参数设计	微积分、非线性规划、随机模拟
	B 题：最优截断切割问题	随机模拟、图论、动态规划、组合优化
1998 年	A 题：投资的收益与风险	多目标规划、线性规划、非线性规划、模糊规划模型、LINDO 软件求解
	B 题：灾情巡视路线	最短路算法、最小生成树、Hamilton 圈、旅行商问题、0－1 规划、观察调整法
1999 年	A 题：自动化车床管理	积分、概率及其分布、随机模拟、分布拟合度检验、蒙特卡罗法
	B 题：钻井布局	几何变换、全局搜索、局部搜索、最大完全子图、混合整数规划、枚举法、部分穷举法
2000 年	A 题：DAN 序列分类	几何空间、概率模型、距离空间、神经网络、最小二乘拟合、统计分类、Fisher 判别、模式识别
	B 题：钢管订购与运输	线性目标函数的非线性规划、二次规划、最短路算法、运输问题模型、灵敏度分析
2001 年	A 题：血管的三维重组	立体几何、空间解析几何、数据挖掘与拟合、变换法、投影法、最大圆算法、蒙特卡罗法、平行切线法
	B 题：公交车调度	非线性规划、多目标规划、排队论、综合评价方法、满意度指标
2002 年	A 题：车灯线光源的优化设计	几何光学、空间解析几何、微积分学、坐标变换、最优化方法
	B 题：彩票中的数学	古典概率计算、概率与优化、综合评价方法、动态加权的综合排序、模糊数学方法、非线性规划

续表一

时　间	竞赛题目	模型方法与算法
2003 年	A 题：SARS 的传播	微分方程模型、差分方程模型、微分差分方程组合模型、插值与拟合、时间序列方法、灰色预测、神经网络
	B 题：露天矿生产的车辆安排	多目标规划、整数规划、线性目标函数的多约束的非线性规划问题、LONDO 软件求解
2004 年	A 题：奥运会临时超市网点设计	整数线性规划、回归方法、电路模拟方法、图论算法、统计方法、数据挖掘
	B 题：电力市场的输电阻塞管理	回归方法、非线性规划、线性规划、理想点法、加权法、最大最小法、数值模拟、分段函数与积分表示
2005 年	A 题：长江水质的评价和预测	综合评价方法、回归分析、动态加权的综合排序，插值与拟合、时间序列方法、灰色预测、微分方程、差分方程
	B 题：DVD 在线租赁	满意度函数、概率模型、线性规划、混合整数规划、抽样分析、网络流、数值模拟
2006 年	A 题：出版社的资源配置	数据处理、满意度等指标函数、多目标规划、非线性规划、网络流优化模型
	B 题：艾滋病疗法的评价及疗效的预测	综合评价方法、插值与拟合、各种回归模型、时间序列方法、灰色预测、微分方程模型
2007 年	A 题：中国人口增长预测	数据分析与处理、回归模型、微分方程模型、差分方程模型
	B 题：乘公交，看奥运	多目标规划、最短路算法、搜索算法、距离矩阵、分步优化处理
2008 年	A 题：数码相机定位	几何光学、解析几何模型、坐标系变换、求圆心的方法(公切线方法)、线性投射模型
	B 题：高等教育学费标准探讨	数据收集与处理、问题的分析与假设、初等数学方法、一般统计方法、多目标规划、回归分析、综合评价方法、灰色预测
2009 年	A 题：制动器试验台的控制方法分析	物理定律、初等数学模型、微积分学
	B 题：眼科病床的合理安排	排队论、数值模拟、概率分布、随机规划、仿真计算、仿真优化
2010 年	A 题：储油罐的变位识别与罐容表标定	空间解析几何、微积分学、最小二乘法、数值积分法
	B 题：2010 年上海世博会影响力的定量评估	数据挖掘与处理、层次分析法、模糊综合评价、时间序列分析与预测

续表二

时　间	竞赛题目	模型方法与算法
2011年	A题：城市表层土壤重金属污染分析	数据插值、拟合、聚类分析、主成分分析、因子分析、偏微分方程、散度化三重积分的扩散模型
	B题：交巡警服务平台的设置与调度	0－1规划、单目标规划、多目标规划、Floyd算法、启发式算法、LINGO软件
2012年	A题：葡萄酒的评价	显著性检验、主成分分析、聚类分析、因子分析、回归分析、综合评价
	B题：太阳能小屋的设计	倾斜面总辐射强度的计算方法、单目标或多目标优化模型、步进搜索算法、离散数据连续化
2013年	A题：车道被占用对城市通行能力的影响	排队论、概率分布、统计方法、灰色预测、波动理论
	B题：碎纸片的拼接复原	灰度二值化、搜索算法、蚁群算法、相关性分析
2014年	A题：嫦娥三号软着陆轨道设计与控制策略	微分方程模型、最优控制模型、非线性规划、蚁群算法
	B题：创意平板折叠桌	解析几何模型、非线性优化模型、曲线拟合
2015年	A题：太阳影子定位	空间几何模型、非线性优化模型、遗传算法
	B题："互联网＋"时代的出租车资源配置	模糊综合评价、线性规划、主成分分析法
2016年	A题：系泊系统的设计	最小二乘法、非线性规划、粒子群算法
	B题：小区开放对道路通行的影响	多目标规划、主成分分析、仿真模型、网络流模型
2017年	A题：CT系统参数标定及成像	几何变换、非线性优化、积分方程模型
	B题："拍照赚钱"的任务定价	回归分析、目标规划、聚类分析、仿真模拟
2018年	A题：高温作业专用服装设计	偏微分方程模型、有限差分方法、二分法、黄金分割法、双目标优化模型
	B题：智能RGV的动态调度策略	排队论模型、蒙特卡罗模拟算法、模拟退火算法、时间序列分析、单目标优化模型、多目标优化模型
2019年	A题：高压油管的压力控制	微分方程模型、最小二乘法、非线性拟合、模拟仿真、粒子群优化算法
	B题："同心协力"策略研究	物理定律、仿真优化、单目标优化模型、常微分方程模型
	C题：机场的出租车问题	排队论模型、蒙特卡罗模拟方法、概率论模型、多目标规划模型、最小二乘法、决策模型

续表三

时　间	竞赛题目	模型方法与算法
2020 年	A 题：炉温曲线	多目标优化模型、偏微分方程模型、最小二乘法、热传导物理原理、遗传优化算法
	B 题：穿越沙漠	数学规划模型、设计动态规划、概率论模型、神经网络算法、图论模型、遗传算法、博弈论
	C 题：中小微企业的信贷决策	回归拟合、主成分分析法、熵值法、模糊综合评价模型、聚类分析、单目标优化模型
2021 年	A 题："FAST"主动反射面的形状调节	单变量非线性优化模型、空间解析几何、仿真优化
	B 题：乙醇偶合制备 C4 烯烃	相关性分析、多元非线性回归分析、最值差值法、方差分析、多因素方差分析、回归分析
	C 题：生产企业原材料的订购与运输	熵权法、单目标规划模型、多目标规划模型、最小二乘法

MATLAB 软件简介　　Python 软件简介　　历年全国研究生数学建模竞赛题目

参 考 文 献

[1] 姜启源，谢金星，叶俊．数学模型．5版．北京：高等教育出版社，2018.
[2] 叶其孝．大学生数学建模竞赛辅导教材．长沙：湖南教育出版社，1993.
[3] 周义仓，赫孝良．数学建模实验．2版．西安：西安交通大学出版社，2007.
[4] 刘来福，黄海洋，曾文艺．数学模型与数学建模．4版．北京：北京师范大学出版社，2014.
[5] 陈义华．数学模型．重庆：重庆大学出版社，1995.
[6] 齐欢．数学模型方法．武汉：华中理工大学出版社，1996.
[7] 韩中庚．数学建模方法及其应用．2版．北京：高等教育出版社，2009.
[8] 沈继红，高振滨，张晓威．数学建模．北京：清华大学出版社，2011.
[9] 萧树铁，姜启源，张立平，等．数学实验．2版．北京：高等教育出版社，1999.
[10] 李尚志，陈发来，张韵华，等．数学实验．2版．北京：高等教育出版社，2004.
[11] 赵静，但琦，严尚安，等．数学建模与数学实验．4版．北京：高等教育出版社，2014.
[12] 戴明强，李卫军，杨鹏飞．数学建模及其应用．北京：科学出版社，2007.
[13] 徐全智，杨晋浩．数学建模．北京：高等教育出版社，2008.
[14] 宋来忠，王志明．数学建模与实验．北京：科学出版社，2005.
[15] 袁新生，邵大宏，郁时炼．LINGO和Excel在数学建模中的应用．北京：科学出版社，2007.
[16] 阮晓青，周义仓．数学建模引论．北京：高等教育出版社，2005.
[17] 朱道元．数学建模精品案例．南京：东南大学出版社，2003.
[18] 张野鹏．作战模拟基础．北京：解放军出版社，1995.
[19] 章月美．Mathematica应用与数学实验．徐州：中国矿业大学出版社，2020.